21世纪全国高等院校材料类创新型应用人才培养规划教材

# 材料腐蚀与防护

王保成　编著

## 内容简介

本书系统地论述了金属材料、非金属材料的腐蚀原理、类型、腐蚀行为、影响因素和腐蚀控制方法，全面地介绍了材料、机械、化工与机电装备等领域的腐蚀与控制技术。本书内容包括绪论、电化学腐蚀热力学、电化学腐蚀动力学、阴极去极化过程、金属的钝化、局部腐蚀、应力腐蚀、环境腐蚀、金属腐蚀控制、腐蚀电化学研究方法、耐腐蚀金属材料及非金属材料的腐蚀与防护共12章。

本书可作为材料类专业的本科生和研究生的教材，同时也可供机械化工类相近专业的老师使用，并可作为从事腐蚀与防护、材料科学、化工、冶金、机械等专业工作的研究人员、工程技术人员、设计工作者和管理人员的参考书。

**图书在版编目(CIP)数据**

材料腐蚀与防护/王保成编著. —北京：北京大学出版社，2012.2

高等院校材料类创新型应用人才培养规划教材

ISBN 978-7-301-20040-7

Ⅰ.①材… Ⅱ.①王… Ⅲ.①工程材料—腐蚀—高等学校—教材②工程材料—防腐—高等学校—教材 Ⅳ.①TB304

中国版本图书馆CIP数据核字(2012)第001570号

**书　　名**：**材料腐蚀与防护**
**著作责任者**：王保成　编著
**策划编辑**：童君鑫
**责任编辑**：周　瑞
**标准书号**：ISBN 978-7-301-20040-7/TG·0027
**出 版 者**：北京大学出版社
**地　　址**：北京市海淀区成府路205号　100871
**网　　址**：http://www.pup.cn
**电　　话**：邮购部010-62752015　发行部010-62750672　编辑部010-62750667
**编辑部邮箱**：pup6@pup.cn
**总编室邮箱**：zpup@pup.cn
**印 刷 者**：河北滦县鑫华书刊印刷厂
**发 行 者**：北京大学出版社
**经 销 者**：新华书店
787毫米×1092毫米　16开本　19.5印张　458千字
2012年2月第1版　2023年8月第6次印刷
**定　　价**：49.00元

# 前　言

材料腐蚀涉及建筑、交通、电力、水利、化工、机械、桥梁、船舶、航空、航天以及工业制造等多个领域。材料腐蚀与防护技术是一门综合性技术科学，与材料学、固体物理学、电磁学、化学、电化学、测试电子学和计算机学等学科有密切关系。本书旨在为工科大学材料专业的本科生和研究生普及和拓宽腐蚀科学知识、推广现代的防护技术提供一些方便，也适应目前世界新技术革命和我国高等工科院校的教学改革的发展需求。本书既可作为材料专业本科生和研究生的教材，又可作为冶金、化工、机械工程设计等专业学生选修课的教学参考书，同时还可作为从事上述领域工作的工程技术人员和科研、设计人员自学腐蚀与防护知识的参考用书。

材料的腐蚀与防护是材料科学与工程科学的一门专业课，本书首先介绍材料与腐蚀环境介质作用的规律、机理、影响因素，其次是论述材料腐蚀的分析与研究的方法，最后介绍材料防腐蚀的技术与方法。本书内容包括绪论、电化学腐蚀热力学、电化学腐蚀动力学、阴极去极化过程、金属的钝化、局部腐蚀、应力腐蚀、环境腐蚀、金属腐蚀控制、腐蚀电化学研究方法、耐腐蚀金属材料及非金属材料的腐蚀与防护。本书注重基本概念、基本知识和理论联系实际应用的介绍。另外针对教改的需要，在部分章节增添了一些腐蚀科学研究的新内容和测试方法，并附有相关的阅读材料和导入案例，力求反映材料腐蚀与防护领域的新进展，满足各专业对材料腐蚀与防护教学的要求。每章前均有学习内容的教学目标与教学要点，每章后附有一定的习题，以便学生巩固所学理论知识和锻炼分析问题与解决问题的能力。本书适用学时为 32～40 学时。

全书共分 12 章，其中第 1、2、3、4、5、6、7、10、11、12 章由王保成编写，第 8 章由张晓芸编写，第 9 章由李爱秀编写，李玉平校对了全部书稿，最后由王保成统稿。太原理工大学孙彦平教授审阅了本书，并提出了许多宝贵意见。

本书在编写过程中，得到许多专家和同行的热情支持，书中引用了大量的国内外腐蚀科学方面的专家、教授、学者公开出版和发表的著作、论文以及网络文献资料，在此一并表示衷心感谢。

由于编者水平有限，书中难免存在疏漏之处，敬请广大读者批评指正。

编　者

2011 年 12 月

# 前言

# 目　　录

# 第1章 绪论

通过本章的学习，使读者能够掌握材料腐蚀的基本概念和类型，了解材料的腐蚀造成的危害及对国民经济的影响，领会研究材料腐蚀与防护的重要意义，熟悉材料腐蚀速率的表示方法。

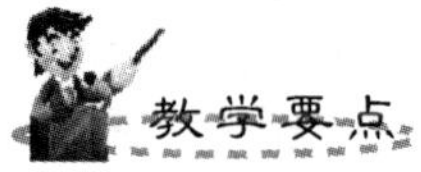


(1) 金属腐蚀的基本概念。
(2) 金属腐蚀的分类方法。
(3) 腐蚀科学发展概况。
(4) 研究材料腐蚀的意义。
(5) 金属腐蚀速率的表征方法。

导入案例

**腐蚀引起灾难性事故**

腐蚀引起的灾难性事故屡见不鲜，损失极为严重。例如1965年3月，美国一输气管线因应力腐蚀破裂着火，造成17人死亡。

1970年日本大阪地下铁道的管线因腐蚀断裂，造成瓦斯爆炸，乘客当场死亡75人。

1984年12月，美国联合碳化物公司在印度博帕尔市的农药厂因储罐腐蚀开裂，泄漏了甲基异氰酸酯剧毒物，造成3500多人丧生，20多万人中毒。

1985年8月，日航一架波音747客机由于机身增压舱端框应力腐蚀断裂而坠毁，机上524人全部遇难。

1985年，瑞士一个游泳馆顶棚因不锈钢吊杆长期承受馆内空气中的氯和顶棚载荷(200吨)的联合作用，发生应力腐蚀而突然坍塌，造成12人死亡，多人受伤。

1980年3月，我国北海油田一采油平台，在海水腐蚀和应力的共同作用下，发生腐蚀疲劳破坏，致使123人丧生。

1990年美国仅轻水堆核电站由于腐蚀的原因不仅引起13亿美元的经济损失，而且导致1万多人被辐射污染。

2003年，四川省成都市某建筑工地的塔式起重机，由于底架与基础连接的法兰盘背面角焊缝长期受到泥水腐蚀，焊缝有效高度越来越小，当正常起吊额定载荷时，焊缝撕裂，塔式起重机从根部整体倒下，造成严重事故。

2007年4月，辽宁省铁岭市某特殊钢有限公司，由于炼钢车间吊运钢水包的起重机主钩在下降作业时，控制回路中的一个联锁常闭辅助触点锈蚀断开，致使驱动电动机失电，未能有效阻止钢水包移动而失控下坠，撞击浇注台车后落地，发生钢水包倾覆特别重大事故，造成32人死亡、6人重伤。

## 1.1 材料腐蚀的基本概念

广义地讲，材料的腐蚀是指材料与环境之间发生作用而导致材料的破坏或变质的现象。

图1.1 钢铁构件在大气中的生锈

材料包括金属材料和非金属材料。金属材料的腐蚀是指金属受到环境的高温化学氧化、电化学溶解等作用，使金属单质变为化合物，导致金属受到损失和破坏的现象。如钢铁构件在大气中的生锈(图1.1)；铜制品在潮湿的空气中形成铜绿；埋在地下的各种管道发生穿孔；发电厂锅炉的脆性破坏；海水中船体的局部开裂；轧钢过程中氧化铁皮的形成；等等。这些都属于金属的腐蚀。非金属材料的腐蚀是指非金属受到环境的化学或物理作用，导致非金属构件变质或破坏的现象。如陶瓷、水泥和玻璃等制品在酸、碱、盐和大气的化学作用下形成开裂、粉化和风化；塑料在有机溶剂的作用下溶解和溶胀，橡胶制品的氧化与老化等均属于非金属材料的腐蚀。

环境指的是与材料体系直接接触的所有介质和气氛，包括水(蒸馏水、自来水、地下水、雨水、淡水、海水、污水等)、大气、水蒸气、化学气体(氧气、氯气、氨气、二氧化硫、硫化氢、二氧化碳等)、土壤、化学介质(酸、碱、盐的溶液)。此外，电磁场(阳光、放射性辐射)、电场、电流、应力、微生物等也属于导致材料体系腐蚀的环境。

材料与环境的作用包括化学反应、电化学反应、物理溶解、电磁辐射等。材料的破坏指的是材料的重量损失、开裂、穿孔、溶解、溶胀等。材料的变质是指材料的服役性能变差，如力学强度下降、弹性降低、韧性减小、脆性增大。

由于目前使用的工程材料大部分为金属材料，通常说的腐蚀一般是指金属材料的腐蚀，因此本书所讨论的材料腐蚀以金属材料为主。

## 1.2 金属腐蚀的危害

金属腐蚀问题遍及国民经济和国防建设的各个领域，从日常生活到工农业生产，凡是使用材料的地方都存在腐蚀问题，对国计民生的危害十分严重，表现在如下几个方面。

1. 腐蚀造成重大的经济损失

据不完全统计，全世界每年因腐蚀报废和损耗的钢铁约为2亿多吨，约占当年钢产量的10%～20%。英国每年由于金属腐蚀造成的经济损失达几十亿英镑；美国每年由于金属腐蚀造成的经济损失为3000亿美元；世界各发达国家每年因金属腐蚀而造成的经济损失约占其国民生产总值3.5%～4.2%(表1-1)，超过每年各项大灾(火灾、风灾及地震等)损失的总和。

表1-1 一些国家的年腐蚀损失

| 国家 | 时间 | 年腐蚀损失 | 占国民经济总产值(%) |
|---|---|---|---|
| 美国 | 1949年 | 55亿美元 | |
| | 1975年 | 700亿美元 | 4.9 |
| | 1995年 | 3000亿美元 | 4.21 |
| | 1998年 | 2757亿美元 | |
| 英国 | 1957年 | 6亿英镑 | |
| | 1969年 | 13.65亿英镑 | 3.5 |
| 日本 | 1975年 | 25509.3亿日元 | |
| | 1997年 | 39376.9亿日元 | |
| 中国 | 1998年 | 2700亿人民币 | 4.2 |

目前我国的钢铁产量已高达数亿吨，但其中却有30%由于锈蚀而白白损失掉了。据此测算，我国每年因钢铁腐蚀损失约有2700多亿元人民币，远远大于自然灾害和各类事故损失的总和，数字非常触目惊心，可见腐蚀造成的经济损失之大。至于金属腐蚀事故引起的停产、停电等间接损失就更无法计算。

众所周知，地球上的资源有限，珍惜自然资源是人类一项长期的战略任务。金属的腐蚀损耗了大量的金属材料，同时也会浪费很大的能源。有人估计，地球上的铁、铬、镍、钼、铜矿只能使用几十年了。因此，为了我们的子孙后代，减小金属材料的损耗，防止地球上有限的矿产资源过早的枯竭，加强腐蚀与防护的研究具有重要的战略意义。

2. 腐蚀引起灾难性事故

在某些腐蚀体系中，特别是在伴随有力学因素的作用下，金属的腐蚀会造成灾难性事故。腐蚀造成生产中的“跑、冒、滴、漏”，使有毒气体、液体、核放射物质等外泄，严重危及人类的健康和生命安全。腐蚀引起严重的环境污染，由于腐蚀增加了工业废水、废渣的排放量和处理难度，增多了直接进入大气、土壤、江河及海洋中的有害物资，因此造成了自然环境的污染，破坏了生态平衡，危害了人民健康，妨碍了国民经济的可持续发展。金属材料因腐蚀失效造成的直接人员伤亡的例子则不胜枚举。

3. 腐蚀阻碍了科学技术的发展

腐蚀不仅造成了上述的种种危害，有时还成为生产发展和科学技术进步的障碍。腐蚀问题不能及时解决则会阻碍科学技术的发展，从而影响生产力的进步。例如，现代电子技术需要极高纯度的单晶硅半导体材料，而生产设备受到副产品四氯氢硅腐蚀，不仅损坏了设备，也污染了目标产品，降低了各种物理性能，影响了新材料的利用进程。在量子合金的固体物理基础研究中，需要高纯度的金属铝与其他元素进行无氧复合，但是由于金属铝的表面非常易被氧化，至今仍然成为该研究进展的瓶颈。美国阿波罗登月飞船储存$N_2O_4$(氧化剂)的钛合金高压容器产生应力腐蚀开裂，使登月计划受阻；若不是后来研究出添加0.6%NO来解决腐蚀的办法，登月计划就会推迟许多年。在宇宙飞船研制过程中，一个关键问题是如何防止回收舱再入大气层时与大气摩擦生成的热而引起的机体外表面高温(可达2000℃)氧化。经过多年的研究采用陶瓷复合材料做表面防护层后，此问题方得以解决。最近国内外致力于发展的高超声速航空器，其制约研究的瓶颈同样是表面耐热材料及涂层的耐腐蚀问题。

## 1.3 腐蚀控制及其重要性

由上面的介绍可以看出，腐蚀造成的危害极大，不仅带来巨大的经济损失，而且给人类赖以生存的环境造成严重的污染以及资源和能源的严重损耗，与当今全球倡导的可持续发展以及低碳经济的战略相抵触。因此，学习和研究腐蚀的基本原理，减缓和控制腐蚀破坏的发生，不仅有显著的经济效益和巨大的社会效益，而且对于促进新技术、新工艺的应用，促进腐蚀与防护科学的发展具有重要的理论意义。

1. 腐蚀的控制方法

经过人类与腐蚀现象的长期斗争和对腐蚀行为、机理和规律较为广泛、深入的研究，已经建立了一定的基础理论，并通过借助相关科学技术的发展，探索出了一系列行之有效的腐蚀控制方法，并已成功地应用于材料和设备的腐蚀防护。目前用于控制腐蚀的基本方法可以概括为以下几个方面。

(1) 开发新型的耐蚀材料。运用腐蚀科学的基础理论，制定出科学合理的材料设计方案，研究和开发新型耐蚀材料。根据设备和工程结构的具体工况条件，正确选用工程材料。在目前材料难以满足具体应用背景下，必须发展新型耐蚀材料。

(2) 研究可行的表面处理工艺。科学选用表面涂镀层和改性技术(通过物理的或化学的手段，改变材料表面的结构、力学状态、化学成分等)，达到抗腐蚀或隔离材料与腐蚀环境的目的。当目前的技术难以满足具体应用要求时，需要开发新型表面工程技术。

(3) 改善材料体系环境。采取各种技术措施和手段，降低环境的腐蚀性。例如，工业生产中采用的脱气、除氧、脱盐和降温处理等措施，或将腐蚀控制对象置入干燥的、腐蚀性低的环境之中的做法。

(4) 使用合适的缓蚀剂。在适当的工况条件下(如封闭或循环的体系中)添加恰当的缓蚀剂也可达到有效地控制腐蚀的目的。

(5) 电化学保护。对于电化学原因导致的腐蚀，可以采用阴极保护或阳极保护的措施，或者进行以上方法的综合保护，这样可获得更好的效果。

2. 腐蚀的综合治理

腐蚀现象不仅仅是材料自身的问题，它涉及设计、选材、制造、储存、运输、安装、运行、维护、维修和管理等诸多个环节，因此，要真正达到有效地控制腐蚀，必须将腐蚀工程与科学管理相结合，通过上述各个环节系统、综合地控制腐蚀。随着科学技术的不断进步，已形成了一门新的学科——防腐蚀系统工程学(Terotechnology)，即从系统工程的角度出发，对腐蚀进行综合治理。这种方法已在发达国家和我国航空工业等部门中得到了推广应用。从系统工程角度控制腐蚀，不仅要考虑技术的可行性，而且还要注意技术的经济性(图 1.2)和防护方案实施的社会效益。由图 1.2 可以看出，一味地追求腐蚀控制的有效性，从经济上讲可能是得不偿失的。因此盲目地在任何情况下都杜绝腐蚀的发生，不仅不现实(因为腐蚀是自发过程)，而且没必要，亦即合理地控制腐蚀或减缓腐蚀比根除腐蚀更科学。当然，对于腐蚀可能造成严重的人员伤亡或构成较大的社会影响时，经济性的考虑还需服从于社会效益。

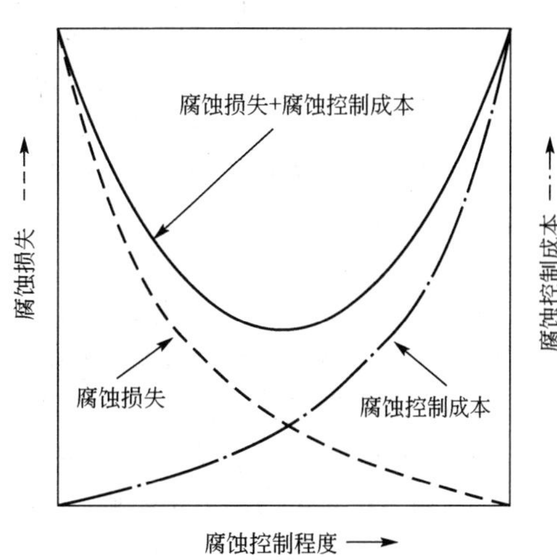

图 1.2 腐蚀控制策略示意图

实践表明，若能充分利用现有的防腐蚀技术，实施严格的科学管理，就有可能使腐蚀损失降低，降低大量的资源浪费，避免更大的环境污染和人员伤亡事故的发生。现有腐蚀控制技术虽取得了明显的效果，但就目前来看，仍有 50%以上的腐蚀损失尚无行之有效的腐蚀控制方法来加以避免。同时，随着科学技术进步和社会的发展，原有的腐蚀问题不断得到解决，新的腐蚀问题也在不断涌现，因此，需要不断加强腐蚀学科的基础理论和防护与应用技术的研究。

需要指出的是，由于任何事物都是一分为二的，腐蚀既有有害的一面，也有有利的一面。腐蚀的有害表现前面已进行了讨论，而利用腐蚀现象进行电化学抛光加工、制备电子产品的印刷线路、腐蚀出金相试样的微观形貌等，均属于腐蚀对人类有利的一面。因此，从科学上深入理解腐蚀的机理，在技术上提出避免腐蚀的有害效应、利用有利效应的措施，就可以最大限度地获得人类所追求的经济效益。

## 1.4 腐蚀科学与防护技术的研究进展

人类开始使用金属，就遇到了金属腐蚀的问题，不久便提出了防腐蚀的方法。早在公元前，古希腊的 Herodtus 和古罗马的 Plinius 就都提出了用锡防止铁腐蚀的观点。我国商代(公元前 16 世纪至公元前 11 世纪)就用锡改善铜的耐蚀性，冶炼出了青铜，且冶炼技术相当成熟。现在发现的商代最大的青铜器司母戊大方鼎重达 875 千克，2000 多年前的秦始皇兵马俑坑中的青铜剑光亮如新，锋利如初，经分析表面有一层厚约 10$\mu$m 的含铬黑色氧化层，而基体中并不含铬。很可能这种表面保护层是用铬的化合物人工氧化并经高温处理得到的。2000 多年前创造出与现代铬酸盐钝化处理相似的防护技术，的确是中国文明史上的一个奇迹。同一时期类似近代钝化防护技术的鎏金术也得到了广泛应用。

金属腐蚀与防护的历史虽然悠久，但都是属于经验性的。18 世纪中叶开始陆续出现对腐蚀现象和防护技术的研究及论述。其中，俄罗斯科学家 Ломоносов 在 1748 年解释了金属氧化现象。Alarm 在 1763 年认识到了双金属接触腐蚀现象。1790 年，Keir 描述了铁在硝酸中的钝化现象。1800 年，意大利科学家 Volt 发现了原电池原理。1801 年，英国电化学家 Wollaston 提出了电化学腐蚀理论。1824 年，Davy 用铁作为牺牲阳极，成功地实施了英国海军钢船底的阴极保护。1827 年，Behquerel 和 Mallet 先后提出了浓差腐蚀电池原理。1830 年，De La Rive 提出了金属腐蚀的微电池概念。1833 年，Faraday 提出了法拉第电解定律。1847 年，Aide 发现了氧浓差电池腐蚀现象。1860 年，Baldwin 申请了世界上的第一个关于缓蚀剂的专利。1880 年，Hughes 明确了金属酸洗中析氢导致氢脆的后果，同一时期发现了金属材料的应力腐蚀开裂现象。1890 年，Edison 研究了通过外加电流对船只进行阴极保护的可行性。这些先驱工作为腐蚀学科的发展奠定了基础。

腐蚀科学与防护技术作为一门独立的学科则是在 20 世纪初发展起来的。1903 年，Whitney 发现了铁在水中的腐蚀与电流的流动有关。1905 年，Tafel 根据实验结果找到了过电位与电流密度的关系。1906 年，美国材料试验学会(ASTM)开始建立材料大气腐蚀试验网。1912 年，美国国家标准局启动了历时 45 年的土壤腐蚀试验。1932 年，英国的 Evans 通过实验证实了在金属表面存在腐蚀电池，揭示了金属腐蚀电化学的基本规律。1934 年，Butler 和 Volmer 根据电极电位对电极反应活化能的影响推出了著名的电极反应动力学基本公式，即 B－V 方程。1938 年，Wagner 和 Trand 提出了混合电位理论。同年比利时的 Pourbaix 计算并绘制了大多数金属的电位—pH 图。以上科学家的系统研究工作奠定了金属腐蚀电化学的动力学基础。

20 世纪 50 年代以后，随着腐蚀电化学理论的不断完善和发展，腐蚀电化学研究方法也得到了相应的发展。随着电子技术的发展，出现了腐蚀电化学研究的稳态测试仪器，即恒电位仪，使腐蚀电化学研究集中在电化学测试方法上。之后又建立了暂态的腐蚀电化学测试方法，促进了腐蚀电化学界面和电极过程动力学研究的迅速发展。1957 年，Stern 提出了线性极化的重要概念，经过电化学工作者的不断努力，完善和发展了极化电阻技术。

20 世纪 80 年代以后，随着微电子技术和计算机技术的发展，使得烦琐测量过程的电化学阻抗以暂态测量的方法而实现，而且应用越来越普遍，研究范围已经超出了腐蚀电化学的范畴，产生了一个新的学术领域，即电化学阻抗谱(Electrochemical impedance spectroscopy，EIS)，并于 1989 年 6 月在法国举行了第一届 EIS 国际学术会议。通过电化学阻抗谱的研究，不仅可以获得腐蚀电化学的动力学参数，而且可以得到腐蚀电极表面双电层的电容以及表面状态信息，极大地促进了电化学腐蚀测试技术的应用和发展。1987 年，M. Stratmm 等提出了应用开尔文(Kelvin)探针技术，用来测量探针与腐蚀金属电极表面上的水薄膜下金属表面的腐蚀电位。这种技术不需要测量参比电极与腐蚀电极之间的电位，解决了用通常的方法测量水薄膜下金属表面的腐蚀电位时难以在水薄膜下安置参比电极的问题。

现代腐蚀科学的研究主要包括在复杂的宏观体系中建立腐蚀过程及其相互作用的理论模型；决定材料体系使用寿命的参数及寿命预测；对重要的结构材料体系腐蚀实时监控的传感器技术；耐蚀新材料的开发；金属钝化膜的成分、晶体结构即电子性质以及钝化膜的破坏形式；腐蚀电化学微区测试技术；缓蚀剂的电化学行为的分子水平研究。

金属的腐蚀与防护技术实际上是一个涉及多门学科的综合性边缘学科，它的理论和实践与金属学、冶金学、金属物理、材料学、化学、电化学、物理学、物理化学、工程力学、断裂力学、流体力学、化学工程学、机械工程学、微生物学、表面科学、表面工程学、电学、计算机科学等密切相关。因此，作为独立学科的腐蚀与防护，是随着各相关学科的发展逐步完善的。

## 1.5 金属腐蚀的分类

为了便于系统地了解腐蚀现象及其内在规律，并提出相应的有效防止和控制腐蚀的措施，需要对腐蚀进行分类。但是由于金属腐蚀的现象和机理比较复杂，所以金属腐蚀有不同的分类，至今尚未统一。常用的分类方法是按照腐蚀机理、腐蚀形态和产生腐蚀的自然环境 3 方面来进行分类。

### 1. 按照腐蚀机理分类

金属腐蚀按照腐蚀机理可分为化学腐蚀、电化学腐蚀和物理腐蚀。

1）化学腐蚀

化学腐蚀是指金属表面与非电解质直接发生化学反应而引起的破坏。在反应过程中没有电流产生。如钢铁材料在空气中加热时，铁与空气中的氧气发生化学反应生成疏松的铁的氧化物；铝在四氯化碳、三氯甲烷或乙醇中的腐蚀；镁或钛在甲醇中的腐蚀等均属于化学腐蚀。该类腐蚀的特点是在一定条件下，非电解质中的氧化剂直接与金属表面的原子相互作用而形成腐蚀产物。腐蚀过程电子的传递是在金属和氧化剂之间直接进行的，所以没有电流产生。金属的高温氧化一般都认为是化学氧化，但是由于高温可以使金属表面形成致密的半导体氧化膜，故也有学者认为金属的高温氧化属于电化学机制。

2）电化学腐蚀

金属的电化学腐蚀指的是金属在水溶液中与离子导电的电解质发生电化学反应产生的破坏。在反应过程中有电流产生。腐蚀金属表面存在阴极和阳极。阳极反应使金属失去电子变成带正电的离子进入介质中，称为阳极氧化过程。阴极反应是介质中的氧化剂吸收来自阳极的电子，称为阴极还原过程。这两个反应是相互独立而又同时进行的，称为一对共轭反应。在金属表面阴阳极组成了短路电池，腐蚀过程中有电流产生。如金属在大气、海水、土壤、酸碱盐溶液中的腐蚀均属于这一类。

3）物理腐蚀

金属的物理腐蚀是指金属和周围的介质发生单纯的物理溶解而产生的破坏。金属在液态金属高温熔盐、熔碱中均可发生物理溶解。物理腐蚀是由于物质迁移引起的，被腐蚀金属称为溶质，液态金属称为溶剂，固体溶质在液态溶剂中溶解而转移到液态中，使得固体金属材料破坏。该腐蚀过程没有化学反应，没有电流产生，是一个纯物理过程。如金属钠溶于液态汞形成钠汞齐；钢容器被熔融的液态金属锌溶解，使得钢容器壁减薄破坏等。

上述3种腐蚀中，电化学腐蚀最为普遍，对金属材料的危害最为严重。本书主要讨论金属的电化学腐蚀。

2. 按照腐蚀形态分类

根据金属的破坏形态，可将腐蚀分为均匀腐蚀和局部腐蚀两大类。

1）均匀腐蚀

均匀腐蚀是指发生在金属表面的全部或大部损坏，也称全面腐蚀。腐蚀的结果是材料的质量减少，厚度变薄。均匀腐蚀危害性较小，只要知道材料的腐蚀速率，就可计算出材料的使用寿命。如钢铁在盐酸中的迅速溶解，船体在海水中的整体腐蚀等。多数情况下，金属表面会生成保护性的腐蚀产物膜，使腐蚀变慢。

2）局部腐蚀

局部腐蚀是指只发生在金属表面的狭小区域的破坏。其危害性比均匀腐蚀严重得多，它约占设备机械腐蚀破坏总数的70%，而且可能是突发性和灾难性的，会引起爆炸、火灾等事故。局部腐蚀主要有5种不同的类型。

（1）电偶腐蚀。电偶腐蚀是两种电极电位不同的金属或合金互相接触，并在一定的介质中发生电化学反应，使电位较负的金属发生加速破坏的现象。

（2）小孔腐蚀。小孔腐蚀又称坑蚀和点蚀，在金属表面上极个别的区域产生小而深的孔蚀现象。一般情况下蚀孔的深度要比其直径大的多，严重时可将设备穿通。

（3）缝隙腐蚀。缝隙腐蚀是指在电解液中金属与金属或金属与非金属表面之间构成狭窄的缝隙，缝隙内离子的移动受到了阻滞，形成浓差电池，从而使金属局部破坏的现象。

（4）晶间腐蚀。晶间腐蚀是指金属在特定的腐蚀介质中，沿着材料的晶界出现的腐蚀，使晶粒之间丧失结合力的一种局部破坏现象。

（5）选择性腐蚀。选择性腐蚀是指多元合金在腐蚀介质中，较活泼的组分优先溶解，结果造成材料强度大大下降的现象。

另外，应力腐蚀也属于局部腐蚀，是力学作用引起材料的局部破坏。即金属在特定的介质中和在静拉伸应力（包括外加载荷、热应力、冷加工、热加工、焊接等所引起的残余应力等)条件下，局部所出现的低于强度极限的脆性开裂现象。

另外由机械因素(湍流、漩涡、多相流体冲击、空化作用、微振摩擦等)和腐蚀介质联合作用而产生的金属材料破坏现象称为磨损腐蚀。

在应力的作用下，金属中由于氢的存在或氢和金属的相互作用使得金属力学性能恶化的现象称为氢致腐蚀，又称氢致开裂和氢损伤。

3. 按照腐蚀环境分类

按照腐蚀环境可分为大气腐蚀、土壤腐蚀、海水腐蚀、生物腐蚀、高温气体中的腐蚀、辐射腐蚀、酸碱盐中的腐蚀、熔盐腐蚀及非水溶液中的腐蚀等。

## 1.6 金属腐蚀速率的表示方法

腐蚀速率是评价金属耐腐蚀性的重要判据。金属腐蚀速率的表示方法很多，对全面腐蚀可采用平均腐蚀速率表示，常用的有重量指标、深度指标和电流指标。

1. 金属腐蚀速率的重量指标

金属腐蚀速率的重量指标就是把金属因腐蚀而发生的重量变化换算成相当于单位金属表面积与单位时间内的重量变化的数值，如式(1-1)表示。

$$V_w=\frac{\Delta W}{S\cdot t} \tag{1-1}$$

式中，$V_w$ 为重量表示的腐蚀速率(g/(m$^2$ · h))；$\Delta W$ 为腐蚀前后金属重量的改变(g)；$S$ 为金属的表面积(m$^2$)；$t$ 为腐蚀的时间(h)。

2. 金属腐蚀速率的深度指标

金属腐蚀速率的深度指标就是把金属的厚度因腐蚀而减少的量以线量单位表示，并换算成相当于单位时间的数值，一般采用 mm/a(毫米/年)来表示。在衡量密度不同的各种金属的腐蚀程度时，此种指标极为方便。

由式(1-1)可以得出腐蚀深度与重量指标 $V_w$ 的关系式(1-2)。

即
$$V_w=\frac{\Delta W}{S\cdot t}=\frac{\rho\Delta V}{S\cdot t}=\frac{\rho\Delta d\cdot S}{S\cdot t}=\frac{\rho\Delta d}{t} \tag{1-2}$$

式中，$\Delta d$ 为腐蚀深度(m)。

若腐蚀深度的单位用毫米(mm)表示，腐蚀时间的单位用年(a)表示，则一年内的腐蚀深度 $\Delta d$ 就是用深度表示的腐蚀速率，见式(1-3)。

$$V_d=\frac{24\times365\times V_w}{1000\rho}=\frac{8.76V_w}{\rho} \tag{1-3}$$

式中，$V_d$ 为深度表示的腐蚀速率(mm/a)；$V_w$ 为重量表示的腐蚀速率(g/m$^2$ · h)；$\rho$ 为金属的密度(g/cm$^3$)。

用腐蚀的深度指标来评价金属的全面腐蚀的耐蚀性通常采用表1-2所列出的三级标准和表1-3所列出的十级标准。

**表 1－2　金属耐蚀性的三级标准**

| 耐蚀性评定 | 耐蚀性等级 | 腐蚀深度/(mm/a) |
|---|---|---|
| 耐蚀 | 1 | ＜0.1 |
| 可用 | 2 | 0.1～1.0 |
| 不可用 | 3 | ＞1.0 |

**表 1－3　金属耐蚀性的十级标准**

| 耐蚀性评定 | 耐蚀性等级 | 腐蚀深度/(mm/a) |
|---|---|---|
| 完全耐蚀 | 1 | ＜0.001 |
| 很耐蚀 | 2 | 0.001～0.005 |
| | 3 | 0.005～0.01 |
| 耐蚀 | 4 | 0.01～0.05 |
| | 5 | 0.05～0.1 |
| 尚耐蚀 | 6 | 0.1～0.5 |
| | 7 | 0.5～1.0 |
| 稍耐蚀 | 8 | 1.0～5.0 |
| | 9 | 5.0～10.0 |
| 不耐蚀 | 10 | ＞10.0 |

3. 金属腐蚀速率的电流指标

金属腐蚀速率的电流指标是以金属电化学腐蚀过程的阳极电流密度的大小来衡量金属的电化学腐蚀速率的程度。根据法拉第(Faraday)定律式(1－4)，可以把电流指标和重量指标关联起来。

$$\Delta W = M\frac{It}{nF} \tag{1-4}$$

式中，$\Delta W$ 为通电后金属重量的改变(g)；$I$ 为通过金属表面的电流(A)；$t$ 为通电时间(h)；$F$ 为法拉第常数($F$＝96500C/mol＝26.8A·h/mol)；$n$ 为得失电子数；$M$ 为原子量。

根据式(1－1)和式(1－4)得出式(1－5)。

$$V_w = \frac{\Delta W}{S \cdot t} = \frac{MI}{nFS} \tag{1-5}$$

令 $i_{corr} = \frac{I}{S}$(单位面积通过的电流，也称腐蚀电流密度)，因此，得到以电流指标表示的腐蚀速率式(1－6)。

$$i_{corr} = V_w \frac{nF}{M} \tag{1-6}$$

式中，$i_{corr}$为电流表示的腐蚀速率($A/m^2$)；$V_w$为重量表示的腐蚀速率($g/(m^2 \cdot h)$)；$F$ 为法拉第常数($F$＝96500C/mol＝26.8A·h/mol)；$n$ 为得失电子数；$M$ 为原子量。

**例题 1.1**　已知金属锌腐蚀反应为

$$Zn \longrightarrow Zn^{2+} + 2e^-$$

金属锌原子量为$M=65.4g/mol$，密度$\rho=7.1g/cm^3$，反应得失电子数$n=2$，电流$I=10^{-2}A$，腐蚀面积$S=100cm^2$，求分别以重量指标、深度指标和电流指标来表示的腐蚀速率。

**解：**根据重量指标公式和法拉第定律

$$V_w=\frac{\Delta W}{S\cdot t}=\frac{M\cdot I}{n\cdot F\cdot S}=\frac{65.4\times10^{-2}}{2\times26.8\times100\times10^{-4}}=1.22(g/(m^2\cdot h))$$

根据深度指标公式

$$V_d=\frac{8.76V_W}{\rho}=\frac{8.76\times1.22}{7.1}=1.51(mm/a)$$

根据电流指标公式

$$i_{corr}=V_w\frac{nF}{M}=1.22\times\frac{2\times26.8}{65.4}=1(A/m^2)$$

## 1.7 材料腐蚀与防护的主要内容

随着现代工业的迅速发展，使原来大量使用的高强度钢和高强度合金构件不断地出现严重的腐蚀问题，从而促使许多新的相关学科(如现代电化学、固体物理学、材料科学、工程学和微生物学等)的学者们对腐蚀问题进行综合研究，并形成了许多边缘腐蚀学科分支。如腐蚀电化学、腐蚀金属学、腐蚀工程力学、生物腐蚀学和防护系统工程等，研究内容非常广泛。

材料腐蚀与防护作为一门独立学科，它的研究内容主要有如下几个方面。

(1) 研究材料在环境介质作用下的破坏行为、普遍规律和机理。不仅要从热力学方面研究腐蚀发生的可能性，更重要的是研究腐蚀发生的动力学规律和机理，以指导对腐蚀过程的控制。

(2) 以材料的腐蚀理论研究为基础，以腐蚀防护技术研究为应用目标，研究和发展腐蚀控制的技术措施和方法，制定腐蚀控制的标准及规范。

(3) 研究和开发腐蚀测试、检测和监控方法。为保障工程装备安全可靠地运行，研究和开发适用于实验室与现场的腐蚀测试、检测和监控的方法。

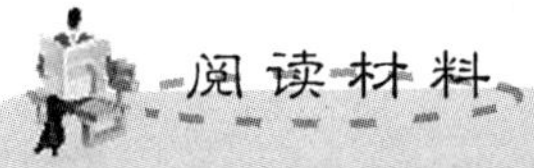


### 宏观腐蚀学

宏观腐蚀学是自然科学与社会科学之间的交叉科学，强调腐蚀学的经济效益和社会效应；这一分支的主要内容以方法论为指导，腐蚀教育为基础，腐蚀经济为核心，科学研究与技术开发为未来，腐蚀管理为保证。

经济是一种社会现象，腐蚀的社会效应——有害的及有益的，例如环境污染、安全事故、电化学机械加工等，也是经济问题。因此，腐蚀经济也包括腐蚀带来的社会问题。腐蚀科学是一门技术科学，对于腐蚀方面的科学研究、技术开发和管理，经济是一个重要的控制因素。因此，腐蚀经济是宏观腐蚀学的核心。

宏观腐蚀学是在微观腐蚀学的基础上建立的；而微观腐蚀学若在宏观腐蚀学的指导下发展，将会产生更大的经济效益和社会效应。社会选择学科，正如大自然选择生命品种一样生存竞争、适者生存。腐蚀学的发展不仅要注意社会的需要，还要适应社会的需要。因此，要重视腐蚀学的宏观研究，在学科的交叉中吸收营养，健康地发展。

宏观腐蚀学主要内容包括如下几个方面。

(1) 以方法论为指导。

(2) 以腐蚀教育为基础。

(3) 以腐蚀经济为核心。

(4) 以科学研究和技术开发为未来。

(5) 以腐蚀管理为保证。

**资料来源：肖纪美. 腐蚀总论——材料的腐蚀及其控制方法 [M]. 北京：化学工业出版社，1994.**

1. 材料腐蚀的定义是什么？

2. 按照腐蚀形态，金属腐蚀的分类有哪些？

3. 金属腐蚀的控制有哪些方法？

4. 已知铁在介质中的腐蚀电流密度为 $0.5mA/cm^2$，求其腐蚀速率 $V_w$ 和 $V_d$。请判断铁在此介质中是否耐蚀。

5. 已知铁的密度为 $7.87g/cm^3$，铝的密度为 $2.7g/cm^3$，当两种金属的腐蚀速率均为 $2.0g/(m^2h)$时，求以腐蚀深度指标(mm/a)表示的两种金属的腐蚀速率。

# 第2章 电化学腐蚀热力学

通过本章的学习，使读者能够理解电化学腐蚀的热力学判据原理，明白电极、电极电位的基本概念，了解原电池和电解池的工作原理、阳极氧化和阴极还原的含义、形成腐蚀电池的条件，了解腐蚀电池的结构和类型，掌握电位高低与阴极阳极的对应关系。

(1) 腐蚀过程的热力学判据，电极电位判据。

(2) 可逆电极和不可逆电极的概念。

(3) 腐蚀电池的构成及其类型。

(4) 金属电极电位、标准电极电势和金属电动序。

(5) 电位-pH 图及其应用。

导入案例

“鸟巢”的钢结构材料

国家体育场是2008年北京奥运会主体育场。由2001年普利茨克奖获得者赫尔佐格、德梅隆与中国建筑师李兴刚等合作完成巨型体育场的设计，由艾未未担任设计顾问。形态如同孕育生命的“巢”，它更像一个摇篮，寄托着人类对未来的希望。设计者们对这个国家体育场没有做任何多余的处理，只是坦率地把结构暴露在外，因而自然形成了建筑的外观。2009年入选世界21世纪前10年十大建筑。

国家体育场于2003年12月24日开工建设，2004年7月30日因设计调整而暂时停工，同年12月27日恢复施工，2008年3月完工。工程总造价22.67亿元。“鸟巢”外形结构主要是由巨大的门式钢架组成，共有24根桁架柱。国家体育场建筑顶面呈鞍形，长轴为332.3米，短轴为296.4米，最高点高度为68.5米，最低点高度为42.8米。

“鸟巢”钢结构最大跨度达到343米，由于主体结构庞大，还要承受“南北长轴”巨大的预应力，需要一种抗拉、抗压和抗弯强度大的特种钢材做支撑柱，尤其是24根桁架柱内柱受力最大的部位的用钢是最大的难题，为了有效控制构件的最大壁厚，减少焊接工作量，使连接构造比较合理，钢的强度既要有张力，又要柔韧有拉力，还要能抗低温、易焊接，自重又不能太重。这种钢材在国内是个空白，国际上也没有先例。

经过设计师、钢结构及钢材专家、工程技术人员的多次研究和计算，“鸟巢”最关键部位的用钢将采用高强度的Q460E-Z35钢材，钢板最大厚度达到110毫米，要求-40℃的冲击，抗应力腐蚀、抗层状撕裂性能达到Z35。

说起Q460钢材，大多数人可能都不了解。“鸟巢”结构设计奇特新颖，而这次搭建它的钢结构的Q460也有很多独到之处：Q460是一种低合金高强度钢，它在受力强度达到460兆帕时才会发生塑性变形，这个强度要比一般钢材大，因此生产难度很大。这是国内在建筑结构上首次使用Q460规格的钢材；而这次使用的钢板厚度达到110毫米，是以前绝无仅有的，在国家标准中，Q460的最大厚度也只是100毫米。以前这种钢一般从卢森堡、韩国、日本进口。为了给“鸟巢”提供“合身”的Q460，从2004年9月开始，我国特种钢厂的科研人员开始了长达半年多的科技攻关，终于获得成功。如今，具有知识产权的国产Q460钢材已经撑起“鸟巢”的铁骨钢筋。

## 2.1 金属腐蚀倾向的热力学判据

自然界中绝大多数金属元素(除Au、Pt等贵金属之外)均以化合态存在。大部分金属单质是通过外界对化合态体系提供能量(热能或者电能)还原而成的，因此，在热力学上金属单质是一个不稳定体系。在一定的外界环境条件下，金属的单质状态可自发地转变为化合物状态，生成相应的氧化物、硫化物和相应的盐等腐蚀产物，使体系趋于稳定状态，即有自动发生腐蚀的倾向。

金属发生腐蚀的可能性和程度不仅与金属性质有关，还与腐蚀介质的特性和外界条件有关。研究腐蚀现象需要从两个方面着手，一方面是看腐蚀的自发倾向大小，另一方面是看腐蚀进程的快慢，前者需要用热力学原理进行分析，后者则要借助动力学理论。

金属腐蚀反应体系是一个开放体系。在反应过程中，体系与环境既有能量的交换又有物质的交换。金属腐蚀反应一般都是在恒温和恒压的条件下进行的，用体系的热力学状态函数吉布斯(Gibbs)自由能判据来判断反应的方向和限度较为方便。吉布斯自由能用 $G$ 表示，对于等温等压并且没有非体积功的过程，腐蚀体系的平衡态或稳定态对应于吉布斯自由能 $G$ 为最低的状态。设腐蚀反应体系的吉布斯自由能变化为 $\Delta G$，则有

$$\Delta G\begin{cases}<0 & \text{自发过程}\\ =0 & \text{平衡}\\ >0 & \text{逆向自发}\end{cases} \tag{2-1}$$

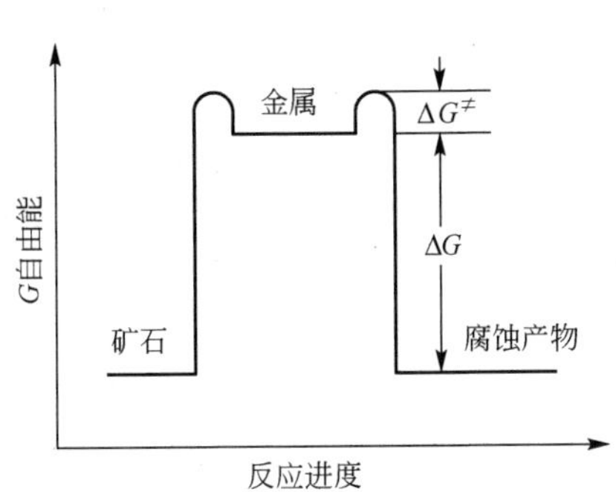


**图 2.1 物质的吉布斯自由能**

自然环境中的大多数金属的单质状态和化合物状态的吉布斯自由能高低表现出图 2.1 所示的状况，即腐蚀产物与矿石一样处于低能的稳定状态，金属单质处于高能的状态，由于存在 $\Delta G^{\neq}$ 活化能，金属单质处在亚稳态，易自发进入低能状态。因此金属腐蚀具有自发倾向。

一个腐蚀体系是由金属和外围介质组成的多组分敞开体系。对于一个腐蚀化学反应，可用下式表示。

$$0=\sum_i \nu_i A_i \tag{2-2}$$

式中，$\nu_i$ 为反应式中组分 $i$ 的化学计量数，反应物的计量数取负值，生成物的计量数取正值；$A_i$ 为参加腐蚀反应的物质组分。

在任意情况下，腐蚀反应体系吉布斯自由能的改变 $\Delta G$ 服从范特荷甫等温方程。

$$\Delta G=\Delta G^{\theta}+RT\ln Q \tag{2-3}$$

式中，$\Delta G^{\theta}$ 为反应的标准吉布斯自由能的改变；$R$ 为气体常数；$T$ 为热力学温度，$Q$ 为活度商(或者逸度商)，用下式表示。

$$Q=\Pi a_i^{\nu_i} \tag{2-4}$$

式中，$a_i$ 为任意条件下的腐蚀反应组分 $i$ 的活度。

当腐蚀反应处在标准态($a_i=1$)时，活度商 $Q$ 为 1，体系吉布斯自由能的改变 $\Delta G$ 就等于标准态吉布斯自由能的改变 $\Delta G^{\theta}$；当腐蚀反应达平衡时，活度商 $Q$ 就是平衡常数 $K$。体系吉布斯自由能的改变 $\Delta G$ 为 0，得出标准吉布斯自由能的改变与平衡常数的关系式。

$$\Delta G^{\theta}=-RT\ln K \tag{2-5}$$

所以在任意活度的情况下，吉布斯自由能的改变为

$$\Delta G=\Delta G^{\theta}+RT\ln\Pi a_i^{\nu_i} \tag{2-6}$$

恒温、恒压条件下，腐蚀反应吉布斯自由能的变化可由反应中各物质的化学势计算得到，即

$$(\Delta G)_{T,P}=\sum_i \nu_i\mu_i \tag{2-7}$$

式中，$\mu_i$ 为组分 $i$ 的化学势。

化学势是恒温恒压及组分 $i$ 以外的其他物质量不变的情况下物质的偏摩尔吉布斯自由能。溶液中组分 $i$ 的化学势等温式为

$$\mu_i = \mu_i^{\theta} + RT\ln a_i \tag{2-8}$$

式中，$a_i$为组分$i$的活度；$R$为气体常数；$T$为热力学温度，$\mu_i^{\theta}$为组分$i$的标准化学势，在数值上等于该组分的标准摩尔生成吉布斯自由能$\Delta G_{m,f}^{\theta}$，即

$$\mu_i^{\theta} = \Delta G_{m,f}^{\theta} \tag{2-9}$$

物质的标准摩尔生成吉布斯自由能$\Delta G_{m,f}^{\theta}$是指在100kPa(即1atm)，298.15K的标准条件下，由处于稳定状态的单质生成1mol纯物质时反应的吉布斯自由能的变化。它的值一般可以从物理化学手册上查到。根据式(2-8)和式(2-9)可得到各组分处于非标准态时的化学势$\mu_i$。然后通过式(2-7)求出体系的吉布斯自由能的改变$\Delta G$。以化学势表示的腐蚀反应自发性及倾向大小的判据为

$$(\Delta G)_{T,P} = \sum_i \nu_i\mu_i \begin{cases} <0 & \text{自发过程} \\ =0 & \text{平衡} \\ >0 & \text{逆向自发} \end{cases} \tag{2-10}$$

由式(2-10)来判断腐蚀反应能否自发进行及腐蚀倾向的大小。$\Delta G$的负值的绝对值越大，该腐蚀的自发倾向就越大。

**例题 2.1** 判断铜在25℃时无氧和有氧存在的纯盐酸中的腐蚀倾向。

**解：** 假定$Cu^{2+}$标准态和任意状态的化学位近似相等。

(1) 铜在纯1mol盐酸中(pH=0)

$$Cu + 2H^+ \longrightarrow Cu^{2+} + H_2$$

| | Cu | $2H^+$ | $Cu^{2+}$ | $H_2$ |
|---|---|---|---|---|
| $\mu_i^{\theta}$(kJ/mol) | 0 | 0 | 65.52 | 0 |
| $\mu_i$(kJ/mol) | 0 | 0 | ≈65.52 | 0 |

$$(\Delta G)_{T,P} = \sum_i \nu_i\mu_i = (0+0+65.52+0) = 65.52(\text{kJ/mol}) > 0$$

(2) 铜在含有溶解氧的盐酸(pH=0，$P_{O_2}$=21kPa)

$$Cu + \frac{1}{2}O_2 + 2H^+ \longrightarrow Cu^{2+} + H_2O$$

| | Cu | $\frac{1}{2}O_2$ | $2H^+$ | $Cu^{2+}$ | $H_2O$ |
|---|---|---|---|---|---|
| $\mu_i^{\theta}$(kJ/mol) | 0 | 0 | 0 | 65.52 | −237.19 |
| $\mu_i$(kJ/mol) | 0 | −3.86 | 0 | ≈65.52 | −237.19 |

$$(\Delta G)_{T,P} = \sum_i \nu_i\mu_i = 0 + \left(-\frac{1}{2}\right)\times(-3.86) + 0 + 65.52 - 237.19$$
$$= -169.74(\text{kJ/mol}) < 0$$

由此可见，铜在无氧的纯盐酸中不发生腐蚀，而在有氧溶解的盐酸里将被腐蚀、因此腐蚀条件对金属的腐蚀倾向有很大的影响。同一介质，不同金属的腐蚀倾向有很大的不同。

**例题 2.2** 在25℃和一个大气压下，分别把Zn、Ni及Au等金属片浸入到不含氧的纯硫酸溶液(pH=0)中，分别写出它们的腐蚀反应，并求吉布斯自由能变化。

**解：**

(1) Zn在硫酸溶液中

$$Zn + 2H^+ \longrightarrow Zn^{2+} + H_2$$

| | Zn | $2H^+$ | $Zn^{2+}$ | $H_2$ |
|---|---|---|---|---|
| $\mu_i^{\theta}$(kJ/mol) | 0 | 0 | −147.21 | 0 |
| $\mu_i$(kJ/mol) | 0 | 0 | ≈−147.21 | 0 |

$$(\Delta G)_{T,P} = \sum_i \nu_i \mu_i = -147.21(\text{kJ/mol}) < 0$$

(2) Ni 在硫酸溶液中

$$\text{Ni} + 2\text{H} \longrightarrow \text{Ni}^{2+} + \text{H}_2$$

| | | | | |
|---|---|---|---|---|
| $\mu_i^\theta$(kJ/mol) | 0 | 0 | −48.24 | 0 |
| $\mu_i$(kJ/mol) | 0 | 0 | ≈−48.24 | 0 |

$$(\Delta G)_{T,P} = \sum_i \nu_i \mu_i = -48.24(\text{kJ/mol} < 0$$

(3) Au 在硫酸溶液中

$$\text{Au} + 3\text{H}^+ \longrightarrow \text{Au}^{3+} + 3/2\text{H}_2$$

| | | | | |
|---|---|---|---|---|
| $\mu_i^\theta$(kJ/mol) | 0 | 0 | 433.46 | 0 |
| $\mu_i$(kJ/mol) | 0 | 0 | ≈433.46 | 0 |

$$(\Delta G)_{T,P} = \sum_i \nu_i \mu_i = 433.46(\text{kJ/mol}) > 0$$

以上 3 个例子表明，Zn 和 Ni 和氢离子反应的 $\Delta G$ 具有很高的负值，所以它们在纯 $H_2SO_4$ 水溶液中的腐蚀倾向很大，但 Au 的 $\Delta G$ 具有很大的正值，因此 Au 在纯 $H_2SO_4$ 水溶液中是十分稳定的，即 Au 不发生腐蚀。

**例题 2.3** 求在 25℃和一个大气压下的不同介质中，铁的腐蚀反应以及吉布斯自由能的变化。

**解：**

(1) 在酸性水溶液中(pH＝0)

$$\text{Fe} + 2\text{H}^+ \longrightarrow \text{Fe}^{2+} + \text{H}_2$$

| | | | | |
|---|---|---|---|---|
| $\mu_i^\theta$(kJ/mol) | 0 | 0 | −78.87 | 0 |
| $\mu_i$(kJ/mol) | 0 | 0 | −78.87 | 0 |

$$(\Delta G)_{T,P} = \sum_i \nu_i \mu_i = -78.87(\text{kJ/mol}) < 0$$

(2) 在同空气接触的纯水中(pH＝7，$Po_2$＝0.21atm)

$$\text{Fe} + \frac{1}{2}\text{O}_2 + \text{H}_2\text{O} \longrightarrow \text{Fe(OH)}_2$$

| | | | | |
|---|---|---|---|---|
| $\mu_i^\theta$(kJ/mol) | 0 | 0 | −237.19 | −483.54 |
| $\mu_i$(kJ/mol) | 0 | −3.86 | −237.19 | ≈−379.18 |

$$(\Delta G)_{T,P} = \sum_i \nu_i \mu_i = -244.42(\text{kJ/mol}) < 0$$

(3) 在同空气接触的碱性水溶液中(pH＝14，$Po_2$＝0.21atm)

$$\text{Fe} + \frac{1}{2}\text{O}_2 + \text{OH}^- \longrightarrow \text{HFeO}_2^-$$

| | | | | |
|---|---|---|---|---|
| $\mu_i^\theta$(kJ/mol) | 0 | 0 | −157.30 | −379.18 |
| $\mu_i$(kJ/mol) | 0 | −3.86 | −157.30 | ≈−483.54 |

$$(\Delta G)_{T,P} = \sum_i \nu_i \mu_i = -219.91(\text{kJ/mol}) < 0$$

以上结果表明，铁在酸性、中性和碱性的水溶液中都是不稳定的，都有发生腐蚀的倾向。

需要指出，通过计算 $\Delta G$ 值而得到的金属腐蚀倾向的大小，并不是腐蚀速率大小的度量。因为具有高负值的 $\Delta G$ 并不总是具有高的腐蚀速率。在 $\Delta G$ 为负值的情况下，反应速率可大可小。这主要取决于各种因素对反应过程的影响。速率问题是属于动力学讨论的范畴。

## 2.2 电化学腐蚀电池

电化学腐蚀是指金属和电解质接触时，金属失去电子变为离子进入溶液引起的金属的破坏。由于实际中电化学腐蚀的环境十分普遍，因而电化学腐蚀是金属材料腐蚀中最普遍的现象。例如，在潮湿的大气中各种金属结构、车辆、飞机、桥梁钢架等的腐蚀，海水中采油平台、码头、船体的腐蚀，土壤中地下管道的腐蚀，在含酸、含碱、含盐的水溶液等工业介质中各种金属及其设备的腐蚀以及熔盐中金属的腐蚀等，都属于电化学腐蚀。其实质是浸在电解质溶液中的金属表面上进行阳极氧化溶解的同时还伴随着溶液中氧化剂在金属表面上的还原，其腐蚀破坏规律遵循电化学腐蚀原理。为了解释金属发生电化学腐蚀的原因，人们提出了腐蚀原电池模型。为了更深入了解腐蚀电池的工作原理，先介绍一下可逆原电池和电解池。

1. 原电池

原电池是一个可以将化学能转变为电能的装置。铜锌原电池(也称丹尼尔原电池)是人们熟知的可逆原电池，如图 2.2 所示。原电池由 3 部分组成，即负电极系统、正电极系统和电解质溶液系统。按照电化学定义，电极电位较低的电极称为负极，电极电位较高的电极称为正极。根据习惯上的称谓，在原电池中，负极是阳极，发生氧化反应；正极是阴极，发生还原反应。也就是人们常说的阳极氧化，阴极还原。丹尼尔原电池中，锌电极作为阳极，发生氧化反应

$$Zn-2e^{-}\longrightarrow Zn^{2+}$$

铜电极作为阴极，发生还原反应

$$Cu^{2+}+2e^{-}\longrightarrow Cu$$

这两种反应又叫电极反应。整个电池总反应为

$$Cu^{2+}+Zn\longrightarrow Cu+Zn^{2+}$$

当外电路与负载接通时，如图 2.2 所示，原电池开始工作，在低电位的锌电极上，锌不断溶解为锌离子，即阳极发生氧化反应；在高电位的铜电极上，铜离子不断沉积为金属铜，即阴极发生还原反应。电子从锌极通过外电路流向铜极，即电子由低电位处通过外电路向高电位处流动。而在水溶液中，电荷的传递是依靠溶液中正负离子的迁移来完成的。由于和锌极相接触的水溶液区域的电位高于和铜极相接触的水溶液区域的电位，这样锌极水溶液区域的正离子就会向铜极水溶液区域迁移，铜极水溶液区域的负离子就会向锌极水溶液区域迁移，双方通过盐桥中的正负离子接替传递电荷，使得整个电池形成了一个电流回路。图 2.2 中箭头的方向是电流的方向。电流的流动将化学能转变为电能并带动负载工作，对负载做了有用功。

2. 电解池

将铜锌原电池中的负载改为电源，相当于外加电源和原电池并联，就形成了电解池，如图 2.3 所示。并联的结果会出现两种情况。一是若外加电源的电位差大于原电池的电位差时，外加电源对原电池做电功，原电池就变为了电解池；二是如果外加电源的电位差小于原电池的电位差时，原电池反过来对外加电源做电功，恢复为其原电池的状态。一般电

解池的外加电源的电位都大于原电池的电位，所以电解池是一个可以将电能转变为化学能的装置。在铜锌电解池中，外加电源的电位差大于原电池电位差，此时铜极电位低于外加电源的正极，电子由铜极流向外加电源的正极，铜极就成为阳极(处于低电位状态)，发生氧化反应；锌极电位高于外加电源的负极，电子由外加电源的负极流向锌极，锌极就成为阴极(处于高电位状态)，发生还原反应。在溶液中正负离子的迁移方向和原电池正好相反。图 2.3 中箭头的方向是电流的方向。因此，铜锌原电池和电解池是互为可逆的。在电解池中，作为阳极的铜电极发生氧化反应

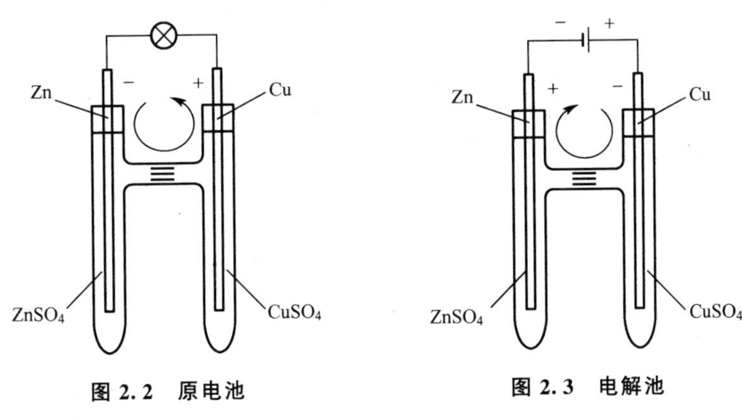


**图 2.2　原电池**　　**图 2.3　电解池**

$$Cu-2e^{-}\longrightarrow Cu^{2+}$$

作为阴极的锌电极发生还原反应

$$Zn^{2+}+2e^{-}\longrightarrow Zn$$

整个电池总反应为

$$Zn^{2+}+Cu\longrightarrow Zn+Cu^{2+}$$

电解池工作期间，铜电极不断发生氧化反应，失去电子变为 $Cu^{2+}$ 进入溶液。锌电极上不断进行着还原反应，$Zn^{2+}$ 从外电路获得电子还原为 Zn。外加电源做功将电能转化为化学能。

以上分析表明，不论是原电池还是电解池，发生氧化反应的电极一定是处于低电位状态；发生还原反应的电极一定处于高电位状态。需要特别指出的是，在电解池中外加电源没有阴阳极之分，只有正负极之分，高电位是正极，低电位是负极。应该明确，电解池中的正极指的是外加电源的正极，对应电解池的阳极，但是阳极电位低于外加电源的正极，电子从阳极流向外加电源的正极，即阳极发生氧化；电解池中的负极指的是外加电源的负极，对应电解池的阴极，但是阴极电位高于外加电源的负极。

3. 腐蚀电池

如果将铜锌两个电极放入同一个电解质溶液稀硫酸中，这样就组成了一个不可逆原电池，如图 2.4 所示。将两个电极短路，这时尽管电路中仍有电流通过，但不能对外做有用功，最终只能以热的形式放出。短路的原电池已经失去了原电池的原有功能，变成了一个进行氧化还原反应的电化学体系，其反应结果是作为阳极的金属锌发生氧化而遭受腐蚀。人们把这种只能导致金属材料破坏而不能对外做有用功的短路原电池称为腐蚀原电池或腐蚀电池。

实际上，在电解液中的两种金属不一定非要有导线连接才能组成腐蚀电池，两种金属直接接触也能组成腐蚀电池。例如，将铜和锌两块金属直接接触，并浸入稀硫酸溶液中，如图 2.5 所示，就组成了一个腐蚀电池。在该腐蚀电池中，有两种金属和稀硫酸溶液组成腐蚀电池体系，称为宏观电池。锌电极电位较低，称为阳极。在阳极，金属 Zn 发生氧化反应，溶解为 $Zn^{2+}$ 进入溶液。在酸性溶液中，由于氢离子 $H^+$ 氧化金属铜的吉布斯自由能的改变为正值，而氢离子氧化金属锌的吉布斯自由能的改变为负值，所以溶液中金属铜成为 $H^+$ 还原的阴极载体，在金属铜上，$H^+$ 获得电子放出氢气，总的结果是金属锌被腐蚀。

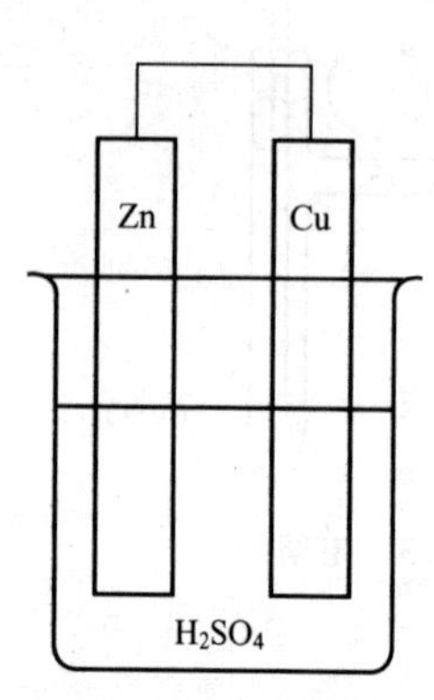


**图 2.4　腐蚀电池**

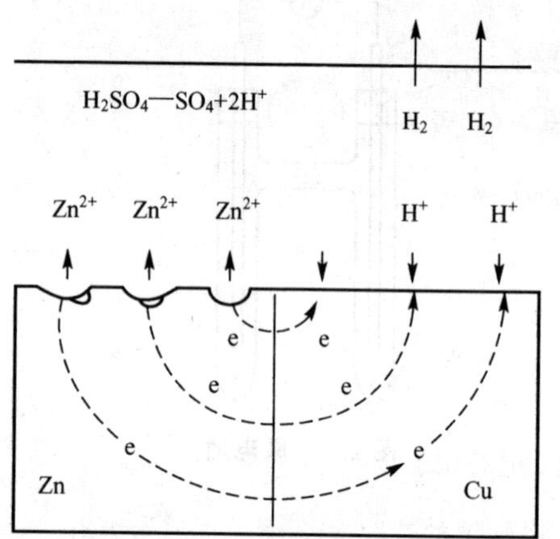


**图 2.5　铜锌接触形成腐蚀电池示意图**

另外一个例子是铸铁在酸中的腐蚀。铁素体球墨铸铁在盐酸水溶液中，构成了以铁素体为阳极，石墨为阴极的腐蚀电池，如图 2.6 所示。在该腐蚀电池中，铸铁微观组织表面有两种导电相物质与电解质溶液组成腐蚀电池体系，称为微观腐蚀电池，又称腐蚀电偶。电子自铁素体流向铁素体周围的石墨，并且在石墨电极表面上与来自溶液的氢离子结合形成氢原子并聚合成氢气泡逸出。与溶液接触的铁素体失去电子变为二价铁离子，这一过程的结果是铁素体被腐蚀。

由此可见，不论是宏观体系还是微观体系，腐蚀电池工作时，电子不是通过导线传递，而是通过不同金属之间直接传递的。也就是说金属本身起着将阳极和阴极短路的作用。腐蚀电池工作的结果使金属遭到腐蚀。在自然界中，由不同金属直接接触的构件或者是合金构件在海水、土壤或酸碱盐水溶液中所发生的腐蚀，就是由于这种腐蚀电池作用而产生的。

单个金属与溶液接触时所发生的金属溶解现象称为金属的自动溶解。这种自动溶解过程可按化学机理进行，也可按电化学机理进行。金属在电解质溶液中的自动溶解属于电化学机理。它是金属发生电化学腐蚀的基本原因。例如将一纯净的金属锌片浸入稀的硫酸溶液中，如图 2.7 所示，可看到在锌片逐渐被溶解的同时，有相当数量的氢气泡不断从锌片上面析出。

此结果说明，在一片均相的锌电极上同时有两个电极反应在进行。该电池的阴极是氢电极，其电极反应按还原反应的方向进行(即 $2H^+ + 2e^- \longrightarrow H_2$)；电池的阳极是锌电极，它的电极反应按氧化的方向进行(即 $Zn \longrightarrow Zn^{2+} + 2e^-$)。这两个电极反应既相互独立，又

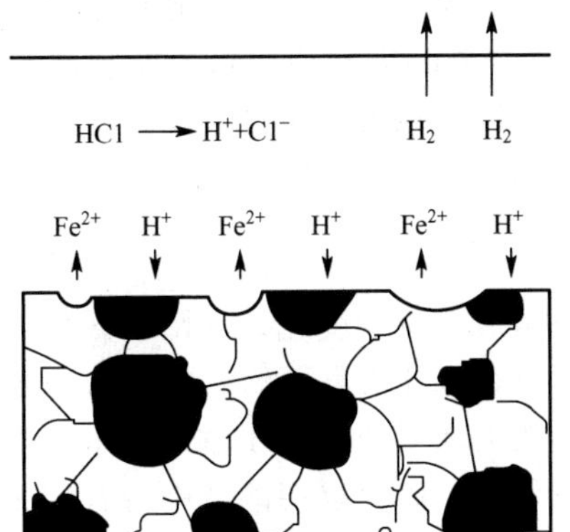

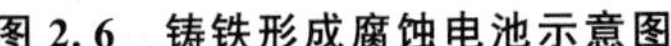

图 2.6 铸铁形成腐蚀电池示意图

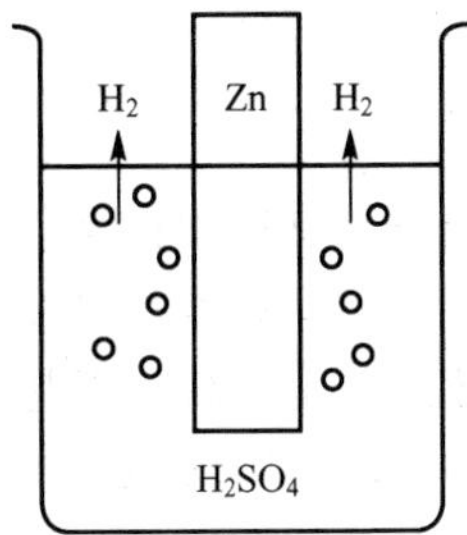


图 2.7 金属锌片在稀酸溶液中的腐蚀

通过电子的传递紧密地联系起来，它们是以相等的速率进行的。由这两个电极反应组成的电池反应是一个氧化还原反应($2H^+ + Zn \longrightarrow Zn^{2+} + H_2$)。我们还可发现，这个电池反应释放出来的化学能全部以热能的方式散失，不产生有用功。电池反应过程是以最大限度的不可逆形式自发地进行着，其结果是导致金属锌的腐蚀破坏。这就是说锌在硫酸中可以发生自溶解过程。我们把在上述单一电极上同时以相等的速率进行着的两个电极反应的现象叫作电极反应的耦合。

4. 金属腐蚀的电化学历程

从上面讨论的腐蚀电池的形成可以看出，一个腐蚀电池必须包括阴极、阳极、电解质溶液和连接阴极与阳极的电子导体等几个组成部分，缺一不可。这几个组成部分构成了腐蚀电池工作历程的3个基本过程。

(1) 阳极过程。金属以离子形式溶解而进入溶液，等电量的电子则留在金属表面，并通过电子导体向阴极区迁移，即阳极发生氧化反应。

$$M \longrightarrow M^{n+} + ne^-$$

(2) 阴极过程。电解质溶液中能够接受电子的物质从金属阴极表面捕获电子而生成新的腐蚀产物，即阴极发生还原反应。

$$D + ne^- \longrightarrow D \cdot ne^-$$

腐蚀的阴极还原反应过程中能够吸收电子的氧化性物质D被称为阴极去极化剂(Depolariser)，其阴极过程又称为去极化过程。多数情况下$H^+$和$O_2$起去极化剂的作用，它们在阴极上能够吸收电子而发生还原反应，生成$H_2$和$OH^-$等。

(3) 电荷的传递。电荷的传递在金属中是依靠电子从阳极流向阴极，在溶液中则是依靠离子的电迁移。这样，通过阴、阳极反应和电荷的流动使整个电池体系形成一个回路，阳极过程就可以连续地进行下去，使金属遭到腐蚀。

腐蚀电池工作时所包含的上述3个基本过程既相互独立，又彼此紧密联系。只要其中一个过程受到阻滞不能进行，则其他两个过程也将受到阻碍而停止，从而导致整个腐蚀过程的终止。金属电化学腐蚀能够持续进行的条件是溶液中存在着可以使金属氧化的去极化剂，而且这些去极化剂的阴极还原反应的电极电位要比金属阳极氧化反应的电极电位高。所以只要溶液中有去极化剂存在，即使是不含(起阴极作用)杂质的纯金属也可能在溶液中发生电化学腐蚀。在这种情况下，阳极和阴极的空间距离可以很小，小到可以用金属的原子间距计算，而且随着腐蚀过程的进行，数目众多的微阳极和微阴极不断地随机交换位置，以至于经过腐蚀以后的金属表面上无法分辨出腐蚀电池的阳极区和阴极区，在腐蚀破坏的形态上呈现出均匀腐蚀的特征。

5. 腐蚀的次生过程

在腐蚀过程中，靠近阳极和阴极区域的电解质组成会发生变化。在阳极区附近由于金属的溶解，金属离子的浓度增高了，而在阴极区附近由于 $H^+$ 离子的放电或水中溶解氧的还原均可使溶液的 pH 升高。于是在电解质溶液中就出现了金属离子浓度和 pH 不同的区域。显然，不同区域的溶液浓度的差别产生了扩散作用，以力求使溶液中所有区域的组成趋向一致。在阳极过程和阴极过程的产物因扩散而相遇的地方，可能导致腐蚀次生过程的发生，形成难溶性产物。例如由锌、铜和氯化钠溶液所组成的腐蚀电池，当它工作时，就会出现锌离子向 pH 足够高的区域迁移的情况，形成氢氧化锌的沉淀物。

$$Zn^{2+} + 2OH^- \longrightarrow Zn(OH)_2 \downarrow$$

这种反应产物称为腐蚀次生产物，也称腐蚀产物。某些情况下腐蚀产物会发生进一步的变化。例如铁在中性的水中腐蚀时 $Fe^{2+}$ 离子转入溶液遇到 $OH^-$ 离子就生成 $Fe(OH)_2$，$Fe(OH)_2$ 又可以被溶液中的溶解氧所氧化而形成 $Fe(OH)_3$。

$$4Fe(OH)_2 + O_2 + 2H_2O \longrightarrow 4Fe(OH)_3$$

随着条件的不同(如温度、介质的 pH 及溶解的氧含量等)也可得到更为复杂的腐蚀产物。例如铁锈的组成可表示如下。

$$mFe(OH)_2 + nFe(OH)_3 + pH_2O \quad 或 \quad mFeO + nFe_2O_3 + pH_2O$$

这里系数 $m$、$n$、$p$ 的数值随着条件的不同会有很大的改变。

## 2.3 腐蚀电池的分类

根据组成腐蚀电池的电极的大小，并考虑到促使形成腐蚀电池的主要影响因素及金属破坏的表现形式，可以把腐蚀电池分为两大类：宏观腐蚀电池和微观腐蚀电池。

1. 宏观腐蚀电池

这种腐蚀电池通常是指由肉眼可见到的电极所构成的“大电池”。常见的有以下 3 种。

1) 异金属接触电池

当两种具有不同电极电位的金属或合金相互接触(或用导线连接起来)，并处于电解质溶液之中时，使电位较负的金属不断遭受腐蚀，而电位较正的金属却得到了保护。这种腐蚀电池称为腐蚀电偶。例如锌—铜相连浸入稀硫酸中；通有冷却水的碳钢—黄铜冷凝器以及船舶中的铜壳与其铜合金推进器等均构成这类腐蚀电池。此外，化工设备中不同金属的组合件(如螺钉、螺帽、焊接材料等和主体设备连接)也常出现接触腐蚀。在这里促使形成接触电池的最主要因素是异金属的电位差。当这两种金属的电极电位相差越大，电偶腐蚀越严重。电池中阴、阳极的面积比和电介质的电导率等因素也对腐蚀有一定的影响。

2) 浓差电池

浓差电池的形成是由于同一金属的不同部位所接触介质的浓度不同而形成的电池。最常见的浓差电池有两种。

盐浓差电池：例如一长铜棒的一端与稀的硫酸铜溶液接触，另一端和浓的硫酸铜溶液接触，那么与较稀溶液接触的一端因其电极电位较负，作为电池的阳极将遭受到腐蚀。但在较浓溶液中的另一端，由于其电极电位较正作为电池的阴极，故溶液中的 $Cu^{2+}$ 离子将在这一端的铜上面析出金属 Cu。

氧浓差电池：这是由于金属与含氧量不同的溶液相接触而形成的，又称充气不均匀电池。这种电池是造成金属局部腐蚀的重要因素之一。它是一种较普遍存在的、危害很大的一种腐蚀破坏形式。金属浸于含有氧的中性溶液里会形成氧电极，并发生如下的电极反应。

$$O_2+2H_2O+4e^-\longrightarrow 4OH^-$$

氧电极的电极电位与氧的分压大小有关，氧的分压越大，氧电极的电极电位就越高。因此，如果介质中氧的含量不同，就会因氧浓度的差别产生电位差。金属在氧浓度较低的区域相对于氧浓度较高的区域来说，因其电极电位较低而成为阳极，故在这一区域中的金属将受到腐蚀。例如工程部件多是用铆、焊、螺钉等方法连接的，在连接区就有可能出现缝隙。由于在缝隙深处补充氧特别困难，因此，便容易形成氧浓差电池，导致了缝隙处的严重腐蚀。埋在不同密度或深度的土壤中的金属管道及设备也因为土壤中氧的充气不均匀而造成氧浓差电池的腐蚀。

3）温差电池

浸入电解质溶液的金属因处于不同温度的情况下形成的电池称为温差电池。它常常发生在换热器、浸式加热器及其他类似的设备中。例如检修碳钢换热器可发现其高温端比低温端腐蚀严重。这是由于在介质中，高温部位的铁是腐蚀电池的阳极，而低温部位则是电池的阴极。

上面介绍的是常见的 3 种宏观腐蚀电池。实际上腐蚀现象往往是几种(包括下面将介绍的微电池)类型的腐蚀电池共同作用的结果。

### 2. 微观腐蚀电池

在金属表面上由于存在许多极微小的电极而形成的电池称为微电池。微电池是因金属表面的电化学的不均匀性所引起的，不均匀性的原因是多方面的。

1）金属化学成分的不均匀性

工业上使用的金属常常含有各种杂质。因此，当金属与电解质溶液接触时，这些杂质则以微电极的形式与基体金属构成了许许多多短路了的微电池系统。倘若杂质作为微阴极存在，它将加速基体金属的腐蚀；反之，若杂质是微阳极的话，则基体金属会受到保护而减缓其腐蚀。例如，Cu、Fe 和 Sb 等对锌在硫酸溶液中的腐蚀会起强烈的加速作用，而 Sn 和 As 所起的加速作用则较小。Al、Pb、Hg 等杂质起了减缓锌在硫酸溶液中腐蚀的作用。例如碳钢和铸铁是制造工业设备最常用的材料，由于它们含有杂质 $Fe_3C$ 和石墨，在它们与电解质溶液接触时，这些杂质的电位比铁正，成为无数个微阴极，从而加快了基体金属铁的腐蚀。

2）组织结构的不均匀性

组织结构是组成合金的粒子种类、含量和它们的排列方式的统称。在同一金属或合金内部一般存在着不同组织结构区域，因而有不同的电位值。例如，金属中的晶界是原子排列较为疏松而紊乱的区域，在这个区域容易富集杂质原子，产生所谓晶界吸附和晶界沉淀。这种化学不均匀性一般会导致晶界比晶粒内更为活泼，具有更负的电位。例如工业纯铝其晶粒内的电位为 0.585 伏，晶界的电位却为 0.494 伏。所以晶界成为微电池的阳极，因此，腐蚀首先从晶界开始。

3）物理状态的不均匀性

金属在机械加工过程中常常造成金属各部分变形和受应力作用的不均匀性。一般的情况是变形较大和应力集中的部位成为阳极。例如在铁板弯曲处及铆钉头的地方发生腐蚀即属于这个原因。

4）金属表面膜的不完整性

这里讲的表面膜是指初生膜。如果这种膜不完整、有孔隙或破损，则孔隙下或破损处的金属相对于表面来说，具有较负的电极电位，成为微电池的阳极，故腐蚀将从这里开始。

在生产实践中，要想使整个金属表面的物理和化学性质、金属各部位所接触的介质的物理和化学性质完全相同，使金属表面各点的电极电位完全相等是不可能的。金属表面的物理和化学性质存在差别，使金属表面各部位的电位不相等，统称为电化学不均匀性，它是形成腐蚀电池的基本原因。

综上所述，腐蚀原电池是一种短路了的电池。当它工作时虽然也产生电流，但其电能不能被利用，而是以热的形式散失掉了，其工作的直接结果只是加速了金属的腐蚀。

## 2.4 电极和电极电位

1. 电极

电化学腐蚀是一个有电荷转移的多相反应过程，这里有必要了解相的概念。由物理性质和化学性质完全相同的物质组成的、与系统的其他部分之间有界面隔开的集合叫作相。例如气相、液相和固相。由一种相组成的体系称为单相体系（又叫均相体系）；由两种或两种以上的相组成的体系称为多相体系。相与相之间的接触区域称为界面，如气液界面，气固界面和液固界面。电化学过程就发生在液固界面。

电极系统由两个相组成，一个相是电子导体（叫电子导体相），另一个相是离子导体（叫离子导体相）。由电子导体相和离子导体相组成的多相体系称为电极，又称电极系统。例如，金属铜浸在去除了氧的硫酸铜水溶液中，就构成了一个电极系统。在两相界面上就会发生下述物质变化。

$$Cu \longrightarrow Cu^{2+} + 2e^-$$

这个反应就叫电极反应，也就是说，在电极系统中伴随着两个非同类导体相（Cu 和 $CuSO_4$ 溶液）之间的电荷转移，在两相界面上发生的化学反应，称为电极反应。这时将 Cu 称为铜电极。

在电化学中，电极系统和电极反应这两个术语的意义是很明确的，但电极这个概念的含义却并不很肯定，在多数场合下，仅指组成电极系统的电子导体相或电子导体材料，而在少数场合下指的是某一特定的电极系统或相应的电极反应，而不是仅指电子导体材料。

如一块铂片浸在 $Cl_2$ 气氛下的 HCl 溶液中，如图 2.8 所示，此时构成电极系统的是电子导体相 Pt 和离子导体相的盐酸水溶液。因为实质上在电极上发生的是氯分子和氯离子的氧化还原反应，所以称之为氯电极而不是铂电极，惰性金属 Pt 仅仅是一个导体。

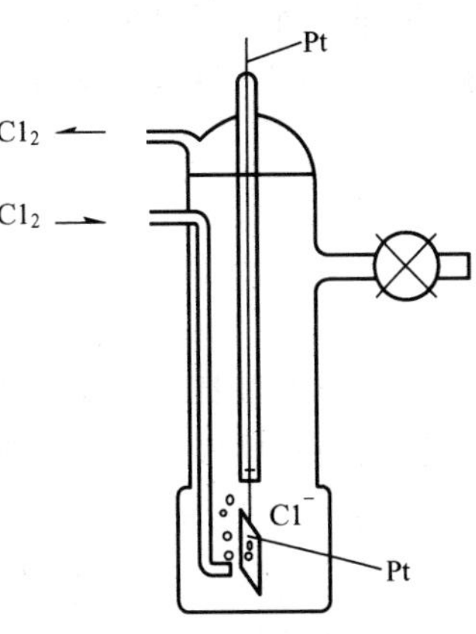


**图 2.8 氯电极示意图**

2. 电极的类型

1）第一类电极

由金属和其离子溶液组成的电极体系称为第一类电极。该电极要求金属与含该金属离子的溶液在未构成电池回路时不发生化学反应，即单独地将金属浸入离子溶液不发生化学反应。若将 K、Na 等活泼金属放入 KOH、NaOH 水溶液中，则 K、Na 易与水溶液中的水发生剧烈反应，所以不能单独构成 $K/K^+$、$Na/Na^+$ 电极。

金属和其离子组成的电极可以用 $M/M^{n+}$ 或者 $M|M^{n+}$ 表示。例如铜锌原电池中，铜电极用 $Cu/Cu^{2+}$ 或者 $Cu|Cu^{2+}$；锌电极用 $Zn/Zn^{2+}$ 或者 $Zn|Zn^{2+}$ 表示，又称半电池，由两个半电池可以组成一个全电池。为了书写方便，全电池可简单地表示为

$$(-)Zn|ZnSO_4(水溶液)\|CuSO_4(水溶液)|Cu(+)$$

其中，“|”表示有两相界面存在，“‖”表示半透膜“盐桥”，它可以基本消除两溶液之间的液体接界电位。

在铜锌原电池中，电极反应分别为

$$Cu^{2+}+2e^- \longrightarrow Cu$$
$$Zn-2e^- \longrightarrow Zn^{2+}$$

全电池反应为

$$Cu^{2+}+Zn \longrightarrow Cu+Zn^{2+}$$

另外第一类电极还包括气体电极，即气体和其离子溶液组成的电极体系。该电极需要一个惰性的电子导电体充当电化学反应的载体。例如氢电极、氧电极、氯电极等，分别用 $Pt|H_2|H^+$，$Pt|O_2|OH^-$，$Pt|Cl_2|Cl^-$ 表示。电极反应分别为

$$2H^+ +2e^- \longrightarrow H_2$$
$$O_2+2H_2O+4e^- \longrightarrow 4OH^-$$
$$Cl_2+2e^- \longrightarrow 2Cl^-$$

在气体电极中，惰性的电子导电体金属 Pt 不参与电化学反应，仅起一个导电材料的作用。

2）第二类电极

由金属和其难溶盐以及难溶盐的负离子溶液组成的电极系统称为第二类电极。例如，氯化银电极 $Ag|AgCl|Cl^-$；甘汞电极 $Hg|Hg_2Cl_2|Cl^-$；硫酸亚汞电极 $Hg|Hg_2SO_4|SO_4{}^{2-}$ 等。电极反应分别为

$$AgCl+e^- \longrightarrow Ag+Cl^-$$
$$Hg_2Cl_2+2e^- \longrightarrow 2Hg+2Cl^-$$
$$Hg_2SO_4+2e^- \longrightarrow 2Hg+SO_4^{2-}$$

另外由金属和其难溶氧化物以及酸性溶液或碱性溶液组成的电极体系也称为第二类电

极。例如，氧化银电极 $Ag|Ag_2O|OH^-$，$Ag|Ag_2O|H^+$；氧化汞电极 $Hg|HgO|OH^-$；$Hg|HgO|H^+$。电极反应分别为

$$Ag_2O+H_2O+2e^- \longrightarrow 2Ag+2OH^-$$
$$Ag_2O+2H^++2e^- \longrightarrow 2Ag+H_2O$$
$$HgO+H_2O+2e^- \longrightarrow Hg+2OH^-$$
$$HgO+2H^++2e^- \longrightarrow Hg+H_2O$$

第二类电极具有制作方便、电位稳定、可逆性强等特点。它比单质-离子电极稳定性好，因为纯单质气体或金属难制备、易污染。

3) 第三类电极

由惰性金属 Pt 在含有某种物质的不同氧化态离子的溶液中构成的电极体系称为第三类电极，又称氧化还原电极。其中惰性金属 Pt 只起导电作用，氧化还原反应在同一液相中进行。例如，铁离子氧化还原电极 $Pt/Fe^{3+}$，$Fe^{2+}$；锡离子氧化还原电极 $Pt/Sn^{4+}$，$Sn^{2+}$，电极反应分别为

$$Fe^{3+}+e^- \longrightarrow Fe^{2+}$$
$$Sn^{4+}+2e^- \longrightarrow Sn^{2+}$$

电极由两个物质相构成，在两相界面(电极表面)发生电化学反应。发生电化学反应的推动力是反应物质在两相中的电化学位之差。电化学反应包括化学反应(氧化反应和还原反应)和电荷的定向流动两个部分，化学反应由化学位决定，电荷的定向流动则与构成电极的物质相的相间电位差有关。

### 3. 相间电位差的形成和双电层的建立

金属作为一个整体是电中性的，当金属固相与溶液接触时，会出现电荷的交换。在两相刚接触时，电荷主要沿一个方向越过界面，这导致了某种电荷在界面一侧过剩，而在界面的另一侧则出现不足。这就使得在电极材料与溶液之间的相界区不同于电极材料或溶液本身，正负电荷不均匀地分布在该相界区，于是形成了过剩电荷型双电层，从而产生了电位差。

对于负电性金属(如 Zn、Gd、Mg 和 Fe 等，此类金属与氢离子反应的吉布斯自由能改变具有很大的负值)，由于其具有自发腐蚀的倾向，金属就会变成离子进入溶液，留下相应的电子在金属表面上。当溶解达到稳态时，使得金属表面产生一定量负电荷，而与金属表面相接触的溶液出现了等量的正电荷，如图 2.9(a)所示。这种情况下金属表面的电位低于溶液的电位，电位分布如图 2.9(b)所示。

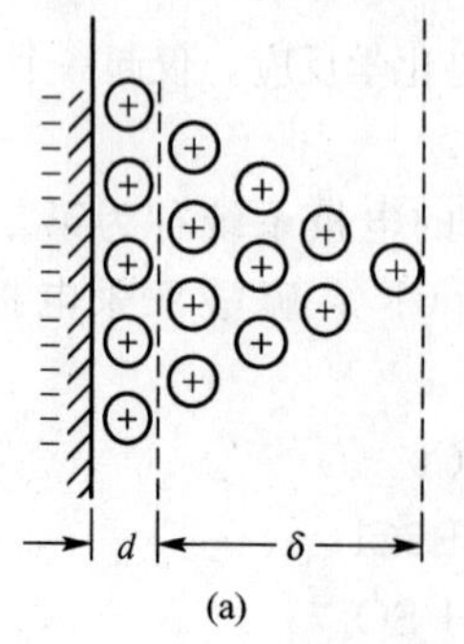


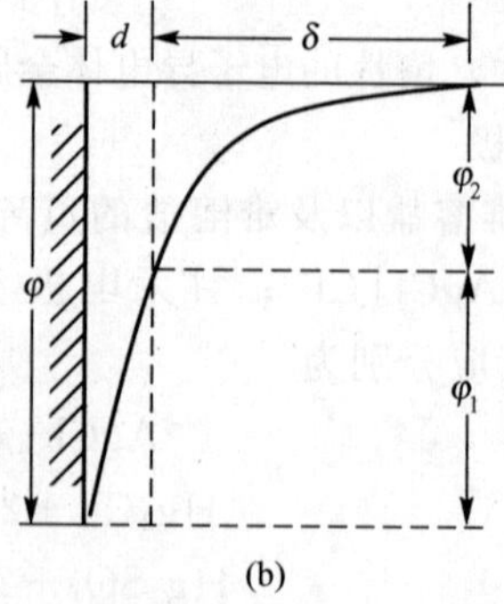


**图 2.9 负电性金属表面双电层示意图**

对于正电性金属(如 Cu、Ag、Hg、Pt 等)与溶液接触时，由于水化离子进入金属晶格或者金属表面优先吸附正离子的倾向，使得金属表面带正电，而与金属表面相接触的溶液带等量的负电荷，同样形成了双电层，如图 2.10(a)所示。这种情况下金属表面电位高于溶液的电位，电位分布如图 2.10(b)所示。

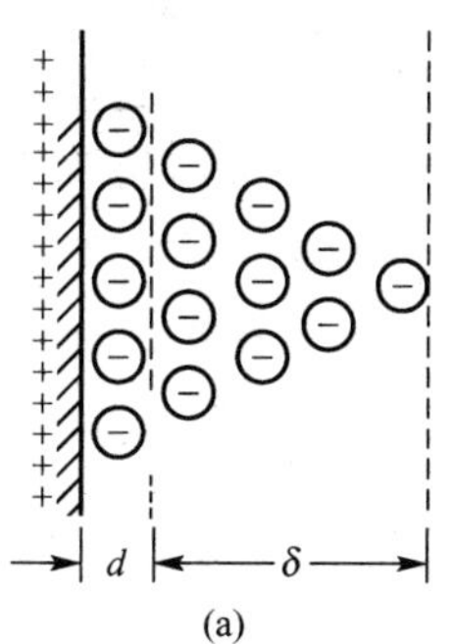


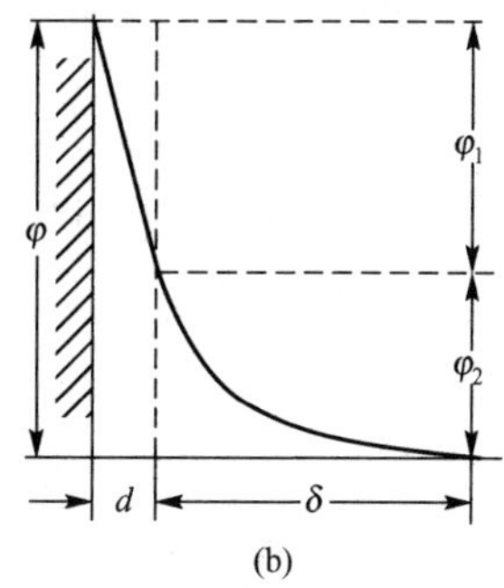


**图 2.10 正电性金属表面双电层示意图**

双电层的结构可以分为两个部分：紧密双层和扩散双层。紧密双层又称 Helmholtz 双层，扩散双层又称 Gouy - Chapman 双层，紧密双层和扩散双层串联在一起的双电层又称为 Stern 双电层。关于双电层的结构的理论模型请读者参考有关电化学专著。紧密层厚度 $d$ 约为 $10^{-10}$m(0.1nm)；扩散层厚度 $\delta$ 一般在 $10^{-9}\sim10^{-8}$m(1～10nm)之内。紧密层厚度一般不发生变化，而扩散层厚度与溶液的流动性有关。流动性增大，扩散层厚度变小。因双电层的形成引起的金属和溶液的相间电位差 $\varphi$ 由紧密层引起的电位差 $\varphi_1$ 和扩散层引起的电位差 $\varphi_2$ 组成，如图 2.9(b)和图 2.10(b)所示。

$$\varphi=\varphi_1+\varphi_2$$

4. 电极电位

1) 绝对电极电位

电极是由电子导体相和离子导体相组成的体系。由前述可知，由于双电层的建立，使金属与溶液之间产生了电位差($\varphi_s-\varphi_l$)。通常把构成电极的两个端相间的电位差就称为绝对电极电位。绝对电极电位与构成电极相的性质，如电子导电相的成分、表面状态和离子导电相的浓度、温度等有关。

2) 相对电极电位

绝对电极电位(即金属固相与溶液相的电位差)值是无法测量出来的。在实际中经常使用的是相对电极电位，相对电极电位是电极的各个相间电位差之和。由图 2.11 可知，要测量 Cu 电极和水溶液的电位差，必须引入另一个和溶液接触的金属 Me，此时 Me 和水溶液又形成了一个电极系统，同样有一个电位差。严格地说，连接测量电表的铜线和金属 Me 也形成了接触电位差。所以实际上测得的电位差是

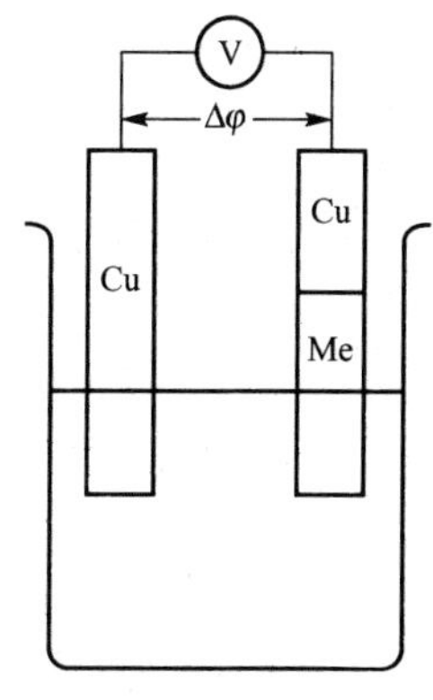


**图 2.11 电极电位测量示意图**

$$\Delta\varphi=(\varphi_{Cu}-\varphi_l)+(\varphi_l-\varphi_{Me})+(\varphi_{Me}-\varphi_{Cu})$$

如果不考虑铜线和金属 Me 的接触电位差，实际测得的电位差也就是由 Cu/水溶液和 Me/水溶液两个电极系统所组成的原电

池的电动势。而这个为了测量而使用的电极系统(Me/水溶液)叫参考电极(一个电极电位很稳定的非极化电极)。

待测电极系统与参考电极系统组成的原电池的电动势称为该电极的相对电极电位。当参考电极是标准氢电极时，按化学热力学中规定，标准氢电极的电位值为零。所以用标准氢电极与待测电极系统组成的原电池的电动势称为该电极的氢标电位，也称为该电极的电极电位。

金属的相对电极电位是可以测量的，但是在实际中用标准氢电极作参考电极不方便，而采用其他参考电极(如饱和甘汞电极等)，所测得的电极电位与用标准氢电极所测得的电极电位之间就有一个差值，测定了这些差值后，将用不同的参考电极测出的电极电位值换算成氢标电位才是金属的电极电位。常用的参考电极及其氢标电位见表 2-1 所示。

**表 2-1　常用参考电极在 25℃ 时相对于标准氢电极的电位**

| 参考电极 | 标准电位值 $\varphi^{\theta}$/V |
|---|---|
| 标准氢电极 | 0.0000 |
| 饱和甘汞电极 | +0.2416 |
| 银-氯化银电极 | +0.2223 |
| 铜-硫酸铜电极 | +0.3160 |
| 硫酸亚汞电极 | +0.6580 |

如果测出了金属相对饱和甘汞电极的电位值，可用下式换算成金属的电极电位 $\varphi$。

$$\varphi=0.2416+\varphi_{Hg_2Cl_2}$$

3) 平衡电极电位

从双电层建立过程的讨论知道，双电层出现后，对于负电性金属而言，在双电层电场力的作用下，金属离子脱离晶格向溶液迁移的速率将越来越小，而其自溶液中沿相反方向向金属表面的迁移速率将越来越大。二者速率相等时，可以建立起如下的电化学平衡。

$$M^{n+}+ne^{-}\rightleftharpoons M$$

即电荷和物质均达到了平衡。在这种情况下，在金属—溶液界面建立起一个不变的电位差，此时金属的电极电位就是它的平衡电极电位，以 $\varphi^{\circ}$表示。

平衡电极电位就是可逆电极电位，该过程的物质交换和电荷交换都是可逆的。在各种不同的物理、化学因素的影响下，电极过程的平衡将发生移动。例如在溶液中增加金属离子 $M^{n+}$ 的浓度，则平衡向右移动。当温度升高时，金属离子向溶液深处扩散能力增强，电极表面附近溶液中金属离子浓度下降，电极过程的平衡向左移动，此时电极电位就负得多一些。能斯特(Nernst)总结出金属电极电位与溶液中金属本身离子的浓度(准确地说是活度)和温度的关系式，即能斯特方程

$$\varphi=\varphi^{\theta}+\frac{RT}{nF}\ln a \tag{2-11}$$

式中，$\varphi$ 为电极电位；$\varphi^{\theta}$ 为标准电极电位；$R$ 为气体常数(8.314J/K)；$n$ 为参加电极反应的电子数；$T$ 为绝对温度；$F$ 为法拉第常数(96500C/mol)；$a$ 为金属离子的活度。

5. 标准电极电位和电动序

当给定电极中各组分均处在各自的标准态时，相应的电极电位称为标准电极电位，以

$\varphi^\theta$(电极)表示。

1) 金属电动序

按照金属标准电极电位代数值增大的顺序将其排列起来，就得到了金属电动序，见表2-2。表中电位低于氢电位的金属通常称为负电性金属，它的标准电极电位为负值；电位高于氢电位的金属称为正电性金属，它的标准电极电位为正值。

表2-2 水溶液中某些电极的标准电极电位

| 电极反应 | 标准电极电位 $\varphi^\theta$/V | 电极反应 | 标准电极电位 $\varphi^\theta$/V |
|---|---|---|---|
| $Li^+ + e^- = Li$ | −3.045 | $Ti^+ + e^- = Ti$ | −0.336 |
| $K^+ + e^- = K$ | −2.925 | $Co^{2+} + 2e^- = Co$ | −0.227 |
| $Ca^{2+} + 2e^- = Ca$ | −2.870 | $Ni^{2+} + 2e^- = Ni$ | −0.250 |
| $Na^+ + e^- = Na$ | −2.714 | $Mo^{2+} + 2e^- = Mo$ | −0.200 |
| $Mg^{2+} + 2e^- = Mg$ | −2.370 | $Sn^{2+} + 2e^- = Sn$ | −0.136 |
| $Al^{3+} + 3e^- = Al$ | −1.660 | $Pb^{2+} + 2e^- = Pb$ | −0.126 |
| $Ti^{2+} + 2e^- = Ti$ | −1.630 | $2H^+ + 2e^- = H_2$ | 0.000 |
| $Zr^{4+} + 4e^- = Zr$ | −1.530 | $Cu^{2+} + e^- = Cu^+$ | +0.153 |
| $Mn^{2+} + 2e^- = Mn$ | −1.180 | $Cu^{2+} + 2e^- = Cu$ | +0.337 |
| $V^{2+} + 2e^- = V$ | −1.180 | $O_2 + 2H_2O + 4e^- = 4OH^-$ | +0.401 |
| $Nb^{3+} + 3e^- = Nb$ | −1.100 | $Cu^+ + e^- = Cu$ | +0.521 |
| $V^{3+} + 3e^- = V$ | −0.876 | $Fe^{3+} + e^- = Fe^{2+}$ | +0.770 |
| $Zn^{2+} + 2e^- = Zn$ | −0.762 | $Hg^{2+} + 2e^- = Hg$ | +0.789 |
| $Cr^{3+} + 3e^- = Cr$ | −0.740 | $Ag^+ + e^- = Ag$ | +0.799 |
| $Ga^{3+} + 3e^- = Ga$ | −0.530 | $Pd^{2+} + 2e^- = Pd$ | +0.987 |
| $Te^{3+} + 3e^- = Te$ | −0.510 | $Ir^{2+} + 2e^- = Ir$ | +1.000 |
| $Fe^{2+} + 2e^- = Fe$ | −0.441 | $Pt^{2+} + 2e^- = Pt$ | +1.190 |
| $Cd^{2+} + 2e^- = Cd$ | −0.403 | $Au^{3+} + 3e^- = Au$ | +1.500 |
| $In^{3+} + 3e^- = In$ | −0.342 | $Au^+ + e^- = Au$ | +1.680 |

标准电极电位是判断金属溶解变成金属离子倾向性的依据，负电性强的金属离子转入溶液的趋势大。如果将一种金属浸入含电位比它正的金属盐溶液中，则浸入的金属将转入溶液中，而盐溶液中电位比它正的金属离子将沉积于浸入金属的表面上。例如在纯铁的容器中注入 $CuSO_4$ 或其他铜盐的溶液，则容器内壁上部分铁将形成离子转入溶液中，而铜则在内壁表面上析出

$$Fe + Cu^{2+} \longrightarrow Cu + Fe^{2+}$$

电动序是按照金属的标准电极电位的代数值大小排列的，若电极体系不在标准状态，上述的电动序一般说来变化不大，因为浓度变化对电极电位影响不大。例如一价金属，当浓度变化10倍时，25℃时电极电位仅变化0.059V；对于二价金属，电极电位仅变化

0.0295V。只有当两种金属的标准电极电位 $\varphi^\theta$ 相近，浓度变化又很大的情况下，电动序才可能发生改变。所以在某些情况下可利用电动序粗略地判断金属的腐蚀倾向，但应注意下面 3 种情况。

(1) 金属的标准电极电位并不是平衡电极电位，它是在人为指定参加电极反应的所有物质的活度和逸度均为 1 的特定条件下的电极电位，显然这种情况下的体系并非处在平衡状态。标准态是为了方便热力学处理而确定的参考态。

(2) 金属的标准电极电位属于热力学数据，只表示腐蚀的倾向性，不涉及腐蚀速率。例如从电动序看铝的稳定性低于锌，但是在大气或其他一些介质中，铝开始腐蚀速率很大，但很快会在表面生成具有保护性的膜，而使其腐蚀速率降低。所以在这些介质中，铝的腐蚀速率比锌低。

(3) 金属的标准电极电位是在溶液中只含自身离子的情况下建立的，而在实际工程中这种腐蚀体系是少见的，并且工程上使用的金属多是合金，对于含有两种或两种以上组分的合金来说，要建立它的平衡电极电位是不可能的，所以电动序的使用范围是有限的。

2) 腐蚀倾向的标准电极电位判据

根据化学热力学，在恒温和恒压下，体系可逆过程所做的最大非体积功等于反应的吉布斯自由能的减小。

$$W' = -(\Delta G)_{T,P} \tag{2-12}$$

$W'$为非体积功。如果非体积功只有电功一种，根据电学上的关系式

电功(焦耳)＝电量(库仑)×电动势(伏)

或写作

$$W' = Q \cdot E = nFE \tag{2-13}$$

式中，$Q$ 为电池反应提供的电量；$E$ 为电池的电动势；$n$ 为反应电子数；$F$ 为法拉第常数。

将式(2-13)代入式(2-12)即得

$$(\Delta G)_{T,P} = -nFE \tag{2-14}$$

上式表明，可逆电池所做的最大功(电功)等于该体系吉布斯自由能的减少。所谓可逆电池，它需满足如下条件。

(1) 电池中的化学反应必须是可逆的。

(2) 可逆电池不论在放电或充电时，所通过的电流必须十分小，亦即电池应在接近平衡状态下放电和充电。

可逆电池的电动势值的大小与化学反应中参加反应的物质的活度有关。例如铜锌原电池的反应为

$$Cu^{2+} + Zn \rightleftharpoons Cu + Zn^{2+}$$

对于这电池反应，由范特荷甫等温方程式(2-3)和式(2-6)可以得到

$$(\Delta G)_{T,P} = -RT\ln K + RT\ln \frac{a_{Zn^{2+}}}{a_{Cu^{2+}}} \tag{2-15}$$

将式(2-14)代入式(2-15)得

$$E = \frac{RT}{nF}\ln K + \frac{RT}{nF}\ln \frac{a_{Cu^{2+}}}{a_{Zn^{2+}}} \tag{2-16}$$

在一定温度下，上式等号右方第一项是常数，用 $E^\theta$表示，即

$$E^\theta = \frac{RT}{nF}\ln K \tag{2-17}$$

式中，$E^\theta$为电池反应的标准电动势。

所以式(2-15)可以写为

$$E=E^\theta+\frac{RT}{nF}\ln\frac{a_{Cu^{2+}}}{a_{Zn^{2+}}} \tag{2-18}$$

式(2-18)称为原电池反应的能斯特方程，若采用原电池的电动势是正、负两个电极的相对电极电位之差，则

$$E=\varphi_+-\varphi_-=\varphi_{Cu}-\varphi_{Zn}$$

根据能斯特方程(2-11)有

$$\varphi_{Cu}=\varphi_{Cu}^\theta+\frac{RT}{nF}\ln a_{Cu^{2+}}$$

$$\varphi_{Zn}=\varphi_{Zn}^\theta+\frac{RT}{nF}\ln a_{Zn^{2+}}$$

因此式(2-17)可写为

$$E=(\varphi_{Cu}^\theta-\varphi_{Zn}^\theta)+\frac{RT}{nF}\ln\frac{a_{Cu^{2+}}}{a_{Zn^{2+}}}$$

当$Cu^{2+}$和$Zn^{2+}$的活度等于1时，电极反应处在标准态，此时的电动势就是标准电动势

$$E=\varphi_{Cu}^\theta-\varphi_{Zn}^\theta=E^\theta$$

这样，电池反应的标准吉布斯自由能的改变就可以用该电池的标准电动势来表示

$$\Delta G^\theta=-nFE^\theta \tag{2-19}$$

查阅标准电极电位表可知

$$\varphi_{Cu}^\theta=0.337\text{V}$$

$$\varphi_{Zn}^\theta=-0.763\text{V}$$

所以

$$E^\theta=\varphi_{Cu}^\theta-\varphi_{Zn}^\theta=0.337+0.763=1.10(\text{V})$$

$$\Delta G^\theta=-nFE^\theta=-2\times96500\times1.1=-212.3(\text{kJ})$$

此结果说明，在标准状态下，由于锌的标准电极电位比铜的标准电极电位负，故锌浸入硫酸铜溶液中，则将自发地进行如下的反应。

$$Cu^{2+}+Zn\longrightarrow Cu+Zn^{2+}$$

也就是锌在硫酸铜溶液中的腐蚀反应是可能发生的。

由上可知，若金属的标准电极电位比介质中某一物质的标准电极电位更负(表2-2)，则可能发生金属的腐蚀，反之便不可能发生腐蚀。这样可方便地利用表2-2所提供的数据来作为金属腐蚀倾向判断的依据。例如前面例题2.3所举的铁在酸中的腐蚀反应的例子，实际上可分为铁的氧化和氢离子的还原两个电化学反应

$$Fe^{2+}+2e^-\longrightarrow Fe \quad \varphi_{Fe}^\theta=-0.440\text{V}$$

$$2H^++2e^-\longrightarrow H_2 \quad \varphi_{H_2}^\theta=0\text{V}$$

$$\Delta G^\theta=-nF(\varphi_{H_2}^\theta-\varphi_{Fe}^\theta)=-2\times96500\times0.440=-84.92\text{kJ}$$

以上结果表明，用标准电极电位可以判断反应进行的趋势。

$$(\varphi_{H_2}^\theta-\varphi_{Fe}^\theta)>0$$

即铁的标准电极电位比氢的标准电极电位负，即

$$\varphi^{\theta}_{H_2} > \varphi^{\theta}_{Fe}$$

所以铁在酸中的腐蚀反应是可能发生的。

同理，铜在硫酸中可能发生的电化学反应为

$$Cu^{2+} + 2e^- \longrightarrow Cu \quad \varphi^{\theta}_{Cu} = 0.337V$$

$$2H^+ + 2e^- \longrightarrow H_2 \quad \varphi^{\theta}_{H_2} = 0V$$

$$O_2 + 2H^+ + 2e^- \longrightarrow H_2O \quad \varphi^{\theta}_{O_2} = 1.229V$$

铜的标准电极电位比氢正，故氢离子不能氧化铜，但铜的标准电极电位却比氧负，故铜在含氧酸中可能发生腐蚀。

6. 非平衡电极电位

前面讨论的电极电位都假定电极体系是处在可逆的状态，即在金属和溶液界面上建立了可逆的平衡状态，电荷与物质从金属向溶液迁移的速率和从溶液向金属迁移的速率都相等。但是在实际的电极体系中，电极反应不存在可逆过程，电极都是不可逆的。非平衡电位是针对不可逆电极而言的。不可逆电极在无外电流通过时具有的电极电位称为非平衡电极电位。

实际上，金属腐蚀都是在非平衡电位下进行的。在电极上失去电子靠某一电极过程，而得到电子则靠另一电极过程。即使电极电位建立也并不意味反应在某一电极上已达到平衡状态。金属在溶液中除了它自己的离子外，还有别的离子或原子也参加电极过程。例如将金属铁浸到盐酸溶液中，其阳极过程是

$$Fe - 2e^- \underset{i_a^-}{\overset{i_a^+}{\rightleftharpoons}} Fe^{2+}$$

而阴极过程是

$$2H^+ + 2e^- \underset{i_k^+}{\overset{i_k^-}{\rightleftharpoons}} H_2$$

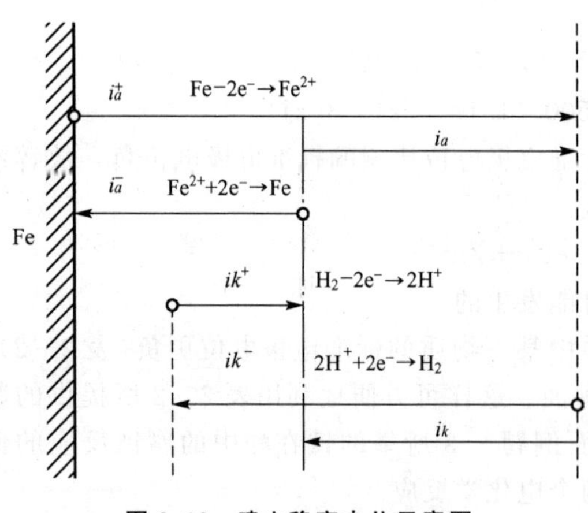


图 2.12　建立稳定电位示意图

与上述两个过程相对应的静阳极电流密度为 $i_a$，静阴极电流密度为 $i_k$。在这种情况下两个反应各自朝一定的方向进行(图 2.12)。如果最后要能建立起一个完全恒定的数值，那么，非平衡电极电位可以是稳定的，其条件是电荷从金属迁移到溶液和自溶液迁移到金属的速率必须相等，也即电荷必须是平衡的。但物质(例如，对于 $Fe^{2+}$)并不保持平衡(图 2.12)。就上例而言，单位时间内铁氧化过程所给出的电子必全部为氢离子的还原过程消耗掉，即

$$i_a = i_k$$

这时候已建立起一个稳定状态，即金属表面所带的电荷数量不变，故与之相对应的电极电位也不变，所以非平衡电位又称为稳定电位。在此电位下，金属以一定的速率不断被腐蚀，因此该电位又称为自腐蚀电位或者腐蚀电位(Corrosion potential)或者混合电位。

当然，如果非平衡电极电位始终不能够建立起一个恒定的数值的话，那么，它也可以是不稳定的。在化工生产中，与金属接触的溶液大部分不是金属本身离子的溶液。所涉及

到的电极电位大都是非平衡电极电位。因此，在研究腐蚀问题时，非平衡电极电位有着重要的意义。非平衡电极电位不服从能斯特公式，它只能用实验的方法才可测到。表 2-3 列出了一些金属在 3 种介质中的非平衡电极电位值。

**表 2-3　一些金属在 3 种介质中的非平衡电极电位**　(V)

| 金属 | 3%NaCl | 0.05M $Na_2SO_4$ | 0.05M $Na_2SO_4+H_2S$ |
|---|---|---|---|
| Mg | −1.60 | −1.36 | −1.65 |
| Al | −0.60 | −0.47 | −0.23 |
| Mn | −0.91 | — | — |
| Zn | −0.83 | −0.81 | −0.84 |
| Cr | +0.23 | — | — |
| Fe | −0.50 | −0.50 | −0.50 |
| Cd | −0.52 | — | — |
| Co | −0.45 | — | — |
| Ni | −0.02 | +0.035 | −0.21 |
| Pb | −0.26 | −0.26 | −0.29 |
| Sn | −0.25 | −0.17 | −0.14 |
| Sb | −0.09 | — | — |
| Be | −0.18 | — | — |
| Cu | +0.05 | +0.24 | −0.51 |
| Ag | +0.20 | +0.31 | −0.27 |

## 2.5　电位-pH 图及其应用

电极电位是一个热力学数据，它能用于判断金属在一定条件下电化学腐蚀的倾向性。金属的电化学腐蚀绝大部分是在水溶液中发生的。实践表明，水溶液中氢离子的浓度，即 pH 也影响着金属电化学腐蚀的倾向性。电位-pH 图首先是比利时学者布拜(Pourbaix)提出的。它是基于化学热力学原理建立起来的一种电化学的平衡图。布拜最早用它来研究金属腐蚀和防护的问题，以后在无机、分析、湿法冶金和地质等领域也得到了广泛的应用。本节以 Fe-$H_2O$ 体系的理论电位-pH 图为例来介绍这种图的绘制方法及其在金属腐蚀和腐蚀控制方面的应用。

1. 平衡电极电位与溶液 pH 的关系

理论电位-pH 图是基于化学热力学原理提出来的，以 Fe-$H_2O$ 体系为例，体系中铁发生腐蚀的重要化学和电化学反应有 3 类。

1) 反应只与电极电位有关，而与溶液的 pH 无关

这类反应的特点是电极反应必然有电子参与，而无 $H^+$ 或 $OH^-$ 参与。例如在 25℃时铁电极反应为

$$Fe^{2+} + 2e^- \longrightarrow Fe$$

$\mu^\theta$(kJ/mol)　　$-84.935$　　$0$

根据能斯特方程有

$$\varphi = \varphi^\theta + \frac{RT}{nF}\ln a_{Fe^{2+}}$$
$$= -\frac{\mu^\theta_{Fe} - \mu^\theta_{Fe^{2+}}}{2F} + \frac{0.059}{2}\lg a_{Fe^{2+}} = -\frac{0 + 84.935\times 10^3}{2\times 96500} + \frac{0.059}{2}\lg a_{Fe^{2+}}$$
$$= -0.440 + 0.0295\lg a_{Fe^{2+}}$$

显然，这类反应的平衡电位与pH无关，在一定温度下，平衡电位随 $a_{Fe}{}^{2+}$ 的变化而变化，当 $a_{Fe}{}^{2+}$ 一定时，$\varphi$ 也将固定，电位-pH图上这类反应为一条水平线。

2）反应只与pH有关，而与电极电位无关

这类反应的特点是有 $H^+$ 或 $OH^-$ 参与，而无电子参与，因此这类反应不属于电极反应，不能用能斯特方程表示电位与pH的关系。例如，沉淀反应

$$Fe^{2+} + 2H_2O \longrightarrow Fe(OH)_2\downarrow + 2H^+$$

$\mu^\theta$(kJ/mol)　$-84.935$　$-2\times 237.191$　$-483.545$　$0$

$$\Delta G = 1\times\mu^\theta_{Fe(OH)_2} + 2\times(\mu^\theta_{H^+} + 2.3RT\lg a^2_{H^+}) - [1\times(\mu^\theta_{Fe^{2+}} + 2.3RT\lg a_{Fe^{2+}}) + 2\times\mu^\theta_{H_2O}]$$
$$= (\mu^\theta_{Fe(OH)_2} + 2\times\mu^\theta_{H^+} - \mu^\theta_{Fe^{2+}} - 2\times\mu^\theta_{H_2O}) + 4.6RT\lg a^2_{H^+} - 2.3RT\lg a_{Fe^{2+}} = 0$$

移项后可得

$$\lg a_{Fe^{2+}} = \frac{(\mu^\theta_{Fe(OH)_2} + 2\times\mu^\theta_{H^+} - \mu^\theta_{Fe^{2+}} - 2\times\mu^\theta_{H_2O})}{2.3RT} + 2\lg a^2_{H^+}$$
$$= \frac{(-483.545 + 0 + 84.935 + 2\times 237.191)\times 10^3}{2.3\times 8.314\times 298} - 4\text{pH}$$
$$= 13.29 - 4\text{pH}$$

可见，这类反应的平衡与电极电位无关。在一定温度下，若给定 $a^{2+}_{Fe}$，则pH为一定值，因此，电位-pH图上这类反应表示为一条垂直线。

3）反应既与电极电位有关，又与溶液的pH有关

这类反应的特点是 $H^+$ 或者 $OH^-$ 和电子都参加反应，例如

$$Fe_2O_3 + 6H^+ + 2e^- \longrightarrow 2Fe^{2+} + 3H_2O$$

$\mu^\theta$(kJ/mol)　　$-740.986$　　$0$　　　$-2\times 84.935$　$-3\times 237.191$

根据能斯特方程有

$$\varphi = \varphi^\theta + \frac{0.059}{2}\lg\frac{a^6_{H^+}}{a^2_{Fe^{2+}}}$$
$$= \frac{(-2\times 84.935 - 3\times 237.191 + 740.986 - 0)\times 10^3}{2\times 96500} + \frac{0.059}{2}\lg\frac{a^6_{H^+}}{a^2_{Fe^{2+}}}$$
$$= -0.728 - 0.177\text{pH} - 0.059\lg a_{Fe^{2+}}$$

可见，在一定温度下，反应的平衡条件既与电极电位有关，又与溶液的pH有关，在给定 $a_{Fe}{}^{2+}$ 的情况下，平衡电位随pH升高而降低，在电位-pH图上，这类反应为一条斜线。

上述分别代表3类不同反应的线(水平线、垂直线和斜线)都是两相平衡线，它们将整个电位图坐标平面划分成若干区域，这些区域分别代表某些物质的热力学稳定区，线段的

交点则表示两种以上不同价态物质共存时的状况。

2. 电位-pH 图的绘制

电位-pH 图的绘制包括以下几个步骤。

(1) 列出有关物质的各种存在状态及其标准化学位数值(25℃)。表 2-4 为 Fe-$H_2O$ 体系中各重要组分的标准化学位 $\mu^\theta$ 值(kJ/mol)。

表 2-4 Fe-$H_2O$ 体系中各重要组分的标准化学位(25℃)

| 溶剂和溶解性物质 | $\mu^\theta$/(kJ/mol) | 固态物质 | $\mu^\theta$/(kJ/mol) | 气态物质 | $\mu^\theta$/(kJ/mol) |
|---|---|---|---|---|---|
| $H_2O$ | −237.191 | Fe | 0 | $H_2$ | 0 |
| $H^+$ | 0 | $Fe(OH)_2$ | −483.545 | $O_2$ | 0 |
| $OH^-$ | −157.297 | $Fe_3O_4$ | −1014.201 | | |
| $Fe^{2+}$ | −84.935 | $Fe(OH)_3$ | −694.544 | | |
| $Fe^{3+}$ | −10.585 | $Fe_2O_4$ | −740.986 | | |
| $Fe(OH)^{2+}$ | −233.927 | | | | |
| $HFeO_2{}^-$ | −379.183 | | | | |
| $FeO_4{}^{2-}$ | −467.290 | | | | |

(2) 列出各类物质的电极反应和化学反应，并利用表 2-4 的数据算出其平衡关系式(表 2-5)。

表 2-5 Fe-$H_2O$ 体系中重要的化学和电化学平衡反应及其平衡关系式(25℃)

| 反应 | 关系式 |
|---|---|
| a $2H^+ + 2e^- \longrightarrow H_2$ | $\varphi = 0.000 - 0.059pH - 0.0296\lg P_H$ |
| b $O_2 + 4H^+ + 4e^- \longrightarrow 2H_2O$ | $\varphi = 1.229 - 0.059pH + 0.0148\lg P_H$ |
| ① $Fe^{2+} + 2e^- \longrightarrow Fe$ | $\varphi = -0.440 - 0.0296\lg a_{Fe^{2+}}$ |
| ② $Fe_2O_3 + 6H^+ \longrightarrow 2Fe^{3+} + 3H_2O$ | $\lg a_{Fe^{3+}} = -0.723 - 3pH$ |
| ③ $Fe_2O_3 + 6H^+ + 2e^- \longrightarrow 2Fe^{2+} + 3H_2O$ | $\varphi = -0.728 - 0.177pH + 0.059\lg a_{Fe^{2+}}$ |
| ④ $3Fe_2O_3 + 2H^+ + 2e^- \longrightarrow 2Fe_3O_4 + H_2O$ | $\varphi = 0.221 - 0.059pH$ |
| ⑤ $Fe_3O_4 + 8H^+ + 8e^- \longrightarrow 3Fe_+ 4H_2O$ | $\varphi = 0.086 - 0.059pH$ |

(3) 作出各类反应的电位-pH 图线，最后汇总成综合的电位-pH 图(图 2.13)。

这里所用的 $\varphi$ 值均指相对标准氢电极而言。

图 2.13 中直线上圆圈的号码是表 2-5 中计算平衡关系式时的编号。直线旁的数字代表可溶性离子活度的对数值。例如对于反应①来说，其平衡关系与 pH 无关，所以图 2.13 中是用一组与 pH 轴平行的直线来表示，每一条线表示一种 $Fe^{2+}$ 的浓度。标 0 的线代表 $a_{Fe^{2+}} = 10^0$ mol/L；标 2 的线代表 $a_{Fe^{2+}} = 10^{-2}$ mol/L，余者类推。在绘制电位-pH 图时，布拜曾提出如下假定。

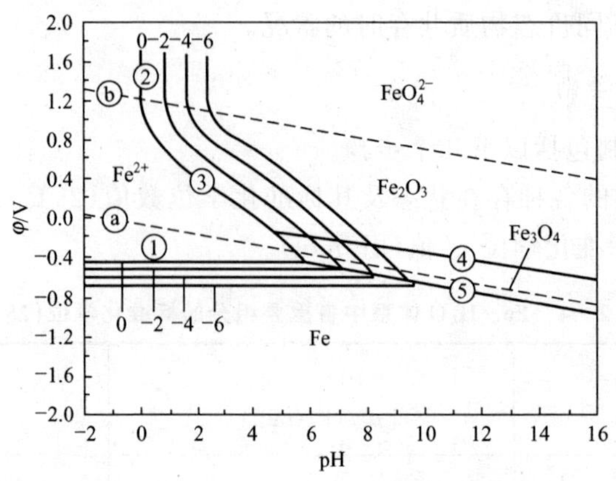


**图 2.13　Fe－$H_2O$ 体系的电位－pH 图**

即金属与电解质溶液接触的时候，金属离子的活度如果达到 $10^{-6}$mol/L，其溶解速率便可忽略不计，与此相对应的电极电位 $\varphi$ 可以按能斯特公式计算，并以这个电极电位作为划分腐蚀区和稳定区(非腐蚀区)的界限。

图 2.13 中还有互相平行的两条虚线，虚线 a 表示 $H^+$ 和 $H_2$($p_H$＝100kPa)的平衡关系；虚线 b 表示 $O_2$($p_O$＝100kPa)和 $H_2O$ 之间的平衡。可以看出，当电位低于 a 线时，水被还原而分解出 $H_2$；电位高于 b 线时，水可被氧化而分解出 $O_2$ 来。在 a、b 两线之间水不可能被分解出 $H_2$ 和 $O_2$。所以该区域代表了在 100kPa 下水的热力学稳定区。由于这里重点是讨论金属的电化学腐蚀过程，除考虑金属的离子化反应之外，还往往同时涉及氢的析出和氧的还原反应，故这两条虚线出现在电位－pH 图中，则具有特别重要的意义。

3. 铁水体系中电位－pH 图在腐蚀和腐蚀控制中的应用

我们已知道，在图 2.13 中每条线相当于一个平衡反应。倘若平衡计算中有关离子的浓度都取 $10^{-6}$mol/L，就可以认为金属、金属氧化物或金属氢氧化物是稳定的，因而可得简化了的电位－pH 图(图 2.14)。

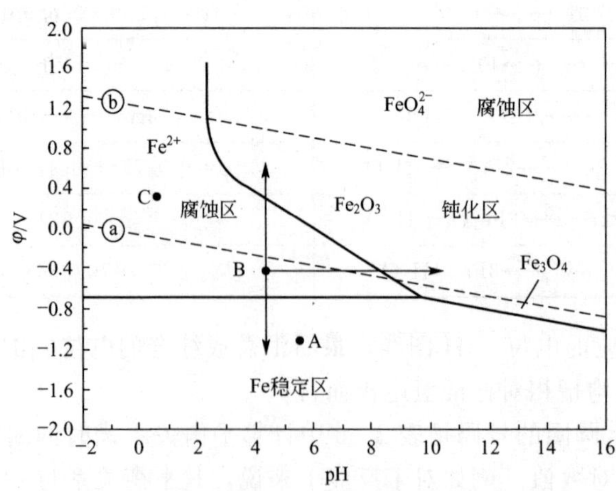


**图 2.14　简化的 Fe－$H_2O$ 体系的电位－pH 图**

图中每一条线代表固相与溶液相之间的平衡。由此便把 Fe－$H_2O$ 体系中的电位－pH

图分成3个区域。

(1) 腐蚀区。在该区内稳定状态是可溶性的 $Fe^{2+}$、$Fe^{3+}$、$FeO_4{}^{2-}$ 等离子。因此，对金属而言处于不稳定状态，可能发生腐蚀。

(2) 稳定区。在该区域内金属处于热力学稳定状态，金属不发生腐蚀。

(3) 钝化区。在该区由于具有保护性氧化膜处于热力学稳定状态，故金属腐蚀不明显。

有了电位-pH图，便可以从理论上预测金属的腐蚀倾向和选择控制腐蚀的途径。对于 $Fe-H_2O$ 体系来说，可根据水溶液的pH和Fe在该水溶液中所具有的电极电位值，通过电位-pH图可明确地显示Fe的各种不同类型的腐蚀情况，并提出防腐措施的方向。

由图2.14可看出，代表氢析出反应的平衡线a在整个pH的范围内都位于Fe的稳定区之上，这意味着铁在水溶液中所有的pH范围内，都可能发生腐蚀并有 $H_2$ 析出。但在不同的pH时，铁的腐蚀产物是不相同的(图2.13)。

现在分析图2.14中所标各点情况：铁如果位于A点位置，因该区是Fe和 $H_2$ 的稳定区，所以不会发生腐蚀。在B点所处的区域是 $Fe^{2+}$ 离子和 $H_2$ 稳定区，因此，如果铁处于B点，将出现析氢的腐蚀

阳极反应：$Fe-2e^- \longrightarrow Fe^{2+}$

阴极反应：$2H^+ + 2e^- \longrightarrow H_2$

电池反应：$Fe + 2H^+ \longrightarrow Fe^{2+} + H_2$

如果铁处于C点状态，因这个区对于 $Fe^{2+}$ 和水是稳定的，故铁仍将发生腐蚀。但是由于该点的电位位于a线之上，将不会发生 $H^+$ 离子的还原，而是发生电位比C点更正的氧还原过程。氧还原型的腐蚀反应为

阳极反应：$Fe-2e^- \longrightarrow Fe^{2+}$

阴极反应：$2H^+ + \frac{1}{2}O_2 + 2e^- \longrightarrow H_2O$

电池反应：$Fe + 2H^+ + \frac{1}{2}O_2 \longrightarrow Fe^{2+} + H_2O$

如果想将铁从B点移出腐蚀区，从电位-pH图来看，可以采取3种措施。

(1) 把铁的电极电位降低至非腐蚀区，这就要对铁施行阴极保护。

(2) 把铁的电极电位升高使它进入钝化区，这可使用阳极保护法或在溶液中添加阳极型缓蚀剂来实现。

(3) 调整溶液的pH至9～13之间也可使铁进入钝化区。

#### 4. 电位-pH图的局限性

上面介绍的电位-pH图都是根据热力学的数据绘制的，所以也称之为理论电位-pH图。如上所述，借助它可较方便地研究许多腐蚀问题，但是也有一定的局限性。

(1) 由于它是依据热力学数据绘制的电化学平衡图，故它只能预示金属腐蚀倾向的大小，而无法预测腐蚀速率的大小。

(2) 图中各条平衡线是以金属与其离子之间或溶液中的离子与含有该离子的腐蚀产物之间建立的平衡为条件的，但在实际腐蚀条件下，可能偏离这个平衡条件。

(3) 此图只考虑氢离子对平衡的影响，但在实际腐蚀环境中，还存在其他的离子，这就可能产生附加反应而使问题复杂化。

(4) 该图的钝化区并不能反映出各种金属氧化物、氢氧化物等的保护性能的大小。

(5) 制图时，如果一个平衡反应涉及有 $H^+$ 和 $OH^-$ 离子的生成，则就认为整个金属表面附近液层的 pH 与整体溶液的相同。但是在实际的腐蚀体系中，金属表面局部区域的 pH 可能不同，金属表面的 pH 与溶液内部的 pH 也会不同。

虽然理论电位-pH 图有上述的一些局限性，但若补充一些关于金属钝化方面的实验和经验数据，就可得到经验的电位-pH 图，并且在使用电位-pH 图时能结合考虑有关的动力学因素，那么它将具有更广泛的用途。

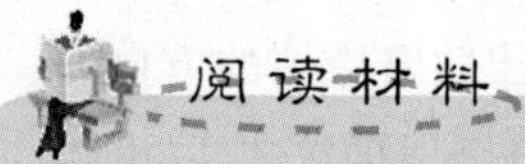


## 自发过程

1. 自发过程

自然界中发生的变化都具有一定的方向性。例如两个温度不同的物体互相接触时，热会自动地从高温物体传向低温物体，直至两个物体温度相同而达到平衡。而该过程的逆过程，即热量从低温物体传向高温物体，使冷者更冷，热者更热，则显然是不会自动发生的。水往低处流，而不会自发地向上流；一般在室温下，冰块会融化，铁器在潮湿空气中会生锈，甲烷与氧气的混合气体遇明火就燃烧。热力学中把这些无需外界干涉便可自动发生的变化称为自发过程。

在指定条件下，如果某一反应能自发进行，则其逆反应必不能自发进行。反之，若某反应不能自发进行，则其逆反应必能自发进行。研究化学反应的方向性，就是要判别某一反应体系在指定状态下能否自发反应，反应该向什么方向进行。化学热力学为人们提供了判断化学反应方向性的方便而可靠的判据。

2. 自发过程的特征

(1) 有一定方向，不会自发逆转，自发过程是热力学的不可逆过程，非自发过程并不等于不可能发生。在环境对体系做功的条件下，逆过程就可以进行。例如电解水生成氧气和氢气就能够进行，该过程是氢气在氧气中燃烧的逆过程。

(2) 有一定限度，即单向地趋向于平衡状态。例如热量由高温物体传递给低温物体，直至两物体温度相等，达到热平衡。

(3) 自发过程不涉及时间和速率问题，一个自发过程不一定是迅速的。例如金属铝的腐蚀反应是自发过程，但是腐蚀速率是非常慢的。

3. 自发过程的判据

1) 能量判据

对于化学反应，有着向能量较低方向进行的趋势，也就是通过放热实现的，那么焓减小有利于反应自发，它是自发反应的一个内在推动力。焓判据是判断化学反应进行方向的判据之一。

多数自发进行的化学反应是放热反应，但也有不少吸热反应能自发进行。如在 25℃ 和 $1.01\times10^5$ Pa 时

$$2N_2O_5(g)=4NO_2(g)+O_2(g) \qquad \Delta H=+56.7kJ/mol$$

$$NH_4HCO_3(s)+CH_3COOH(aq)=CO_2(g)+CH_3COONH_4(aq)+H_2O(l)$$

$$\Delta H=+37.3kJ/mol$$

固体硝酸铵溶于水要吸热，室温下冰块的溶解要吸热，两种或两种以上互不反应的气体通入一密闭容器中，最终会混合均匀，这些过程都是自发的。

除自发的化学反应外，还有一类自发过程，例如放在同一密闭容器中的气体或液体物质(也包括能够挥发的固态物质)的蒸汽，不需要外界的任何作用，气态物质会通过分子的扩散自发地形成均匀混合物。这种现象可以推广到相互接触的固体物质体系，经过长期放置后，人们能够找到通过扩散而进入的另一种固体中的原子或分子(这种现象可以作为纯物质难以保存的最本质的解释)。又如把硝酸铵溶于水虽然要吸热，它却能够自发地向水中扩散。为了解释这样一类与能量状态的高低无关的过程的自发性，人们提出在自然界还存在着另一种能够推动体系变化的因素，即在密闭条件下，体系由有序自发地转变为无序的倾向。因为与有序体系相比，无序体系“更加稳定”，可以采取更多的存在方式。以扑克牌为例，经过多次的洗牌之后，严格按照花色和序号排列的机会与花色序号毫无规律的混乱排列的机会相比，大概要相差几十个数量级。科学家把这种因素称作熵。

2）熵判据

在与外界隔离的体系中，自发过程将导致体系的熵增大，这一经验规律叫作熵增原理，是判断化学反应方向的另一判据，即熵判据。如产生气体的反应，气体物质的量增大的反应，熵变通常为正值，为熵增加反应，反应自发进行。

化学反应熵变是与反应能否自发进行有关的又一个因素，但也不是唯一因素。如有些熵减小的反应在一定条件下也可以自发进行，如$-10$℃的液态水会自动结冰成为固态，就是熵减的过程（但它是放热的）。

孤立体系的自发过程是体系熵增加的过程，即当状态Ⅰ→状态Ⅱ时，若$S_{\text{II}} > S_{\text{I}}$，则$\Delta S = S_{\text{II}} - S_{\text{I}} > 0$

$\Delta S > 0$，过程自发进行；

$\Delta S < 0$，逆过程自发进行；

$\Delta S = 0$，平衡状态。

因此，用熵做过程自发性判据时，必须明确是孤立体系。

3）自由能判据

在一定条件下，一个化学反应能否自发进行，既与反应焓变有关，又与反应熵变有关。反应进行方向的判断方法：当$\Delta H - T\Delta S < 0$时，反应能自发进行；当$\Delta H - T\Delta S = 0$时，反应达到平衡状态；当$\Delta H - T\Delta S > 0$时，反应不能自发进行。在温度、压强一定的条件下，焓因素和熵因素共同决定一个化学反应的方向。放热反应的焓变小于零，熵增加反应的熵变大于零，都对$\Delta H - T\Delta S < 0$有所贡献，因此放热和熵增加有利于反应自发进行。能量判据和熵判据的应用见表2-6。

**表2-6 能量判据和熵判据的应用**

| 焓变 $\Delta H$ | 熵变 $\Delta S$ | $\Delta H - T\Delta S$ | 反应在该状况下能否自发进行 |
|---|---|---|---|
| $\Delta H < 0$ | $\Delta S > 0$ | $< 0$ | 自发进行 |
| $\Delta H > 0$ | $\Delta S < 0$ | $> 0$ | 不自发进行 |
| $\Delta H < 0$ | $\Delta S < 0$ | 不能确定 | 不能定性判断 |
| $\Delta H > 0$ | $\Delta S > 0$ | 不能确定 | 不能定性判断 |

(1) 由能量判据知：放热过程($\Delta H<0$)常常是容易自发进行。

(2) 由熵判据知：许多熵增加($\Delta S>0$)的过程是自发的。

(3) 很多情况下，简单地只用其中一个判据去判断同一个反应，可能会出现相反的判断结果，所以应两个判据兼顾。由能量判据(以焓变为基础)和熵判据组合成的复合判据，即体系自由能变化：$\Delta G=\Delta H-T\Delta S$，将更适合于所有的反应过程。

另外，过程的自发性只能用于判断过程的方向，不能确定过程是否一定会发生和过程的速率；在讨论过程的方向时，指的是没有外界干扰时体系的性质，如果允许外界对体系施加某种作用，就可能出现相反的结果，同时反应的自发性也受外界条件的影响。

## 习题

1. 电化学腐蚀的热力学判据有几种？举例说明它们的应用和使用的局限性。

2. 何谓腐蚀电池？腐蚀电池和原电池有无本质区别？原因何在？

3. 腐蚀电池工作的基本过程是什么？二次反应产物对金属腐蚀有何影响？

4. 腐蚀电池分类的根据是什么？它可分为几大类？

5. 什么是异金属接触电池、浓差电池和温差电池？

6. 什么叫电极、可逆电极和不可逆电极？

7. 何谓绝对电极电位、相对电极电位、平衡电位和非平衡电位？

8. 何谓标准电极电位？试指出标准电位序和电偶序的区别。

9. 双电层是如何形成的？

10. 把 Zn 浸入 pH=2 的 0.001mol/L 的 $Zn^{2+}$ 的溶液中，计算该金属发生析氢腐蚀的理论倾向(以电位表示)。

11. 计算下列电池的电动势。

$Pt|Fe^{3+}(a_{Fe^{3+}}=0.1)$，$Fe^{2+}(a_{Fe^{2+}}=0.001)\|Ag^{+}(a_{Ag^{+}}=0.001)|Ag$，写出该电池的自发反应，判定哪个电极为阳极。

12. 锌浸在 $CuCl_2$ 溶液中时会发生什么样的反应？当 $Zn^{2+}/Cu^{2+}$ 的活度比等于何值时反应才会停止？

13. 计算 Cu 电极在 0.1mol/L $CuSO_4$ 和 0.5mol/L $CuSO_4$ 溶液之间构成的浓差电池电动势(忽略其液接界电位)。写出上述电池的自发反应，并指出哪个电极为阳极。

14. 计算金属镉在 25℃充空气的水中腐蚀所需的氢气压力。作为腐蚀产物 $Cd(OH)_2$ 的溶度积为 $2.0\times10^{-14}$。

15. 在 1mol/L 氯化铜溶液中，银能否腐蚀生成固体 AgCl？如能发生，腐蚀倾向的大小如何？

(1) 阴极反应是 $Cu^{2+}$ 还原为 $Cu^{+}$。

(2) 阴极反应是 $Cu^{2+}$ 还原为 Cu。

16. 已知电极反应 $O_2+2H^{+}+4e^{-}\longrightarrow 2OH^{-}$ 的标准电极电位等于 0.401V，请计算电极反应 $O_2+4H^{+}+4e^{-}\longrightarrow 2H_2O$ 的标准电极电位。

17. 已知电极反应 $Fe^{2+}+2e^{-}\longrightarrow Fe$ 和 $Fe^{3+}+e^{-}\longrightarrow Fe^{2+}$ 的标准电极电位分别为 −0.44V 和 0.771V，请计算电极反应 $Fe^{3+}+3e^{-}\longrightarrow Fe$ 的标准电极电位。

18. 根据25℃时Fe-$H_2O$体系的电位-pH图，当溶液的pH为7，Fe在此溶液中分别处在4个不同的电位−0.65V、−0.5V、−0.3V、+1.0V时，写出可能进行的电极反应。Fe处于何种状态？

19. 有一个储放pH=1的稀硫酸的铜制容器，处在101325Pa氢气气氛的保护下。试计算酸中铜污染的最大浓度(以mol/L $Cu^{2+}$表示)。假如氢分压降到10.1325Pa，相应的铜污染又为多少？

# 第3章 电化学腐蚀动力学

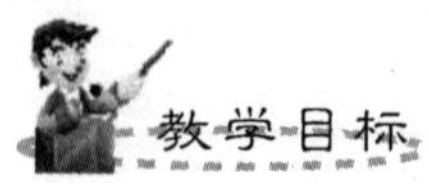


通过本章的学习，使读者能够理解电化学腐蚀的动力学机理，了解腐蚀电池的阳极过程、阴极过程、阳极极化、阴极极化、过电位的基本概念；掌握活化极化腐蚀动力学方程(B－V方程)的简化处理方法，掌握原电池和电解池的工作原理，阳极氧化和阴极还原的含义，形成腐蚀电池的条件，了解腐蚀电池的结构和类型，掌握电位高低与阴极阳极的对应关系。

(1) 理解并掌握腐蚀电池的电极过程：阳极过程、阴极过程。

(2) 了解腐蚀速率与极化作用

(3) 明确过电位的概念，阴极过电位，阳极过电位。

(4) 掌握活化极化腐蚀动力学方程，浓差极化腐蚀动力学方程。

(5) 理解腐蚀极化图、混合电势理论，掌握腐蚀极化图及混合电势理论的应用。

导入案例

## 船体的腐蚀与防腐

据不完全统计，船舶每年用于防腐和因蚀损而修换的费用高达总保养修理费的15%～40%，还耗费大量宝贵的营运时间。同时，因锈蚀造成结构破坏而引发的船舶安全事故也时有报道。因此，船舶腐蚀问题应引起高度重视。

1. 钢制海船的腐蚀环境

钢制海船的腐蚀环境可划分为：海上大气区(高出海面2米以上的部位，接触海水较少，暴露在海洋盐雾大气中)、飞溅区(从海面到海面以上2米部位，经常受到波浪飞沫的喷溅)、潮差区(海平面的上下一段部位，随季节、潮水及晴雨气候的变化，有时浸在海水中，有时露出海面)、全浸区(海平面下1米及更低的部位，常年浸在海水中不接触大气)、泥浆区(埋在海底淤泥或砂土中的部位)。船舶各部位分处在这5个区内：甲板室或上层建筑处在海上大气区；干舷部位处在飞溅区；轻重水线间处在潮差区；轻载水线以下的船底部位处在全浸区；着底的锚及锚链处在泥浆区。

2. 易腐蚀的部位及原因

船舶易产生严重腐蚀的主要部位有：轻重载水线之间的船壳外板，双层底、压载舱内的结构，货舱处的高边柜内的结构，货舱内的肋骨与船壳外板相连接处(特别是散货船)，螺旋桨叶梢、锚链舱、测深管下的船底板等部位。

首先是轻重载水线之间的船壳外板。该区域在飞溅区及潮差区，干湿交界处因氧气供应不均匀，海面上、下成为天然的大型氧浓差电池，空气中的部分供氧充分成为阴极，受到保护；浸在海水界面处较缺氧成为阳极，腐蚀加快。在飞溅区，因氧气供应充分，又受到海水浪花的冲击，保护膜易受破坏，导致严重的冲击腐蚀和空蚀，是腐蚀最严重的部位之一。

双层底、压载舱内的结构以及货舱处的高边柜内的结构，这几处腐蚀原理基本是一样的，对于货船来说，当船舶营运时，压载舱及高边柜内需要经常加装压载水或排空，加之太阳光的烘烤，边柜内会产生高温、高潮湿的水蒸气，致使高边柜内极易发生严重的锈蚀现象，同时钢铁表面存在着氧化层，电位为正，成为阴极，而铁本身成为阳极。如果氧化层产生了裂缝，铁就会发生电偶腐蚀使裂缝加深。另外，双层底、压载舱与高边柜在排空时，里边会有残余污水或积水，形成残留液腐蚀、附着物腐蚀和水垢腐蚀等。

测深管下的船底板由于测深锤的长期触碰，产生振磨腐蚀，同时，测深管内的积液也对该处产生积物腐蚀，这两种主要腐蚀形式的联合作用经常使测深管下的船底板锈穿漏水。与此相似的部位还有锚链舱、海底阀前的海水管及其上的空气管等。这种处所的蚀耗是在船壳(管子)内部进行的，日常检查时很难发现，具有高度的隐蔽性和危险性。

3. 防腐的主要手段

对于船舶防腐，主要有主动防护和被动防护两种手段，主动防护是指设置阴极保护，而被动防护主要是指涂刷防护层(涂漆)。

主动防腐的原理是，当两种不同金属在电解质溶液中电性连接时，电极电位为负(即化学性质较活泼)的金属总是成为阳极而受到腐蚀，而电极电位为正的金属总是成为阴极而不受到腐蚀。

如果采用比钢铁电极电位更负的金属与钢铁电性连接，使钢铁整体上成为阴极，或给钢铁不断地加上一个与腐蚀时产生的腐蚀电流方向相反的直流电，同样使钢铁在整体上成为阴极，并且得到极化，则可使钢铁免遭腐蚀，得到保护。这种电化学的保护方法称为阴极保护法。对于钢制海船来说，常用的阴极保护法有两种，即“牺牲阳极保护”法和“外加直流电阴极保护”法。由于“牺牲阳极保护”法施工简单，一次性成本较低，故在普通民用海船上应用较多。虽然“外加直流电阴极保护”装置的一次性投资较大，但它具有性能稳定、基本免维护等优点，所以在军用海船和大型民用船舶上都有大量的应用。

需要注意的是，当使用外加电流保护时，钢铁表面的涂层，海水的流速、温度、盐度，风浪大小、污染程度等都对保护电流密度有一定的影响。同时由于船舶的上下高边柜和双层底等压载舱处所的涂层保护较差，以及更换“牺牲阳极”和日常保养都很困难等原因，所以外加电流保护法更适用于对这些处所的保护应用。

采用被动防护时，由于船舶各部位处于不同的腐蚀环境中，遭受的外界作用不同，因此对涂料的性能要求也各不相同。

(1) 船底区。该区长期浸泡于海水中，受到海水的电化学腐蚀和冲刷作用，当船舶停泊于海港时还会受到海生物污损的威胁。此外，船舶通常还用牺牲阳极或外加电流方式进行阴极保护，使整个船体水下部分成为阴极，会因过量的 $OH^-$ 离子而呈现碱性。因此，船底区所用的涂料必须具有良好的耐水性、耐碱性、耐磨性，其外层涂料还应具有防止海生物附着的防污性。

(2) 水线区。该区常处于海水浸泡、冲刷及日光曝晒的干湿交替状态，即处于飞溅区这一特殊的腐蚀环境。因此用于水线部位的涂料必须有良好的耐水性、耐候性、耐干湿交替性，涂层应具有良好的机械强度、耐摩擦和耐冲击特性，当船舶采用阴极保护时还要求有良好的耐碱性。

(3) 大气曝露区。这个部位长年累月处于含盐的海洋大气中，经常受到日光曝晒，有时还受到海浪的冲击，因此要求涂料有优良的防锈性、耐候性、抗冲击与摩擦性能。同时由于外观的需要，涂料还应有良好的保色性和保光性。

在第 2 章中，从热力学观点阐述了金属发生腐蚀的根本原因，介绍了判断腐蚀倾向的方法。但在实际中，人们不仅关心金属材料的腐蚀倾向，更关心腐蚀过程进行的速率。由于热力学的研究方法中没有考虑到时间因素及反应进行的细节，因此腐蚀倾向并不能作为腐蚀速率的尺度。一个大的腐蚀倾向不一定就对应着一个高的腐蚀速率，这正像金属铝，从热力学角度看，它的腐蚀倾向很明显，但在某些介质中，它的腐蚀速率却极低。对于金属材料来说，人们想方设法来降低腐蚀反应的速率，以达到延长其使用寿命的目的。为此，必须了解腐蚀过程的机理及影响腐蚀速率的各种因素，掌握在不同条件下腐蚀作用的动力学规律，并通过实验进行研究和探讨解决具体问题的方法。

## 3.1 腐蚀电池的电极过程

1. 阳极过程

在金属 $M_1$ 和 $M_2$ 和水溶液构成腐蚀原电池后，电极电位较低的金属 $M_1$ 作为阳极发生氧化反应，电极电位较高的金属 $M_2$ 作为去极化剂 D 的阴极载体发生还原反应，如图 3.1 所示。金属 $M_1$ 表面的金属阳离子在极性溶剂分子(如水分子)的作用下，离开晶格进入溶液，形成溶剂化阳离子或配离子。剩余的电子在两金属间电位差的作用下进入阴极，并和去极化剂结合，形成还原产物。这一个不可逆的电极过程促进了阳极的持续溶解。

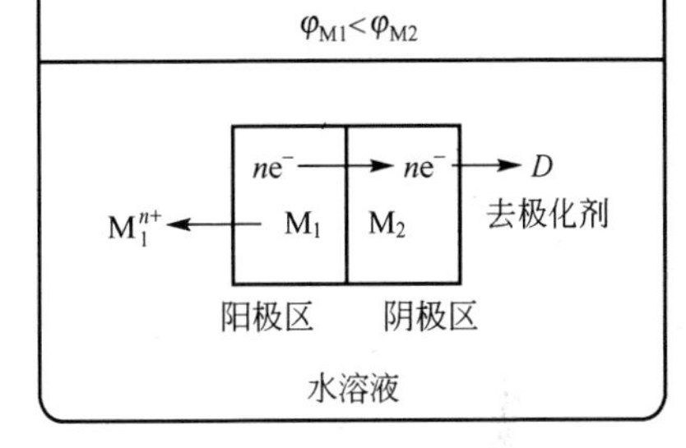

**图 3.1 两种金属材料组成原电池示意图**

通常金属的阳极溶解至少由下面几个步骤组成。

(1) 金属原子离开晶格，转变为表面吸附原子，即

$$M_{晶格} \longrightarrow M_{吸附}$$

(2) 在溶剂分子的作用下，表面吸附原子失去电子并进入金属溶液界面双电层，成为溶剂化阳离子，即

$$M_{吸附} + xH_2O \longrightarrow M^{n+} \cdot xH_2O + ne^-$$

(3) 溶剂化阳离子从双电层溶液侧向溶液本体的迁移。

极性溶剂分子(如水)或阴离子(如 $Cl^-$)的溶剂化作用或配合作用在金属的溶解过程中极为重要。在金属晶体中，金属离子通常情况下只能在晶格结点附近振动，金属离子要脱离金属表面需要极大的垂直于表面的振动能。因此在一般温度下，金属即使在真空中也不会蒸发。但是在金属浸入溶液后，由于溶剂化作用使金属离子在溶液相中的能量低于了在金属相中的能量，于是金属离子进入溶液可以自发进行。金属相中由于出现了剩余电子而带负电，溶液侧则由于金属阳离子的进入而带正电，这样在金属和溶液界面形成双电层。因为金属阳极不断溶解形成的双电层是一个动态的双电层，即在此双电层内不断有离子经过，金属侧的电子不断移走，所以双电层的电场是一个稳态电场。

2. 阴极过程

如图 3.1 所示，腐蚀原电池中电极电位较低和较高的金属 $M_1$ 和 $M_2$ 及其附近液层分别构成电池的阳极区和阴极区。金属阳极溶解后所释放出来的电子将转移到阴极区，并在那里与溶液中的去极化剂 D 发生还原反应。如果没有这些去极化剂存在，转移到阴极区的电子将积累起来，在阴、阳极区之间建立一个电场，阻碍电子进入阴极区，进而使阳极溶解难以发生。因此，发生电化学腐蚀的基本条件是腐蚀电池和去极化剂同时存在，或者说阳极过程和阴极过程必须同时进行。

电化学腐蚀的阴极去极化剂有 $H^+$、$O_2$、$NO_3^-$、$Cr_2O_7^{2-}$、高价金属离子及一些易被还原的有机化合物等，这些去极化剂发生的反应主要有如下几种类型。

(1) 溶液中溶解氧的还原反应：在中性或碱性溶液中，溶解氧发生还原反应，生成 $OH^-$，即

$$O_2+2H_2O+4e^-\longrightarrow 4OH^-$$

在酸性溶液中生成水，即

$$O_2+4H^++4e^-\longrightarrow 2H_2O$$

以氧的还原反应为阴极过程的腐蚀叫氧去极化腐蚀，也叫耗氧腐蚀或吸氧腐蚀。大多数金属在海水、大气、土壤和中性盐溶液中所发生的电化学腐蚀，其阴极过程主要是氧的还原反应。

(2) 溶液中氢离子的还原反应

$$2H^++2e^-\longrightarrow H_2$$

以氢离子还原反应为阴极过程的腐蚀称为氢去极化腐蚀，也称为析氢腐蚀。析氢过程是电极电位较低的金属在酸性介质中常见的阴极去极化反应。

(3) 溶液中高价金属离子的还原反应

$$Fe^{3+}+e^-\longrightarrow Fe^{2+}$$

$$Fe_3O_4+H_2O+2e^-\longrightarrow 3FeO+2OH^-$$

对于一个具体的腐蚀体系，不仅需要金属的阳极溶解，而且必须有阴极去极化剂的还原来维持阴极过程的不断进行。其阴极去极化剂的种类则要视介质中可发生还原反应的物质及其电极电位以及阴极过程的动力学过程而定。

## 3.2 腐蚀速率及极化作用

腐蚀速率表示单位时间内金属腐蚀程度的大小，在任意时刻单位面积上金属溶解失去的质量与该时刻通过腐蚀电池的电流密度遵守法拉第定律。如果腐蚀速率用单位面积单位时间金属溶解失去的摩尔数表示，则根据法拉第定律式(1-4)得

$$v=\frac{\Delta W}{MSt}=\frac{MIt}{MnFSt}=\frac{i}{nF} \tag{3-1}$$

式中，$v$ 为腐蚀速率($mol/m^2s$)；$\Delta W$ 为失重量(g)；$i$ 为电流密度 I/S($A/m^2$)；$n$ 为得失电子数(化合价)；$F$ 为法拉第常数(96500C/mol)；$M$ 为金属原子量(g/mol)；$S$ 为腐蚀面积($m^2$)；$t$ 为通电时间(s)。

电流密度与腐蚀速率的关系也可以表示成下式

$$i=nFv \tag{3-2}$$

影响腐蚀速率的因素很多，如溶液的浓度、金属材料的性质、介质的温度等。

1. 极化现象

首先看一个实验：将面积均为 $4cm^2$ 的铜片和锌片浸入 3%NaCl 溶液中，组成了一个腐蚀电池。用导线将负载 R 和开关 K 与电流表 A 串联起来，数字电压表 V 用来测量负载 R 两端的电压，如图 3.2 所示。

在电池接通前铜和锌两极的电位差(电池的电动势)为 0.93V，电流为 0。当电池接通时，电流表指示的起始电流为 0.0034A，电压表指示的电位差为 0.91V。经数分钟后，电

位差为0.64V。实验测量表明，随着通电时间的增大，两极电位差不断减小。两极电位随时间的变化情况如图3.3所示，阴极(铜)的电位越来越负，阳极(锌)的电位越来越正，两极的电位差越来越小。

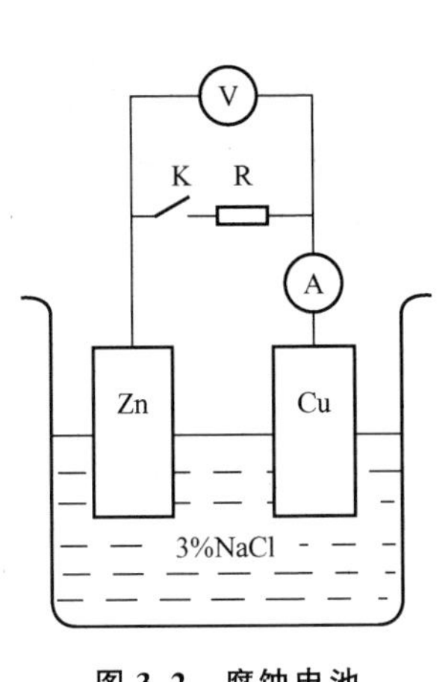


图3.2 腐蚀电池

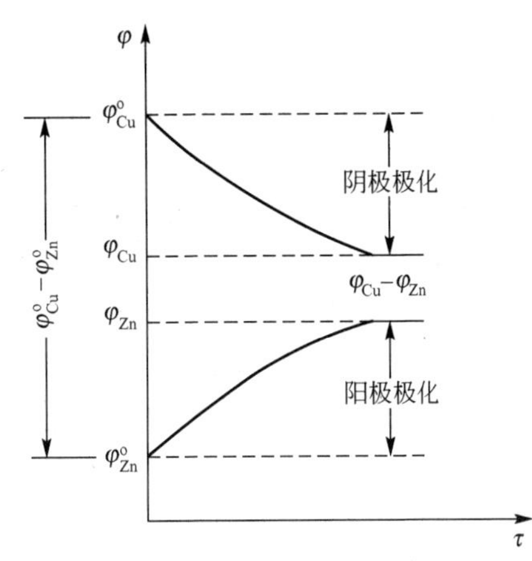


图3.3 电极极化的时间曲线

以上实验表明原电池通过电流造成了两极间的电位差减小，即有电流通过原电池时，阴极和阳极的电极电位均偏离了其平衡电位。由此可以给出电极极化的定义，即当电流通过电极时，电极电位偏离其平衡电位数值的现象叫电极的极化。使阳极的电极电位偏离其平衡电位数值而变得较正的极化作用叫阳极极化。使阴极的电极电位偏离其平衡电位数值而变得较负的极化作用叫阴极极化。消除或减弱阳极和阴极的极化作用的电极过程称为去极化作用或去极化过程，相应地有阳极的去极化和阴极的去极化过程。能消除或减弱极化作用的物质称为去极化剂。

各类腐蚀电池作用的情况基本上与上述原电池短路时的情况相似。由于腐蚀电池的极化作用，使腐蚀电流减小从而降低了腐蚀速率。假若没有极化作用，金属电化学腐蚀的速率将要大得多，这对金属设备和材料的破坏将更为严重。另外在电镀中较大的极化作用有利于形成结晶细致的镀层，所以对减缓电化学腐蚀以及获得良好的镀层来说，极化是一种有益的作用。

2. 极化曲线

为了使电极电位随通过的电流强度或电流密度的变化情况更清晰准确，经常利用电位—电流图或电位—电流密度图。例如，图3.2中的原电池在接通电路后，铜电极和锌电极的电极电位随电流的变化可以绘制成图3.4的形式。

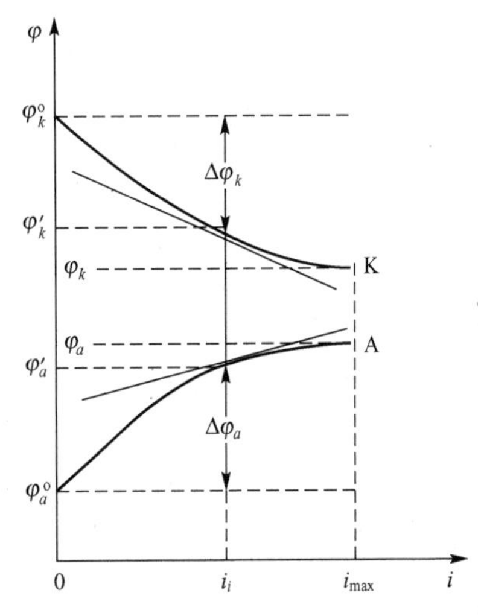


图3.4 极化曲线示意图

因为铜电极和锌电极浸在溶液中的面积相等，所以图中的横坐标采用电流密度。图中的 $\varphi^{\circ}_{k}$ 和 $\varphi^{\circ}_{a}$ 分别为铜电极和锌电极的开路电极电位。从图中可以看出，随着电流密度的增加，阳极电位沿曲线 $\varphi^{\circ}_{a}$A 向正的方向移动，而阴极电位沿曲线 $\varphi^{\circ}_{k}$K 向负的方向移动。把表示电极电位与极化电流或极化电流密度之间关系的曲线称为极化曲线。图 3.4 中的 $\varphi_a^o A$ 是阳极极化曲线，$\varphi_k^o K$ 是阴极极化曲线。

电位对于电流密度的导数 $d\varphi_a/di_a$ 和 $d\varphi_k/di_k$ 分别称为阳极和阴极在该电流密度 $i_i$ 时的真实极化率，它们分别等于通过极化曲线上对应于该电流密度点的切线的斜率。$\Delta\varphi_a$ 和 $\Delta\varphi_k$ 分别是阳极和阴极在极化电流密度为 $i_i$ 时的极化值。$\Delta\varphi_a/\Delta i_a$ 和 $\Delta\varphi_k/\Delta i_k$ 分别称为在该电流密度区间(图 3.4)从 0 到 $i_i$ 内阳极和阴极的平均极化率。从极化曲线的形状可以看出电极极化的程度，从而判断电极反应过程的难易。例如，若极化曲线较陡，则表明电极的极化率较大，电极反应过程的阻力也较大；而极化曲线较平坦，则表明电极的极化率较小，电极反应过程的阻力也较小，因而反应就容易进行。

通常在极化时把电子离开电极的电流称为阳极极化电流 $i_a$；把电子流入电极的电流称为阴极极化电流 $i_k$。

极化曲线对于解释金属腐蚀的基本规律有重要意义。用实验方法测绘极化曲线并加以分析研究，是揭示金属腐蚀机理和探讨控制腐蚀的措施的基本方法之一。

3. 极化的原因及其类型

1）电极过程

根据电化学动力学理论，一个电极反应进行时，电极过程通常包括下面几个串联进行的步骤。

(1) 反应物由溶液的内部向电极和溶液的界面区运动，这称为液相传质步骤。

(2) 反应物在电极表面进行吸附，称为吸附步骤，或称为反应前的表面转化步骤。

(3) 反应物在电极表面进行得电子或失电子的反应而生成产物的步骤，称为电子转移步骤或电化学步骤。

(4) 生成物在电极表面进行脱附，称为脱附步骤，或称为反应后的表面转化步骤。

(5) 生成物离开电极表面向溶液相内部移动，称为液相传质步骤(或生成物形成新相(气体或固体)的过程——称为生成新相步骤)。

上述(1)、(3)、(5)是不可缺少的基本步骤。电极反应的速率决定于上述几个串联步骤中速率最慢的步骤，这个最慢的步骤称为控制步骤。如果电荷转移过程是整个电极过程的控制步骤，这时将发生电化学极化。当溶液中反应物或反应产物的扩散过程是整个电极过程的控制步骤时，将发生浓差极化。

2）阳极极化的原因

电流通过腐蚀电池时，阳极的电极电位向正方向移动的现象称为阳极极化。产生阳极极化的原因有如下 3 种情况。

(1) 电子运动速率往往大于电极反应的速率，在金属阳极溶解过程中，由于电子从阳极流向阴极的速率大于金属离子放电离开晶格进入溶液的速率，因此阳极的正电荷将随着时间发生积累，使电极电位向正方向移动，发生阳极极化，该极化称为电化学极化，亦称为活化极化。

(2) 阳极溶解得到的金属离子将会在阳极表面的液层和溶液本体间建立浓度梯度，使溶解下来的金属离子不断向溶液本体扩散。如果扩散速率小于金属的溶解速率，阳极附近金属离子的浓度会升高，导致电极电位升高，发生阳极极化，该极化称为浓差极化。

(3) 很多金属在特定条件下的溶液中，表面生成保护膜(钝化膜)。该膜能阻碍金属离子由晶格转入溶液的过程，电流在膜中产生很大的电压降，从而也使阳极电位向正的方向移动形成阳极极化，该极化称为电阻极化。

3）阴极极化的原因

电流流过腐蚀电池时，阴极的电极电位向负方向移动的现象称为阴极极化。阴极过程是去极化剂接受电子的过程，产生极化的原因有下面两个。

(1) 由于电子进入阴极的速率大于阴极电化学反应放电的速率，即去极化剂与电子结合的速率比电子自外电路输到阴极表面的速率慢，因此电子在阴极发生积累，结果使阴极的电极电位降低，发生阴极的电化学极化。

(2) 去极化剂向阴极表面迁移的速率比它在阴极表面还原反应的速率慢，或者阴极反应产物离开阴极表面的速率缓慢。这既阻碍去极化剂向阴极表面的迁移，也阻碍阴极表面还原反应的顺利进行，从而使电子在阴极表面上积累，引起阴极电位向负的方向移动，发生阴极的浓差极化。

## 3.3 电化学极化动力学

金属的电化学腐蚀常常是在自腐蚀电位下进行的，其腐蚀速率由阴、阳极反应的控制步骤共同决定的，金属腐蚀的电化学动力学特征也是由阴、阳极反应的控制步骤的动力学特征决定的。用数学公式描述腐蚀金属的极化曲线就得到腐蚀金属的极化方程式，它是研究金属腐蚀过程的重要理论基础。

### 1. 单电极平衡电极反应和交换电流密度

电极反应就是伴随着两类导体相之间的电荷转移而在两相界面上发生的氧化态物质与还原态物质互相转化的反应。如果用O代表氧化态物质，R代表还原态物质，则任何一个电极反应都可以写为如下的通式。

$$\mathrm{R} \underset{i_-}{\overset{i_+}{\rightleftharpoons}} \mathrm{O} + n\mathrm{e}^-$$

当电极反应按正向即按氧化方向进行时，称这个电极反应为阳极反应，当电极反应按逆向即按还原方向进行时，称这个电极反应为阴极反应。根据法拉第定律，在任何电极反应中，反应物质变化的量与转移的电量之间有着严格的等当量关系。因此，电极反应的速率(即相界面上单位面积上的阳极反应或阴极反应的速率)可用电流密度表示。通式中的 $i_+$ 和 $i_-$ 分别称为该电极反应的阳极反应电流密度和阴极反应电流密度，简称阳极电流密度和阴极电流密度。任何一个电极反应都有它自己的阳极电流密度和阴极电流密度。

如果在一个电极表面上只进行一个电极反应，当这个电极反应处于平衡时，其电极电位就是这个电极反应的平衡电位 $\varphi^\circ$，其阳极反应和阴极反应的速率相等，即

$$i_+ = i_- = i^\circ$$

$i^\circ$是与 $i_+$ 和 $i_-$ 的绝对值均相等的电流密度，称为电极反应的交换电流密度，它表征平衡电位下正向反应和逆向反应的交换速率。任何一个电极反应处于平衡状态时都有它自己的交换电流密度，不同电极的交换电流密度相差很大(表 3－1)。$i^\circ$是电极反应的主要动力学参数之一，在后面还要讨论它。

表 3-1 一些金属上析氢反应的 $i^0$ 值

| 金属 | 温度/℃ | 电解质溶液 | $i^0$/(mA/cm$^2$) |
|---|---|---|---|
| Pt | 20 | 1mol/L HCl | $10^{-3}$ |
| Pd | 20 | 0.1mol/L HCl | $2\times10^{-4}$ |
| Mo | 20 | 1mol/L HCl | $10^{-6}$ |
| Au | 20 | 1mol/L HCl | $10^{-6}$ |
| Ta | 20 | 1mol/L HCl | $10^{-5}$ |
| W | 20 | 5mol/L HCl | $10^{-5}$ |
| Ag | 20 | 0.1mol/L HCl | $5\times10^{-7}$ |
| Ni | 20 | 0.1mol/L HCl | $8\times10^{-7}$ |
| Bi | 20 | 1mol/L HCl | $10^{-7}$ |
| Nb | 20 | 1mol/L HCl | $10^{-7}$ |
| Sb | 20 | 1mol/L HCl | $10^{-9}$ |
| Fe | 20 | 1mol/L HCl | $10^{-8}$ |
| Cu | 20 | 0.1mol/L HCl | $2\times10^{-7}$ |
| Al | 20 | 1mol/L HCl | $10^{-10}$ |
| Be | 20 | 1mol/L HCl | $10^{-9}$ |
| Sn | 20 | 1mol/L HCl | $10^{-8}$ |
| Cd | 20 | 1mol/L HCl | $10^{-7}$ |
| Zn | 20 | 0.5mol/L $H_2SO_4$ | $1.6\times10^{-11}$ |
| Hg | 20 | 0.1mol/L HCl | $7\times10^{-13}$ |
| Pb | 20 | 0.01～8mol/L HCl | $2\times10^{-13}$ |

当电极反应处于平衡状态时，虽然在两相界面上微观的物质交换和电荷交换仍在进行，但因正向和逆向的反应速率相等，所以电极体系不会出现宏观的物质变化，没有净反应发生，也没有净电流出现。因此，当金属与含有其离子的溶液构成的电极体系处在平衡状态时，这种金属是不会腐蚀的，即可逆的金属电极是不发生腐蚀的电极。例如，由纯金属锌和硫酸锌溶液及由纯金属铜和硫酸铜溶液所构成的平衡锌电极及平衡铜电极，当它们分别孤立地存在时，金属锌与金属铜的质量及表面状态都将保持不变。孤立的平衡电极，当它们单独存在时，既不表现为阳极也不表现为阴极，或者说是没有极化的电极。

2. 单电极平衡电极的极化及其过电位

当有净电流通过平衡电极时，其正向反应和逆向反应的速率不再相等，其电极电位将偏离平衡电位。这个净电流可以是外部电源供给的，也可以是包含该电极的原电池产生的。与 $i_+$ 和 $i_-$ 不同，净电流是可以通过测量仪器进行直接测量的。显然，流经任何一个平衡电极的静电流是 $i_+$ 和 $i_-$ 的差值。我们规定，对于任何一个电极反应，当 $i_+>i_-$ 时，外电流密度

$$i_a=i_+-i_- \tag{3-3a}$$

称为净阳极电流密度或阳极极化电流密度，该电极进行的是阳极反应；当 $i_+<i_-$ 时，

外电流密度

$$i_k = i_- - i_+ \tag{3-3b}$$

称为净阴极电流密度或阴极极化电流密度，该电极进行的是阴极反应。

对平衡电极来说，当通过外电流时其电极电位偏离平衡电位的现象，称为平衡电极的极化。外电流为阳极极化电流时，其电极电位向正的方向移动，称为阳极极化；外电流为阴极极化电流时，其电极电位向负的方向移动，称为阴极极化。为了明确表示出由于极化使其电极电位偏离平衡电位的程度，把某一极化电流密度下的电极电位 $\varphi$ 与其平衡电位 $\varphi^\circ$ 的差的绝对值称为该电极反应的过电位，以 $\eta$ 表示。阳极极化时，电极反应为阳极反应，阳极过电位为

$$\eta_a = \Delta\varphi = \varphi_a - \varphi^\circ \tag{3-4a}$$

阴极极化时，电极反应为阴极反应，阴极过电位为

$$\eta_k = \Delta\varphi = \varphi^\circ - \varphi_k \tag{3-4b}$$

根据这样的规定，不管发生阳极极化还是阴极极化，电极反应的过电位都是正值。过电位实质上是进行净电极反应时，在某一步骤上受到阻力所引起的电极极化而使电位偏离平衡电位的结果。因此，过电位是极化电流密度的函数，只有给出极化电流密度的数值，与之对应的过电位才有意义。过电位与极化电流密度的关系在以后的章节中将作详细讨论。

1905 年 Tafel 通过实验发现，在原电池放电发生极化时，过电位与极化电流存在半对数关系，即阳极过电位

$$\eta_a = a + b\lg i_a \tag{3-5a}$$

阴极过电位

$$\eta_k = a + b\lg i_k \tag{3-5b}$$

式中，常数 $a$ 和 $b$ 为经验参数。

应当注意，极化值与过电位是两个不同的概念。只有当电极上仅有一个电极反应并且外电流为零时的电极电位就是这个电极反应的平衡电位时，极化值才等于这个电极反应的过电位值。

当一个电极的静止电位(外电流为零时的电极电位常称为静止电位)为非平衡稳定电位时，该电极的极化值与过电位值并不相同。因为对于一个非平衡稳定电极体系来说，在其电极表面上至少有两个电极反应同时进行，虽然总的看来没有外电流进出电极，但实际上它表面进行的不同反应之间已经互相极化，已经是极化了的电极。关于不可逆电极的过电位在讲到共轭体系时再介绍。

3. 电极电位对电化学步骤活化能的影响

对于电极反应来说，其反应物或产物中总有带电粒子，而这些带电粒子的能级显然与电极表面的电位高低有关。因此，当电极电位发生变化时，必然要对这些带电粒子的能级产生影响，从而导致电极反应活化能的改变。例如，对单电极反应体系

$$\mathrm{R} \underset{i_-}{\overset{i_+}{\rightleftharpoons}} \mathrm{O} + n\mathrm{e}^-$$

当其达到氧化还原平衡时，存在一个平衡电位 $\varphi^\circ$，正反应和逆反应的活化能确定不变。若电极电位增加 $\Delta\varphi$(阳极极化)，则正反应的活化能必然降低 $(1-\alpha)nF\Delta\varphi$，而逆反应

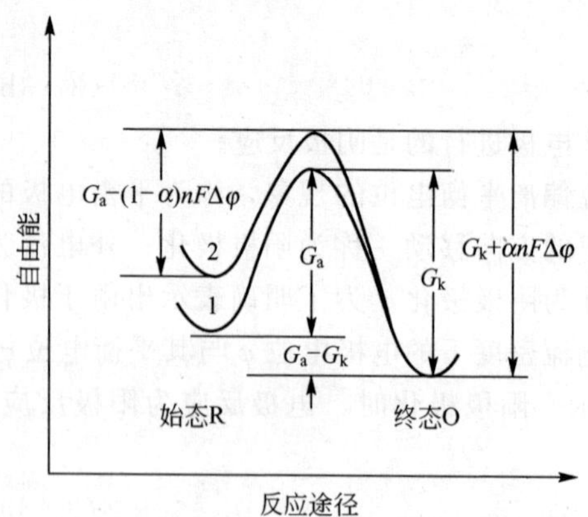


**图 3.5　改变电极电位对反应活化能的影响**

的活化能则升高 $\alpha nF\Delta\varphi$。反应过程的自由能曲线如图 3.5 所示，由图可知，电极电位的升高，使得阳极反应较易进行，而阴极反应难以进行了。这显然是由于电极电位增加 $\Delta\varphi$ 后，阳极反应的活化能减小而阴极反应的活化能增加所致。

由图 3.5 可以看出，电极电位增加 $\Delta\varphi$ 后，阳极反应活化能减小的量和阴极反应活化能增加的量分别是 $nF\Delta\varphi$ 的一部分，即阳极反应的活化能和阴极反应的活化能分别为

$$E_a=G_a-(1-\alpha)nF\Delta\varphi \tag{3-6a}$$

$$E_k=G_k+\alpha nF\Delta\varphi \tag{3-6b}$$

式中，$E_a$ 为电极电位改变后阳极反应的活化能；$E_k$ 为电极电位改变后阴极反应的活化能；$G_a$ 为平衡电位时阳极反应的活化能；$G_k$ 为平衡电位时阴极反应的活化能；$(1-\alpha)$ 为电极电位对阳极反应活化能影响的分数，称为阳极反应的传递系数；$\alpha$ 为电极电位对阴极反应活化能影响的分数，称为阴极反应的传递系数。

传递系数与活化粒子在双电层中的相对位置有关，也常称它为对称系数。对同一个电极反应来说，其阳极反应与阴极反应的传递系数之和等于 1。需要说明的是活化能 $G_a$ 和 $G_k$ 的值，已经包含了该反应在其平衡电位 $\varphi^{\circ}$ 下电化学位的贡献，即

$$G_a=G_a^{\theta}-(1-\alpha)nF\varphi^{\circ} \tag{3-7a}$$

$$G_k=G_k^{\theta}+\alpha nF\varphi^{\circ} \tag{3-7b}$$

式中，$G_a^{\theta}$ 和 $G_k^{\theta}$ 分别为阳极氧化和阴极还原的纯化学反应的活化能。

图 3.5 和式(3-6a)及式(3-6b)表明，电位升高 $\Delta\varphi$ 后，总位能的变化 $nF\Delta\varphi$ 中的一部分用于阻碍阴极反应的继续进行，而剩下的 $(1-\alpha)nF\Delta\varphi$ 部分则用于促进阳极反应的进行。

4. 电极电位对电极反应速率的影响

当单电极体系的电极反应处于平衡状态时，电极电位为 $\varphi^{\circ}$，阳极反应和阴极反应的活化能分别为 $G_a$ 和 $G_k$。根据化学动力学，此时阳极反应速率和阴极反应速率分别为

$$v_a=A_aC_{\mathrm{R}}\mathrm{e}^{-\frac{G_a}{RT}}=K_a^{\circ}C_R \tag{3-8a}$$

$$v_k=A_kC_{\mathrm{O}}\mathrm{e}^{-\frac{G_k}{RT}}=K_k^{\circ}C_{\mathrm{O}} \tag{3-8b}$$

式中，$A_a$ 和 $A_k$ 分别为阳极过程和阴极过程的指数前因子；$C_{\mathrm{R}}$ 和 $C_{\mathrm{O}}$ 为还原态和氧化态物质的摩尔浓度；$K_a^{\circ}$ 和 $K_k^{\circ}$ 分别为平衡电极电位时阳极反应和阴极反应的速率常数，即

$$K_a^{\circ}=A_a\mathrm{e}^{-\frac{G_a}{RT}} \tag{3-9a}$$

$$K_k^{\circ}=A_k\mathrm{e}^{-\frac{G_k}{RT}} \tag{3-9b}$$

根据电极反应速率与电流密度的关系式(3-2)，并将式(3-8a)和式(3-8b)代入式(3-2)可得

$$i_a^{\circ}=nFK_a^{\circ}C_{\mathrm{R}} \tag{3-10a}$$

$$i_k^\circ = nFK_k^\circ C_O \tag{3-10b}$$

式中，$i_a^\circ$和$i_k^\circ$分别为平衡电位$\varphi^\circ$时对应于阳极反应和阴极反应的绝对反应速率的电流密度。电极反应达到平衡时，$i_a^\circ = i_k^\circ = i^\circ$。

如果此时将电极电位提高$\Delta\varphi$，则根据式(3-6a)及式(3-6b)应有

$$i_+ = nFA_aC_R e^{-\frac{G_a-(1-\alpha)nF\Delta\varphi}{RT}} = nFK_a^\circ C_R e^{\frac{(1-\alpha)nF\Delta\varphi}{RT}} \tag{3-11a}$$

$$i_- = nFA_kC_O e^{-\frac{G_k+\alpha nF\Delta\varphi}{RT}} = nFK_k^\circ C_O e^{-\frac{\alpha nF\Delta\varphi}{RT}} \tag{3-11b}$$

根据式(3-4a)和式(3-4b)，$\Delta\varphi$就是过电位$\eta$。将式(3-10a)和式(3-10b)分别代入式(3-11a)和式(3-11b)得

$$i_+ = i^\circ e^{\frac{(1-\alpha)nF\eta_a}{RT}} \tag{3-12a}$$

$$i_- = i^\circ e^{-\frac{\alpha nF\eta_k}{RT}} \tag{3-12b}$$

式中，$i^\circ$为单电极反应平衡时的交换电流密度。

由式(3-12a)和式(3-12b)可以看出，电极极化时，极化电流和过电位成指数关系，如图3.6的虚线部分所示。

由图3.6可以看出，当极化值为0时，电极反应处于平衡状态，称为平衡电极。此时$\Delta\varphi=0$，即$\eta_a=\eta_k=0$，$i_+=i_-=i_a^\circ=i_k^\circ=i^\circ$。由式(3-11a)和式(3-11b)可以得

$$K_a^\circ C_R = K_k^\circ C_O \tag{3-13}$$

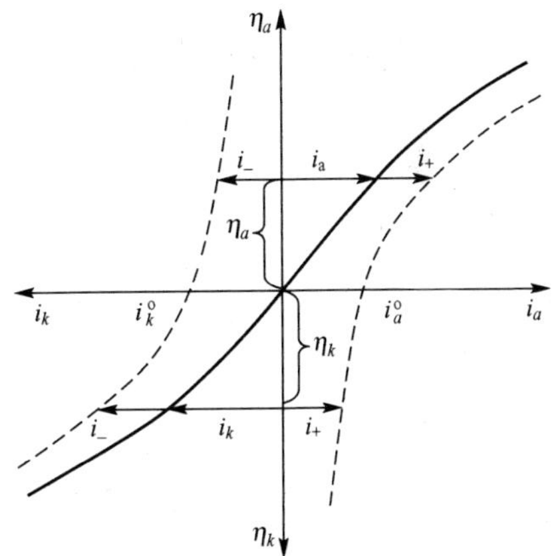


**图3.6 极化电流和过电位的关系**

等式两边取对数

$$\ln\frac{K_a^\circ}{K_k^\circ} = \ln\frac{C_O}{C_R} \tag{3-14}$$

将式(3-7a)、式(3-7b)、式(3-9a)和式(3-9b)代入上式得

$$\ln\frac{A_a}{A_k} - \frac{G_a^\theta - G_k^\theta}{RT} + \frac{nF\varphi^\circ}{RT} = \ln\frac{C_O}{C_R} \tag{3-15}$$

对于一个单电极可逆电极反应，指前因子$A_a$和$A_k$相等，当电极反应体系处于标准态时，即$C_R=C_O=1\text{mol/L}$，$C_R/C_O=1$，则有

$$G_a^\theta - G_k^\theta = nF\varphi^\theta \tag{3-16}$$

式中，$\varphi^\theta$为单电极的可逆电极反应的标准电极电位。

将式(3-16)代入式(3-15)得

$$\varphi^\circ = \varphi^\theta + \frac{RT}{nF}\ln\frac{C_O}{C_R} \tag{3-17}$$

式(3-17)为通过电极过程动力学导出的单电极处于平衡态时的能斯特方程。

5. Butler-Volmer方程

单电极平衡电极体系发生阳极极化时，阳极极化电流密度(净阳极电流密度)$i_a=i_+-i_-$，如图3.6所示，将式(3-12a)和式(3-12b)代入，则得

$$i_a = i_+ - i_- = i^\circ\left[e^{\frac{(1-\alpha)nF\eta_a}{RT}} - e^{-\frac{\alpha nF\eta_k}{RT}}\right] \tag{3-18a}$$

同理该平衡电极体系发生阴极极化时，阴极极化电流密度(净阴极电流密度)$i_k=i_- - i_+$。将式(3-12a)和式(3-12b)代入，则得

$$i_k=i_- - i_+ = i^\circ\left[e^{-\frac{\alpha nF\eta_k}{RT}}-e^{\frac{(1-\alpha)nF\eta_a}{RT}}\right] \tag{3-18b}$$

式(3-18a)和式(3-18b)称为Butler-Volmer方程，简称B-V方程，也叫过电位-极化电流公式，它表示了稳态极化时过电位和极化电流密度的关系。

需要说明的是对于B-V方程，在阳极极化时，式(3-18a)中的第二项的过电位已经反向，变为$\eta_a$，并且在应用该式计算阳极极化电流时，过电位$\eta_a$需要取正值。同理，在阴极极化时，式(3-18b)中的第二项的过电位也反向，变为$\eta_k$，并且在应用式(3-18b)计算阴极极化电流时，过电位$\eta_k$需要取负值。因此在应用B-V方程时，只有从电极系统的物理意义上考虑，方能得出正确的结果。

在下面两种特殊情况下，B-V方程(3-18a)和(3-18b)可以进一步简化。

1) 强极化($\eta$>0.12V)时的近似公式

在这种情况下，阳极极化时，式(3-18a)中的第一项比第二项大得多，略去第二项后，则有

$$i_a=i^\circ e^{\frac{(1-\alpha)nF\eta_a}{RT}} \tag{3-19a}$$

阴极极化时，同理有

$$i_k=i^\circ e^{-\frac{\alpha nF\eta_k}{RT}} \tag{3-19a}$$

对式(3-19a)和式(3-19b)分别取对数得阳极过电位

$$\begin{aligned}\eta_a&=-\frac{RT}{(1-\alpha)nF}\ln i^\circ+\frac{RT}{(1-\alpha)nF}\ln i_a\\&=-\frac{2.3RT}{(1-\alpha)nF}\lg i^\circ+\frac{2.3RT}{(1-\alpha)nF}\lg i_a\end{aligned} \tag{3-20a}$$

阴极过电位

$$\begin{aligned}\eta_k&=\frac{RT}{\alpha nF}\ln i^\circ-\frac{RT}{\alpha nF}\ln i_k\\&=\frac{2.3RT}{\alpha nF}\lg i^\circ-\frac{2.3RT}{\alpha nF}\lg i_k\end{aligned} \tag{3-20b}$$

令$\beta_a=RT/(1-\alpha)nF$，$\beta_k=RT/\alpha nF$，$b_a=2.3RT/(1-\alpha)nF$，$b_k=2.3RT/\alpha nF$。并将$\beta_a$和$\beta_k$分别称为以自然对数表示的阳极反应和阴极反应的Tafel斜率，$b_a$和$b_k$称为以常用对数表示的阳极反应和阴极反应的Tafel斜率。因此式(3-20a)和式(3-20b)可写为

$$\eta_a=\beta_a\ln\frac{i_a}{i^\circ}=b_a\lg\frac{i_a}{i^\circ} \tag{3-21a}$$

$$\eta_k=-\beta_k\ln\frac{i_k}{i^\circ}=-b_k\lg\frac{i_k}{i^\circ} \tag{3-21b}$$

由式(3-21a)和式(3-21b)可以看出，电极极化时，极化电流和过电位成半对数关系，这是电极反应的动力学特征，这种关系常称为Tafel公式。若令

$$a_a=-\frac{2.3RT}{(1-\alpha)nF}\lg i^\circ \tag{3-22a}$$

$$a_k=\frac{2.3RT}{\alpha nF}\lg i^\circ \tag{3-22b}$$

则阳极极化和阴极极化的Tafel公式可分别表示为

$$\eta_a = a_a + b_a \lg i_a \tag{3-23a}$$

$$\eta_k = a_k - b_k \lg i_k \tag{3-23b}$$

Tafel 公式可用通式表示

$$\eta = a + b\lg i \tag{3-24}$$

式(3－24)和经验公式完全一致。

通常称 $a$ 为塔菲尔公式常数项，它是 $\alpha$ 和 $i^{\circ}$ 的函数，与电极材料、电极表面状态、溶液组成及温度有关；$b$ 仅为 $\alpha$ 的函数，与电极材料关系不大。由上可看出传递系数 $\alpha$ 和交换电流密度 $i^{\circ}$ 是表达电极反应特征的基本动力学参数，$\alpha$ 反映双电层中电场强度对反应速率的影响，$i^{\circ}$ 反映电极反应进行的难易程度。

**例题 3.1** 在 pH＝10 的电解质中有氧气析出的铂电极，其电位相对饱和甘汞电极为 1.30V，计算该铂电极析氧反应的过电位(已知：$O_2 + 4H^+ + 4e \longrightarrow 2H_2O$，$\varphi^{\theta} = 1.229V$)。

**解：**

先进行电位换算

1.30V(SCE)＝1.30＋0.2416＝1.542V(SHE)(饱和甘汞电极电位＝0.2416V)

再计算氧电极在 pH＝10 的平衡电位

$$\varphi = \varphi^{\theta} + 2.3RT/4F \times \lg a_H^4 = 1.229 + 0.0592\lg 10^{-10} = 0.637(V)$$

(注意：析氧时氧气的逸度＝1atm)

所以：析氧反应过电位＝1.542－0.637＝0.905(V)

答：铂电极析氧反应的过电位为 0.905(V)

2) 微极化($\eta$<5mV)时的近似公式

微极化时，根据 $e^x$ 按照泰勒级数展开

$$e^x = 1 + x + \frac{1}{2!}x^2 + \frac{1}{3!}x^3 + \cdots$$

$$e^{-x} = 1 - x + \frac{1}{2!}x^2 - \frac{1}{3!}x^3 + \cdots$$

当 $x$ 很小时，上展开式可以忽略高次项，只取前两项。所以针对式(3－18a)和式(3－18b)可得近似公式如下

$$\frac{\eta_a}{i_a} = \frac{\beta_a\beta_k}{\beta_a + \beta_k} \cdot \frac{1}{i^{\circ}} \tag{3-25a}$$

$$\frac{\eta_k}{i_k} = -\frac{\beta_a\beta_k}{\beta_a + \beta_k} \cdot \frac{1}{i^{\circ}} \tag{3-25b}$$

上两式表明，在过电位很小的条件下，过电位与极化电流密度呈线性关系，故微极化区又称为线性极化区。式(3－25)和式(3－26)称为低过电位下的电化学极化方程式，又称为线性极化方程式(Stern－Geary 方程式)。

令式(3－25)中的 $\frac{\beta_a\beta_k}{\beta_a + \beta_k} = B$，$\frac{\eta_a}{i_a} = -\frac{\eta_k}{i_k} = R_p$，$R_p$ 称为极化电阻。

则有

$$i^{\circ} = \frac{B}{R_p} \tag{3-26}$$

式(3－26)表明，通过线性极化法测量得到交换电流密度 $i^{\circ}$，可以求得极化电阻 $R_p$；或者测量到极化电阻 $R_p$，可以求得交换电流密度 $i^{\circ}$。

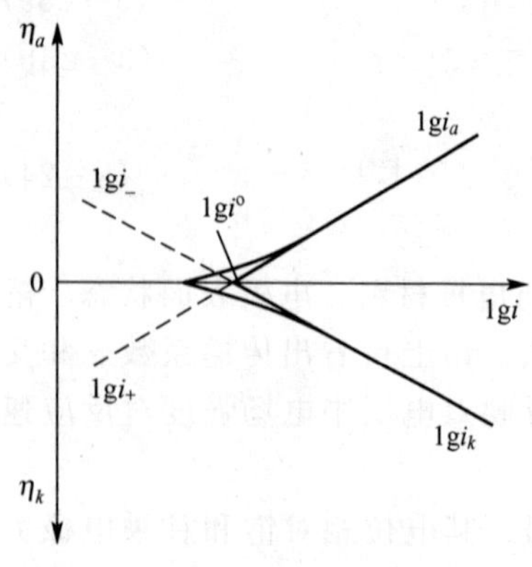


**图 3.7　过电位与极化电流密度的关系**

3) 弱极化($50mV < \eta < 100mV$)时的公式

在此过电位下，$i_+$ 和 $i_-$ 两项均不可忽略，此时，过电位与极化电流的关系既不是对数的关系也不是线性关系，而是符合 B-V 方程。图 3.7 表示了过电位与极化电流密度的关系。由图可以看出，在高过电位区域，过电位与极化电流密度呈半对数关系，随着过电位的减小，逐渐向线性关系过渡，这两种关系的过渡区称为弱极化区。

图 3.7 中在高过电位时的直线部分称为塔菲尔线段或塔菲尔区，直线的斜率即塔菲尔斜率 $b$，直线与纵坐标相交点的 $\eta$ 值即为相应的塔菲尔公式中的常数 $a$。经过稳态测量作出 $\eta - \lg i$ 直线，求出 $a$ 和 $b$ 后，将 $b$ 值代入式(3-23a)与式(3-23b)即可求出 $\alpha$，将 $\alpha$ 值和求得的 $a$ 值再代入式(3-23a)与式(3-23b)就可计算出交换电流密度 $i^\circ$。在 $\varphi = \varphi^\circ$ 和 $C_R$ 以及 $C_O$ 已知的条件下，就可以将 $\alpha$ 及 $i^\circ$ 代入式(3-10a)与式(3-10b)计算出电极反应速率常数 $K$。

## 3.4　液相传质控制下的动力学

在前一节讨论电化学极化时，假设电极表面附近液层中反应物和产物的浓度不发生任何变化，因而不存在浓差极化。事实上，电流通过电极时，电极表面附近液层的浓度或多或少地会发生一些变化。电化学极化常常与浓差极化重叠在一起。为了简单起见，在讨论浓差极化所遵循的规律时，假设电子转移步骤及其他表面转化步骤的进行没有任何困难，整个电极过程的速率为液相传质步骤控制。

1. 液相传质的 3 种方式

1) 对流

电极反应进行的同时，引起了溶液中局部浓度和温度的变化，使得溶液中各部分的密度出现了差别，并造成溶液的流动，这就是对流。电极上有气体产物形成时，对溶液有一定的扰动，也会引起对流。这两种情况下的对流属于自然对流。如果采用机械搅拌溶液的措施，使电极与溶液间产生相对运动，则可形成强制对流。因为溶液中各种离子将随着流动的液体一起移动，故对流也是一种液相传质方式。

2) 扩散

扩散是在没有电场的作用下，物质从浓度高的部分向浓度低的部分传输的一种传质方式。粒子可以带电，也可以不带电，扩散的推动力是浓度差。扩散和对流是有区别的，扩散是指粒子相对于溶剂的运动，对流是指整个液体(包含溶剂和粒子)的运动。由扩散所形成的电流称为扩散电流。

如果在扩散过程中每一点的扩散速率都相等，即扩散层中的浓度梯度在扩散的过程中不随时间变化，这种扩散过程就称为稳态扩散过程。稳态扩散速率与浓度梯度成正比，这就是 Fick 第一定律的主要内容。在单位时间内通过单位截面积的扩散物质流量与浓度梯

度成正比，即

$$J=-D\left(\frac{\partial c}{\partial x}\right)_t \qquad (3-27)$$

式中，$J$ 为扩散通量(mol/cm$^4$s)；$(\partial c/\partial x)_t$ 为电极表面附近溶液中粒子的浓度梯度(mol/cm$^2$)；$D$ 为扩散系数(cm$^2$/s)；负号表示粒子从浓到稀的方向扩散。

式(3-27)称为 Fick 第一定律。各种离子在无限稀释时的扩散系数见表 3-2。一些气体和有机小分子在稀溶液中的扩散系数见表 3-3。

**表 3-2 各种离子在无限稀释时的扩散系数**

| 离子 | $D$/(cm$^2$/s) | 离子 | $D$/(cm$^2$/s) |
|---|---|---|---|
| $H^+$ | $9.34\times10^{-5}$ | $OH^-$ | $5.23\times10^{-5}$ |
| $Li^+$ | $1.04\times10^{-5}$ | $Cl^-$ | $2.03\times10^{-5}$ |
| $Na^+$ | $1.35\times10^{-5}$ | $NO_3^-$ | $1.92\times10^{-5}$ |
| $K^+$ | $1.98\times10^{-5}$ | $Ac^-$ | $1.09\times10^{-5}$ |
| $Pb^{2+}$ | $0.98\times10^{-5}$ | $BrO_3^-$ | $1.44\times10^{-5}$ |
| $Cd^{2+}$ | $0.72\times10^{-5}$ | $SO_4^{2-}$ | $1.08\times10^{-5}$ |
| $Zn^{2+}$ | $0.72\times10^{-5}$ | $CrO_4^{2-}$ | $1.07\times10^{-5}$ |
| $Cu^{2+}$ | $0.72\times10^{-5}$ | $Fe(CN)_6^{3-}$ | $0.76\times10^{-5}$ |
| $Ni^{2+}$ | $0.69\times10^{-5}$ | $Fe(CN)_6^{4-}$ | $0.64\times10^{-5}$ |
| | | $C_6H_5COO^-$ | $0.86\times10^{-5}$ |

**表 3-3 一些气体及有机分子在稀溶液中的扩散系数**

| 离子 | $D$/(cm$^2$/s) | 离子 | $D$/(cm$^2$/s) |
|---|---|---|---|
| $O_2$ | $1.8\times10^{-5}$ | $CH_3OH^-$ | $1.3\times10^{-5}$ |
| $H_2$ | $4.2\times10^{-5}$ | $C_2H_5OH$ | $1.0\times10^{-5}$ |
| $CO_2$ | $1.5\times10^{-5}$ | 抗坏血酸 | $0.58\times10^{-5}$ |
| $Cl_2$ | $1.2\times10^{-5}$ | 葡萄糖 | $0.67\times10^{-5}$ |
| $NH_3$ | $1.8\times10^{-5}$ | 多巴胺 | $0.60\times10^{-5}$ |

3）电迁移

电极上有电流通过时，溶液中各种离子在电场作用下均将沿着一定方向移动，称为电迁移，为液相传质的一种方式。阳离子在电场的作用下向阴极方向传输，阴离子在电场的作用下向阳极方向传输，这种运动叫作离子迁移，形成的电流就是迁移电流，迁移的推动力是电场力。

电流通过电极时，3 种传质过程总是同时存在的。但是，由于离开电极表面稍远些的溶液中液流速率通常要比在电位梯度作用下和浓度梯度作用下离子的运动速率大得多(相差几个数量级)，常可将该处溶液的电迁移传质与扩散传质忽略掉，主要是对流传质在起作用。相反地，在紧靠电极表面的液层中，液流速率很小，在传质中起主导作用的应是电迁移与扩散。

如果采取一定措施，例如向溶液中加入大量的局外电解质(不参加电极反应的电解质)，反应物离子的迁移数大大减小，它的电迁移流量比扩散流量小得多，则可只考虑紧靠电极表面的液层中的扩散传质。若对流传质的作用不容忽视，应当将对流与扩散结合起来讨论。通常将电极表面附近存在着浓度梯度的液层称为扩散层。为了简单起见，常常假定扩散是溶液中唯一的传质方式。

2. 浓差极化

电流通过电极时，如果电子转移快于反应物或产物的液相传质，则电极表面和溶液深处的反应物或产物的浓度将出现差别，这种由于浓度差别引起的电极电位变化称为浓差极化或浓度极化。

在液相传质中，对浓差极化起作用最大的是物质在扩散层中的扩散。在常见的吸氧腐蚀过程中，氧分子向电极表面的扩散步骤往往是腐蚀速率的控制步骤。下面以吸氧腐蚀过程为例，讨论浓差极化的作用。

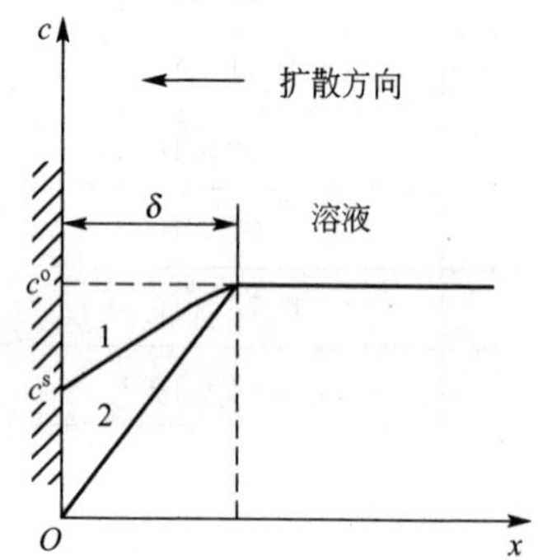


**图 3.8 稳态扩散过程的浓度梯度**

1) 浓差极化的电极反应速率及极限扩散电流密度

在吸氧腐蚀过程中，电极反应不断地消耗氧分子，当电极反应消耗了电极表面的氧分子后，电极表面溶液中氧的浓度 $c^s$ 将低于溶液本体中的氧浓度 $c^o$。浓度明显变化的液层称为扩散层，其厚度为 $\delta$(图 3.8)。

图 3.8 中的 1 为电极表面浓度为 $c^s$ 时扩散层内浓度变化曲线，2 为电极表面浓度为 0 时扩散层内浓度变化曲线。扩散方向是 $x$ 减小的方向。

以平板电极一维扩散为例，设电极反应不影响溶液本体浓度 $c^o$，则扩散层内的浓度梯度 $\mathrm{d}c/\mathrm{d}x$ 可以表示为

$$\frac{\mathrm{d}c}{\mathrm{d}x}=\frac{(c^o-c^s)}{\delta} \tag{3-28}$$

由于存在浓度梯度，扩散层中就有氧的扩散。根据菲克(Fick)扩散第一定律，单位时间内通过单位面积的扩散物质的量 $\mathrm{d}N/\mathrm{d}t$(即扩散物质的扩散速率)与该物质浓度梯度的关系为

$$J=\frac{\mathrm{d}N}{\mathrm{d}t}=-D\frac{\mathrm{d}c}{\mathrm{d}x} \tag{3-29}$$

式中，$\mathrm{d}N/\mathrm{d}t$ 为扩散控制条件下的电极反应速率；$D$ 为扩散物质的扩散系数；负号表示反应物沿 $x$ 轴的反方向自溶液内部向电极表面扩散。

扩散系数 $D$ 与扩散物质的粒子多少、溶液的黏度和绝对温度有关，降低粒子尺寸和溶液的黏度、提高温度均可使 $D$ 增加。

如果要保持电极反应在稳态扩散条件下进行，即氧在电极表面溶液中的浓度 $c^s$ 和本体溶液的浓度 $c^o$ 都不随时间改变，那么，氧从溶液深处扩散到电极表面的速率必须等于氧在电极表面的还原速率。由于讨论的是不可逆反应，故阳极电流可忽略不计。如以 $i_k$ 表示阴极反应的净电流密度，则反应速率为

$$v=\frac{i_k}{nF}=-\frac{\mathrm{d}N}{\mathrm{d}t} \tag{3-30}$$

将式(3-29)和式(3-30)代入式(3-28)得

$$i_k = nFD\frac{(c^{o}-c^{s})}{\delta} \tag{3-31}$$

在 $c^{o}$ 和 $\delta$ 不变的情况下，随着 $c^{s}$ 的减小，电极反应速率将增大。当 $c^{s}$ 降为零时(相当于氧扩散到电极表面后立即被还原)的阴极电流密度称为极限扩散电流密度，用 $i_L$ 表示。

$$i_L = nFD\frac{c^{o}}{\delta} \tag{3-32}$$

由上式可知，极限扩散电流密度 $i_L$ 正比于氧在本体溶液中的浓度而反比于扩散层的厚度。扩散层厚度与溶液黏度、温度、密度及溶液相对于电极表面的切向流速等有关，通常在无搅拌情况下约为 $1\times10^{-2}\sim5\times10^{-2}$ cm，搅拌后可小到 $10^{-4}$ cm。极限扩散电流密度是一个重要参数，它表示了传质速率的最大值。

2) 浓差极化过电位与极化电流的关系

前面已经假定整个电极反应的控制步骤是液相传质步骤，而电化学反应则处于平衡态，所以可用能斯特公式计算电极反应前的电极电位

$$\varphi = \varphi^{\theta} + \frac{RT}{nF}\ln c^{o} \tag{3-33}$$

以及电极反应后的电极电位

$$\varphi' = \varphi^{\theta} + \frac{RT}{nF}\ln c^{s} \tag{3-34}$$

极化过电位 $\eta_k$ 为

$$\eta_k = \varphi - \varphi' = \frac{RT}{nF}\ln\frac{c^{o}}{c^{s}} \tag{3-35}$$

$$\frac{c^{o}}{c^{s}} = \frac{i_L}{i_L - i_k} \tag{3-36}$$

将式(3-36)代入式(3-35)得

$$\eta_k = -\frac{RT}{nF}\ln\left(\frac{i_L - i_k}{i_L}\right) = -\frac{RT}{nF}\ln\left(1-\frac{i_k}{i_L}\right) \tag{3-37}$$

由式(3-37)可得浓差极化电流密度与过电位的关系

$$i_k = i_L\left(1 - e^{-\frac{nF\eta_k}{RT}}\right) \tag{3-38}$$

由(3-37)式可知，当过电位 $\eta_k=0$ 时，$i_k=0$；当过电位 $\eta_k\to\infty$时，$i_k\to i_L$；当过电位 $\eta_k\to0$ 时，可将式(3-38)的指数项展开成级数形式，忽略高次方项，得

$$i_k = \frac{nFi_L}{RT}\eta_k \tag{3-39}$$

即在电流密度很小的情况下，电流密度与过电位呈线性关系。在扩散控制的条件下的浓差极化曲线如图 3.9 所示。

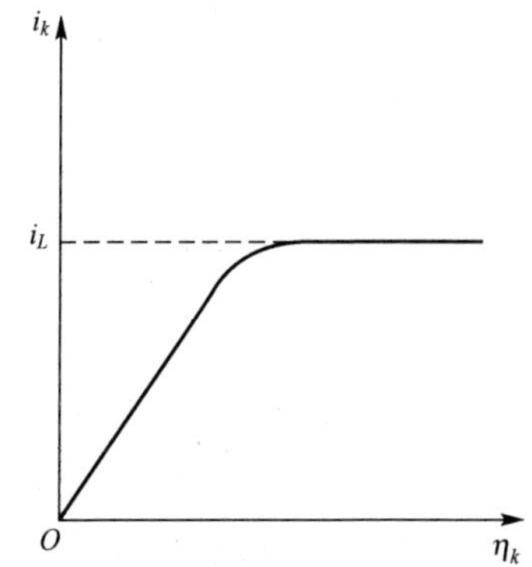


**图 3.9 扩散控制的条件下的浓差极化曲线**

3. 浓差极化对电化学极化的影响

在讨论电化学极化时，曾假定浓差极化不存在，这仅仅适合极化电流密度小于极限扩散电流密度 1/10 时的情况。当极化电流密度增大后，电化学极化与浓差极化往往同时存在。下面以阴极反应为例，讨论两种极化都存在时过电位与极化电流的关系。

在讨论电化学极化时，根据反应物在电极表面的浓度与溶液本体中的浓度相等的假设，得到阴极反应电流密度与过电位的关系为

$$i_k = i^{\circ} e^{-\frac{\alpha nF\eta_k}{RT}} \tag{3-40}$$

如果传质步骤也是整个电极反应过程速率的控制步骤，此时电极表面反应物的浓度不再等于溶液本体中的浓度而是电极表面的浓度 $c^s$。阴极反应电流密度与过电位就变成

$$i_k = i^{\circ}\left(\frac{c^s}{c^{\circ}}\right)e^{-\frac{\alpha nF\eta_k}{RT}} \tag{3-41}$$

将式(3-36)代入上式，整理后可得

$$i_k = i^{\circ}\left(1-\frac{i_k}{i_L}\right)e^{-\frac{\alpha nF\eta_k}{RT}} \tag{3-42}$$

整理后得

$$\eta_k = -\frac{RT}{\alpha nF}\ln\frac{i_k}{i^{\circ}} + \frac{RT}{\alpha nF}\ln\left(1-\frac{i_k}{i_L}\right) = \eta_{电化学} + \eta_{浓差} \tag{3-43}$$

可见，这种情况下过电位由两项组成，第一项为电化学过电位，又称活化过电位，由电化学极化引起；第二项为浓差过电位，由浓差极化引起。通过式(3-43)，可根据扩散电流 $i_k$ 和极限扩散电流 $i_L$ 的相对大小来分析引起过电位的原因。

(1) 若扩散电流 $i_k$ 远小于交换电流 $i^{\circ}$ 和极限扩散电流 $i_L$，则不出现明显的极化，电极处在平衡态附近。

(2) 若扩散电流 $i_k$ 远大于交换电流 $i^{\circ}$，远小于极限扩散电流 $i_L$，式中第二项可忽略，此时过电位完全由电化学极化引起。

(3) 若扩散电流 $i_k$ 趋近于极限扩散电流 $i_L$，此时过电位完全由浓差极化引起。

(4) 若扩散电流 $i_k$ 处于极限扩散电流 $i_L$ 和交换电流之间，则式(3-43)右边两项均不能忽略，这时电化学极化和浓差极化同时存在。在 $i_k$ 较小时，电化学极化为主；$i_k$ 较大时，浓差极化为主。在 $i_k$ 处于 0.1 $i_L$ 和 0.9 $i_L$ 范围内称为混合控制区。当 $i_k > 0.9\ i_L$ 时，则电流密度逐渐具有极限电流的性质，电极反应几乎完全由扩散控制。

4. 电阻极化

电阻极化是指电流通过电解质溶液和电极表面的某种类型的膜时产生的欧姆电位降。它主要决定于体系的欧姆电阻，并不与电极反应过程中的某一化学步骤或电化学步骤相对应，不是电极反应的某种控制步骤的直接反映。但由于习惯叫法，很多著作都沿用电阻极化这一术语，事实上是把欧姆电位降也当作是一种类型的极化了。

金属在一定的条件下可以在表面形成一层膜，这层膜的组成可以是金属的氧化物，也可以是盐类沉积物，最常见的是金属在氧化性介质中形成的氧化膜。由于表面膜的电阻比纯金属的电阻大得多，所以当电流通过时就产生很大的电阻极化。

对于不形成表面膜的电极体系来说，电阻极化主要是由溶液的电阻决定的，对于电导率很低的体系，例如高纯水，电阻极化可达几伏至几十伏。酸、碱、盐溶液的电导率都很

高，电阻极化较小。电阻极化有两个特点。

(1) 对于固定体系，电阻极化是电流的直线函数，即电阻固定时电阻极化与电流成正比。

$$\eta_R = RI$$

式中，$I$ 为电流强度；$R$ 为腐蚀体系的总电阻。

(2) 电阻极化紧随着电流的变化而变化，当电流中断时，它就迅速消失。因此采用断电测量方法，可以使测量的极化值中不包含电阻极化。有关在电解质溶液和电极表面的某种类型的膜，例如钝化膜的形成和性质等见第 5 章的内容。

## 3.5 混合电位及腐蚀电位

前面讨论了单电极体系的平衡及极化情况，所谓单电极是指只有一种离子参与了电极反应的电极。单一的金属电极是不发生腐蚀的，只有二重电极或多重电极体系才会发生腐蚀。在实际中遇到的金属腐蚀体系均为二重电极或多重电极体系。在二重电极或多重电极体系中有两种或两种以上离子参与了电极反应。这两种电极的动力学过程可运用混合电位理论进行分析。

混合电位理论是瓦格纳(Wagner)和楚安德(Trand)于 1938 年正式提出来的，该理论包括两项简单的假说。

(1) 任何电化学反应都能分成两个或多个局部氧化反应和局部还原反应。

(2) 在电化学反应过程中不可能有净电荷积累。

下面利用混合电位理论讨论二重电极和多重电极的动力学过程。

### 1. 共轭体系与腐蚀电位

如前面所讨论的在 1mol/L 盐酸中，在铁电极表面上有两种离子参与了反应。若电极为铁素体灰口铸铁，则组织是铁素体和石墨。在铁电极表面进行的电化学反应可分解成在铁素体表面上进行的铁单电极反应

$$Fe \underset{i_-}{\overset{i_+}{\rightleftharpoons}} Fe^{2+} + 2e^-$$

及在石墨表面上进行的氢电极反应

$$H_2 \underset{i_-}{\overset{i_+}{\rightleftharpoons}} 2H^+ + 2e^-$$

铁素体的标准电极电位接近于－0.44V，氢的标准电极电位是 0V。在盐酸中铁电极表面的铁素体和石墨就构成了微观电池，电子自铁素体流出后进入石墨。微电池有了电流后发生极化，铁电极发生阳极极化，氢电极发生阴极极化。由于铁电极的阳极极化已经远离了铁电极的平衡态，所以铁电极的阳极极化电流密度 $i_{aFe}$ 为

$$i_{aFe} = i_+ - i_- \approx i_+$$

同理氢电极的阴极极化电流密度为 $i_{kH}$

$$i_{kH} = i_- - i_+ \approx i_-$$

所以根据单电极的 B－V 方程得

$$i_{a\mathrm{Fe}}=i_{\mathrm{Fe}}^{\circ}\mathrm{e}^{\frac{(1-\alpha)nF\eta_a}{RT}}=i_{\mathrm{Fe}}^{\circ}\mathrm{e}^{\frac{\eta_a}{\beta_a}} \tag{3-44a}$$

$$i_{k\mathrm{H}}=i_{\mathrm{H}}^{\circ}\mathrm{e}^{-\frac{\alpha nF\eta_k}{RT}}=i_{\mathrm{H}}^{\circ}\mathrm{e}^{-\frac{\eta_k}{\beta_k}} \tag{3-44b}$$

式中，$i_{\mathrm{Fe}}^{\circ}$和$i_{\mathrm{H}}^{\circ}$分别为铁电极和氢电极的交换电流密度。

将式(3-44a)与式(3-44b)取对数得

$$\eta_a=\varphi_{a\mathrm{Fe}}-\varphi_{\mathrm{Fe}}^{\circ}=\beta_a\ln\frac{i_{a\mathrm{Fe}}}{i_{\mathrm{Fe}}^{\circ}} \tag{3-45a}$$

$$\eta_k=\varphi_{\mathrm{H}}^{\circ}-\varphi_{k\mathrm{H}}=-\beta_k\ln\frac{i_{k\mathrm{H}}}{i_{\mathrm{H}}^{\circ}} \tag{3-45b}$$

需要说明的是，针对式(3-44a)与式(3-44b)两式，不论是铁电极的阳极过程，还是氢电极的阴极过程，其阳极电流和阴极电流均与过电位成正指数关系，即阳极极化时，随极化电流的增大，阳极电位变正，阳极过电位的绝对值增大，符合正指数关系；阴极极化时，随极化电流的增大，阴极电位变负，阴极过电位的绝对值增大，过电位只有取负值才能符合正指数关系。这样铁阳极电位和氢阴极电位随极化电流的变化为

$$\varphi_{a\mathrm{Fe}}=\varphi_{\mathrm{Fe}}^{\circ}+\beta_a\ln\frac{i_{a\mathrm{Fe}}}{i_{\mathrm{Fe}}^{\circ}} \tag{3-46a}$$

$$\varphi_{k\mathrm{H}}=\varphi_{\mathrm{H}}^{\circ}-\beta_k\ln\frac{i_{k\mathrm{H}}}{i_{\mathrm{H}}^{\circ}} \tag{3-46b}$$

根据式(3-46a)与式(3-46b)两式可以作出铁酸二重电极的极化图(图3.10)。

由图3.10可以看出，随着自发极化的进行，$\varphi_{a\mathrm{Fe}}$逐渐变正，$\varphi_{k\mathrm{H}}$逐渐变负。当$\varphi_{a\mathrm{Fe}}$和$\varphi_{k\mathrm{H}}$相等且为$\varphi_{\mathrm{corr}}$时，对应的电流为$i_{\mathrm{corr}}$。$\varphi_{\mathrm{corr}}$和$i_{\mathrm{corr}}$分别称为铁酸体系的自腐蚀电位和自腐蚀电流。在此情况下，将式(3-46a)和式(3-46b)两式相减得

$$i_{\mathrm{corr}}=i_{\mathrm{Fe}}^{\circ\,\frac{\beta_a}{\beta_a+\beta_k}}\,i_{\mathrm{H}}^{\circ\,\frac{\beta_k}{\beta_a+\beta_k}}\,\mathrm{e}^{\frac{\varphi_{\mathrm{H}}^{\circ}-\varphi_{\mathrm{Fe}}^{\circ}}{\beta_a+\beta_k}} \tag{3-47}$$

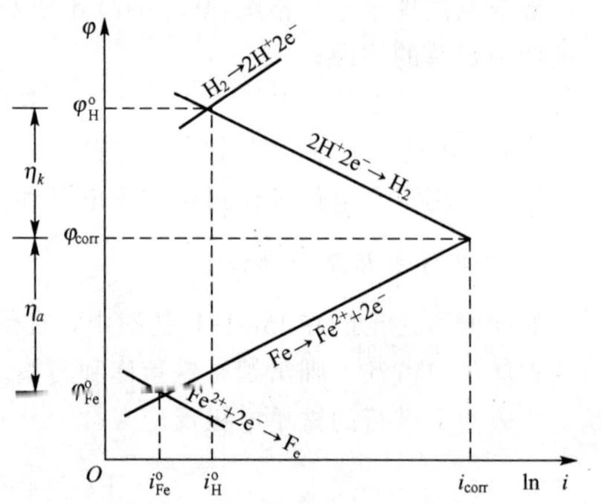


**图3.10 铁酸体系的极化图**

假设传递系数$\alpha=0.5$，那么$\beta_a=\beta_k$。将式(3-46a)和式(3-46b)两式相加可以得到

$$\varphi_{\mathrm{corr}}=\frac{1}{2}\varphi_{\mathrm{Fe}}^{\circ}+\frac{1}{2}\varphi_{\mathrm{H}}^{\circ}+\frac{RT}{nF}\ln\frac{i_{\mathrm{Fe}}^{\circ}}{i_{\mathrm{H}}^{\circ}} \tag{3-48}$$

从式(3-47)可以看出，动力学参数和热力学参数都影响着腐蚀电位和腐蚀电流，腐蚀电流密度$i_{\mathrm{corr}}$随着动力学参数$i_{\mathrm{Fe}}^{\circ}$和$i_{\mathrm{H}}^{\circ}$的增加以及热力学参数$(\varphi_{\mathrm{H}}^{\circ}-\varphi_{\mathrm{Fe}}^{\circ})$差值的增加而增大，随着动力学参数$\beta_a$和$\beta_k$的减小而增大。

由式(3-48)可看出，阴、阳极反应的交换电流密度对于腐蚀电位的数值有决定性的影响。$i_k^{\circ}\gg i_a$时，腐蚀电位$\varphi_{\mathrm{corr}}$非常接近于阴极反应的平衡电位，而当$i_a^{\circ}\gg i_k$时$\varphi_{\mathrm{corr}}$非常接近于阳极反应的平衡电位。

对于多数腐蚀体系来说，阴、阳极反应的交换电流密度相差不大，因此腐蚀电位多位于其阴极反应和阳极反应的平衡电位之间并与它们相距都较远。

当阳极和阴极极化到交点处时，此时阳极反应释放出来的电子恰被阴极反应所消耗，两个电极表面的带电状况不随时间变化，它们的电极电位也处于不随时间变化的状态，即稳定状态。此时的电位称为稳定电位，它是氢电极的非平衡稳定电位，也是铁电极的非平衡稳定电位，所以这一稳定电位又称为混合电位和自腐蚀电位，以 $\varphi_{corr}$ 表示。显然自腐蚀电位(混合电位)位于两个电极的平衡电位之间。

在金属腐蚀学中，腐蚀电位是指在没有外加电流时，介质中的金属达到稳定状态后测得的电位，它是被自腐蚀电流所极化的阳极反应和阴极反应的混合电位。腐蚀电位是腐蚀与防护领域中常用到的参数，金属及介质的物理、化学方面的因素都会对其值发生影响。因此在研究具体的腐蚀过程时，往往要测定腐蚀电位和腐蚀电流。

由上可知，金属与电解质溶液接触所发生的腐蚀过程不是一个单一电极的可逆电极过程，而是一个不可逆电极过程，即在一个孤立的金属电极上同时以等速进行着一个阳极反应和一个阴极反应。这种电极称为二重电极，体系的腐蚀反应为两个电极反应的耦合。互相耦合的反应称为共轭反应，相应的腐蚀体系有时就称为共轭体系。共轭体系是常见的腐蚀体系之一。

应该明确，共轭体系的稳定状态与单电极体系的平衡状态是完全不同的。平衡状态是单一电极反应的物质交换与电荷交换都达到平衡因而没有物质积累和电荷积累的状态；而稳定状态则是两个(或两个以上)电极反应构成的共轭体系的没有电荷积累却有产物生成和积累的非平衡状态。

如果腐蚀体系的腐蚀速率仅由电化学步骤控制，这种体系称为活化极化控制的腐蚀体系。金属在不含溶解氧及其他去极化剂的非氧化性酸溶液中腐蚀时，如果其表面没有钝化膜存在，一般都属于这种腐蚀体系。

2. 腐蚀极化图

在 3.2 节中介绍了电极的极化曲线，根据电极的极化曲线可以作出腐蚀电池的极化图，极化曲线的测量装置如图 3.11 所示。

开路时测得阴、阳极的电位分别为 $\varphi_k^\circ$ 和 $\varphi_a^\circ$，将高阻值的可变电阻把两电极连接起来，调节可变电阻由大逐渐减小，相应测出各个电流下的阴、阳极的电极电位，作出阴、阳极极化曲线，如图 3.12 所示。

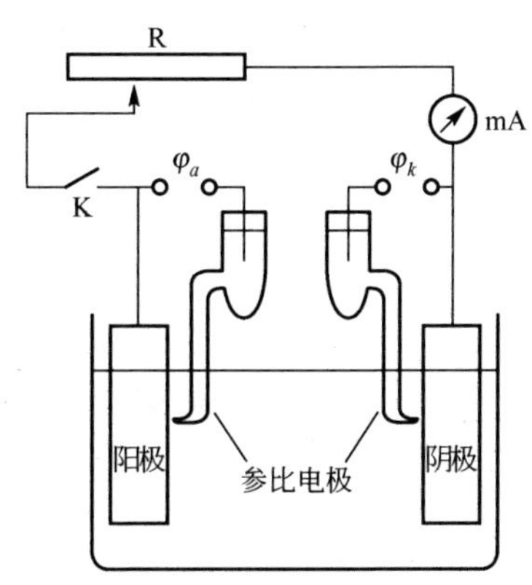


图 3.11 极化测量装置示意图

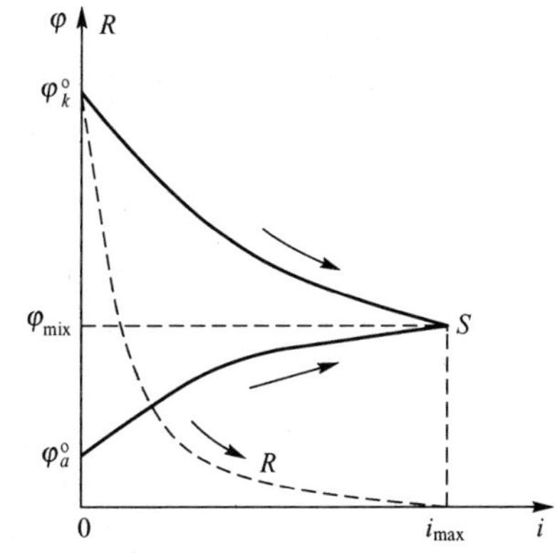


图 3.12 极化曲线

从图 3.12 可知，电流 $i$ 随着电阻 $R$ 的减小而增大，同时电流的增大引起电极的极化，使阳极电位升高，阴极电位降低，从而使两极间的电位差变小。当可变电阻及电池内阻均趋于零时，电流达到最大值 $i_{\max}$，此时阴、阳极极化曲线交于点 $S$，阴、阳极电位相等，即 $\Delta\varphi=RI=0$，在实际测定中是无法得到点 $S$ 的，因为即使外电路短路电池内阻也不可能为零，电流只能接近但不能达到 $i_{\max}$。

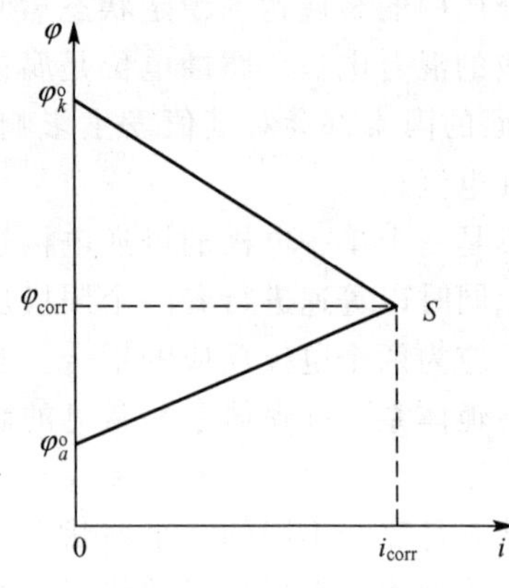

图 3.13　腐蚀极化图(Evans 图)

腐蚀极化图是一种电位电流图，它是把表征腐蚀电池特征的阴、阳极极化曲线画在同一张图上构成的。为分析问题的方便，通常假定在任何电流下阴、阳极的极化率分别为常数，即阴、阳极的极化曲线均可画成直线形式，如图 3.13 所示。

这种简化的腐蚀极化图是由英国腐蚀科学家艾文思(R. Evans)及其学生于 1929 年首先提出并应用的，因此该图又称作 Evans 图。图中 $\varphi_k^{\circ}$ 和 $\varphi_a^{\circ}$ 分别表示起始时阴、阳极的平衡电位，阴、阳极极化曲线交于点 $S$，点 $S$ 所对应的电位处于 $\varphi_k^{\circ}$ 和 $\varphi_a^{\circ}$ 之间，称为混合电位 $E_{\text{mix}}$。由于在此电位下的金属处于腐蚀状态，因此混合电位就是金属的自腐蚀电位，简称腐蚀电位，用 $\varphi_{\text{corr}}$ 表示，对应的电流称为腐蚀电流，用 $i_{\text{corr}}$ 表示。

腐蚀电位是一种非平衡电位，需由实验测得。腐蚀电流表示金属腐蚀的速率，虽然腐蚀电池中阴极和阳极的面积常常不相等，但稳态下流过阴、阳极的电流相等，因此通常用 $\varphi-i$ 极化图比较方便，而且对于均匀腐蚀和局部腐蚀都适用。如果阴、阳极反应均由电化学极化控制，在强极化区电位与电流的对数呈线性关系，此时采用半对数坐标化图，则更为方便。

3. 影响自腐蚀电位的因素

1) 温度的影响

金属的自腐蚀电位是在腐蚀体系自然达到稳态的条件下可测得的一个物理量。虽然自腐蚀电位的大小并不能代表腐蚀速率的大小，但是对腐蚀体系施加一个扰动(或者激励)，体系自腐蚀电位必然会有一个变化响应。这个变化对判断金属的抗腐蚀性以及其机理具有一定的价值。众所周知，温度升高几乎可以提高所有的吸热化学反应速率。电化学反应速率也随着温度的升高而加快。其原因在于温度升高使电解质溶液的电阻降低，导电性增强。更重要的是温度升高加快了界面电子的迁越速率，从而加速了阴极过程和阳极过程。当体系受到温度变化扰动时，直观上能表现出变化的重要电化学参数之一就是自腐蚀电位的变化。

当体系不断发生极化时，阳极极化曲线和阴极极化曲线最终交于一点，阳极极化电流 $i_a$ 和阴极极化电流 $i_k$ 相等，该点的电位称为自腐蚀电位 $\varphi_{\text{corr}}$，根据式(3－19a)与式(3－19b)有

$$i_a=i^{\circ}\mathrm{e}^{\frac{(1-a)nF(\varphi_{\text{corr}}-\varphi_a^{\circ})}{RT}}=k_a\mathrm{e}^{\frac{\varphi_{\text{corr}}}{\beta_a}}=i_{\text{corr}} \tag{3-49a}$$

$$i_k=i^{\circ}\mathrm{e}^{\frac{anF(\varphi_k^{\circ}-\varphi_{\text{corr}})}{RT}}=k_k\mathrm{e}^{-\frac{\varphi_{\text{corr}}}{\beta_k}}=i_{\text{corr}} \tag{3-49b}$$

式中，$k_a$、$k_k$分别定义为阳极反应和阴极反应的表观速率常数(与温度有关)；$\varphi_a^\circ$和$\varphi_k^\circ$分别为平衡态时的阳极和阴极的电极电位；$\beta_a$和$\beta_k$分别为阳极反应和阴极反应的 Tafel 斜率。所以

$$k_a \exp\left(\frac{\varphi_{\mathrm{corr}}}{\beta_a}\right)=k_k \exp\left(-\frac{\varphi_{\mathrm{corr}}}{\beta_k}\right) \tag{3-50}$$

式中，$\varphi_{\mathrm{corr}}$为自腐蚀电位，也称混合电位；$i_{\mathrm{corr}}$为自腐蚀电流。由式(3－50)可得

$$\varphi_{\mathrm{corr}}=\frac{\beta_a\beta_k}{\beta_a+\beta_k}\ln\frac{k_k}{k_a} \tag{3-51}$$

上式为自腐蚀电位与速率常数的关系式，该式说明，当阳极反应和阴极反应的表观速率常数发生变化，自腐蚀电位将发生变化。假定腐蚀反应的传递系数为$\alpha=0.5$，式(3－51)可写为

$$\varphi_{\mathrm{corr}}=\frac{RT}{nF}\ln\frac{k_k}{k_a} \tag{3-52}$$

温度发生变化时，以式(3－52)对温度进行微商得

$$\frac{\mathrm{d}\varphi_{\mathrm{corr}}}{\mathrm{d}T}=\frac{R}{nF}\ln\frac{k_k}{k_a}+\frac{RT}{nF}\left[\mathrm{dln}k_k/\mathrm{d}T-\mathrm{dln}k_a/\mathrm{d}T\right] \tag{3-53}$$

根据阿仑尼乌斯公式有

$$\frac{\mathrm{dln}k}{\mathrm{d}T}=\frac{G}{RT^2} \tag{3-54}$$

式中，$G$为反应的活化能。

将式(3－54)代入式(3－53)有

$$\frac{\mathrm{d}\varphi_{\mathrm{corr}}}{\mathrm{d}T}=\frac{R}{nF}\ln\frac{k_k}{k_a}+\frac{RT}{nF}\left(\frac{G_k-G_a}{RT^2}\right) \tag{3-55}$$

式中，$G_k$为阴极反应的活化能；$G_a$为阳极反应的活化能。

令$\Delta G=G_k-G_a$，为阴阳极反应活化能差，将其代入式(3－55)整理得

$$\frac{\mathrm{d}\varphi_{\mathrm{corr}}}{\mathrm{d}T}=\frac{R}{nF}\left(\ln\frac{k_k}{k_a}+\frac{\Delta G}{RT}\right) \tag{3-56}$$

式(3－56)是自腐蚀电位随温度的变化与阴阳极反应活化能差的关系式。由式(3－56)可以看出，在阴极反应的表观速率常数$k_k$大于阳极反应的表观速率常数$k_a$，阴极反应的活化能$G_k$大于阳极反应活化能$G_a$的条件下，当温度升高，自腐蚀电位向正变化；反之，自腐蚀电位向负变化。一般来说，易腐蚀金属(负电性金属)腐蚀的阴极反应的表观速率常数$k_k$都大于阳极反应的表观速率常数$k_a$，阴极反应的活化能$G_k$也大于阳极反应的活化能$G_a$。因此当温度升高时，自腐蚀电位向正偏离，表3－4为45#钢在盐酸溶液中的自腐蚀电位随温度变化的情况。

**表3－4　不同温度下45#钢在1mol/L盐酸中的自腐蚀电位**

| T/K | $\varphi_{\mathrm{corr}}$/mV | T/K | $\varphi_{\mathrm{corr}}$/mV |
|---|---|---|---|
| 293 | －520 | 333 | －502 |
| 313 | －512 | 353 | －501 |

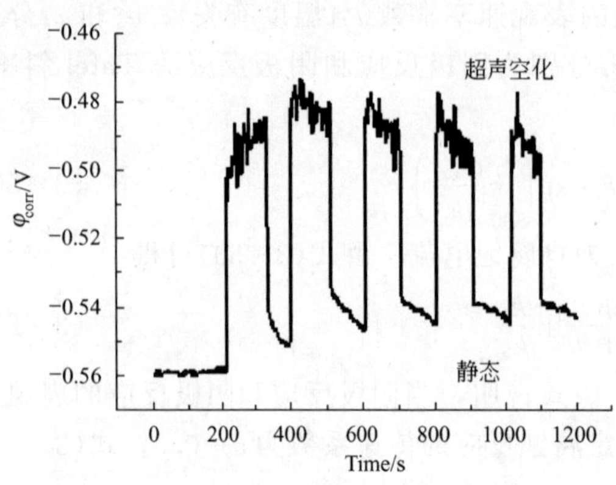


图 3.14　超声波空化对自腐蚀电位的影响

2）超声波空化对自腐蚀电位的影响

对 $45^{\#}$ 钢在盐酸溶液中，选择不同的时间段进行超声空化，不同的时间段保持静态，测量的自腐蚀电位的变化如图 3.14 所示。

由图 3.14 可以看出。在空化作用下，$45^{\#}$ 钢在盐酸体系的自腐蚀电位均变正，自腐蚀电位的改变量 $\Delta\varphi_{corr}$ 的平均值分别为 65.5mV 和 97.4mV（注：平均值为 1 到 4 个周期自腐蚀电位变化值的平均数）。在每个空化停止后的静态阶段，自腐蚀电位向负缓移。

由上可知，酸性条件下空化使自腐蚀电位变正（正移 65.5mV）。空化不仅可以加快传质过程，也可以产生局部的高温。温度升高对 $45^{\#}$ 钢体系的阳极溶解的速率影响较小，而对氢离子的阴极还原速率影响较大，因而导致了自腐蚀电位变正的结果。以上表明空化作用直接影响了 $45^{\#}$ 钢的电化学腐蚀过程，增大了腐蚀速率。

4. 腐蚀极化图的应用

腐蚀极化图是研究电化学腐蚀的重要理论工具，利用腐蚀极化图可以解释腐蚀过程中所发生的现象，分析腐蚀过程的性质和影响因素，确定腐蚀的主要控制因素，计算腐蚀速率，研究缓蚀剂的效果与作用机理等。当电流通过电池时，阴、阳极分别发生极化。如果当电流增加时，电极电位的变化很大，表明电极过程受到的阻碍较大，即电极的极化率较大。反之，当电流增加时，电极电位的变化很小，表明电极过程受到的阻碍较小，即电极的极化率较小。在 Evans 图中，由于阴、阳极极化曲线均为直线，因此阴、阳极的极化率分别是阴、阳极极化曲线的斜率，如图 3.15 所示。

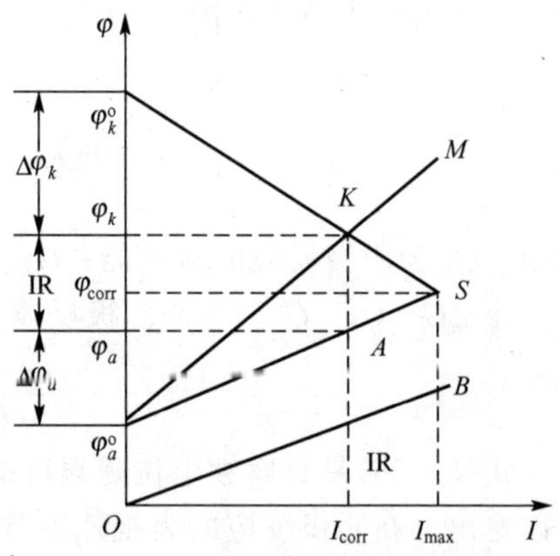


图 3.15　有欧姆降的腐蚀极化图

阳极极化率为

$$P_A=\frac{\varphi_a-\varphi_a^\circ}{I_{corr}}=\frac{\Delta\varphi_a}{I_{corr}} \tag{3-57a}$$

阴极极化率为

$$P_K=\frac{|\varphi_k^\circ-\varphi_k|}{I_{corr}}=\frac{|\Delta\varphi_k|}{I_{corr}} \tag{3-57b}$$

式中，$\varphi_a$ 和 $\varphi_k$ 分别是电流为 $I_{corr}$ 时阳极和阴极的极化电位；$\Delta\varphi_a$ 和 $\Delta\varphi_k$ 分别是电流为 $I_{corr}$ 时阳极和阴极的极化值。

当体系中有欧姆电阻 $R$ 时，必须考虑欧姆电位降对腐蚀电池体系的影响。如果 $R$ 不随电流变化，则欧姆电位降与电流呈线性关系，在图 3.15 中以直线 $OB$ 表示。把欧姆电位降直线与阴、阳极极化曲线之一相结合，可得到含欧姆电位降的腐蚀极化图，图 3.15 中的 $\varphi_a^\circ M$ 是欧姆电位降直线与阳极极化曲线加和后得到的直线，$\varphi_a^\circ M$ 与阴极极化 $\varphi_k^\circ S$ 曲线交于一点，点 $K$ 所对应的电流值就是电阻为 $R$ 时的腐蚀电流。从图 3.15 中可以看出，没有电流时腐蚀电池阴、阳极间的电位差(又称初始电位差)等于腐蚀电流 $I_{corr}$ 下阴极极化电位降、阳极极化电位降及欧姆电位降之和，即

$$\varphi_k^\circ - \varphi_a^\circ = |\Delta\varphi_k| + \Delta\varphi_a + \Delta\varphi_R \tag{3-58}$$

$$\varphi_k^\circ - \varphi_a^\circ = I_{corr}P_K + I_{corr}P_A + RI_{corr} \tag{3-59}$$

因此

$$I_{corr} = \frac{\varphi_k^\circ - \varphi_a^\circ}{P_K + P_A + R} \tag{3-60}$$

腐蚀体系中阴、阳极通常处于短路状态，如果溶液中电阻不大，体系中的欧姆电阻可以忽略不计，这时式(3-60)可以简化为

$$I_{corr} = \frac{\varphi_k^\circ - \varphi_a^\circ}{P_K + P_A} \tag{3-61}$$

由于忽略了欧姆电阻，腐蚀电流相当于图 3.15 中极化曲线交点 $S$ 对应的腐蚀电流 $I_{max}$。

腐蚀极化图可以方便地用来分析腐蚀过程中各种因素对腐蚀速率的影响，确定腐蚀过程的主控因素。下面就腐蚀极化图的一些重要应用加以说明。

1）腐蚀极化图用于分析腐蚀速率的影响因素

(1) 腐蚀速率与腐蚀电池初始电位差的关系。发生电化学腐蚀的根本原因是腐蚀电池阴、阳极之间存在电位差，即腐蚀电池的初始电位差 $\varphi_k^\circ - \varphi_a^\circ$ 是腐蚀的原动力，属于热力学因素。式(3-60)表明当其他条件完全相同时，初始电位差越大，腐蚀电流就越大，如图 3.16 所示，不同金属具有不同的平衡电位，当阴极反应及其极化曲线相同时，如果金属阳极极化程度较小，金属的平衡电位越低，则腐蚀电池的初始电位差越大，腐蚀电流越大。

(2) 极化性能对腐蚀速率的影响。如果腐蚀电池体系中的欧姆电阻很小，则电极的极化性能对腐蚀速率必然有很大影响。在其他条件相同时，极化率越小，其腐蚀电流越大，即腐蚀速率越大。图 3.17 为不同种类的钢在非氧化性酸溶液中的腐蚀极化图，图中 $\varphi_H^\circ S_1$ 和 $\varphi_{Fe}^\circ S_1$ 表示钢中有大量渗碳体 $Fe_3C$ 存在而没有硫化物时的阴、阳极极化曲线。因为氢在渗碳体上析出的过电位比在 Fe 上低，所以含 $Fe_3C$ 的钢的阴极极化程度小，因此 $S_1$ 点比

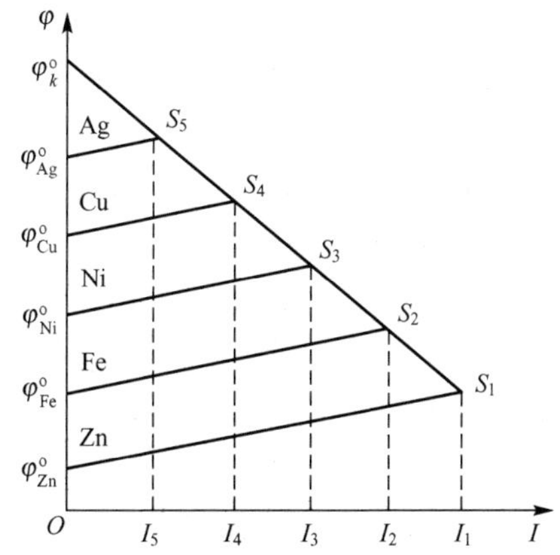


**图 3.16　金属的平衡电位对腐蚀电流的影响**

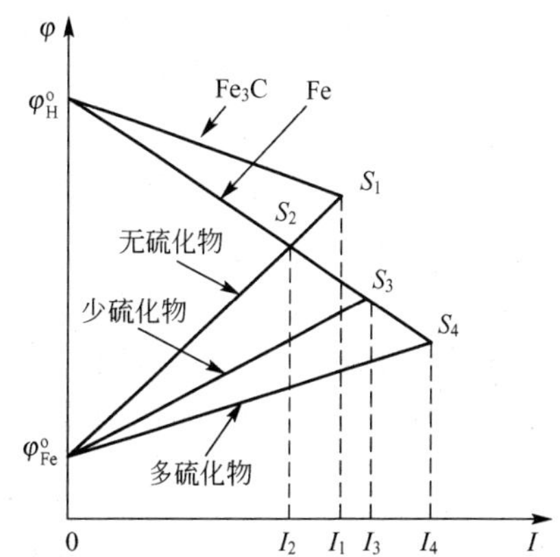


**图 3.17　不同种类的钢腐蚀极化图**

$S_2$ 点对应的腐蚀电流大，即含渗碳体 $Fe_3C$ 时钢的腐蚀速率更快。当钢中无渗碳体而含有硫化物时，由于硫离子能催化阳极反应，而且还可以使 $Fe^{2+}$ 大大降低，能起到阳极去极化剂的作用，从而降低了阳极的极化率，加速了腐蚀的进行。如图 3.17 所示。点 $S_3$ 和 $S_4$ 对应的腐蚀速率大于点 $S_2$ 对应的腐蚀速率。

(3) 去极化剂浓度及配位剂对腐蚀速率的影响。当金属的平衡电位高于溶液中氢的平衡电位，并且溶液中无其他去极化剂时，腐蚀电池无法构成，金属不会发生腐蚀，如铜在还原性酸溶液中。但当溶液中含有去极化剂时，情况则发生了变化。例如，铜可以溶于含氧的溶液或氧化性酸中，因为氧的平衡电位比铜高，可以构成阴极反应，组成腐蚀电池。如图 3.18 所示，当酸溶液中氧含量高时，氧分子作为阴极去极化剂使阴极极化程度大大降低，这时腐蚀电流较大；而当氧含量较低时，氧分子的去极化作用小，阴极极化程度高，腐蚀电流较小。

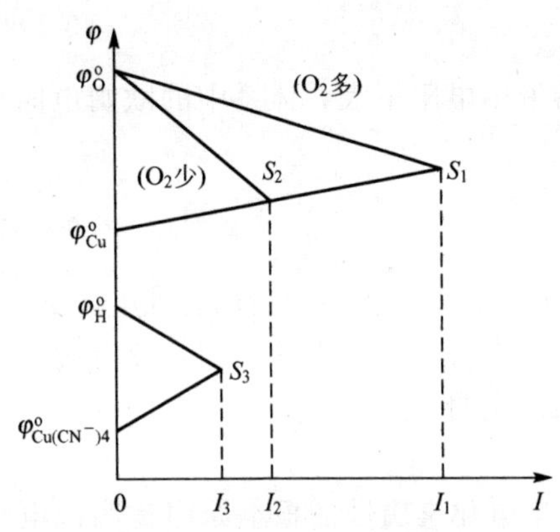


**图 3.18　铜在含氧分子的酸性溶液中和含氰化物的溶液中的腐蚀极化图**

如果溶液中存在配位剂，它们与阳极溶解下来的金属离子形成配离子，根据能斯特方程，金属配离子的形成将会使金属在溶液中的平衡电极电位向负方向移动，进而使原本不能构成腐蚀电池的金属在溶液中构成腐蚀电池，发生溶解。例如，铜在还原性酸中是耐蚀的，但如果溶液中存在配合剂 $CN^-$ 时，由于可以形成 $Cu(CN^-)_4$ 配离子，使得 $\varphi^{\circ}_{Cu(CN^-)_4}<\varphi^{\circ}_{H}$ (图 3.18)，这样铜在含 $CN^-$ 的还原性酸中发生溶解，其腐蚀电流对应于点 $S_3$ 的数值。

2) 用腐蚀极化图分析腐蚀速率控制因素

根据式(3－61)可知，影响腐蚀速率的因素有阴、阳极间的初始电位差 $\varphi^{\circ}_k-\varphi^{\circ}_a$，阴、阳极极化率 $P_K$ 和 $P_A$，以及欧姆电阻 $R$。其中，初始电位差是腐蚀的原动力，而 $P_K$ 和 $P_A$，以及欧姆电阻 $R$ 则是腐蚀过程的阻力。前面已经讨论了腐蚀电池的初始电位差对腐蚀速率的影响，下面重点讨论腐蚀过程中阻力的影响。在腐蚀过程中如果某一步骤的阻力与其他步骤相比大很多，则这一步骤对于腐蚀进行的速率影响最大，将其称为腐蚀的控制步骤，其参数称为控制因素。

利用腐蚀极化图可以非常直观地判断腐蚀的控制因素。如图 3.19 所示，腐蚀控制的基本形式有 4 种：当 $R$ 很小时，如果 $P_K \ll P_A$，根据式(3－50)，则 $I_{corr}$ 主要取决于 $P_A$ 的大小，这时称为阳极控制(图 3.19(a))；当 $R$ 很小时，如果 $P_K \gg P_A$，则 $I_{corr}$ 主要取决于 $P_K$ 的大小，这时称为阴极控制(图 3.19(b))；当 $R$ 很小时，如果 $P_K \approx P_A$，则腐蚀速率由 $P_K$ 和 $P_A$ 和共同决定，这时称为混合控制(图 3.19(c))；如果腐蚀电池体系的欧姆电阻 $R$ 很大，即 $R \gg (P_K+P_A)$时，则腐蚀速率主要由电阻决定，这时称为欧姆控制(图 3.19(d))

从腐蚀极化图不仅可以判断各个控制因素，而且还可以计算出各因素对腐蚀过程的控制程度。根据式(3－59)，腐蚀电流与 $P_K$、$P_A$、$R$ 及初始电位差有如下关系。

$$\varphi^{\circ}_k-\varphi^{\circ}_a=I_{corr}(P_K+P_A+R)=|\Delta\varphi_k|+\Delta\varphi_a+\Delta\varphi_R$$

式中，$\Delta\varphi_a$ 和 $\Delta\varphi_k$ 分别是阴极和阳极极化的电位降；$\Delta\varphi_R$ 是欧姆电位降。

$\Delta\varphi_a$，$\Delta\varphi_k$ 和 $\Delta\varphi_R$ 可以从腐蚀极化图中得出，因此各个控制因素的控制程度可以用各控

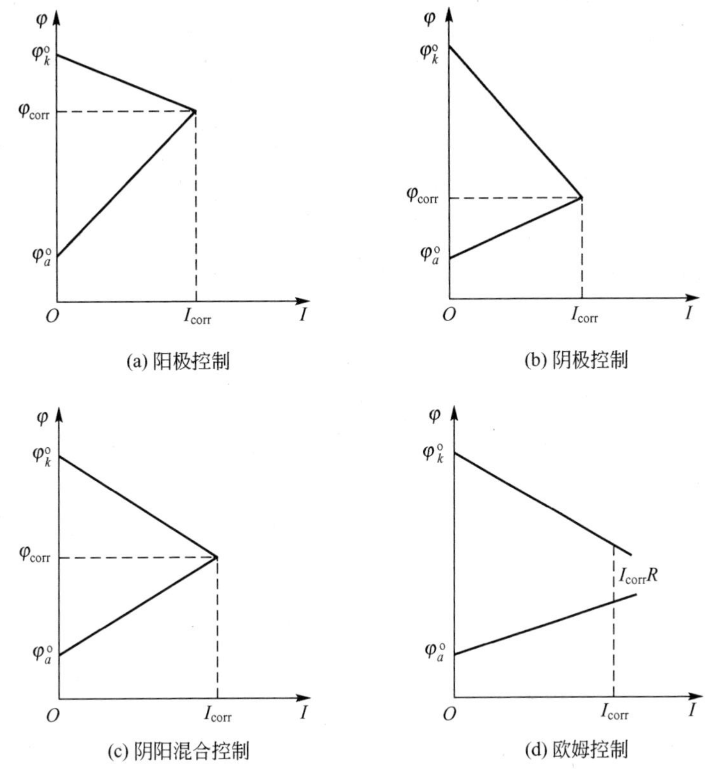


(a) 阳极控制 (b) 阴极控制 (c) 阴阳混合控制 (d) 欧姆控制

**图 3.19 不同控制因素的腐蚀极化图**

制因素的阻力与所有控制因素的阻力之和的百分比来表示。如果采用 $C_K$、$C_A$ 和 $C_R$ 分别表示阴、阳极和欧姆电阻的控制程度，则可得

$$C_K=\frac{P_K}{P_K+P_A+R}\times 100\% \tag{3-62}$$

$$C_A=\frac{P_A}{P_K+P_A+R}\times 100\% \tag{3-63}$$

$$C_R=\frac{P_R}{P_K+P_A+R}\times 100\% \tag{3-64}$$

**例题 3.2** 25℃时铁在 pH=7，质量分数为 0.03 的 NaCl 溶液中发生腐蚀，测得其腐蚀电位 $\varphi_{corr}=-0.350V$，已知欧姆电阻很小，可以忽略不计，试计算该腐蚀体系中阴、阳极的控制程度。(已知 $\varphi^\theta_{Fe^{2+}/Fe}=-0.440V$，$\varphi^\theta_{O_2/OH^-}=0.401V$，$K_{SP(Fe(OH)_2)}=1.65\times 10^{-15}$，氧气的分压为 $2.13\times 10^4 Pa(0.21atm)$)

分析：在计算控制程度时，首先要知道腐蚀电位 $\varphi_{corr}$ 和开路时金属在该介质中的阳极平衡电位以及阴极反应的平衡电位 $\varphi_a^\circ$ 和 $\varphi_k^\circ$，这样才能够计算出阳、阴极的极化电位降 $\Delta\varphi_a$ 和 $\Delta\varphi_k$。

**解：** 腐蚀电池的阳极反应为

$$Fe \longrightarrow Fe^{2+}+2e^-$$

根据能斯特方程可得铁在质量分数为0.03的氯化钠溶液中的平衡电极电位为

$$\varphi_{Fe}=\varphi_{Fe}^{\theta}+\frac{RT}{2F}\ln a_{Fe^{2+}}$$

可以通过 $Fe(OH)_2$ 的 $K_{sp}$ 求得 $a_{Fe^{2+}}$

$$K_{sp}=a_{Fe^{2+}}a_{OH^-}^2$$

$$a_{Fe^{2+}}=\frac{1.65\times10^{-15}}{(10^{-7})^2}=0.165(mol/L)$$

所以

$$\varphi_{Fe}=-0.44+\frac{8.314\times298}{2\times96500}\ln0.165=-0.464(V)$$

该腐蚀电池的阴极反应为

$$O_2+2H_2O+4e^-\longrightarrow4OH^-$$

阴极反应在质量分数为3%的氯化钠溶液中的平衡电极电位为

$$\varphi_{O_2}=\varphi_{O_2}^{\theta}+\frac{RT}{4F}\ln\frac{p_{O_2}}{(a_{OH^-})^4}=0.401+\frac{8.314\times298}{4\times96500}\ln\frac{0.21}{(10^{-7})^4}=0.805(V)$$

由此可以计算出阴、阳极极化电位降为

$$|\Delta\varphi_k|=|E_{corr}-\varphi_{O_2}|=|-0.350-0.805|=1.155(V)$$

$$\Delta\varphi_a=E_{corr}-\varphi_{Fe}=-0.350-(-0.464)=0.113(V)$$

根据式(3-62)和式(3-63)得

$$C_K=\frac{\Delta\varphi_k}{\Delta\varphi_k+\Delta\varphi_a}\times100\%=\frac{1.155}{1.155+0.113}\times100\%=91\%$$

$$C_A=\frac{\Delta\varphi_a}{\Delta\varphi_k+\Delta\varphi_a}\times100\%=\frac{0.113}{1.155+0.113}\times100\%=9\%$$

根据上面计算可知，该腐蚀过程主要是氧去极化腐蚀控制，其控制程度高达91%。

在腐蚀与防护研究过程中，确定某一因素的控制程度是很重要的，这可以使人们有针对性地采取措施主动地去影响主控因素，最大限度地降低腐蚀速率。例如，对于阴极控制的腐蚀，$P_K\gg P_A+R$，任何增大阴极极化率的因素都将对减小腐蚀速率有贡献，而影响阳极极化率的因素在一定范围内不会明显影响腐蚀速率。比如金属在冷水中的腐蚀通常受氧的阴极还原过程控制，采取除氧的方法降低水中氧分子的浓度可以增加阴极极化程度，达到明显的缓蚀效果。对于阳极控制的腐蚀，有 $P_A\gg P_K+R$，任何增大阳极极化率的因素都将对减小腐蚀速率有贡献；而此时在一定范围内改变影响阴极反应的因素则不会引起腐蚀速率的明显变化。例如，被腐蚀的金属在溶液中发生钝化，这时的腐蚀是典型的阳极控制。如果在溶液中加入少量促使钝化的试剂，可以大大降低反应速率；相反，若向溶液中加入阳极活化剂，可破坏钝化膜，加速腐蚀。

应当指出，虽然腐蚀极化图对于分析腐蚀过程很有价值，但它是建立在阴、阳极极化曲线基础上的，因此可以说准确地绘制出极化曲线是应用腐蚀极化图的前提。

**腐蚀科学家布拜**

布拜(M. Pourbaix，1904—1998)是腐蚀科学和电化学领域国际知名的科学家，他在化学热力学领域的杰出工作为电化学，特别是金属腐蚀科学奠定了重要的理论基础。布拜早年在布鲁塞尔学习，并于1927年毕业于比利时布鲁塞尔自由大学(ULB)的应用科学系。布拜一迈入学术生涯的大门，就显示出极强的创新意识。布拜最著名的研究成果是1938年由他一手发明的电位-pH图，并由此使他在科学界一举成名。在1939年，布拜完成了他的博士研究课题，同时提交了一篇名为《稀溶液的热力学：pH和电势作用的图解表示法》的学术论文，正是在这篇论文中，他提出了至今在化学教学中重点讲授并在化学研究中广为应用的金属的电势-pH关系图，即著名的布拜图。布拜图可以广泛应用于化学、电化学科学以及工业(包括地球化学、电池、电催化、电沉积及电化学精炼等)领域。布拜的博士学位论文对腐蚀科学产生了巨大的影响。被誉为腐蚀科学之父的英国科学家伊文思(Ulick R. Evans)很快就发现了这篇非同寻常的博士论文的科学意义，并于1949年将其翻译成英语。就在同一年，布拜作为腐蚀科学和电化学界的知名人士，与另外13位国际知名电化学家一起创立了国际热力学和电化学学会(CITCE)，并出任CITCE主席的职务，该学会极大地促进了电化学家和热力学家的学术交流。1971年该组织更名为现在的国际电化学学会(ISE)，目前该学会有来自世界59个国家的1100多名会员。布拜毕生致力于腐蚀科学而不是电池、电沉积等方面的研究，于1951年专门创建了比利时腐蚀研究中心(Belgian Center for Corrosion Study)，这是世界上第一个专门致力于腐蚀现象的理论和实验研究的中心，布拜担任腐蚀研究中心的名誉主任和科学顾问，该研究中心为世界腐蚀科学的发展作出了巨大贡献。布拜不仅从事腐蚀科学研究，同时还是腐蚀防护方面一位出色的国际合作者，他的足迹遍及世界各地，不断地考察和讲学，并以出色的组织和管理能力参与到世界重要的学术机构中。为了鼓励科学家在腐蚀科学和工程领域的研究、国际合作与友谊，1952年布拜成立了国际纯粹与应用化学联合会(IUPAC)的电化学委员会，该委员会于1953年澄清了电化学中存在的一些有争议的问题，例如使电极电势的符号有了统一的惯例。他以极大的热情和精力创建国际腐蚀理事会(ICC)，1969年出任国际腐蚀理事会主席等职。20世纪60年代初，布拜和他的同事一起完成了所有元素的电势-pH图，并于1963年和1965年分别以法语和英语两种文字出版了他的《电化学平衡图表集》。早在1962年，布拜就提出了局部腐蚀发展的保护电势的概念，这是与闭塞电化学电池中特殊电化学状态有关的一个概念。不仅如此，布拜的早期研究成果还包括由他提出的有气相存在时的化学—电化学平衡相图，后来的Ellingham(艾林罕姆)图，即自由能与温度图都是在此基础上发展建立起来的。英国著名科学家伊文思在布拜所著《稀溶液的热力学》一书的前言中对布拜的杰出贡献作出这样的评价。在过去的十年中(20世纪40年代)，布鲁塞尔的布拜博士以通用热力学方程为基础开创并发展了图解法，解决了诸多方面的科学问题，如许多异相反应、均相反应和平衡等问题，将热力学理论应用于一些典型的腐蚀反应是一个开拓性的进展。因此，布拜最卓越的学术成就是开辟了如何有效地将热力学理论应用于腐蚀科学和普通电化学中，他的四本重要著作阐述了这些工作，它们是《稀溶液的热力学》、《溶液电化学平衡图表集(固-液平衡)》、《电化学腐蚀讲义(教材)》及晚年完成的《气相存在下化学和电化学平衡图集(固-气平衡)》。其中1996年出版的《气相存在下化学和电化学平衡图集(固-气平衡)》一书是具有许多现代创新性的气体布拜图表集，它涵盖了比溶液图表集更广泛的领域。出版这部专著时布拜已达92岁的高龄。由此可见，布拜对科学如此酷爱，以致达到孜孜不倦的程度。由于布拜在腐蚀科学和电化学中的杰出贡献，使他获得了腐蚀科学和电化学方面几乎所有的重要国际大奖，如Olin Palladium奖、U. R. Evans奖，并由此使他享誉世界。曾任比利时自由大学教授，IUPAC电化学委员会及ICC主席、Electrochimica Acta咨询委员会会员、Corrosion Science编委等职。除此之外，1990年，美国腐蚀工程师学会(NACE)建立了布拜奖学金，1996年，国际腐蚀理事会(ICC)建立了国际合作布拜奖 。在谈论布拜在科学上的贡献的同时，人们更缅怀他的人格魅力、友好与和善。在英国腐蚀科学和技术协会向布拜授予珍贵的U. R. Evans奖的颁奖仪式上，伍德(Graham Wood)教授问他：你认为你一生中从事的最重要的活动是什么？布拜毫不犹豫地回答道：友谊与国际关系。布拜广交世界各国友人，他的许多朋友都曾得到他友善的帮助。布拜拥有一个和谐美满的家庭，他的妻子玛瑟丽(Marcelle)是一位美丽而富有天赋的艺术家(雕刻家)，用他的话说就是最亲密的朋友和最得力的助手。他有3个儿子，Etienne是一位建筑师；Phillipe是一位内科医生和艺术家；Antoine是一位国际著名的腐蚀科学家，布拜退休后他接任比利时腐蚀研究中心的主任一职。他还有许多孙子和重孙。1998年9月28日，杰出的比利时电化学家和腐蚀科学家布拜永久安详地睡着了。

**资料来源：王凤平，唐丽娜. 比利时科学家布拜生平[J]. 化学教育，2007(4).**

## 习题

1. 电池极化和电极极化有何不同？它们有什么关系？什么是阴极极化、阳极极化？产生这类极化的原因是什么？哪些物质属于极化剂？哪些物质属于去极化剂？对腐蚀速率有何影响？

2. 举例说明有哪些可能的阴极去极化剂。当有几种阴极去极化剂同时存在时，如何判断哪一种发生还原的可能性最大？自然界中最常见的阴极去极化反应是什么？

3. 什么是腐蚀极化图和Evans极化图？如何测得？腐蚀极化图在研究电化学腐蚀中有何应用？

4. 原电池在极化过程中电流是越来越大，还是越来越小？

5. 试用腐蚀极化图说明电化学腐蚀的几种控制因素及控制程度的计算方法。

6. 从腐蚀电池出发，分析影响电化学腐蚀速率的主要因素。

7. 为什么在讨论腐蚀金属电极极化方程式时，首先必须掌握单一金属电极的极化方程式？两者之间的根本区别是什么？对照单电极电化学极化方程式推导出电化学极化控制下的腐蚀金属电极极化方程式。

8. 在电化学极化控制下决定腐蚀速率的主要因素是什么？

9. 在浓差极化控制下决定腐蚀速率的主要因素是什么？

10. 什么是金属电极的极化曲线？实测极化曲线和理想极化曲线有何区别和联系？理想极化曲线如何绘制？

11. 混合电位理论的基本假说是什么？试利用混合电位理论分析全面腐蚀产生的原因，这与用微电池解释全面腐蚀产生的原因有何不同？

12. 试用混合电位理论说明铜在含氧酸和氰化物中的腐蚀行为。

13. 何谓腐蚀电位？试用混合电位理论说明氧化剂对腐蚀电位和腐蚀速率的影响。

14. 试用混合电位理论分析多电极腐蚀体系中各金属的腐蚀行为。

15. 在25℃温度下，铁电极在pH＝4.0的电解液中以0.001A/cm$^2$电流密度阴极极化到电位－0.916V时的氢过电位是多少？

16. 当氢离子以0.001A/cm$^2$放电时的阴极电位为－0.92V(相对25℃，0.01mol/LKCl溶液中的Ag/AgCl电极)。

问：(1) 相对于氢标的阴极电位是多少？

(2) 如果电解液的pH＝1，氢过电位多大？

17. 在pH＝10的溶液中，铂电极上氧的析出电位为1.30V(SCE)，求氧的析出过电位。

18. $Cu^{2+}$从0.2mol/L$CuSO_4$中沉积到Cu电极上的电位为－0.180V(SCE)，计算该电极的极化值。该电极发生的是阴极极化还是阳极极化？

19. 计算25℃下1电子和2电子电荷传递过程的阳极Tafel斜率$b_a$，对每一过程的传递系数都取$a$＝0.5。

20. 金属在溶液中平衡电位与该金属上阴极反应平衡电位之差为－0.45V。假定$b_c$＝$2b_a$＝0.1V，每一过程的$i^{\circ}$＝$10^{-1}$A/cm$^2$，求该金属的腐蚀速率。

# 第4章 阴极去极化过程

通过本章的学习，使读者能够了解金属电化学腐蚀的阴极过程和类型；掌握电化学腐蚀的阴极去极化过程的机理和特点；明确去极化作用、去极化剂、氢去极化、氧去极化的基本概念；了解去极化过程发生的条件；掌握去极化过程的影响因素和去极化的控制过程。

(1) 阴极去极化的概念。

(2) 析氢腐蚀与吸氧腐蚀的概念。

(3) 阴极去极化的电化学特征。

(4) 影响析氢腐蚀与吸氧腐蚀的因素。

(5) 去极化过程发生的条件。

(6) 阴极去极化的控制过程。

## 导入案例

### 融雪剂的腐蚀性

目前融雪剂主要分为两大类，一类是以醋酸钾为主要成分的有机融雪剂，虽然这一类融雪剂融雪效果好，没有什么腐蚀损害，但它的价格太高，一般只适用于机场等地。而另一类则是氯盐类融雪剂，包括氯化钠、氯化钙、氯化镁、氯化钾等，通称作“化冰盐”。它的优点是便宜，价格仅相当于有机类融雪剂的1/10，但它对大型公共基础设施的腐蚀是很严重的。

融雪剂的主要成分是盐，其中氯盐类融雪剂的除雪作用表现在：除了盐类的溶解吸热以外，就是盐水的凝固点较低，因此在雪水中溶解了盐之后就难以再形成冰块，从而有利于排雪；当雪融剂溶于水后，水中离子浓度上升，使水的液相蒸气压下降，但冰的固态蒸气压不变，为达到冰水混合物固液蒸气压等的状态，冰便溶化了。这一原理也很好地解释了盐水不易结冰的道理

但凡是氯离子与钠、钙、镁、钾，及其他金属的化合物，统称氯盐，对道路工程结构，如水泥路面、桥梁钢筋、金属护栏等都有腐蚀性，称为“盐害”。使用融雪剂一定要认真辨别其成分中是否含有氯盐，一定要实事求是。要认真做到以机械除雪为主，优先保证用在桥梁上。因为氯盐最主要的破坏作用是对钢筋的腐蚀。当氯离子到达钢筋表面并超过一定量(临界值)时，原处于钝化状态的钢筋就会活化、腐蚀。锈蚀产物的发展与体积膨胀(2～6倍)使混凝土保护层发生顺钢筋开裂、脱落，工程处于危险状态。这是几十年来国内外的经典论点，毋庸置疑。

有调查资料表明，我国立交桥受融雪盐腐蚀的实例引人注目。如首都北京市政工程部门对三元桥、大北窑桥、月坛南、北桥、东直门桥和旧西直门桥进行了氯化物的侵入和钢筋锈蚀检测后认为，除冰盐水直接可以冲刷到梁盖及墩柱上，造成这些部位因钢筋锈蚀而损坏，或者说由于氯化物侵入而引起钢筋锈蚀是影响桥梁耐久性的一个主要因素。西直门桥有落水口的墩柱氯化物含量是混凝土重量的0.29%(最大值)，侵入深度超过80毫米，是保护层厚度的2～3倍，该处设计钢筋已严重锈蚀，失重率达23%。我国其他城市也存在同样状况，因此，为了让桥梁的实际使用寿命能够提高到设计使用年限，有关专家建议应着手编制桥梁防腐设计规范，开展热力除雪研究，并立即在新建立交桥上做试点。

研究表明，氯离子对金属(钢)的腐蚀是一个电化学过程，腐蚀速率取决于客观条件和控制因素。腐蚀速率与溶液中溶解氧的含量有密切的关系，一般在大气环境下，能够使水溶液中保持相当数量的氧，这时金属(钢)的腐蚀速率一般是随氯离子含量的提高而上升的。上升的幅度与氧的保有量(充气程度)有关。在保证氧充分供给的情况下，氯离子含量对于腐蚀速率起着主导作用。在电化学腐蚀过程中，氯离子在腐蚀电池的阳极起作用，而氧在阴极起作用，腐蚀电池是受阴阳极共同作用的。当阴极缺乏氧时，整个电化学过程就要受阻，腐蚀速率下降，这时，整个腐蚀过程受溶解氧(去极化)控制，而氯离子不起主导作用。但是在室外条件下的溶解氧是非常充分的，这样氯离子的腐蚀作用占主导地位。

因此，采用非氯环保性的融雪剂，对于保护交通设施以及周边环境是非常必要的。

## 4.1 电化学腐蚀的阴极过程

金属在溶液中发生电化学腐蚀的根本原因是溶液中含有能使得该种金属氧化的物质，即腐蚀过程的去极化剂。去极化剂还原的阴极过程与金属氧化的阳极过程共同组成整个腐蚀过程。如果没有阴极过程，阳极过程就不会发生，金属就不会腐蚀。阳极过程与阴极过程相互依存，缺一不可。

所有能吸收金属中的电子的还原反应都可以称为金属电化学腐蚀的阴极过程，在不同条件下阴极过程可以有以下几种类型。

(1) 溶液中阳离子的还原

$$2H^+ + 2e^- \longrightarrow H_2$$

$$Fe^{3+} + e^- \longrightarrow Fe^{2+}$$

$$Cu^{2+} + e^- \longrightarrow Cu^+$$

(2) 溶液中阴离子的还原

$$S_2O_8^{2-} + 2e^- \longrightarrow S_2O_8^{4-} \longrightarrow 2SO_4^{2-}$$

$$NO_3^- + 4H^+ + 3e^- \longrightarrow NO + 2H_2O$$

$$Cr_2O_7^{2-} + 14H^+ + 6e^- \longrightarrow 2Cr^{3+} + 7H_2O$$

(3) 溶液中中性分子的还原

$$O_2 + 2H_2O + 4e^- \longrightarrow 4OH^-$$

$$Cl_2 + 2e^- \longrightarrow 2Cl^-$$

(4) 不溶性产物的还原

$$Fe(OH)_3 + e^- \longrightarrow Fe(OH)_2 + OH^-$$

$$Fe_3O_4 + H_2O + 2e^- \longrightarrow 3FeO + 2OH^-$$

(5) 溶液中有机化合物的还原

$$RO + 4H^+ + 4e^- \longrightarrow RH_2 + H_2O$$

$$R + 2H^+ + 2e \longrightarrow RH_2$$

其中的R代表有机化合物中的基团或有机化合物的分子。

在上述所有的阴极反应中，经常遇到的是氢离子还原和氧分子还原的阴极反应，特别是氧还原反应作为阴极过程最为普遍。许多黑色金属和有色金属以及它们的合金在酸性溶液中的腐蚀，电极电位很负的碱金属和碱土金属在中性和弱碱性溶液中的腐蚀，都是以氢离子还原反应作为阴极过程而进行的。大多数金属和合金在中性电解质溶液、弱酸性与弱碱性电解质溶液中的腐蚀，以及在海水、淡水、大气和土壤中的腐蚀，都是以氧还原反应作为阴极过程而进行的。

在很多情况下，腐蚀产物如氧化物或氢氧化物也会作为去极化剂而加速腐蚀过程。此时腐蚀产物中的高价金属离子被还原为低价金属离子，后者可以被空气中的氧再氧化成高价状态，又可再次作为去极化剂循环使用。

由于金属或溶液性质的不同，电化学腐蚀的阴极过程的性质也不同。有时甚至不单单是一种阴极过程在起作用，而是两个或多个阴极过程同时起作用并共同构成电化学腐蚀总的阴极过程。在实际腐蚀中，经常发生的最重要的阴极过程是氢离子和氧分子作为去极化剂的还原反应，因此本章专门讨论氢去极化和氧去极化腐蚀。

## 4.2 氢去极化腐蚀

以氢离子还原反应为阴极过程的腐蚀称为氢去极化腐蚀。反应为氢离子还原为氢气分子的电极过程，在金属腐蚀学中称为氢离子去极化过程，简称氢去极化，或者称为析氢腐蚀。

1. 氢去极化的基本步骤

氢离子在电极上还原的总反应

$$2H^{+}+2e^{-}\longrightarrow H_2$$

的最终产物是氢分子。由于两个氢离子直接在电极表面同一位置上同时放电的概率极小，因此反应的初始产物应该是氢原子而不是氢分子。考虑到氢原子的高度活泼性，可以认为在电化学步骤中首先生成吸附在电极表面的氢原子 MH，然后吸附氢原子结合为氢分子脱附并形成气泡析出。

一般认为在酸性溶液中，氢去极化过程是按下列步骤进行的。

(1) 水化氢离子向电极表面传输：氢离子的迁移率比其他所有离子的迁移率都高，因而其扩散作用在酸性介质的阴极析氢反应动力学中只起着无足轻重的作用。这一步不是电极反应的控制性步骤。

(2) 水化氢离子在电极表面发生放电反应，生成吸附氢原子：

$$H_3O^{+}+M(e^{-})\longrightarrow MH+H_2O$$

由于氢具有高度的化学活性，所以在此步骤中可以认为最初产物是吸附氢原子。

(3) 氢原子的脱附：当反应达到稳态后，金属表面上的吸附氢原子浓度不再随时间变化，即在不断生成吸附氢原子的同时，吸附氢原子也以相同速率不断地从阴极表面去除，并按某种方式生成氢分子。

氢原子的脱附一般有3种方式。

① 复合脱附。此时金属电极起催化剂的作用，吸附氢原子复合成氢分子并同时解吸离开电极表面

$$MH+MH\longrightarrow H_2+2M$$

② 电化学脱附。水化氢离子与金属表面上的吸附氢原子发生放电反应，并同时生成氢分子

$$H_3O^{+}+MH+M(e^{-})\longrightarrow H_2+H_2O+2M$$

③ 逸出机理。吸附氢原子在电极表面上作为自由原子蒸发，然后再结合成氢分子

$$HM\longrightarrow H+M$$

$$H+H\longrightarrow H_2$$

(4) 氢分子离开电极表面进入气相。

在碱性溶液中，在电极上还原的不是氢离子，而是水分子，析氢的阴极过程按下列步骤进行。

(1) 水分子到达电极与氢氧根离子离开电极，在碱性溶液中，虽然放电质点是水分

子，但是它的浓度很高，因此，析氢反应的浓差极化一般较轻微，这一步也不是电极反应的控制性步骤。

(2) 水分子在电极表面放电生成吸附在电极表面的氢原子

$$H_2O+M(e^-)\longrightarrow MH+OH^-$$

(3) 氢原子的脱附同样有 3 种方式。

① 复合脱附。吸附氢原子复合成氢分子并同时脱附离开电极表面

$$MH+MH\longrightarrow H_2+2M$$

② 电化学脱附。水分子与金属表面上的吸附氢原子发生放电反应，并同时生成氢分子离开电极表面

$$H_2O+MH+M(e^-)\longrightarrow H_2+OH^-+2M$$

③ 逸出机理。吸附氢原子在电极表面上作为自由原子蒸发，然后再结合成氢分子离开电极表面

$$HM\longrightarrow H+M$$

$$H+H\longrightarrow H_2$$

(4) 氢分子离开电极表面进入气相。

不论在酸性溶液还是在碱性溶液中，步骤(1)和步骤(4)在一般情况下不会成为控制性步骤，因此析氢反应可能出现的主要控制性步骤有：电化学步骤、复合脱附步骤和电化学脱附步骤。在这些步骤中，如果有一个步骤进行得较缓慢。就会影响到其他步骤的顺利进行，而使得整个氢去极化过程受到阻碍，导致电极电位向负方向移动，产生一定的过电位。对于大多数金属电极来说，步骤(2)即反应质点与电子结合的电化学步骤最缓慢，是控制步骤。但也有少数金属如铂，则步骤(3)中的复合脱附步骤进行得最缓慢，是控制步骤。其他步骤对于氢去极化过程的影响不大。

在有些金属电极上，例如在镍电极和铁电极上，一部分吸附氢原子会向金属内部扩散，这就是导致金属在腐蚀过程中可能发生氢脆的原因。

### 2. 氢去极化的阴极极化曲线与氢过电位

由于缓慢步骤形成的阻力，在氢电极的平衡电位下将不能发生析氢过程，只有克服了这一阻力才能进行氢的折出。因此氢的析出电位要比氢电极的平衡电位更负一些，两者间差值的绝对值称为氢过电位。

图 4.1 是典型的氢去极化的阴极极化曲线，是在没有任何其他氧化剂存在，氢离子作为唯一的去极化剂的情况下绘制而成的。它表明在氢的平衡电位 $\varphi_H^0$ 时没有氢析出，电流为零。只有当电位比 $\varphi_H^0$ 更负时才有氢析出，而且电位越负析出的氢越多，电流密度也越大。

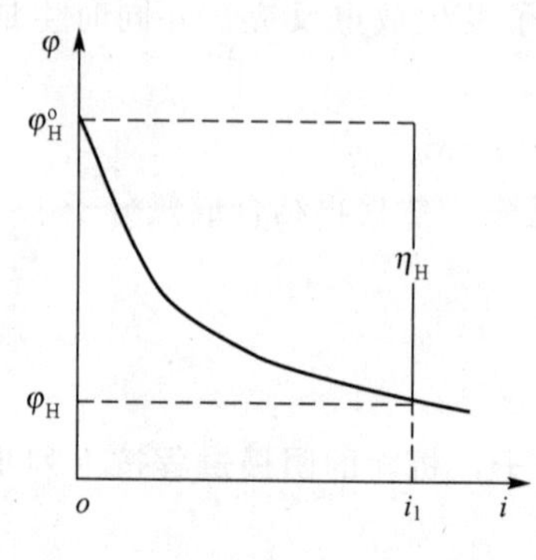


**图 4.1 析氢过程的阴极极化曲线**

在一定的电流密度下，氢的平衡电位 $\varphi_H^0$ 与析氢电位 $\varphi_H$ 之间的差值就是该电流密度下氢的过电位。例如，对应于电流密度 $i_1$ 时的氢过电位为

$$\eta_H=\varphi_H^0-\varphi_H \tag{4-1}$$

式中，$\eta_H$ 为电流密度等于 $i_1$ 时的析氢电位。

过电位是电流密度的函数，因此只有在指出对应的电

流密度的数值时，过电位才具有明确的定量意义。

从图 4.1 可以看出，电流密度越大，氢过电位越大。当电流密度大到一定程度时，氢过电位与电流密度的对数之间呈直线关系，服从 Tafel 公式

$$\eta_{H}=a_{H}-b_{H}\lg i \tag{4-2}$$

当电流密度较大时，$\eta_{H}$ 与 $\lg i$ 呈直线关系，图 4.2 为氢过电位 $\eta_{H}$ 与电流密度的对数 $\lg i$ 之间的关系图线。当 $i=1$ 时，$\eta_{H}=a_{H}$。常数 $b_{H}$ 为直线的斜率，等于直线与横坐标夹角的正切，而常数 $a_{H}$ 则等于电流密度为 1 单位值，即 $\lg i$ 为零时直线上对应点的纵坐标的数值。当电流密度很小，约小于 $10^{-5}\sim10^{-4}\,A/cm^{2}$(对不同的电极体系界限也不同)时，$\eta_{H}$ 与 $\lg i$ 就不呈直线关系了，此时 $\eta_{H}$ 与 $i$ 呈直线关系，如图 4.1 所示。

$$\eta_{H}=R_{F}i \tag{4-3}$$

式中，$R_{F}$ 为法拉第电阻。

所以当 $i=0$，电位就不像从对数关系那样趋向于无穷大，而应趋向于没有电流时的氢的平衡电位 $\varphi^{\circ}_{H}$。式(4－3)与第 3 章的式(3－25a)和式(3－25b)是一样的。

Tafel 常数 $a$ 与电极材料、表面状态、溶液组成、浓度及温度有关。它的物理意义是单位电流密度时的过电位。氢在不同材料的电极上析出时的过电位差别很大，这表明不同材料的电极表面对氢离子还原析出氢的反应有着很不相同的催化作用。根据 $a$ 值的大小，可将金属材料分为 3 类。

(1) 高氢过电位金属，主要有铅、铊、汞、镉、锌、镓、铋、锡等，$a$ 值在 1.0～1.5V。

(2) 中氢过电位金属，主要有铁、钴、镍、铜、钨、金等，$a$ 值在 0.5～0.7V。

(3) 低氢过电位金属，主要是铂和钯等铂族金属，$a$ 值在 0.1～0.5V。

Tafel 斜率 $b$ 与电极材料无关。对于许多金属，因传递系数为 0.5，所以常数 $b\approx4.6RT/nF$，$n$ 为在控制步骤中参加反应的电子数。当 $n=1$，$t=25$℃时，$b\approx0.118$V。

氢过电位的数值对氢去极化腐蚀的速率有很大影响。图 4.3 绘出了在不同金属上氢过电位与电流密度的对数之间的关系。

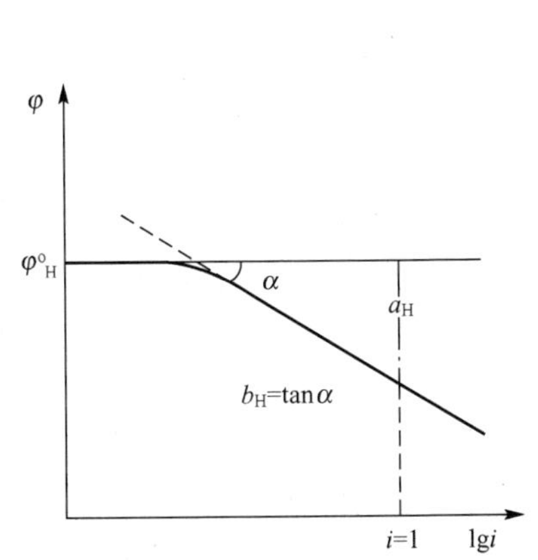


**图 4.2　氢过电位与电流密度的关系**

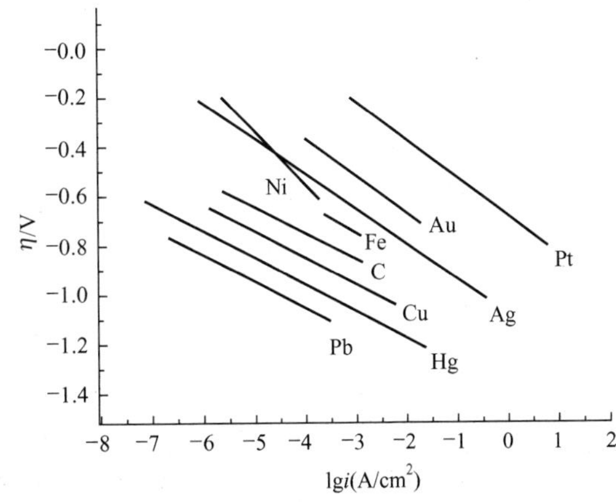


**图 4.3　不同金属上的氢过电位与电流密度的关系**

表面状态对氢过电位也有影响。相同金属材料的粗糙表面上的氢过电位比光滑表面上的氢过电位要小，这是因为粗糙表面的有效面积比光滑表面的大。

氢过电位除与电极材料和表面状态有关外，与溶液的 pH 和溶液的成分(特别是表面活性物质及氧化剂的含量)以及温度等也有关系。

在酸性溶液中，氢过电位随 pH 增加而增加，pH 每增加 1 单位，氢过电位增加 59 毫伏；而在碱性溶液中，氢过电位随 pH 增加而减小，pH 每增加 1 单位，氢过电位减小 59 毫伏。

温度增加，氢过电位减小。一般温度每增加 1℃，氢过电位约减小 2mV。表 4－1 给出了在 20℃当电流密度为 $1A/cm^2$ 时，在各种金属上析氢反应的常数 $a$ 和 $b$ 的数值。

**表 4－1　各种金属上析氢反应的常数 $a$ 和 $b$**

| 金属 | 溶液 | $a$/V | $b$/V | 金属 | 溶液 | $a$/V | $b$/V |
|---|---|---|---|---|---|---|---|
| Pb | 0.5M$H_2SO_4$ | 1.56 | 0.110 | Ag | 1M HCl | 0.95 | 0.116 |
| Hg | 0.5M$H_2SO_4$ | 1.415 | 0.113 | Fe | 1M HCl | 0.70 | 0.125 |
| Cd | 0.65M$H_2SO_4$ | 1.4 | 0.120 | Ni | 0.11M NaOH | 0.64 | 0.100 |
| Zn | 0.5M$H_2SO_4$ | 1.24 | 0.118 | Pd | 1.1M KOH | 0.53 | 0.130 |
| Cu | 0.5M$H_2SO_4$ | 0.80 | 0.115 | Pt | 1M HCl | 0.10 | 0.13 |

3. 影响氢去极化腐蚀的因素

1）电极材料

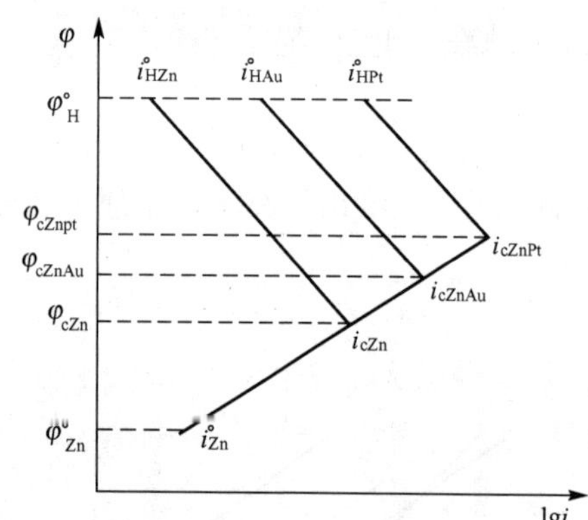


**图 4.4　在酸溶液中锌与铂和金构成电偶电池的腐蚀极化图**

不同材料的交换电流密度 $i^o$ 相差很大(表 3－1)，析氢腐蚀速率也会相差很大。例如铂和金两种金属在酸性介质中分别与锌组成电偶，铂和金的标准电极电位比较接近，可是由于这两种金属在酸中的 $i^o$ 相差很大，使得铂与锌构成的电偶电池的腐蚀电流 $i_{corr}$ 大于金与锌构成的电偶电池的腐蚀电流 $i_{corr}$，(图 4.4)。图中的 $i_c$ 和 $\varphi_c$ 分别表示腐蚀电流 $i_{corr}$ 和腐蚀电位 $\varphi_{corr}$。

2）温度

温度上升一般会引起 $i^o$ 的增加，将使腐蚀速率增加。因为温度升高将使氢过电位减小，而且从化学动力学可知，温度升高使得阳极反应和阴极反应都将加快，所以腐蚀速率随温度升高而增加。

3）pH

pH 对析氢腐蚀影响比较复杂。一般在酸性溶液中，降低溶液的 pH，析氢腐蚀速率增加。因为 pH 减小，氢离子浓度增大，氢电极电位变得更正，在氢过电位不变的情况下，由于驱动力增大了，所以腐蚀速率将增大。当 pH 增加时，情况则相反。

至于 pH 对氢过电位的影响则较复杂。对不同的电极材料、不同的溶液组成，pH 对氢过电位的影响也不同。一般来说，在酸性溶液中，pH 每增加 1 单位，氢过电位增加 59mV；在碱性溶液中，pH 每增加 1 单位，氢过电位减小 59mV。

4）电极表面积

表面粗糙度的增加，使得电极表面积增加，析氢腐蚀速率提高，$i^{\circ}$ 增大；阴极的几何面积增加。阴极区的面积增大，氢过电位减小，阴极极化率减小，使析氢反应加快从而使腐蚀速率增大，$i^{\circ}$ 增大，如图 4.5 所示。

图中 $i^{\circ}_{H1}$、$i^{\circ}_{H2}$、$i_{cZn1}$、$i_{cZn2}$、$\varphi_{cZn1}$ 和 $\varphi_{cZn2}$ 分别表示电极面积为 $1cm^2$ 和 $10cm^2$ 时氢电极的交换电流密度、腐蚀电流密度和自腐蚀电位。

5）杂质

电极含杂质不同时，析氢腐蚀的速率会相差很大。图 4.6 所示是在稀硫酸中锌含汞、铁、铜杂质时的腐蚀情况。由图中可看出，电极含 $i^{\circ}$ 大而 $b_H$ 小的杂质时腐蚀速率要增加。

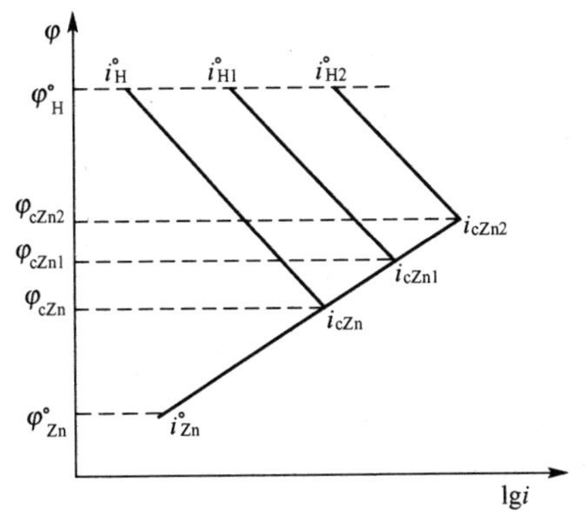


**图 4.5 阴极表面积增大对腐蚀电流密度的影响**

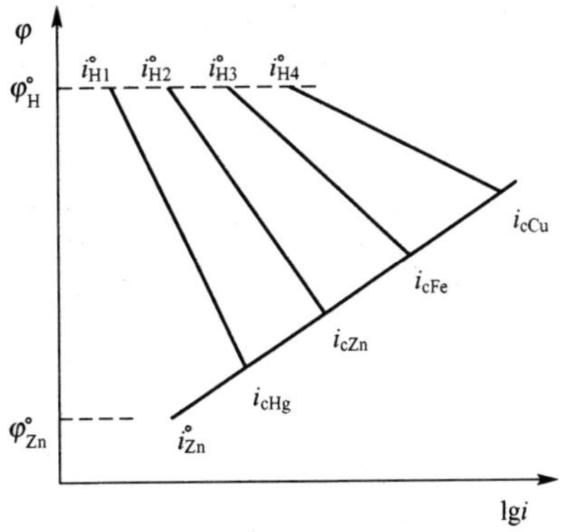

**图 4.6 杂质对腐蚀电流密度的影响**

图中 $i^{\circ}_{H1}$、$i^{\circ}_{H2}$、$i^{\circ}_{H3}$ 和 $i^{\circ}_{H4}$ 分别表示氢在汞、锌、铁、铜电极上进行析氢反应的交换电流密度；$i_{cHg}$、$i_{cZn}$、$i_{cFe}$、$i_{cCu}$ 分别表示锌中含汞、纯锌、锌中含铁、锌中含铜时的腐蚀电流密度。

6）流速

析氢腐蚀时，反应物氢的离子半径很小，其在溶液中有较大的迁移速率和扩散能力，反应产物以氢气泡的形式离开电极析出，所以浓差极化很小，增加流速（如搅拌）对析氢腐蚀没有明显影响。

4. 金属在酸中腐蚀的阳极过程

金属在酸中腐蚀时的阳极过程是活性溶解反应，可以用一个通式

$$M \longrightarrow M^{n+} + ne^-$$

来表示。对金属来说，绝大多数情况下 $n>1$。但实际的溶解反应一般并不是 $n$ 个电子同时放电，而是金属原子首先失去一个电子成为一价的络合离子，然后再逐步氧化，成为最终稳定的 $n$ 价离子。

从总的反应式来看，金属活性溶解反应似乎很简单，但实际上却是相当复杂的过程。这个复杂的过程大致包括以下几个步骤。

1）金属原子离开金属晶格成为吸附在金属表面上的吸附原子

并不是金属表面上所有的金属原子都能随机地离开金属晶格，而是那些处于位错露头、位错台阶端点等位置上的金属原子优先离开晶格，成为吸附在金属表面上的吸附原

子，然后放电而成为离子。既然吸附原子是这个放电过程的反应物之一，那么反应速率就与金属表面上吸附原子的浓度有关，也即电极反应的交换电流密度的大小与吸附原子的表面浓度有关。而吸附原子的表面浓度又与金属表面晶格的完整情况有关，所以金属的应变过程特别是塑性变形将会影响金属溶解反应的速率。

2）溶液组分在金属表面上的吸附

这种吸附将会影响阳极反应过程。金属表面上晶格不完整的地方也正是溶液中的组分粒子最容易吸附上去的地方，这种吸附作用可能会引起两种不同的后果。一种是使这些地方的金属原子的能量降低，减小金属表面吸附原子的速率(金属溶解反应的交换电流密度也随之减小)，从而抑制金属腐蚀的阳极反应过程，如阳极型缓蚀剂的作用就是这样。另一种情况是被吸附的粒子与金属表面上的吸附原子形成吸附络合物。在这种情况下，放电过程的反应物将不是简单的金属表面吸附原子，而是表面吸附络合物。

3）水化金属离子的形成

由于表面吸附络合物放电后形成溶液中的络合离子，然后络合离子再转化为水化的金属离子。如前所述，放电过程中并不是 $n$ 个电子同时电离，而是金属原子首先失去一个电子，成为一价的络合离子，然后再逐步失去 $n-1$ 个电子，氧化成为最终稳定的 $n$ 价离子。

4）水化金属离子离开金属表面附近的溶液层向溶液深处扩散

一般在酸性溶液中水化金属离子不会形成沉淀，而是通过传质过程离开金属表面附近的溶液层。如果溶液不是静止的，溶液中传质过程的速率就比较大，而且，如果金属的腐蚀电流不是很大，则金属表面附近的水化金属离子的浓度变化也不大。因此，对于金属的活性腐蚀溶解来说，一般可以忽略阳极反应过程的浓度极化作用的影响。

例如，对于铁在酸中活性腐蚀时阳极反应的机理，比较一致的看法如下。

对于表面活性比较低的铁(区域熔融或在真空中重结晶的铁)来说，一般认为其反应机理是

$$Fe+H_2O \longrightarrow Fe(H_2O)ad$$

$$Fe(H_2O)_{ad} \longrightarrow Fe(OH^-)_{ad}+H^+$$

$$Fe(OH^-)_{ad} \longrightarrow (FeOH)_{ad}+e^-$$

$$Fe+H_2O \longrightarrow (FeOH)_{ad}+H^++e^-$$

$$(FeOH)_{ad} \longrightarrow FeOH^++e^-$$

$$FeOH^++H^+ \longrightarrow Fe^{2+}+H_2O$$

每生成一个亚铁离子 $Fe^{2+}$，至少要经历 5 个步骤。首先是溶液中的水分子在铁表面吸附，然后成为吸附在铁表面的氢氧离子，接着是单电子放电而形成吸附在铁表面上的络合物。在整个反应过程中，这 3 个步骤进行的速率都很快，处于接近平衡状态，因此可以把这 3 个步骤合并看成是一个步骤。接着的第 4 个步骤是铁表面上的吸附络合物(FeOH)M 放电而成为溶液中的络合离子 $FeOH^-$，这个步骤进行的速率很慢，是整个反应的速率控制步骤。第 5 个步骤是溶液中的络合离子转化为溶液中的亚铁离子 $Fe^{2+}$ 的快反应。

对于表面活性比较高的铁(表面上晶体缺陷和位错露头等密度比较高的铁)的反应机理一般为

$$Fe+H_2O \longrightarrow Fe(H_2O)_{ad}$$

$$Fe(H_2O)_{ad} \longrightarrow Fe(OH^-)_{ad}+H^+$$

$$Fe(H_2O)_{ad} \longrightarrow Fe(OH^-)_{ad} + H^+$$

$$2(FeOH)_{ad} \longrightarrow FeOH^+ + Fe(OH^-)_{ad}$$

$$FeOH^+ + H^+ \longrightarrow Fe^{2+} + H_2O$$

这个反应机理的前3步及最后一个步骤与上一反应机理是一样的，不同的是在这一反应机理中作为速率控制步骤的第4个步骤是两个吸附粒子(FeOH)M在相碰中交换电子的反应。

5. 铁在酸中的腐蚀特点

(1) 如果酸溶液中没有其他电极电位比氢电极电位更正的去极化剂存在，则腐蚀的阴极过程仅是析氢反应。实际上，放置于空气中的酸溶液中溶解有一定量的氧，在酸溶液中氧还原的标准电极电位比氢离子还原的标准电极电位正1.229伏，所以溶解氧比氢离子更容易还原。但由于氧在酸溶液中的溶解度非常小(例如，在20℃的0.05mol/L硫酸溶液中氧的饱和浓度仅为$2.67\times10^{-4}$mol/L)，因此通常考虑在静置的酸溶液中的腐蚀时，可以忽略空气溶解于溶液中的氧的作用。但若酸溶液中含有抑制以氢离子为去极化剂的缓蚀剂时，特别是在溶液剧烈搅动的情况下，溶解于溶液中的氧的作用就不能忽视。

(2) 在绝大多数情况下，铁在酸溶液中的腐蚀是在表面上没有钝化膜或其他成相膜存在的情况下进行的。若在浓硝酸这样的强氧化性酸溶液中铁可以处于钝化状态，但在氧化性较弱或非氧化性酸溶液中，铁腐蚀的产物是水化的亚铁离子。即使铁在浸入酸溶液以前表面上存在着氧化膜，在浸入酸溶液后也会很快溶解掉。因此，铁在氧化性较弱或非氧化性酸溶液中的腐蚀是活性区的腐蚀，即表面上没有钝化膜存在的腐蚀。

(3) 铁在酸溶液中的腐蚀从宏观上看是均匀腐蚀，不能明确地在金属表面上区分出阳极区和阴极区。但随体系的不同和研究观察的尺度的不同，铁在酸溶液中腐蚀的均匀程度也是不同的。例如大多数情况下，铁在酸溶液中腐蚀后粗糙度增大，出现了铁表面的腐蚀深度的不均匀。但这种腐蚀深度的差异与整个表面的平均腐蚀深度相比还是较小的，因此仍然可以认为整个腐蚀过程是均匀腐蚀。当然，在某些特定条件下，铁在酸溶液中也会产生明显的腐蚀孔或腐蚀坑。但在大多数情况下，铁在酸溶液中的腐蚀可以认为是均匀腐蚀。

(4) 实验证明，如果酸溶液中氢离子浓度大于$10^{-3}$mol/L时，则氢离子还原的阴极反应过程的浓度极化可以忽略不计。这是因为水溶液中氢离子的扩散系数特别大，其次是由于铁表面上不断析出的氢气产生了搅拌作用，再一个原因是氢离子向电极表面的传质过程，除了扩散以外，还有电迁移作用。特别是当溶液中除氢离子外没有大量别的阳离子存在时，电迁移作用更不可忽视。因此，在pH小于3的酸溶液中铁的腐蚀过程中氢离子的浓度极化可以忽略。

基于上述特点，可以把铁在氧化性较弱或非氧化性酸溶液中的腐蚀看作是活性区的均匀腐蚀。金属在酸溶液中活性腐蚀时，腐蚀电位随溶液的pH降低而变正，这是由于析氢反应的电位随pH的降低而变正所致。这个与在中性溶液中的腐蚀情况相反，对于像铁这样可钝化的金属在中性溶液中的腐蚀来说，通常在pH较高的溶液中腐蚀电位较正，随着pH降低，由于钝化膜的变薄或破坏，腐蚀电位将变负。因此若与金属表面的不同区域接触的溶液层的pH有差异，则在中性溶液腐蚀的情况下，与pH较低的溶液接触的金属表面区域将成为阳极区。而在酸溶液中活性腐蚀的情况下则相反，与pH较高的酸溶液接触的表面区域的电位较负，将成为阳极区。这个规律对于了解不同介质中的局部腐蚀如缝隙腐蚀现象很重要。

由于析氢反应的电位随 pH 降低而变正，从而增大了腐蚀的驱动力，所以铁在酸溶液中活性腐蚀时的腐蚀速率随着 pH 的降低而增大。

6. 氢去极化腐蚀条件

发生氢去极化腐蚀的前提条件是金属的电极电位比析氢反应的电极电位更负。从图 4.7(a)中可以看出，当金属的电极电位比析氢反应的电极电位正时，是不会发生氢去极化腐蚀的，此时如果溶液中含有某种电极电位比金属电极电位正的去极化剂，则只可能发生以该种去极化剂还原的腐蚀。如果金属的电极电位比析氢反应的电极电位负，则当不存在其他去极化剂时肯定会发生氢去极化腐蚀，即使有电极电位更正的去极化剂存在，也仍然可能优先发生氢去极化腐蚀，如图 4.7(b)所示。

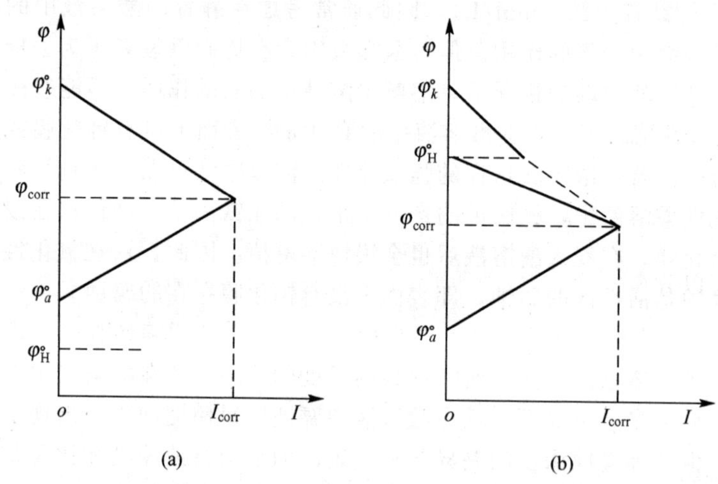


**图 4.7 表明发生氢去极化腐蚀条件的示意图**

当氢电极电位一定时，金属的电极电位越负，从热力学角度讲，发生氢去极化腐蚀的倾向越大。一般说来，负电性金属在氧化性较弱的酸和非氧化性酸中以及电极电位很负的金属(例如镁)在中性或碱性溶液中的腐蚀都属于氢去极化的腐蚀。此时的阴极过程就是在金属表面上建立起的氢电极的还原反应过程，所以氢还原反应进行的情况直接影响到金属的腐蚀速率。

对于纯金属来说，氢去极化腐蚀的阳极反应和阴极反应主要在整个均匀的金属表面上进行，没有明显的阳极区和阴极区的区域划分，此时金属的腐蚀速率除与阳极反应过程的特点有关外，还在很大程度上取决于在该金属上析氢反应的过电位。

## 4.3 氧去极化腐蚀

以氧分子还原反应为阴极过程的腐蚀称为氧去极化腐蚀，简称吸氧腐蚀。氧的电极电位比氢要正得多，在中性和碱性溶液中，由于氢离子的浓度较小，析氢反应的电位较负，一般金属腐蚀过程的阴极反应往往不是析氢反应，而是溶解在溶液中的氧的还原反应。此时作为腐蚀去极化剂的是氧分子，故这类腐蚀称为氧去极化腐蚀。与氢离子还原反应相比，氧还原反应可以在正得多的电位下进行，因此氧去极化腐蚀比氢去极化腐蚀更为普遍。大多数金属在中性和碱性溶液中以及少数正电性金属在含有溶解氧的弱酸性溶液中的腐蚀都属于氧去极化腐蚀。

1. 氧向金属(电极)表面的传质过程

对于氢去极化的阴极过程来说，浓度极化较小，而对于氧去极化的阴极过程，浓度极化很突出，常常占有主要地位。这是因为作为去极化剂的氧分子与氢离子的本质不同所决定的。首先，氧分子向电极表面的输送依靠的是对流和扩散；其次，氧的溶解度不大，在一般情况下最高浓度约为 $10^{-4}$ mol/L；第三，氧的还原不发生气体的析出，不存在附加搅拌，反应产物只能依靠液相传质方式离开金属(电极)表面。

在一定的温度和压力下，随着溶解氧不断地在金属电极表面还原，大气中的氧就不断地溶入溶液并向金属表面输送。氧向金属表面的输送过程如图4.8所示。

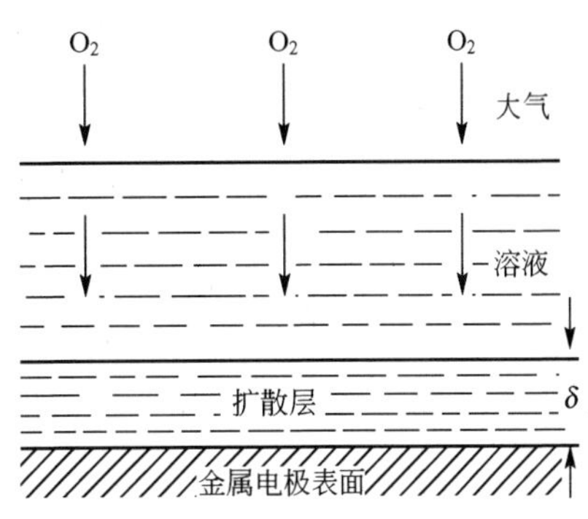


**图 4.8　氧的输送过程示意图**

输送过程可以分为下列3个步骤。

(1) 氧通过空气和溶液界面溶入溶液，以补足它在该溶液中的溶解度。

(2) 以对流和扩散方式通过溶液的主要厚度层。

(3) 以扩散方式通过金属表面溶液的扩散层而到达金属表面。

在这些步骤中，通常主要受阻滞而成为控制步骤的是第3个步骤，即氧的扩散步骤。扩散层厚度一般约为 $10^{-5}\sim10^{-2}$ cm。虽然扩散层的厚度不大，但由于氧只能以扩散这样一种唯一的传质方式通过它，所以一般情况下扩散步骤是最慢步骤，以至使氧向金属表面的输送速率低于氧在金属表面的还原反应速率，故此步骤成为整个阴极过程的控制步骤。

2. 氧去极化过程的机理

氧还原过程是一个4电子反应，在酸性溶液中为

$$O_2+4H^++4e^-\longrightarrow 2H_2O$$

在碱性溶液中为

$$O_2+2H_2O+4e^-\longrightarrow 4OH^-$$

由于反应过程有不稳定的中间产物出现，使得氧电极研究工作较难进行，因此对氧电极过程的认识远不如对氢电极过程的认识透彻。根据现有的实验事实，大致可将氧还原反应过程的机理分为两类。

第一类的中间产物为过氧化氢或二氧化一氢离子。在酸性溶液中的基本步骤如下。

(1) 形成半价氧离子

$$O_2+e^-\longrightarrow O_2^-$$

(2) 形成二氧化一氢

$$O_2^-+H^+\longrightarrow HO_2$$

(3) 形成二氧化一氢离子

$$HO_2+e^- \longrightarrow HO_2^-$$

(4) 形成过氧化氢

$$HO_2^-+H^+ \longrightarrow H_2O_2$$

(5) 形成水

$$H_2O_2+2H^++2e^- \longrightarrow 2H_2O$$

或者

$$H_2O_2 \longrightarrow \frac{1}{2}O_2+H_2O$$

在碱性溶液中的基本步骤如下。

(1) 形成半价氧离子

$$O_2+e^- \longrightarrow O_2^-$$

(2) 形成二氧化一氢离子

$$O_2^-+H_2O+e^- \longrightarrow HO_2^-+OH^-$$

(3) 形成氢氧离子

$$HO_2^-+H_2O+2e^- \longrightarrow 3OH^-$$

或者

$$HO_2^- \longrightarrow \frac{1}{2}O_2+OH^-$$

在上述基本步骤中，一般倾向于认为在酸性溶液中第一个步骤是控制步骤，在碱性溶液中第二个步骤是控制步骤。总之，控制步骤是接受一个电子的还原步骤。

第二类反应机理中不生成过氧化氢或二氧化一氢离子，而以吸附氧或表面氧化物作为中间产物。在酸性溶液中的基本步骤如下。

(1) $O_2+2M \longrightarrow 2MO$

(2) $MO+2H^++2M(e^-) \longrightarrow 4H_2O+3M$

在碱性溶液中的基本步骤如下。

(1) $O_2+2M \longrightarrow 2MO$

(2) $MO+H_2O+2M(e^-) \longrightarrow 3M+2OH^-$

在大多数金属电极上的氧还原反应过程是按第一类机理进行的，实验已经证明在这些电极上都有中间产物过氧化氢或二氧化一氢离子(过氧化氢离子)生成。在某些活性炭及少数金属氧化物电极上氧的还原反应则可能按第二类机理进行，但其细节尚有待于进一步研究。

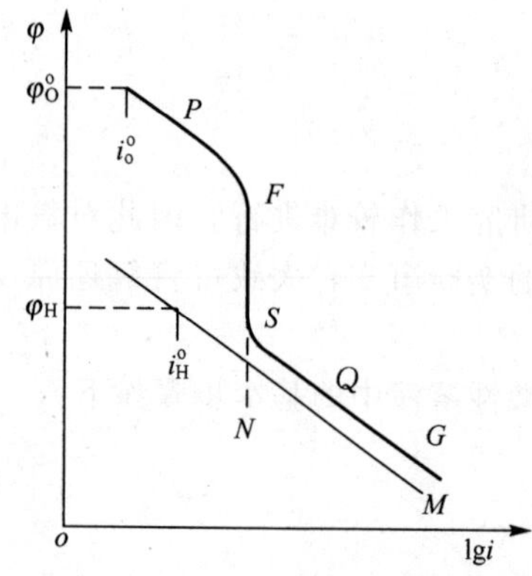


**图 4.9　氧去极化的阴极极化曲线**

3. 氧去极化过程的阴极极化曲线

由于氧去极化的阴极过程的速率与氧的离子化反应和氧向金属表面的输送过程都有关系，所以氧去极化过程的阴极极化曲线较复杂。

图 4.9 为氧还原过程的总的极化曲线，由于控制因素的不同，这条总曲线可以分为 4 个部分。

(1) $\varphi_O^0 P$ 段：此段由氧离子化反应的进度所控制。在该段中阴极反应速率小($i_k<1/2i_d$)，阴极表面电极反应需要的氧能被充足供应，阴极过程的速率受电化学极

化控制。当电流很小时，氧过电位与电流密度呈线性关系

$$\eta_O = R_F i_k \tag{4-4}$$

当电流密度增加后，过电位和电流密度的对数呈线性关系

$$\eta_O = a_O + b_O \lg i_k \tag{4-5}$$

当电流密度增加到接近 $1/2i_d$ 时，电极表面阴极反应需要的氧得不到充足供应，于是出现了浓差极化作用。

(2) *PF* 段：此段由氧的离子化反应和氧的扩散过程联合控制。在这阶段，电流密度 $i_k$ 位于 $1/2i_d \sim i_d$ 之间，阴极过程的电极电位 $\varphi_k$ 与电流密度 $i_k$ 有如下关系

$$\varphi_k = \varphi_k^\circ - (a_O + b_O \lg i_k) - b_O \lg\left(1 - \frac{i_k}{i_d}\right) \tag{4-6}$$

由上式可看出，当存在浓差极化时，阴极电位向负的方向移动了 $b_O \lg(1 - i_k/i_d)$，所以存在浓差极化时的阴极反应速率比不存在浓差极化时的小。

(3) *FS* 段：此段由氧的扩散过程控制。这时电极反应速率很快($i_k \approx i_d$)，到达电极表面的氧立即被还原，所以整个阴极反应速率仅仅由传质步骤控制。

由于 $i_k \longrightarrow i_d$，则 $b_O \lg(1 - i_k/i_d)$将趋向负的无穷大，故式(4-6)中的其他项与最后一项相比就可以忽略，于是得

$$\varphi_k \approx b_O \lg\left(1 - \frac{i_k}{i_d}\right) \tag{4-7}$$

这时与电极材料关系密切的 $a_O$ 项已对电极反应没有影响，反应速率完全由极限电流密度所决定，即受氧分子的溶解度和它在溶液中的扩散条件所控制。

(4) *SQG* 段：此段由氧去极化和氢去极化共同控制。这阶段的电极反应速率更快($i_k > i_d$)，由前面的讨论知道，当 $i_k \longrightarrow i_d$ 时，$\varphi_k$ 将趋向负的无穷大，极化曲线将有 *FSN* 走向。实际上电位向负方向的移动不可能无限延续，因为当电位负到一定程度时，在电极上除了氧的还原外，还有其他去极化剂参与了还原反应。例如当电位负到低于氢的电极电位时，溶液中的氢离子也参与去极化反应。在图 4.9 中，单纯由氢去极化反应决定的阴极极化曲线是 $\varphi_H^\circ M$ 线，氧和氢共同去极化下的阴极极化曲线为 *SQG* 段线。此时，总的阴极电流密度 $i_k$ 由氧去极化作用的电流密度 $i_O$ 与氢去极化作用的电流密度 $i_H$ 共同组成，即

$$i_k = i_H + i_O$$

总的阴极极化曲线 $\varphi_O^\circ PFSQG$，实际上是氧去极化作用的 $\varphi_O^\circ PFSN$ 线和氢去极化作用的 $\varphi_H^\circ M$ 线的组合。

### 4. 影响氧去极化腐蚀的因素

#### 1) 阳极材料

图 4.10 表示出了 6 种金属的阳极极化曲线与氧去极化腐蚀的阴极极化曲线相交得到的腐蚀电流。

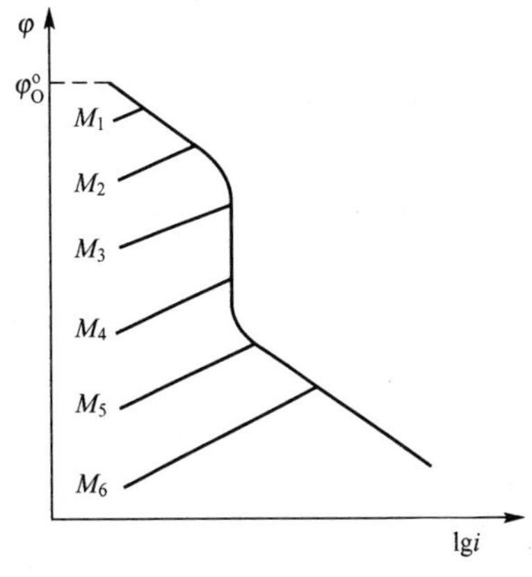


**图 4.10 不同金属的氧去极化腐蚀**

从图中可以看出，当腐蚀电位位于氧的电化学极化或氧与氢共同极化部分时，随着阳极金属电位向负向的移动，腐蚀电流密度也增加。但是当腐蚀电位位

于氧浓差极化部分时，腐蚀电流密度与阳极金属的电位及Tafel斜率无关。

2）溶解氧

溶解氧的浓度增大时，氧的极限扩散电流密度将增加，因此氧去极化腐蚀的速率也随之增大。但当溶解氧的浓度大到一定程度，其腐蚀电流大到腐蚀金属的致钝电流密度而使得金属由活化溶解态转入钝化态时，则金属的腐蚀速率将显著降低。

3）流速

在氧的浓度一定的条件下，流速对腐蚀速率的影响将出现图4.11所示的情况。在氧去极化情况下，随着介质流速增加，扩散层厚度减小，极限扩散电流密度加大。在阳极是不可钝化的情况下，随着介质的流速从1增加到3，金属的腐蚀电流密度从$A$增加到$C$。如果流速还增加，扩散层已减小到氧的还原反应不再受浓差极化控制，而受电化学极化控制。在这种条件下的腐蚀速率与流速无关。当流速由4增大到6时，腐蚀电流密度固定在$i_D$(图4.11)。

由图4.12所示，在阳极是可钝化的体系中，当流速从1增大到3后，极限扩散电流密度已达到金属的致钝化电流密度$i_C$，金属转入钝化状态，此后金属的腐蚀电流密度为维钝电流密度$i_P$，与流速无关。

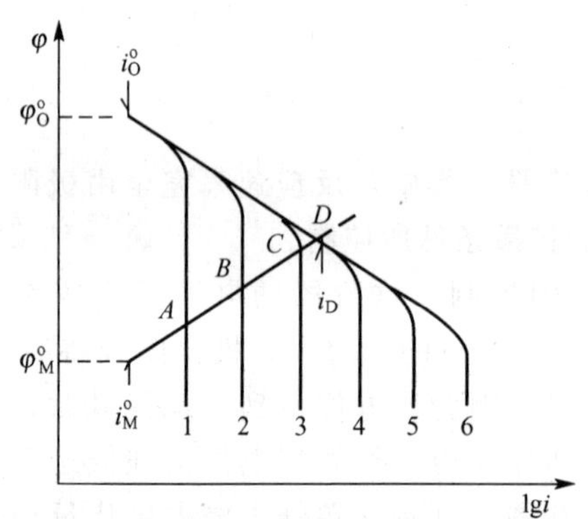


4.11　介质流速对腐蚀速率的影响(1)

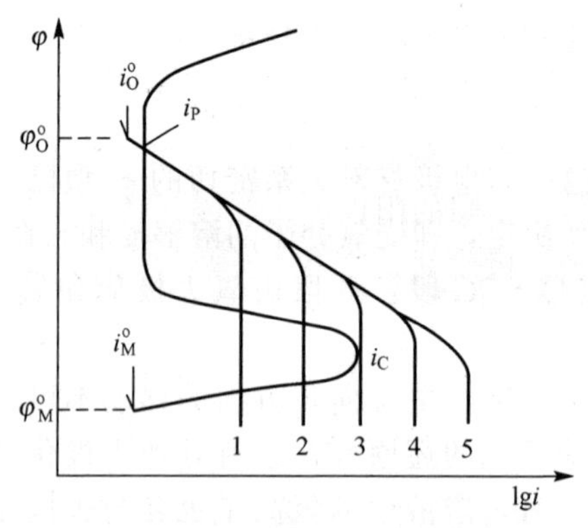


4.12　介质流速对腐蚀速率的影响(2)

4）盐浓度

在中性盐溶液中的阴极过程是氧去极化过程。在盐溶液中，盐浓度对吸氧腐蚀的影响如图4.13所示。

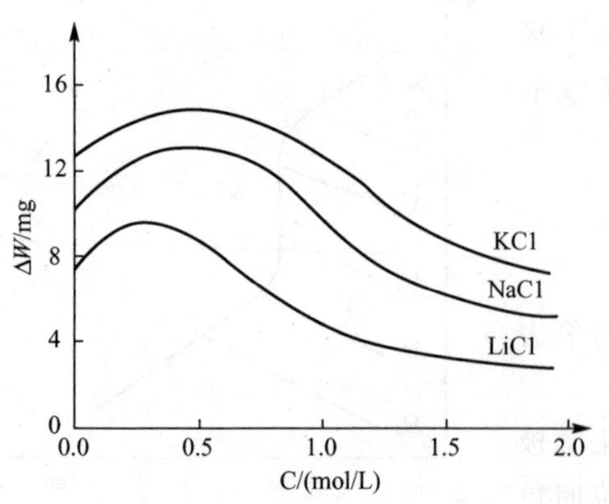


图4.13　盐浓度对低碳钢腐蚀的影响

当盐浓度增加时，溶液电导率会增加，但当盐浓度增至一定程度后，氧的溶解度显著降低。所以盐浓度对吸氧腐蚀速率的影响是：随着盐浓度的提高，腐蚀速率先是加快，后又减慢。

5）温度

溶液温度提高，一方面将使氧的扩散过程和电极反应速率加速，从而促进腐蚀；一方面对于敞口系统又会使氧的溶解度下降，降低腐蚀速率的趋势。所以腐蚀速率在80℃时会出现峰值(图 4.14 中的 2 线)。但对于封闭系统，就不存在溶解度降低的问题，在这种体系中随着温度升高，腐蚀速率单调增加(图 4.14 中的 1 线)。

在封闭系统中，温度升高使气相中氧的分压增大，氧分压增大将增加氧在溶液中的溶解度，这就抵消了温度升高使氧溶解度降低的效应，因此腐蚀速率将一直随温度的升高而增大。

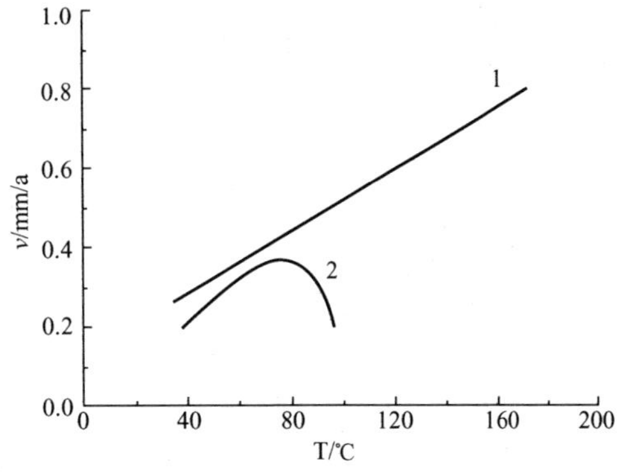

**图 4.14　温度对腐蚀速率的影响**

以上主要从溶液(介质)的角度出发，讨论了以氧的扩散为控制步骤的腐蚀过程中的几项影响因素。氧去极化腐蚀大多属于氧扩散控制的腐蚀过程，但也有一部分属于氧离子化反应控制(活化控制)或阳极钝化控制。对于后面这两种腐蚀过程，除了上述几项影响因素外，还应考虑金属材料和表面状态的影响。

5. 其他去极化剂的分类

电极过程有电子转移步骤和液相传质步骤引起的极化，相应的就有增强电子转移步骤的去极化剂和增强液相传质步骤的去极化剂。例如络合剂能与金属离子形成络合物，从而降低了电极表面金属离子的浓度，使得金属溶解速率加快。它是属于降低浓差极化，增强液相传质步骤的阳极型去极化剂。在金属腐蚀领域中最常见到的是降低电化学极化作用的阴极型去极化剂，这种去极化剂的分类及举例见表 4-2。

**表 4-2　阴极型去极化剂的分类及举例**

| 分类 | 举例 |
|---|---|
| 阴离子 | $S_2O_8^{2-}+2e^- \longrightarrow S_2O_8^{4-} \longrightarrow 2SO_4^{2-}$ |
| | $NO_3^- + 4H^+ + 3e^- \longrightarrow NO + 2H_2O$ |
| | $Cr_2O_7^{2-} + 14H^+ + 6e^- \longrightarrow 2Cr^{3+} + 7H_2O$ |
| 阳离子 | $2H^+ + 2e^- \longrightarrow H_2$ |
| | $Fe^{3+} + e^- \longrightarrow Fe^{2+}$ |
| | $Cu^{2+} + 2e^- \longrightarrow Cu$ |
| 中性分子 | $O_2 + H_2O + 4e^- \longrightarrow 4OH^-$ |
| | $Cl_2 + 2e^- \longrightarrow 2Cl^-$ |
| 不溶性产物 | $Fe(OH)_3 + e^- \longrightarrow Fe(OH)_2 + OH^-$ |
| | $Fe_3O_4 + H_2O + 2e^- \longrightarrow 3FeO + 2OH^-$ |
| 有机化合物 | $RO + 4H^+ + 4e^- \longrightarrow RH_2 + H_2O$ |
| | $R + 2H^+ + 2e^- \longrightarrow RH_2$ |

在讨论了氢去极化腐蚀与氧去极化腐蚀的一般规律后，可用表格形式将它们作一简单

比较，见表 4-3。

**表 4-3　吸氧腐蚀与析氢腐蚀的比较**

| 比较项目 | 氢去极化腐蚀 | 氧去极化腐蚀 |
|---|---|---|
| 去极化剂的性质 | 氢离子可以以对流、扩散和电迁移 3 种方式传质，扩散系数很大 | 中性氧分子只能以对流和扩散传质，扩散系数较小 |
| 去极化剂的浓度 | 浓度很大，酸性溶液中氢离子作为去极化剂，中性溶液中水分子作为去极化剂 | 浓度较小，在室温常压下，在水中的浓度为 $10^{-4}$ mol/L，随着温度的提高，溶解度下降 |
| 阴极反应产物 | 氢气以气泡形式析出，使金属表面附近的溶液得到搅拌 | 水分子或氢氧根离子只能以对流和扩散离开金属表面，没有附加的搅拌作用 |
| 腐蚀的控制类型 | 阴极控制、混合控制和阳极控制都有，阴极控制较多见，并且主要是阴极的活化极化控制 | 阴极控制居多，主要是氧扩散控制，阳极控制和混合控制较少 |
| 合金元素或杂质的影响 | 影响显著 | 影响较小 |
| 腐蚀速率的大小 | 在不发生钝化现象时，因氢离子的浓度和扩散系数都较大，所以氢去极化腐蚀速率较大 | 在不发生钝化现象时，因氧的溶解度和扩散系数都较小，所以氧去极化腐蚀速率较小 |

## 4.4　影响氢过电位的因素

1. 杂质对氢过电位的影响

当金属中含有电位比金属电位更正的杂质时，如果杂质上的氢过电位比基体金属上的过电位低，则阴极反应过程将主要在杂质表面上进行，杂质就成为阴极区，基体金属就成为阳极区，阳极过程和阴极过程将主要在表面的不同区域进行。此时杂质上的氢过电位的高低对基体金属的腐蚀速率有着很大的影响。氢过电位高的杂质将使基体金属的腐蚀速率减小，而氢过电位低的杂质将使金属的腐蚀速率增大。

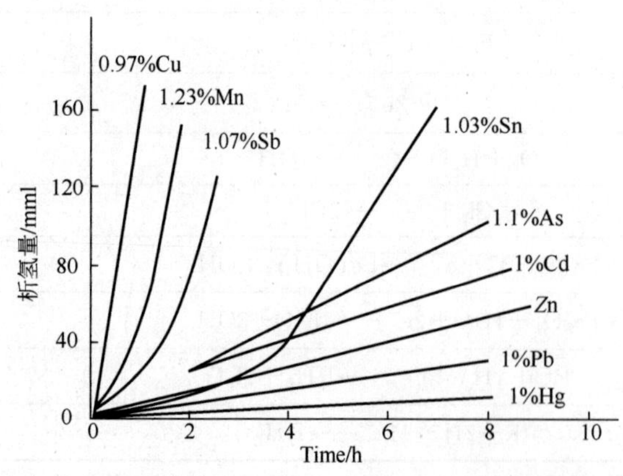

**图 4.15　不同杂质对锌在硫酸中腐蚀速率的影响**

图 4.15 表明了不同杂质对锌在稀硫酸中的腐蚀速率的影响以及腐蚀速率随时间变化的情况。从图中可以看出，虽

然汞的正电性比铜的强，但是汞作为杂质存在时使锌的腐蚀速率大为减小了，而铜作为杂质存在时却使锌的腐蚀速率大为增加了。这主要是因为汞上的氢过电位很高，汞在锌中存在使氢不易析出，加大了阴极极化率，从而减小了锌的腐蚀速率。而铜上的氢过电位比锌上的氢过电位低，铜在锌中存在使氢析出反应更容易进行，因而加大了锌的腐蚀速率。氢在镍和锡上的过电位都比在锌上的高，它们作为杂质之所以加速了锌的腐蚀，主要是由于当它们伴随着一部分锌溶解后又以海绵状黑色残渣的疏松形式析出并散布在剩余的锌的表面上，这种分散存在的海绵状残渣一方面大大增加了阴极区的有效面积，另一方面对氢析出反应有一定的催化作用，因此就加速了锌的腐蚀。这反映了杂质对基体金属腐蚀的综合性影响，因此不能一律单从氢过电位的角度加以解释。

锌的交换电流密度较大，其阳极溶解反应的活化极化较小，而其氢过电位较高，所以锌在稀硫酸或其他非氧化性酸中的腐蚀属于阴极控制的腐蚀过程。其他一些B族金属，如镉和锡等在稀酸中的腐蚀也属于阴极极化控制的腐蚀过程。

2. 铂盐对氢过电位的影响

铁在稀硫酸中的腐蚀与锌不同。氢在铁上的过电位比在锌上的过电位低得多，所以氢在铁上析出的阴极极化曲线的斜率较小。虽然铁的电极电位比锌的正，但铁在稀硫酸或其他非氧化性酸溶液中的腐蚀速率却比锌的腐蚀速率大。由于铁等过渡元素的交换电流密度较小，所以铁的阳极反应的活化极化较大，其阳极极化曲线的斜率较大。因此当向酸中加入相同微量的铂盐后，锌的腐蚀会被剧烈加速，而铁的腐蚀增加得要少些，如图4.16所示。铂盐效应是由于铂盐在锌和铁表面上被还原成铂，而铂上的氢过电位很低，使氢析出的阴极极化曲线变得较平坦所致。

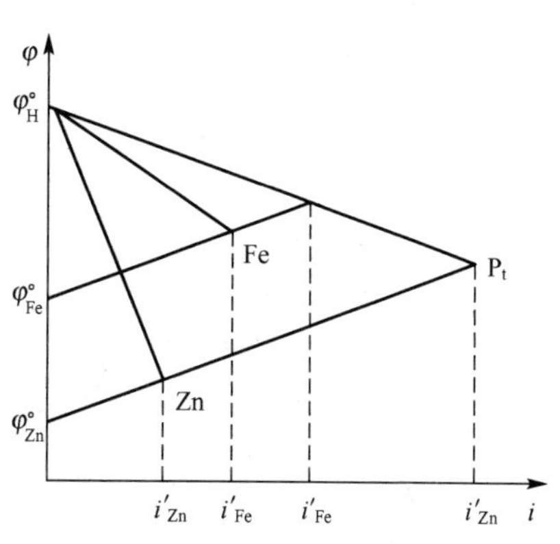


**图4.16 锌和铁在稀硫酸中的腐蚀及铂盐对腐蚀的影响**

3. 硫化物对氢过电位的影响

因为铁溶解反应的活化极化较大，而氢在铁上析出反应的过电位又不是很小，所以铁及碳钢在稀硫酸或其他非氧化性酸溶液中的腐蚀属于混合控制的腐蚀过程，如图4.17所示。

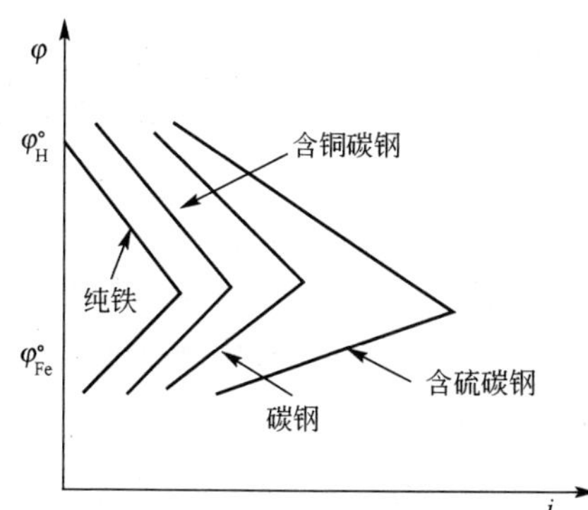


**图4.17 铁和碳钢在非氧化性酸溶液中腐蚀过程示意图**

硫化氢的存在会促进铁的溶解反应，减小阳极极化曲线的极化率，从而加速铁或碳钢的腐蚀，如图4.18所示。硫化氢的存在还往往引起“氢脆”现象，使金属结构破裂。硫化氢可以是来自于金属相中的硫化物，如硫化锰或硫化铁等，也可以是溶液中所含有的。如果钢中含有铜，由于铜与硫化氢生成稳定的硫化铜沉淀，这样，就可以消除硫化氢的影响，如图4.18所示，含铜碳钢的腐蚀速率比不含铜碳钢要小。

铜在除气的非氧化性酸溶液中不会发生腐蚀，

因为析氢反应的电位低于铜溶解反应的电位。然而铜在除气的碱性氰化物溶液中却可能发生氢去极化的腐蚀，因为虽然在碱性溶液中析氢反应的电位很低，但由于形成氰化络离子 $Cu(CN)_4^{3-}$ 使铜的电位更低，所以铜能发生氢去极化腐蚀生成一价铜离子，一价铜离子随即与氢氰酸根 $CN^-$ 生成 $Cu(CN)_4^{3-}$ 络离子，如图 4.19 所示。

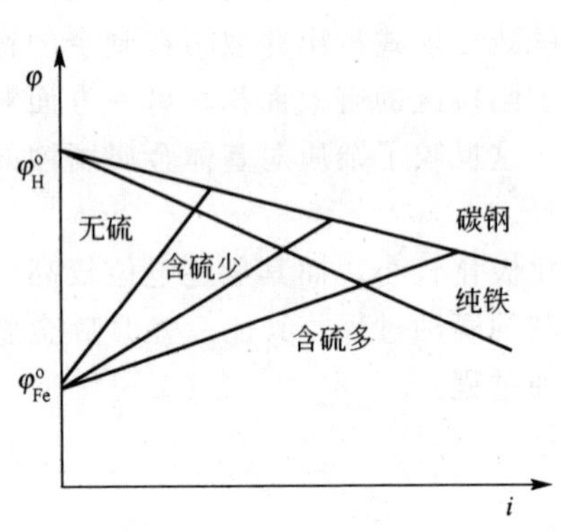


4.18　硫化物对铁和碳钢在酸溶液中腐蚀影响

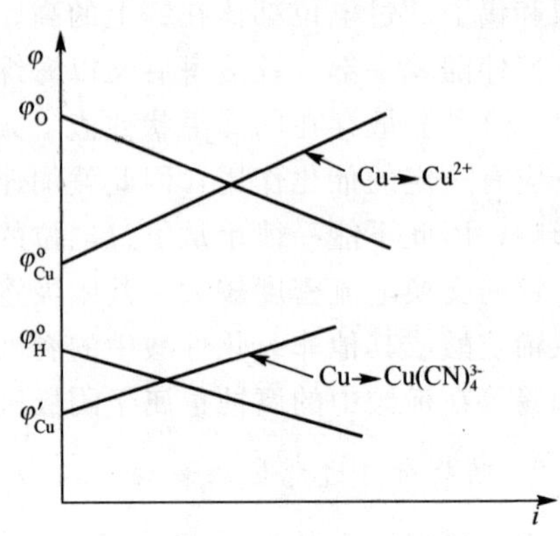


图 4.19　氰化物对铜的腐蚀的影响示意图

根据同样的道理，由于形成 $Cu(NH_3)^+$ 络离子，使铜在氨水中也能发生氢去极化腐蚀。

4. 酸浓度对氢过电位的影响

盐酸是一种典型的非氧化性酸，金属在盐酸中的腐蚀规律与在稀硫酸中类似。由于盐酸在所有浓度范围内都是非氧化性的，氢离子不受扩散控制，氢过电位减小，所以金属在盐酸中腐蚀的特点是腐蚀速率随盐酸浓度的增加而一直上升。

图 4.20 表明了工业纯铁及碳钢的腐蚀速率与盐酸浓度的关系。

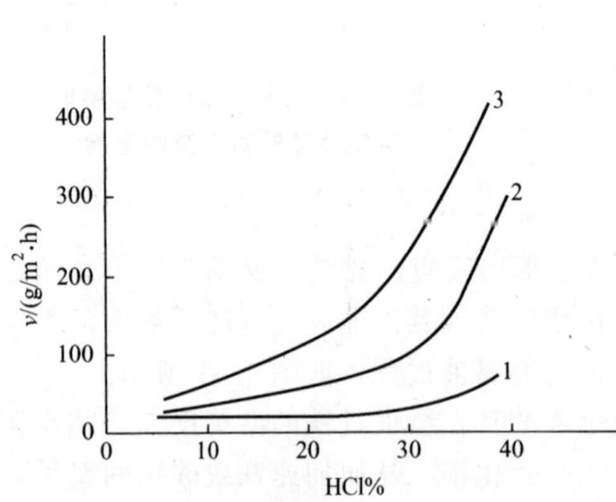


图 4.20　纯铁及碳钢的腐蚀速率与盐酸浓度的关系

1—工业纯铁　2—低碳钢　3—中碳钢

从图中可以看出，它们的腐蚀速率都随盐酸的浓度增加而上升，含碳量越高，腐蚀速率越大。这是因为盐酸的浓度增加，氢离子浓度就增加，氢电极电位就更正，因而腐蚀的驱动力就增大了，故腐蚀速率随盐酸浓度增加而上升。由于碳钢中的碳是以 $Fe_3C$ 的形式分散存在的，在 $Fe_3C$ 上的析氢过电位较低，所以含碳的钢比不含碳的工业纯铁腐蚀严重。如果含碳量越高，则局部阴极($Fe_3C$)的面积就越大，阴极极化率就越小，腐蚀速率就越大。因此碳钢在盐酸中的腐蚀速率随含碳量的增加而上升。

硝酸是强氧化性酸，其氧化性随浓度增加而急剧升高。对于负电性金属来说，一般在稀硝酸中主要发生氢去极化腐蚀。但对于有钝化倾向的金属或合金，如铁、铝或碳钢、不锈钢等，随着硝酸浓度的增加，它们很快会变为钝态，因而腐蚀速率大大降低。关于钝化作用将在第5章详细讨论。

由于硝酸的强氧化性，使得很多正电性金属在硝酸中也发生严重腐蚀，但此时的阴极过程已不是氢离子的还原反应，而是硝酸根的还原反应了。

### 迈克尔·法拉第

迈克尔·法拉第(Michael Faraday，1791—1867)英国物理学家、化学家，也是著名的自学成才的科学家。1791年9月22日出生在萨里郡纽因顿一个贫苦的铁匠家庭。因家庭贫困仅上过几年小学，13岁时便在一家书店里当学徒。书店的工作使他有机会读到许多科学书籍。在送报、装订等工作之余，他自学化学和电学，并动手做简单的实验，验证书上的内容。利用业余时间参加市哲学学会的学习活动，听自然哲学演讲，因而受到了自然科学的基础教育。由于他爱好科学研究，专心致志，受到英国化学家戴维的赏识，1813年3月由戴维举荐到皇家研究所任实验室助手。这是法拉第一生的转折点，从此他踏上了献身科学研究的道路。同年10月戴维到欧洲大陆作科学考察、讲学，法拉第作为他的秘书、助手随同前往。历时一年半，先后经过法国、瑞士、意大利、德国、比利时、荷兰等国，结识了安培、盖·吕萨克等著名学者。沿途法拉第协助戴维做了许多化学实验，这大大丰富了他的科学知识，增长了实验才干，为他后来开展独立的科学研究奠定了基础。1815年5月回到皇家研究所，在戴维的指导下进行化学研究。1824年1月当选皇家学会会员，1825年2月任皇家研究所实验室主任，1833—1862年任皇家研究所化学教授，1846年荣获伦福德奖章和皇家勋章，1867年8月25日逝世。

现代的时代是电气的时代，不过事实上人们有时称为航天时代，有时称为原子时代，但是不管航天旅行和原子武器的意义多么深远，它们对人们的日常生活相对来说起不了什么作用。然而人们却无时不在使用电器。事实上没有哪一项技术特征能像电的使用那样完全地渗入当代世界。

许多人对电都作出过贡献，查尔斯·奥古斯丁·库仑、亚历山得罗·伏特伯爵、汉斯·克里斯琴·奥斯特、安得烈·玛丽·安培等就在最重要的人物之列。但是比其他人都遥遥领先的是两位伟大的英国科学家迈克尔·法拉第和詹姆士·克拉克·麦克斯韦。虽然他俩在一定程度上互为补充，但却不是合作人。其中各自的贡献就足以使本人在本名册中排列在前。

1791年9月22日是一个光辉的日子，一代科学巨匠迈克尔·法拉第降生在英国萨里郡纽因顿一个贫苦的铁匠家庭。法拉第的一生是伟人的，然而法拉第的童年却是十分凄苦的。

为了解决全家的温饱，老法拉第带着5岁的小法拉第迁到伦敦，希图改变贫穷的命运，不幸的是上帝非但没有给法拉第一家赐福，反而在小法拉第九岁那年夺取了老法拉第的生命。迫于生计，幼小的仅有九岁的迈克尔·法拉第不得不承担起生活重担，去一家文具店充当学徒。四年以后，13岁的法拉第又到书店学徒。起初负责送报，后来充当图书装订工。真所谓“天将降大任于斯人也，必先苦其心志，劳其筋骨，饿其体肤……”。

贫穷是不幸的，童工的生涯其清苦可知。难能可贵的是小法拉第不安于贫穷，不安于清苦，奋志好学。14岁时他跟一位装书兼卖书师傅当学徒，利用此机会博览群书。

他在二十岁时听英国著名科学家汉弗利·戴维先生讲课，对此产生了浓厚的兴趣。他给戴维写信，终于得到了为戴维当助手的工作。法拉第在几年之内就做出了自己的重大发现。虽然他的数学基础不好，但是作为一名实验物理学家他是无与伦比的。

1810年十九岁的法拉第连续听了J·塔特姆所做的十几次自然哲学讲演并开始参加市哲学学会的学习活动，从中受到自然哲学的基础教育。1812年2月到4月，21岁的法拉第有幸在皇家研究所听了H·戴维的四次化学讲演。这位大化学家渊博的知识立即吸引了年轻的法拉第。他热忱地把戴维的每个科学观点转述给市哲学学会的同伴们。他精心整理听课笔记并装订成一本精美的书册，取名《H·戴维爵士演讲录》，并附上一封渴望做科学研究工作的信，于1812年圣诞节前夕一起寄给了戴维。法拉第热爱科学的激情感动了戴维，他所精心整理装订的"精美记录册"更使戴维深感欣慰。这时又正是他学徒期满，于是戴维特推荐他于1813年3月进入皇家研究所当他的助手。同年10月跟随戴维去欧洲大陆作科学考察旅行。这次旅行使法拉第上了一次"社会大学"，沿途他认真地记录了戴维在各地讲学的内容，学到了许多科学知识，而且结识了许多著名的科学家，如盖·吕萨克和安培等。增长了见闻，开阔了眼界。到1815年5月回到皇家研究所，法拉第已能在戴维指导下做独立的研究工作并取得了几项化学研究成果。1816年法拉第发表了第一篇科学论文。从1818年起他和J·斯托达特合作研究合金钢，首创了金相分析方法。1820年他用取代反应制得六氯乙烷和四氯乙烯。1821年任皇家学院实验室总监。1823年他发现了氯气和其他气体的液化方法。1824年1月他当选为皇家学会会员。1825年2月接替戴维任皇家研究所实验室主任。同年发现苯。

更主要的是他在电化学方面(对电流所产生的化学效应的研究)所作出的贡献。经过多次精心试验，法拉第总结了两个电解定律，这两个定律均以他的名字命名，构成了电化学的基础。他将化学中的许多重要术语给予了通俗的名称，如阳极、阴极、电极、离子等。

1821年法拉第完成了第一项重大的电发明。在这两年之前，奥斯特已发现如果电路中有电流通过，它附近的普通罗盘的磁针就会发生偏移。法拉第从中得到启发，认为假如磁铁固定，线圈就可能会运动。根据这种设想，他成功地发明了一种简单的装置。在装置内，只要有电流通过线路，线路就会绕着一块磁铁不停地转动。事实上法拉第发明的是第一台电动机，是第一台使用电流将物体运动的装置。虽然装置简陋，但它却是今天世界上使用的所有电动机的祖先。

这是一项重大的突破。只是它的实际用途还非常有限，因为当时除了用简陋的电池以外别无其他方法发电。

人们知道静止的磁铁不会使附近的线路内产生电流。1831年法拉第发现一块磁铁穿过一个闭合线路时，线路内就会有电流产生，这个效应叫电磁感应。一般认为法拉第的电磁感应定律是他的一项最伟大的贡献。

用两个理由足以说明这项发现可以载入史册。第一，法拉第定律对于从理论上认识电磁更为重要。第二，正如法拉第用他发明的第一台发电机(法拉第盘)所演示的那样，电磁感应可以用来产生连续电流。虽然给城镇和工厂供电的现代发电机比法拉第发明的电机要复杂得多，但是它们都是根据同样的电磁感应的原理制成的。

是法拉第把磁力线和电力线的重要概念引入物理学，通过强调不是磁铁本身而是它们之间的“场”，为当代物理学中的许多进展开拓了道路，其中包括麦克斯韦方程。法拉第还发现如果有偏振光通过磁场，其偏振作用就会发生变化。这一发现具有特殊意义，首次表明了光与磁之间存在某种关系。

法拉第的一生是伟大的，法拉第其人又是平凡的，他非常热心科学普及工作，在他任皇家研究所实验室主任后不久，即发起举行星期五晚间讨论会和圣诞节少年科学讲座的活动。他在100多次星期五晚间讨论会上作过演讲，在圣诞节少年科学讲座上演讲达19年之久。他的科普讲座深入浅出，并配以丰富的演示实验，深受欢迎。法拉第还热心公众事业，长期为英国许多公私机构服务。他为人质朴、不善交际、不图名利、喜欢帮助亲友。为了专心从事科学研究，他放弃了一切有丰厚报酬的商业性工作。他在1857年谢绝了皇家学会拟选他为会长的提名，他甘愿以平民的身份实现献身科学的诺言，终身在皇家学院实验室工作一辈子，当一个平凡的迈克尔·法拉第。

1867年8月25日，平民迈克尔·法拉第在书房中安详地离开了人世。

一代科学巨星，在谱写完他不平凡的人生，给人类留下无价的宝藏以后与世长辞。

## 习题

1. 什么是析氢腐蚀？析氢腐蚀发生的必要条件是什么？析氢腐蚀有哪些特征？

2. 塔菲尔关系式中 $a$、$b$ 值的物理意义是什么？影响析氢过电位的因素有哪些？

3. 划分高、中、低氢过电位金属的依据是什么？并据此分析金属元素对析氢腐蚀的影响。

4. 什么是吸氧腐蚀？吸氧腐蚀具有哪些特征？影响吸氧腐蚀的因素有哪些？举例说明。

5. 试比较析氢腐蚀和吸氧腐蚀的规律，并提出控制析氢腐蚀和吸氧腐蚀的技术途径。

6. 试分析比较工业锌在中性氯化钠和稀盐酸中的腐蚀速率及杂质的影响。

7. 已知3种金属在某种酸介质中测得的 $a$ 值分别为0.87V，0.24V，1.56V；$b$ 值分别为0.12V，0.03V，0.11V。试求 $i=0.1\text{A/cm}^2$ 时，各金属的 $\eta_H$ 值。

8. 写出下列各小题的阳极和阴极反应式。

(1) 铜和锌连接起来，浸入质量分数为0.03的氯化钠水溶液中。

(2) 在(1)中加入少量盐酸。

(3) 在(1)中加入少量铜离子。

(4) 铁全浸在淡水中。

9. 已知在pH=1.0的不含空气的 $H_2SO_4$ 中，铂以 $0.01\text{A/cm}^2$ 的电流密度阴极极化时，其电位相对于饱和甘汞电极为−0.334V；当以 $0.1\text{A/cm}^2$ 的电流密度阴极极化时，则电位为−0.364V。试计算在这个溶液中，氢离子在铂电极上反应的 $a$ 值和交换电流密度。

10. 铁在25℃、pH=3的盐酸中的腐蚀速率为 $30\text{mg/(dm}^2\cdot\text{d)}$，已知铁上的氢过电

位常数 $b=0.1\text{V}$，交换电流密度 $i^{\circ}=10^{-6}\text{A/cm}^2$。计算铁在这个溶液中的腐蚀电位及 $a$ 值。

11. 铁在中性溶液中发生吸氧腐蚀，受氧扩散控制，实验测得腐蚀速率为 0.12mm/a，适当搅拌溶液，其腐蚀速率增加到 0.3mm/a，而腐蚀电位正移 20mV。假设整体溶液中氧的溶解度为 $1.2\text{mol/m}^3$，氧在溶液中的扩散系数 $D=10^{-9}\text{m}^2/\text{s}$。试求铁阳极反应塔菲尔斜率 $b$ 值及溶液搅拌前后的扩散层厚度 $\delta$。

# 第5章 金属的钝化

## 教学目标

通过本章的学习，使读者能够了解金属钝化的现象、过程和类型；掌握电化学钝化和化学钝化的方法；了解金属钝化机理和特点；明确电化学钝化曲线特征范围及参数；了解钝化膜的组成、结构与抗蚀性能的关系。

## 教学要点

(1) 金属表面钝化的现象。

(2) 金属表面钝化的类型，化学钝化、电化学钝化。

(3) 电化学钝化曲线特征范围及参数。

(4) 活化区、钝化区、过钝化区、致钝电位(电流)、维钝电位(电流)、击穿电位(电流)、Flade电位等。

(5) 掌握钝化的机理、成相膜理论和吸附理论。

(6) 了解钝化膜的组成、结构、即抗蚀性能。

导入案例

## 耐酸不锈钢的生产与加工

据工业上主要用途，在空气中能抵抗腐蚀的叫不锈钢；在各种侵蚀性强烈的介质中能抵抗腐蚀作用的钢叫耐酸钢。不锈钢并不一定耐酸，而耐酸钢一般却有良好的不锈性能。这类钢主要含铬、镍等合金元素，有的还含有少量的钼、钒、铜、锰、氮或其他元素。铬含量有的高达25%左右(含铬量在13%以下的钢只有在腐蚀不强烈的情况下才是耐蚀的)，镍含量高达20%左右。这类钢主要用于制造化工设备、医疗器械、食品工业设备以及其他要求不锈的器件等。

不锈钢最重要的技术要求是耐蚀性，合适的力学性能，良好的冷、热加工和焊接等工艺性能。铬是不锈钢获得耐蚀性的基本元素。当钢中含铬量达到12%左右时，钢在氧化性介质中的耐蚀性发生突变性的上升。此时钢的表面形成一层极薄而致密的铬的氧化膜，阻止金属基体被继续侵蚀。除铬外，不锈钢中还含其他元素，有些是作为主要成分加入的，有的则是残留的杂质。

耐酸钢的生产采用电弧炉炼钢等。为了提高钢的纯净度，可采用炉外精炼的工艺。对要求严格控制化学成分以保证组织和性能的沉淀硬化不锈钢，不宜采用容量太大的炉子和浇铸过大的钢锭。

大多数不锈钢均具有比较良好的热塑性。但由于不锈钢的导热性不如碳钢，所以加热要比较缓慢，保温时间要较长。铁素体不锈钢晶粒容易长大，加热温度应偏低。停止加工温度应控制在800℃以下，并保证在较低温度时有相当的变形量。马氏体不锈钢则应在热加工后进行缓冷。在冷加工过程中，由于奥氏体不锈钢和半奥氏体不锈钢等加工硬化倾向大，故须进行多次退火。

铁素体不锈钢热处理温度的选择要避开脆性区，一般在780～870℃进行。为防止冷却过程中析出碳化物，加热后要求快冷(如水冷)。奥氏体不锈钢的热处理主要是使碳化物完全固溶于奥氏体中和防止形成铬碳化物，以获得耐蚀性良好的组织。通常要加热到高温(如1000～1150℃)，然后迅速冷却以防止碳化物和中间相析出，此法称为固溶处理。对含Ti、Nb的不锈钢，可加热到800～900℃并保温一定时间，使钢中的碳大量形成Ti和Nb的碳化物，以防止随后焊接(或450～850℃加热)过程中铬碳化物沿晶界沉淀而引起晶间腐蚀，此法称为稳定化处理。

奥氏体—铁素体双相不锈钢一般采用与奥氏体不锈钢相同的固溶处理的热处理方法。但是，为控制适宜的各相比例和防止σ相沉淀，热处理温度和冷却速率要严格控制。

马氏体不锈钢一般用淬火并回火的方法。奥氏体化温度通常在1000℃左右。由于钢的淬透性随钢中含碳量增加而提高，冷却多用油冷或空冷。回火温度分低温(150～370℃)和高温(450～560℃)两种；低温主要消除内应力，高温是在保证良好耐蚀性的同时，获得优良的综合力学性能。

对于马氏体沉淀硬化不锈钢，一般先进行固溶处理，获得过饱和固溶体，冷却后具有马氏体组织；然后再进行沉淀硬化处理，利用时效作用产生细小而弥散分布的沉淀相，以提高钢的强度。半奥氏体(或半马氏体)沉淀硬化不锈钢的热处理工艺包括固溶处理，中间处理和沉淀硬化时效处理等阶段。

## 5.1 钝化现象

从热力学上讲，绝大多数金属通常在介质中都会自发地被腐蚀，可是金属表面在某些介质环境下会发生一种阳极反应受阻的现象，金属的这种失去了原来的化学活性的现象被称为钝化，金属钝化后所获得的耐蚀性质称为钝性。钝化大大降低了金属的腐蚀速率，增加了金属的耐蚀性。金属的钝化现象早在世纪初就被人们发现。例如，铁在稀硝酸中腐蚀很快，而在浓硝酸中则腐蚀很慢。1836 年，斯柯比称金属在浓硝酸中获得的耐蚀状态为钝态。到目前为止人们对金属的钝化已进行了广泛的研究，并在控制金属腐蚀和提高金属材料的耐蚀性方面发挥了十分重要的作用。

1. 化学钝化

如果把铁片放在硝酸中，观察铁片溶解速率(腐蚀速率)与浓度的关系，则会得到图 5.1 所示的变化规律，即铁在稀硝酸中剧烈地溶解，并且铁的溶解速率随着硝酸的浓度增加而迅速增大。

当硝酸的浓度增加到质量分数为 30%～40%时，铁的腐蚀速率达到最大值。若继续增加硝酸的浓度，使之超过 40%时，铁的溶解速率就突然下降，直到反应接近停止，这一异常现象就被称为钝化。

如果继续增加硝酸浓度，使质量分数超过 0.9 时，腐蚀速率又有较快地上升，这一现象称为过钝化。并且还发现经过浓硝酸处理过的铁再放入稀硝酸或硫酸中也能保持一定的时间不会受到侵蚀，其原因是金属表面已经发生了钝化。

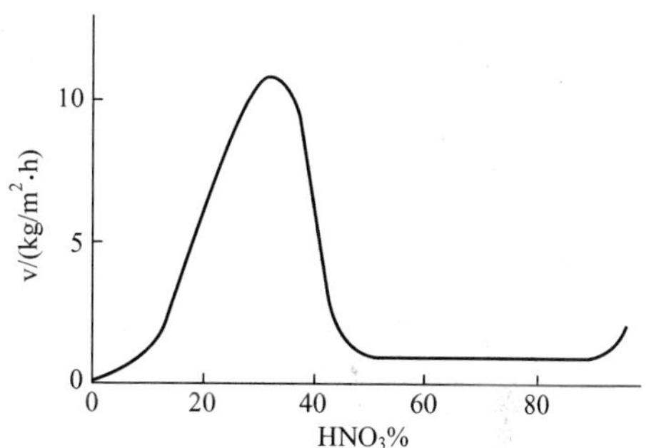


**图 5.1 工业纯铁的溶解速率与硝酸浓度的关系**

不仅是铁，其他一些金属如铬、镍、钴、钼、钽、铌、钨、钛等，在适当条件下都会产生钝化。除硝酸外，其他强氧化剂如 $K_2Cr_2O_7$、$KMnO_4$、$KClO_4$ 等都可使金属发生钝化，甚至非氧化性试剂也能使某些金属钝化，例如镁可在氢氟酸中钝化，钼和铌可在盐酸中钝化。汞和银在 $Cl^-$ 的作用下也能发生钝化。这一系列能使金属钝化的物质统称为钝化剂。溶液中或大气中的氧也是一种钝化剂。不过钝化的发生并不简单地取决于钝化剂氧化能力的强弱。例如，过氧化氢和高锰酸钾溶液的氧化还原电位比重铬酸钾溶液的氧化还原电位要高，按理说它们是更强的氧化剂，但实际上它们对铁的钝化作用比 $K_2Cr_2O_7$ 差；$Na_2S_2O_8$ 氧化还原电位更高，可是它反而不能使铁钝化。显然，这与阴离子的特性及电位对钝化过程的影响有关。

综上所述，金属与钝化剂的化学作用而产生的钝化现象称为化学钝化或自钝化。例如，铬、铝、钛等金属在空气中和很多种含氧的溶液中都易被氧所钝化，故称为自钝化金属。

金属变为钝态时，还会出现一个较为普遍的现象，即金属的电极电位朝正的方向移动。例如 Fe 的电位为－0.2～＋0.2V，在钝化后升高到＋0.5～＋1.0V；又如 Cr 的电位为－0.6～＋0.4V，钝化后为＋0.8～＋1.0V。这样，由于金属的钝化而使电位强烈地正移，几乎接近贵金属金和银的电位。由于电位升高，钝化后的金属失去它原有的某些特性，例如钝化后的铁在铜盐中不能将铜置换出来。

2. 电化学钝化

金属除了可用一些钝化剂处理使之产生钝化外，还可采用电化学阳极极化的方法使金属变成钝态。例如 18－8 型不锈钢在质量分数为 30％的硫酸中会剧烈溶解。但如用外加电流使之阳极极化，并使阳极极化至－0.1V(SCE)后，不锈钢的溶解速率会迅速下降到原来的数万分之一，并且在－0.1～1.2V 范围内一直保持着高度的稳定性。这种采用外加阳极电流的方法，使金属由活性状态变为钝态的现象，称为电化学钝化或阳极钝化。如铁、镍、铬、钼等金属在稀硫酸中均可发生因阳极极化而引起的电化学钝化。化学钝化是强氧化剂作用的结果，而电化学钝化是外加电流的阳极极化产生的效应，尽管二者产生的条件有所不同，但是电化学钝化和化学钝化之间没有本质的区别。因为这两种方法得到的结果都使溶解中的金属表面化学性质发生了某种突变，这种突变使它们的电化学溶解速率急剧下降，金属表面的活性大幅度降低。此外，还有一种称为机械钝化的说法，即指在一定环境中由于金属表面上沉淀出一层较厚的、但又有些疏松的盐层。这种通常为非导体的盐层实际上起了机械隔离反应物的作用，从而降低了金属电化学活性和腐蚀速率。这类钝化现象显然不需要使金属的电极电位正移，甚至在盐的溶度积很低时，金属的电极电位还能负移。例如，铅在硫酸中、镁在水溶液里和银在氯化物溶液中等的情况就是如此。

综上所述，钝化是指当金属的电极电位朝正的方向移动到一个临界值后，金属表面状态发生了某种突变，同时其腐蚀速率发生大幅度下降的现象。

## 5.2 钝化过程的电化学行为

1. 阳极钝化极化曲线

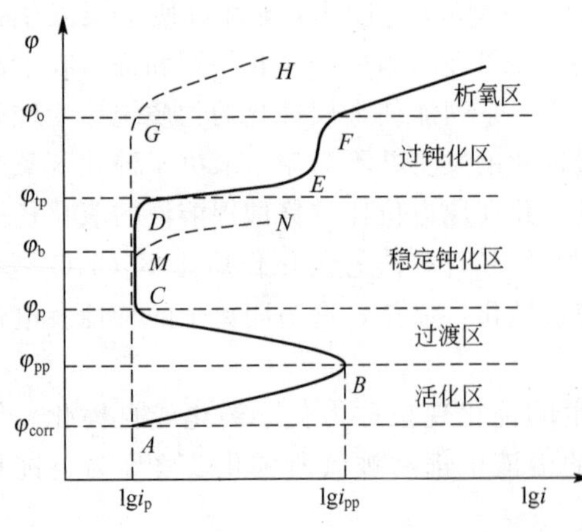


**图 5.2 金属钝化过程的阳极极化曲线**

阳极极化曲线可以直观地揭示金属的阳极钝化行为和特征。利用控制电位法(恒电位法)可以测得具有活化和钝化行为金属的完整的阳极极化曲线。图 5.2 是利用控制电位法测得的典型的具有钝化特征的金属电极的阳极极化曲线示意图，它揭示了金属活化和钝化的各特性点、特性区。图中的整条阳极极化曲线被 4 个特征电位值(金属电极的开路电位 $\varphi_{corr}$、致钝电位 $\varphi_{pp}$、初始稳态钝化电位 $\varphi_p$ 及过钝化电位 $\varphi_{tp}$)分成 4 个区段。各区段的特点如下。

(1) $AB$ 区：从 $\varphi_{corr}$ 至 $\varphi_{pp}$ 为金属电极的

活化溶解区，金属按正常的阳极溶解规律进行，金属以低价的形式溶解为水化离子，即

$$M+mH_2O \longrightarrow M^{n+}\cdot mH_2O+ne^-$$

对铁来说，即为

$$Fe \longrightarrow Fe^{2+}+2e^-$$

曲线从电位 $\varphi_{corr}$ 出发，电流随电极电位升高而增大，溶解速率受活化极化控制，基本服从塔菲尔方程式。当电极电位达到 $\varphi_{pp}$ 时，金属的阳极溶解电流密度达到最大值 $i_{pp}$。$i_{pp}$ 又称致钝电流。

(2) *BC* 区：从 $\varphi_{pp}$ 至 $\varphi_p$ 为活化钝化过渡区。当电极电位到达某一临界值时，金属的表面状态发生突变，金属开始钝化，这时阳极过程按另一种规律沿着 *BC* 向 *CD* 过渡，电流密度急剧下降。在金属表面可生成二价到三价的过渡氧化物，即

$$3M+4H_2O \longrightarrow M_3O_4+8H^++8e^-$$

对于铁，即为

$$3Fe+4H_2O \longrightarrow Fe_3O_4+8H^++8e^-$$

对应于点 *B* 的电位和电流密度分别称为致钝电位 $\varphi_{pp}$ 和致钝电流密度 $i_{pp}$。这标志着金属钝化的开始。此区的金属表面处于不稳定状态。从 $\varphi_{pp}$ 至 $\varphi_p$ 电位区间，有时电流密度出现剧烈振荡，其真正原因目前还不十分清楚。对已经处于钝化状态的金属来说，若将电极电位从高于 $\varphi_p$ 电位区负移到 $\varphi_p$ 附近时，金属表面将从钝化状态转变为活化状态，对应转变点的电位 $\varphi_p$ 叫做活化电位，又称 Flade 电位，用 $\varphi_F$ 表示。

(3) *CD* 区：从 $\varphi_p$ 到 $\varphi_{tp}$，金属处于稳定钝态，故称为稳定钝化区。金属表面生成了一层耐蚀性好的钝化膜

$$2M+3H_2O \longrightarrow M_2O_3+6H^++6e^-$$

对于铁，即为

$$2Fe+3H_2O \longrightarrow Fe_2O_3+6H^++6e^-$$

对于点 *C*，有一个使金属进入稳定钝态的电位，称为初始稳态钝化电位 $\varphi_p$，并延伸到电位 $\varphi_{tp}$。从而形成 $\varphi_p \sim \varphi_{tp}$ 的维钝电位区。它们对应有一个很小的电流密度，称为维钝电流密度 $i_p$。金属以 $i_p$ 速率溶解着，它基本上与维钝电位区的电位变化无关，即不再服从金属腐蚀动力学方程式。显然，在这里金属氧化物的化学溶解速率决定了金属的溶解速率。金属按上式反应来补充膜的溶解，故维钝电流密度是维持稳定钝态所必需的电流密度。因此，$\varphi_p$ 和 $i_p$ 是钝化过程的重要参数。

(4) *DE* 区：该区为过钝化区，即在电极电位升高到一定的电位值后，表面氧化膜被氧化成更高价的可溶性氧化物，电流密度进一步增大。对于某些体系，不存在过钝化区，直接达到析氧区，如图 5.2 中 *DGH* 的虚线所示，即点 *G* 以后电流密度增大，纯粹是由 $OH^-$ 放电引起的，即

$$4OH^- \longrightarrow O_2+2H_2O+4e$$

对于有的体系，虽然能发生钝化，但随着电极电位的正移，在尚未达到过钝化电位 $\varphi_{tp}$ 时，金属表面的某些点上就出现了钝化膜的局部破坏，此处金属发生活性溶解，由此导致阳极电流密度的增大，阳极极化曲线上没有过钝化区，呈现出图 5.2 中所示的 $ABCMN$ 的形式。点 $M$ 对应的电位 $\varphi_b$ 称为破裂电位或击穿电位，此时金属表面将萌生腐蚀点。

综上所述，阳极钝化的特性曲线至少有以下两个特点。

(1) 整个阳极钝化曲线通常存在着 4 个特征电位(腐蚀电位 $\varphi_{corr}$、致钝电位 $\varphi_{pp}$、维钝电位 $\varphi_p$ 及过钝化电位 $\varphi_{tp}$)，4 个特征区(活化溶解区、活化钝化过渡区、稳定钝化区、过钝化区)和两个特征电流密度(致钝电流密度 $i_{pp}$ 和维钝电流密度 $i_p$)，成为研究金属或合金钝化的重要指标。

(2) 金属在整个阳极极化过程中，由于它们的电极电位所处的范围不同，其电极反应不同，腐蚀速率也各不一样。如果金属的电极电位保持在钝化区内，即可极大地降低金属的腐蚀速率。如果控制在其他区域，腐蚀速率就可能很大。

### 2. 钝化极化曲线的偏离

若给定金属的特性和产生钝化的具体条件不同，钝化过程中的阳极极化曲线与上述的典型情况有些偏离。

(1) 溶液中含有 $Cl^-$、$Br^-$、$I^-$ 等活性阴离子时，铁、铝和 Fe－Cr 合金上的保护膜就有可能发生小孔腐蚀而使表面膜成为多孔钝化膜，这种现象称为击穿。出现这一现象时的电位称为击穿电位(图 5.2 中的 $\varphi_b$)。多孔钝化膜没有保护性，孔底的金属高速溶解，故使电位与电流密度又呈现出对数关系，如图中的 $MN$ 所示。

(2) 以铬为代表的一些金属在电极电位达到某一个足够高的电位之后，表面氧化膜被氧化成更高价的可溶性氧化物，金属又从钝化态转到活化态(图 5.2 的 $DE$)。这个电位称为过钝化电位 $\varphi_{tp}$，这一现象称为过钝化。当电位更正时，过钝化态的金属又可能转变成钝态，这一现象称为二次钝化，如图中的 $EF$ 所示。

(3) 以铝和钛为典型代表的一些金属在电极电位达到很高的正电位时，薄的无孔的屏障膜从与溶液接触面开始疏松，并且不断地变为厚的有孔的氧化层，它能达到相当的厚度(有时可达 200～300$\mu$m)。这种阳极氧化过程称为阳极化处理(图 5.2 的 $CH$)。铝的阳极化处理在生产中得到了广泛的应用。

(4) 如果钝态金属表面膜的溶解速率高，阳极极化曲线会出现 $ABEF$ 的形状，此时维钝电流密度 $i_p$ 增大，表明钝化膜遭到了整体均匀破坏，膜层结构发生了变化。

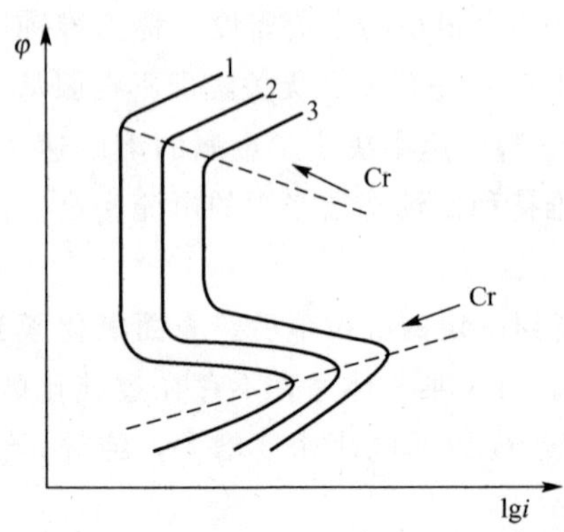

**图 5.3　合金元素对金属钝化能力的影响**

### 3. 表征钝化能力的参数

从上面讨论可知，致钝电位 $\varphi_{pp}$、维钝电位 $\varphi_p$、过钝化电位 $\varphi_{tp}$、击穿电位 $\varphi_b$、致钝电流密度 $i_{pp}$ 以及维钝电流密度 $i_p$ 是表征金属钝化能力的主要参数。金属的钝化能力随着 $\varphi_{pp}$ 和 $\varphi_p$ 的降低、$\varphi_{tp}$ 和 $\varphi_b$ 的升高及 $i_{pp}$ 和 $i_p$ 的减小而提高。

由图 5.3 可以看出，曲线 1、2、3 表示 Cr 含量由多到少，即 Cr 含量增大，钝化能力增加。

此外，Flade 电位 $\varphi_F$ 也表征金属钝化能力的大小，其值接近 $\varphi_p$ 的值。Flade 电位 $\varphi_F$ 是中断施加于钝态金属上的阳极电流后，金属电位迅速地往负方向移动，并且迅速转变成活化态时的电位，如图 5.4 所示。

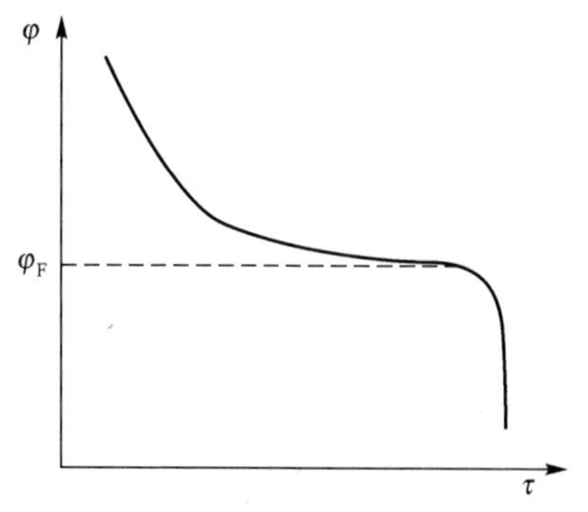


图 5.4 中断极化后阳极极化曲线的变化

实验表明，钝态被破坏时金属接触的溶液的酸性越强，Flade 电位 $\varphi_F$ 越正。对于铁、镍和铬铁合金，Flade 电位 $\varphi_F$ 与 pH 有如下关系。

$$\varphi_F=\varphi_F^\circ+0.059\lg[H^+]=\varphi_F^\circ-0.059\text{pH} \quad (5-1)$$

式中，$\varphi_F^\circ$ 为 pH=0 时的 Flade 电位。

## 5.3 影响钝化的因素

1. 合金成分的影响

金属的种类、成分、组织和冶金质量等都影响着钝化能力。下面仅讨论前两个因素对钝化能力的影响。

金属的钝化能力与其 Flade 电位有关，$\varphi_F$ 越负，金属的钝化能力越强。表 5-1 给出了金属的 $\varphi_F^\circ$ 的近似值，当 $\varphi_F^\circ$ 是较大的负值时，在非氧化性酸中也能钝化。

**表 5-1 几种金属 $\varphi_F^\circ$ 的近似值**

| 金属 | 金 | 铂 | 铁 | 银 | 镍 | 铬 | 钛 |
|---|---|---|---|---|---|---|---|
| $\varphi_F^\circ$/V | +1.36 | +0.87 | +0.58 | +0.40 | +0.36 | −0.22 | −0.24 |

另外，钝化能力较强的金属元素加入钝化能力较弱的金属中后，一般能降低 Flade 电位，增加合金的钝化能力。例如把钝化能力强的铬加到钝化能力弱的铁中，使铁铬合金的 $\varphi_F^\circ$ 下降(图 5.5)，据此得到的不锈钢具有很大的钝化能力。

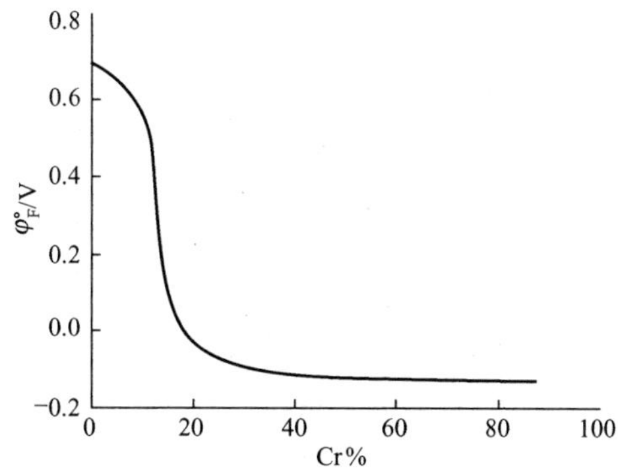


图 5.5 含铬量对 Flade 电位的影响

几种常见的合金元素对铁和不锈钢的钝化能力的影响见表 5-2。

表 5-2　合金元素对铁和不锈钢参数的影响

| 元素 | $i_p$ | $i_{pp}$ | $\varphi_p$ | $\varphi_{pp}$ | $\varphi_b$ | $\varphi_{tp}$ |
|---|---|---|---|---|---|---|
| Cr | 下降 | 下降 | 下降 | 下降 | 增加 | 下降 |
| Ni | 下降 | 下降 | 下降 | 增加 | 增加 | 增加 |
| Si | 不明显 | 下降 | 不明显 | 下降 | 增加 | 增加 |
| Mn | 不明显 | 不明显 | 不明显 | 不明显 | — | 不明显 |
| Mo | 下降 | 增加 | — | 下降 | 增加 | 下降 |
| V | 下降 | 增加 | 不明显 | 不明显 | 增加 | 下降 |
| W | 不明显 | 下降 | 不明显 | 不明显 | 增加 | 不明 |
| Ti | 下降 | — | — | — | — | — |
| Nb | 下降 | — | — | — | — | — |

2. 介质的影响

金属在环境介质中发生钝化，主要是因为有相应的钝化剂的存在。钝化剂的性质与浓度对金属钝化产生很大的影响。一般钝化介质分为氧化性和非氧化性介质。不过钝化的发生不是简单地取决于钝化剂氧化性强弱，还与阴离子特性有关。如前所述，$K_2Cr_2O_7$ 比 $H_2O_2$、$KMnO_4$ 和 $Na_2S_2O_8$ 的氧化能力弱，但 $K_2Cr_2O_7$ 的致钝化性能却比它们强。对某些金属来说，可以在非氧化性介质中进行钝化，除前面提到的 Mo 和 Nb 在盐酸中、Mg 在氢氟酸中、Hg 和 Ag 在含 $Cl^-$ 溶液中可钝化外，Ni 在醋酸、草酸、柠檬酸中也可钝化。

金属在中性溶液中比在酸性溶液中更易建立钝态，这往往与阳极反应产物有关。在很多情况下，金属在中性溶液中的阳极反应产物是溶解度很小的氧化物或氢氧化物，而在强酸中的产物却是溶解度很大的盐。因此，在中性溶液中容易建立钝态。

另外，在一般情况下，若降低介质的 pH，金属的稳定钝化范围将减小，$i_p$ 和 $i_{pp}$ 将增大，即金属的钝化能力将减弱。

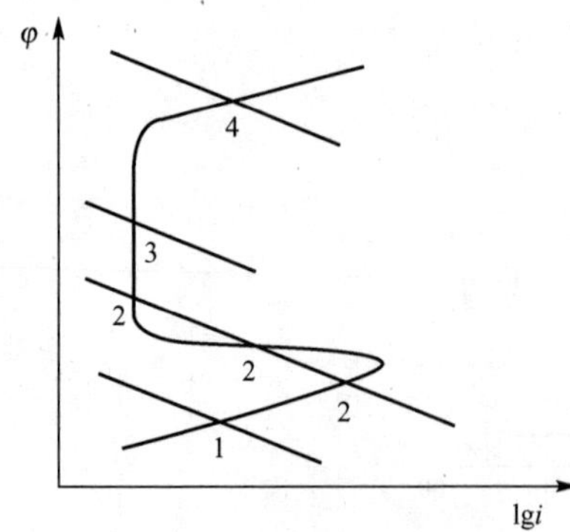


图 5.6　易钝化金属在氧化能力不同的介质中的钝化行为

当钝化剂的浓度很低时，钝化剂的理想阴极极化曲线与金属的理想阳极极化曲线的交点在活化区(图 5.6 中的 1 点)。

此时金属不能建立钝态；若钝化剂的浓度或活性稍有提高，但其阴极极化曲线与金属阳极极化曲线有 3 个交点时(图 5.6 中的 2 点)，金属也不能建立稳定的钝态；只有当钝化剂的浓度和活性适中，阴极极化曲线与阳极极化曲线在稳定钝化区只有一个交点(图 5.6 中的 3 点)时，金属才能建立起稳定的钝态。使金属能建立稳定钝态的钝化剂浓度称为临界钝化浓度，铁在硝酸中建立稳定钝态时硝酸的临界钝化浓度约为 40%(图 5.1)。当钝化剂活性很强或浓度太高时，阴极极化曲线与阳极极化曲线的交点在过钝化区(图 5.6 中的 4 点)，金属仍处于活化状态。铁在浓度约大于 80%的硝酸中就属于这种状态(图 5.1)。所以，只有当钝化剂的活性和浓度适中时，金属才能够建立起稳定的钝化态。

3. 卤族离子的影响

卤族离子均有破坏钝态的能力，特别是广泛存在于介质中的氯离子，由于它具有较强的活化能力，对钝态的破坏有显著作用。例如，金属铬、铝及不锈钢等处于含 $Cl^-$ 的介质中时，在远未达到过钝化电位前，已出现了显著的阳极溶解电流。图 5.7 给出了不锈钢在无氯离子和有氯离子的硫酸溶液中的极化曲线。在含氯离子的介质中金属钝态开始提前破坏的电位或击穿电位用 $\varphi_b$ 表示。大量实验表明，氯离子对钝化膜的破坏并非发生在整个金属表面上，而是带有局部点腐蚀的性质。从图 5.7 可以看出，溶液中氯离子浓度越高，点腐蚀电位 $\varphi_b$ 越低，即越容易发生点蚀。溶液中各种活化阴离子，按其活化能力的大小排列为

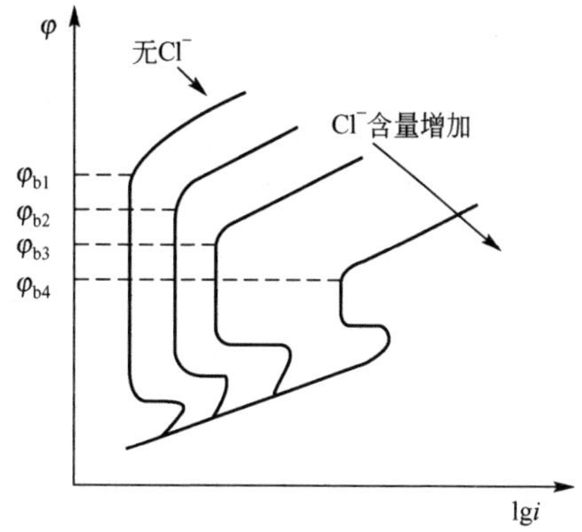

**图 5.7 不锈钢受氯离子影响的极化曲线**

$$Cl^- > Br^- > I^- > F^- > ClO_4^- > OH^- > SO_4^{2-}$$

条件不同，以上次序要发生改变。

对于氯离子破坏钝化膜的原因，成相膜理论和吸附理论有不同的解释。成相膜理论认为，氯离子半径小，穿透能力强，比其他离子更容易在扩散或电场作用下透过薄膜中原有的小孔或缺陷，与金属作用生成可溶性化合物。同时，氯离子又易于分散在氧化膜中形成胶态，这种掺杂作用能显著改变氧化膜的电子和离子导电性，破坏膜的保护作用。恩格尔和斯托利卡发现氯化物浓度在 $3\times10^{-4}$ mol/L 时，钝态铁电极上已产生点蚀。他们认为这是由于氯离子穿过氧化膜与铁离子发生了以下反应。

$$Fe^{3+}(\text{钝化膜中}) + 3Cl^- \longrightarrow FeCl_3$$

$$FeCl_3 \longrightarrow Fe^{3+}(\text{电解质中}) + 3Cl^-$$

吸附理论则认为，氯离子破坏钝化膜的根本原因是由于它具有很强的可被金属吸附的能力。从化学吸附具有选择性这个特点出发，对于过渡金属 Fe、Co、Ni、Cr 等金属表面吸附氯离子比吸附氧更容易，因而氯离子优先吸附，并从金属表面把氧排挤掉。现在已经知道，吸附氧决定着金属的钝态，尤利格在研究铁的钝化时指出，氯离子和氧或铬酸根离子竞争吸附作用的结果导致金属钝态遭到局部破坏。由于氯化物与金属反应的速率大，吸附的氯离子并不稳定，因此形成了可溶性物质，这种反应导致了孔蚀的加速。以上观点已通过示踪原子法实验得到证实。

综上所述，氯离子引起钝态的破坏是由于其引起了孔蚀。孔蚀是在阳极电位大于击穿电位 $\varphi_b$ 后发生的，故 $\varphi_b$ 与溶液中氯离子浓度有一定关系(参考第 6.3 节)。另外，氯离子破坏钝化态的机理的两种观点与关于钝化机制的两种观点有关。

4. 介质的温度和流速的影响

介质温度对金属的钝化有很大影响。温度越低金属越易钝化；反之，升高温度使金属

难以钝化或使钝化受到破坏。其原因可认为是温度升高使金属阳极致钝电流密度变大，而氧在溶液中的溶解度则下降，因而钝化的难度增加。温度的影响也可用钝化的吸附理论加以解释，由于化学吸附及氧化反应一般都是放热反应，因此，根据化学平衡原理，降低温度对于吸附过程及氧化反应都是有利的，因而有利于钝化。

一般随着介质温度和流速的提高，金属的稳定钝化范围减小，$i_p$ 和 $i_{pp}$ 提高，钝化能力下降。研究表明，超声波作用于溶液体系时，既有超声波空化产生的局部高温作用，又有液体高速流动产生的湍流冲刷作用，二者的共同作用使得电极表面钝化膜结构层逐步破坏。例如在未加超声波的条件下，钝化电位下，不锈钢 0Cr13Ni5Mo 在 1mol/L 的盐酸溶液中的电化学阻抗谱(EIS)如图 5.8 中的 a 曲线所示。由图可知，曲线在高频区到中频区表现为一个容抗弧，从中频区到低频区出现第二个小容抗弧，在低频区出现第三个容抗弧的起始段。第一个容抗弧代表溶液和钝化膜界面，第二个小容抗弧代表钝化膜中的不同相界面，第三个容抗弧代表钝化膜和金属界面，上述事实表明在钝化电位下，不锈钢 0Cr13Ni5Mo 表面具有多层结构的钝化膜。静态条件下电化学阻抗谱的等效电路如图 5.9 所示，Rs 表示溶液电阻，$R_1$ 为外层钝化膜电阻，$Q_1$ 为外层钝化膜电容；$R_2$ 为内层钝化膜电阻，$Q_2$ 为内层钝化膜电容；$R_{ct}$为电荷传递电阻，$C_d$ 为双电层电容(有关电化学阻抗谱的内容见第 10 章)。

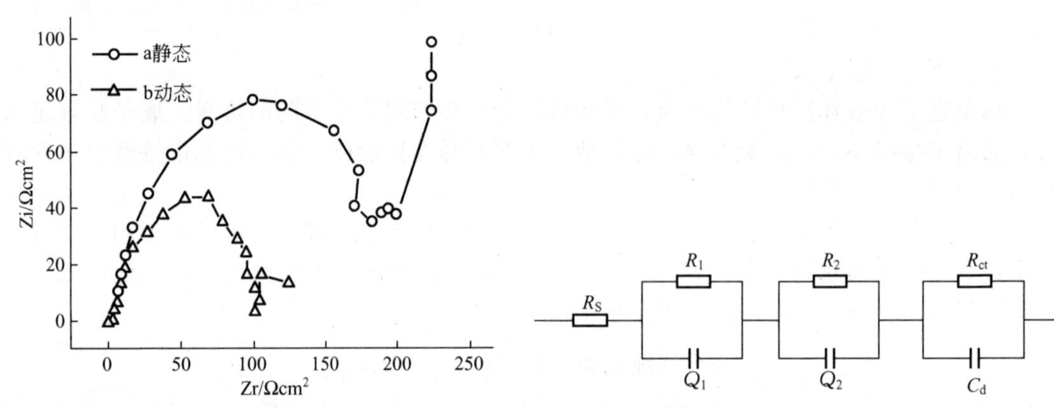


**图 5.8 不同条件下 0Cr13Ni5Mo 在 1mol/L 盐酸溶液中的 EIS 图**

**图 5.9 静态条件下电化学阻抗谱的等效电路**

空化条件和钝化电位下，0Cr13Ni5Mo 在 1mol/L 的盐酸溶液中的电化学阻抗谱(EIS)如图 5.8 中的 b 曲线所示。由于空化的作用，容抗弧的数量减少为两个。曲线在高频区仍表现为容抗弧，低频区出现较小的容抗弧。这些都表明空化使 0Cr13Ni5Mo 电极表面的状态发生了变化，外层钝化膜受到了破坏。空化条件下电化学阻抗谱的等效电路如图 5.10 所示。图中 $R_s$ 表示溶液电阻，$R_1$ 为钝化膜电阻，$Q_1$ 为钝化膜电容；$R_{ct}$为电荷传递电阻，$C_d$ 为双电层电容。

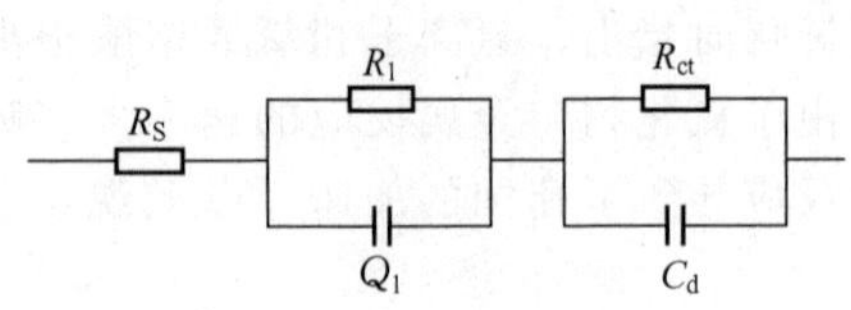


**图 5.10 空化条件下电化学阻抗谱的等效电路**

由于电极表面的粗糙度引起弥散效应，在等效电路中采用 CPE 常相角元件代替纯电容元件 C。CPE 阻抗 $Z_Q$ 可以由以下式子表示。

$$Z_Q=\frac{1}{(j\omega)^n Q} \tag{5-2}$$

式中，$Q$ 和 $\omega$ 为 CPE 常数；$n$ 为弥散系数，$n$ 的取值范围为 $0<n<1$，表示弥散效应的程度。

静态条件和空化条件下，通过电化学软件 ZsimpWin 拟合的 CPE 参数见表 5－3。

**表 5－3 盐酸溶液中 0Cr13Ni5Mo 等效电路中的 CPE 参数**

| 参数 | $R_s$ /Ωcm² | $R_1$ /Ωcm² | $Q_1$ /(μF/cm²) | $n$ | $R_2$ /Ωcm² | $Q_2$ /(μF/cm²) | $n$ | $R_{ct}$ /Ωcm² | $C_d$ /μF/c² |
|---|---|---|---|---|---|---|---|---|---|
| 静态 | 2.91 | 159.6 | 7.66 | 0.977 | 11.39 | 1703 | 0.703 | 1117 | 14.8 |
| 动态 | 2.83 | 97.62 | 19.1 | 0.901 | | | | 51.3 | 983.8 |

由表 5－3 可知，由于空化的作用，使钝化膜电阻和电荷传递电阻减小。弥散效应增大。这些都表明空化使 0Cr13Ni5Mo 电极表面的状态发生了变化，钝化膜电容和双电层电容随空蚀进行增大，空化时的腐蚀速率大于静态时的腐蚀速率，表明钝化膜已经受到破坏。

由于空化引起的高温和湍流的作用，使第一个容抗弧的电荷传递电阻减为 97.62Ω。曲线在高频区仍表现为容抗弧，低频区出现较小的容抗弧。这些都表明空化使 0Cr13Ni5Mo 电极表面的状态发生了变化，双电层电容随空蚀进行增大。空化时的腐蚀速率大于静态时的腐蚀速率。第二个小容抗弧相比静态条件下，电荷传递电阻明显减小，表明钝化膜已经受到破坏。

## 5.4 钝化理论

1. *成相膜理论*

这种理论认为，当金属溶解时，可在表面上生成致密的、覆盖性良好的保护膜。这种保护膜作为一个独立的相存在，并把金属和溶液机械地隔开，这将使金属的溶解速率大大降低，使金属转为钝态。

最直接的实验证据是曾经在某些钝化的金属上观察到成相膜的存在，选用适当溶剂单独溶去基体金属而分离出钝化膜。例如使用 $I_2$－KI 溶液作溶剂便可以分离出铁的钝化膜且可测定其厚度和组成。如果使用比较灵敏的光学方法(椭圆偏振仪)，可不必把膜从金属表面取下来也能测其厚度。例如曾经用光学方法测定过，在浓硝酸中钝化了的铁表面上有着厚度为 2.5～3.0nm 的钝化膜。对于在同一条件下钝化的碳钢，其膜要厚一些(约 9.0～11.0nm)；对于不锈钢而言，它的膜要薄一些(约 0.9～1.0nm)。利用电子衍射法对钝化膜进行相分析的结果表明，大多数的钝化膜系由金属的氧化物组成。例如铁的钝化膜为 $\gamma$-$Fe_2O_3$，铝的钝化膜为无孔的 $\gamma$－$Al_2O_3$，覆盖在它上面的是多孔的体 $\beta$－$Al_2O_3$ 等。在一定条件下，铬酸盐、磷酸盐、硅酸盐及难溶的硫酸盐和氯化物也可构成钝化膜。

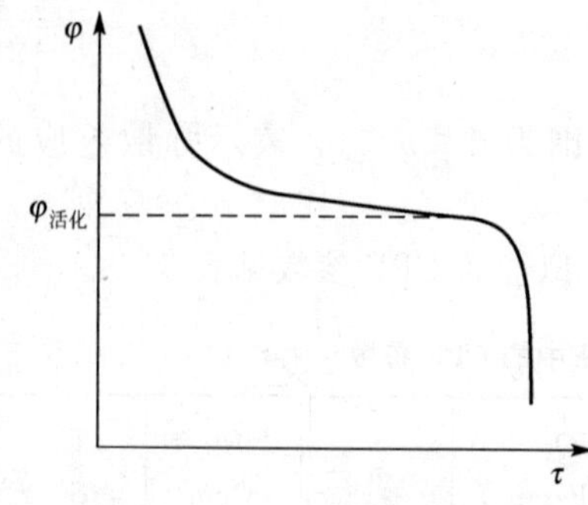


**图 5.11　金属的活化曲线**

阿基莫夫曾经在溶液中清刷正处在钝化的金属表面时，发现金属的电极电位朝负值方向剧烈移动。若停止清刷，则电位朝正值方向移动。这就证明，金属的钝化是由于在电极表面上形成保护膜的结果。此外，若将钝化的金属表面用通过阴极电流的方法进行活化，则得到图 5.11 所示的阴极充电曲线(即活化曲线)。

在曲线上往往出现电极电位变化缓慢的平阶，表示钝化膜进行还原过程需要消耗一定的电量。从平阶停留的时间可以知道钝化膜还原所需的电量，并根据它来计算膜的厚度。活化过程中出现平阶的电位称为活化电位 $\varphi_{活化}$，即 Flade 电位。在一些金属电极(如 Cd、Ag、Pb 等)上出现的平阶电位与临界钝化电位很相近。表示钝化膜的生成和消失是在近乎可逆的条件下进行的。这些电位又往往和已知化合物的热力学平衡电位相近，并且电位随溶液 pH 的变化规律与氧化物电极的平衡电位公式基本相符。根据热力学计算，大多数金属电极上金属氧化物的生成电位都比氧的析出电位要负得多。对于 $Ni+H_2O \longrightarrow NiO+H_2$ 反应，如按其组成可逆电池计算可得 NiO 的生成电位为+0.11V；又如对于反应 $3Fe+4H_2O \longrightarrow Fe_3O_4+4H_2$ 可得生成 $Fe_3O_4$ 的电极电位为－0.081V 等。这就说明，在阳极上形成钝化膜的过程比气体氧析出过程较易进行，并较早进行。所以金属钝化时，其金属氧化膜可不通过分子氧的作用直接生成。以上这些实验事实都有力地支持了成相膜的理论。

应当指出，金属处于稳定钝态时，并不等于它已经完全停止溶解，而只是溶解速率大大降低而已。对于这一现象，有人认为是因钝化膜具有微孔，钝化后金属的溶解速率是由微孔内金属的溶解速率所决定的；但也有人认为金属的溶解过程是透过完整膜而进行的。在这一理论中，认为膜的溶解是一个纯粹的化学过程，因而其进行速率与电极电位无关。这一结论在大多数情况下和实验结果是相符的。

若金属表面被厚的保护层遮盖，如被金属的腐蚀产物、氧化层、磷化层或涂漆层等所遮盖，则不能认为是形成金属钝化膜。显然，形成成相钝化膜的先决条件是在电极反应中有可能生成固态反应产物。若溶液中不含有络合剂及其他能与金属离子生成沉淀的组分，则电极反应产物的性质往往主要决定于溶液的 pH 及电极电位。因此，可运用电位-pH 图来估计简单溶液中生成固态产物的可能性。

2. 吸附理论

吸附理论认为，金属钝化并不需要在金属表面生成固相的成相膜，而只要在金属表面或部分表面上生成氧或含氧粒子的吸附层就足够了。一旦这些粒子吸附在金属表面上，就会改变金属溶液界面的结构，并使阳极反应的活化能显著提高而产生钝化。与成相膜理论不同，吸附理论认为金属能够呈现钝化的根本原因是由于金属表面本身反应能力的降低，而不是由于膜的机械隔离作用，膜是金属出现钝化后产生的结果。这种理论首先由德国人塔曼(Tamman)提出，后为美国人尤利格(Uhlig)等加以发展。

吸附理论的主要实验依据是用测量界面电容的结果，来提示界面上是否存在成相膜。若界面上生成哪怕是很薄的膜，其界面电容值也应比自由表面上双电层电容的数值小得多。测量结果表明，在 Ni 和 18－8 不锈钢上相应于金属阳极溶解速率大幅度降低的那一段电位内，界面电容值的改变不大，它表示氧化膜并不存在。另外，根据测量电量的结果表明，在某些情况下为了使金属钝化，只需要在每平方厘米电极表面上，通过十分之几毫库仑的电量，而这些电量甚至不足以生成氧的单分子吸附层。例如，在 0.05mol/L NaOH 溶液中用 $1\times10^{-5}A/cm^2$ 的电流密度极化铁电极时，只需要通过 $3mC/cm^2$ 的电量就能使铁电极钝化。而在 0.03mol/L KOH 溶液中用大电流密度(大于 $100mA/cm^2$)对锌进行阳极极化，只需要通过不到 $0.5mC/cm^2$ 的电量就能使锌电极钝化。

以上实验事实都表明，金属表面的单分子吸附层不一定能将金属表面完全覆盖，甚至是不连续的。吸附理论认为，只要在金属表面最活泼的、最先溶解的表面区域上(例如金属晶格的顶角或边缘，或者在晶格的缺陷、畸变处)吸附着氧单分子层，便能抑制阳极过程，使金属产生钝化。

在金属表面吸附的含氧粒子究竟是哪一种，则要由腐蚀体系中的介质条件来决定。可能是 $OH^-$，也可能是 $O^{2-}$，更多的人认为可能是氧原子。

关于氧吸附层的作用有以下几种解释。

(1) 从化学角度解释，认为金属表面原子的不饱和键在吸附了氧以后变饱和了，使金属表面原子失去了原有的活性，金属原子不再从其晶格中移出，从而出现钝化。这种观点特别适用于过渡金属(如 Fe、Ni、Cr 等)，因为它们的原子都具有未填满的电子层，能和有些未配对电子的氧形成强的化学键，导致氧的吸附。这样的氧吸附层称为化学吸附层，以区别物理吸附层。

(2) 从电化学角度解释，认为金属表面吸附氧之后改变了金属与溶液界面的双电层结构，所吸附的氧原子可能被金属上的电子诱导生成氧偶极子，使得它正的一端在金属中，而负的一端在溶液中，形成了双电层，如图 5.12 所示。这样原先的金属离子平衡电位将部分地被氧吸附后的电位代替，结果使金属总的电位朝正向移动，并使金属离子化作用减小，阻滞了金属的溶解。

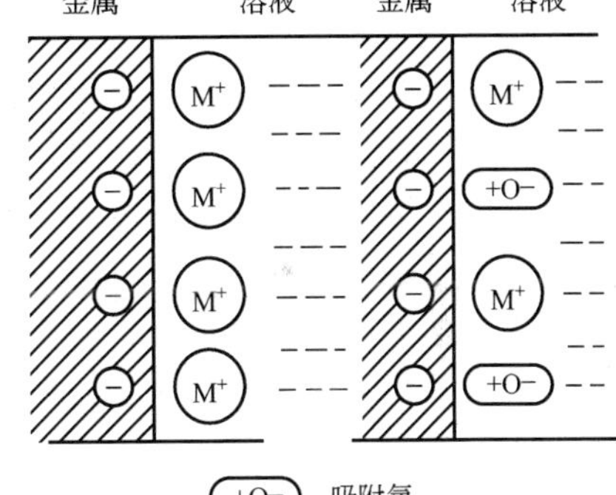


**图 5.12　吸附氧前后的双电层结构**

吸附理论能够解释一些成相膜理论难以解释的事实。例如，一些无机阴离子能在不同程度上引起金属钝态的活化或阻碍钝化的进程。从吸附理论出发，可认为钝化是由于电极表面吸附了某种含氧粒子所致，阴离子在足够高的阳极极化电位下与含氧粒子发生竞争吸附，排除掉一部分含氧粒子，因而阻碍了钝化。Fe、Ni、Cr 等金属和合金上的过钝化现象也可以通过吸附理论加以解释。因为增大阳极极化既可促进含氧粒子的表面吸附量，使阳极溶解的阻化作用加强，同时还加强了界面电场对金属溶解的促进作用，这两种作用在一定电位范围内彼此基本抵消，所以出现了几乎不随电位变化的稳定电流区间。然而在过钝化电位范围内，后一因素起主导作用，由此导致在一定电位下生成可溶性、高价金属的含氧离子(如 $Cr_2O_7^{2-}$)。

3. *两种理论的比较*

成相膜理论和吸附理论都能较好地解释相当一部分的实验事实，然而至今无论哪一种理论都不能圆满地解释各种实验现象。下面讨论存在的一些异同性和难以确定的问题。两种理论的共同点是都认为，由于在金属表面上生成一层极薄的钝化层，从而阻碍了金属的进一步溶解。但该膜层的厚度、组成和性质如何，两个理论各有不同的解释。吸附理论认为，有实验表明在某些金属表面上不需要形成完整的单分子氧层就可以使金属钝化，但是实际上很难证明极化前电极表面上确实完全不存在氧化膜。界面电容的测量结果是有利于吸附理论的，但是对于具有一定离子导电性和电子导电性的薄膜，在强电场的作用下应具有怎样的等效阻抗值现在还不清楚。

两种理论的区别似乎不在于膜是否对金属的阳极溶解具有阻滞作用，而在于为了引起所谓钝化现象到底在金属表面上应出现怎样的变化。但是用不同的研究方法和对不同的电极体系的测量结果表明，并非一切钝化现象都是由于基本相同的表面变化所引起的。事实上金属在钝化过程中，在不同的条件下或不同的时空阶段，吸附膜和成相膜可以分别起主导作用。

从所形成键的性质上来看，如果生成了成相的氧化膜，则金属原子与氧原子之间的键应与氧化物分子中的化学键没有区别。倘若仅仅存在氧吸附，那么金属原子与氧原子间的结合强度要比化学键弱些，然而化学吸附键与化学键之间并无质的差别。当阴离子在带有正电的电极表面吸附时更是如此。在电极电位足够高时，吸附氧层与氧化物层之间的区别不会很大。

成相膜理论与吸附理论之间的差别并不完全是对钝化现象的实质有着不同的看法，还涉及钝化现象的定义及吸附膜和成相膜的定义等问题。为此有人试图将两种理论结合起来，以解释所有的钝化现象。这种观点认为，由于吸附于金属表面上的含氧粒子参加电化学反应而直接形成"第一层氧层"后，金属的溶解速率已经大幅度地下降，然后在这种氧层基础上继续生长形成的成相氧化物层进一步阻滞了金属的溶解过程。不过这种看法目前还缺乏足够的证据。从辩证的角度看，不应笼统地反对或支持某一种理论，而是应该研究发生钝态的各个具体情况，并得出在该条件下哪一种因素起主要作用，从而不断地丰富和发展对钝化现象本质的认识，以建立更加完善的理论模型。

## 5.5 不锈钢钝化膜的半导体性质

有研究表明，不锈钢表面钝化膜具有半导体性质，钝化膜的形成和破裂以及点蚀的发生过程包含了电子与离子的传输。电荷的传输是在电场驱动下发生的，而电场又受钝化膜电子结构的影响，因此钝化膜耐蚀性与其半导体电子特性密切相关。不锈钢的耐蚀性很大程度上依赖于其表面钝化膜的组成、结构及厚度等。不锈钢钝化膜的主要成分是铁和铬的氧化物。Hakiki 等通过对 304、316 不锈钢进行俄歇分析，电容测定以及光电化学等测量后认为，这类不锈钢钝化膜存在双重结构，内层以铬的氧化物为主，具有 p-型半导体性质，外层以铁的氧化物和氢氧化物为主，具有 n-型半导体性质。Bojinov 等研究了铁-铬合金在酸性介质中形成的阳极膜，认为此膜表现出一高度掺杂的 n 型半导体-绝缘体-p 型半导体(n-i-p)结构。

1. 半导体

根据分子轨道理论，当一个原子和另一个原子能组成分子时，其分子轨道是两个原子轨道的线性组合。最外层两个相同能级的原子轨道可形成两个不同能级的分子轨道，一个是能量较低的成键轨道，另一个是能量较高的反键轨道。两个电子通常是填充在成键轨道，反键轨道一般没有电子(激发态除外)。

当大量原子组成聚集体时，多个成键轨道的能级相近，构成一个共享电子的能带，称为满带，最高的满带称为价带(图 5.13)，$E_V$ 表示价带顶的能级。同样，多个反键轨道的能级相近，构成一个没有电子的能带，称为空带，最低空带称为导带，$E_C$ 表示空带低的能级。导带与价带之间是不允许电子存在的禁带，$E_V$ 和 $E_C$ 之差称为禁带宽度 $E_g$。

对于半导体晶体，其禁带宽度 $E_g$ 约 1 至 3eV。价带中少数价电子因热运动可以跃迁到导带，其结果是导带获得电子，价带留下空穴。该本征跃迁总是成对地产生电子和空穴。

若以 $n_i$ 和 $p_i$ 分别表示本征跃迁引起的导带电子浓度和价带空穴浓度，则应有关系式(5－3)式。可以看出，温度越高，引起的跃迁载流子的浓度就越大。

$$n_i = p_i = 2.5 \times 10^{18} \exp\left[-\frac{E_g}{2kT}\right] \tag{5-3}$$

实际遇到的半导体都是掺杂半导体，杂质能级处在禁带之中。若杂质能级偏上靠近导带，称该杂质为施主，半导体为 n 型半导体，如图 5.14(a)所示。若杂质能级偏下靠近价带，称该杂质为受主，半导体为 p 型半导体，如图 5.14(b)所示。n 型半导体施主的电离使导带获得电子，施主带正电荷。这里导带电子浓度远大于价带空穴浓度，所以电子是多子，空穴是少子。而 p 型半导体情况却相反，受主的电离使价带得空穴，受主带负电荷。因此价带空穴浓度远大于导带电子浓度，空穴是多子，电子是少子。

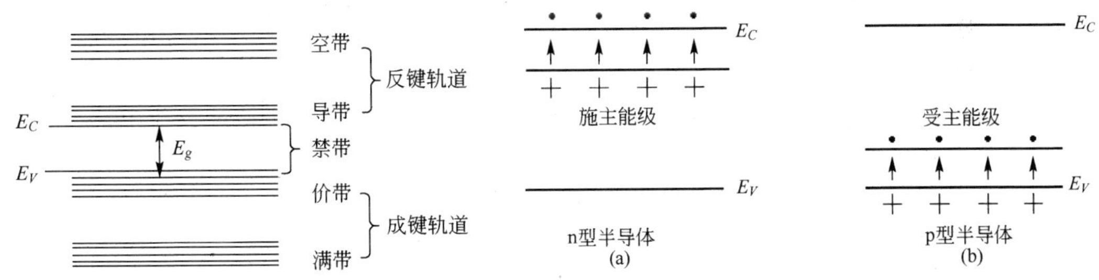


**图 5.13 半导体的能带结构**　　**图 5.14 掺杂半导体**

费米能级 $E_F$ 是半导体物理的重要概念，它相当于单个电子的电化学位。本征半导体的 $E_F$ 位于禁带中线，n 型半导体的 $E_F$ 稍低于 $E_C$，p 型半导体的 $E_F$ 稍高于 $E_V$。在半导体物理中，习惯用单个电子在真空中的能级做参考点来表示 $E_F$ 的数值。由于半导体材料的电子能级总是低于在真空中的能级，因此 $E_F$ 总是负值，在能级图上向上是能级增加的方向。

在电化学体系中，电极电位通常选用标准电极电位做参考点。为了计算溶液中氧化还原的费米能级 $E_{redox}$ 并与半导体物理习惯坐标一致，可按下式进行换算。

$$E_{redox} = -e\varphi - 4.5 \tag{5-4}$$

式中，$\varphi$ 表示电化学体系的电极电位；$E_{redox}$ 表示溶液氧化还原对的费米能级(eV)，以真空能级为参考点。它们之间的关系如图 5.15 所示。

n 型半导体电极和溶液接触前，其费米能级 $E_F$ 高于溶液的费米能级 $E_{redox}$。当半导体和溶液接触后，电子从半导体流到溶液相直至两相中 $E_{sc}$ 和 $E_{redox}$ 相等达到平衡状态。在半导体中的过剩正电荷形成了电子耗尽层，能带向上弯曲，如图 5.16(a)所示。对于 p 型半导体情况却相反，当半导体和溶液未接触时，$E_F$ 低于 $E_{redox}$。当半导体和溶液接触时，电子是由溶液一侧流向半导体。达到平衡状态时，半导体带负电形成空穴耗尽层，能带向下弯曲，如图 5.16(b)所示。

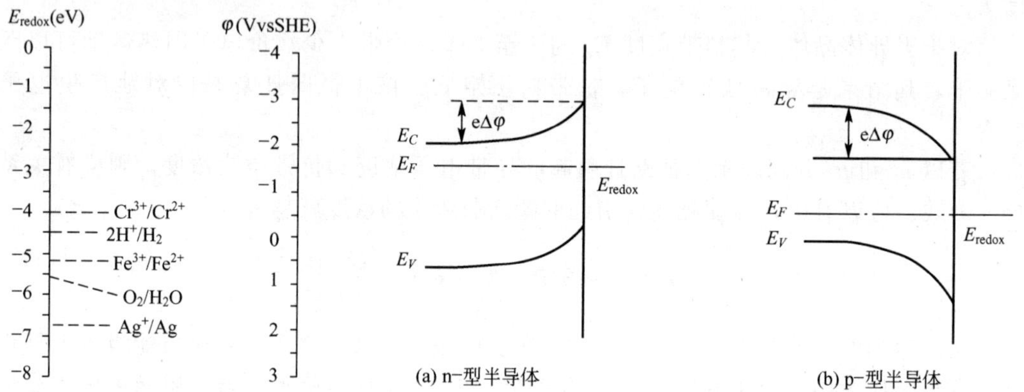


**图 5.15 半导体电极/溶液界面能级图(1)**

**图 5.16 半导体电极/溶液界面能级图(2)**

2. 半导体的 Mott－Schottky 关系

许多金属钝化膜具有半导体性质。当半导体与含有氧化还原对的溶液接触时，半导体相与溶液相之间发生电荷转移，达到静电平衡时，半导体相与溶液相分别带相反的电荷，并不像金属电极那样，电荷存在于液固相界面。对于半导体电极，无论是电子还是空穴，都是分布在空间电荷区，类似溶液的扩散双层。在空间电荷区内所形成的合成电场可以借助于能带的弯曲来表示。当对半导体相和溶液相施加电位时，空间电荷区的过剩电荷(多子)会减少，直至电中性。此时空间电荷区处于零电荷状态，能带弯曲被拉平，拉平电位又称为平带电位 $\varphi_{FB}$。

半导体相的过剩电荷分布在空间电荷层内，当空间电荷层显示耗尽层时，其电容与电位的关系服从 Mott－Schottky 关系，见式(5－5)和(5－6)。

$$\frac{1}{C^2}=\frac{2}{\varepsilon\varepsilon_0 qN_D}\left(\varphi-\varphi_{FB}-\frac{kT}{q}\right) \tag{5-5}$$

$$\frac{1}{C^2}=-\frac{2}{\varepsilon\varepsilon_0 qN_A}\left(\varphi-\varphi_{FB}-\frac{kT}{q}\right) \tag{5-6}$$

式中，半导体 $C$ 为空间电荷层电容；$N_D$ 和 $N_A$ 分别为施主载流子浓度和受主载流子浓度；$\varepsilon_0$ 为真空介电常数($8.854\times10^{-14}$ F/cm)；$\varepsilon$ 为钝化膜相对介电常数(15.6)；$\varphi$ 为施加电位；$\varphi_{FB}$ 为平带电位；$q$ 为基本电荷($e=1.6\times10^{-19}$ C)；$k$ 为 Boltzman 常数($k=1.38\times10^{-23}$ J/K)。

由式(5－5)和式(5－6)可知，$1/C^2$ 与电位 $\varphi$ 呈线性关系，即 Mott－Schottky 图为一直线。对 n－型半导体其直线斜率为正；对于 p－型半导体其直线斜率为负。由上两式的直线斜率可求出载流子浓度 $N_D$ 和 $N_A$，由直线在电位轴上的截距可求出平带电位 $\varphi_{FB}$。

3. 不锈钢钝化膜的 Mott－Schottky 关系

稳态条件下，在 0.1V(相对饱和甘汞电极)经钝化处理后的 0Cr13Ni5Mo 在 1mol/L 的盐酸溶液中的 Mott－Schottky 关系如图 5.17 所示。由图可知，曲线的线性部分可分为两个线性段，在 0V 到 0.4V 的范围内，直线的斜率为负值；在 0.4V 到 1.0V 的范围内，直线的斜率也为负值。表明在整个电位范围内，0Cr13Ni5Mo 表面的钝化膜呈现为 p－型半导体。在该半导体的空间电荷区，富集的载流子是空穴。

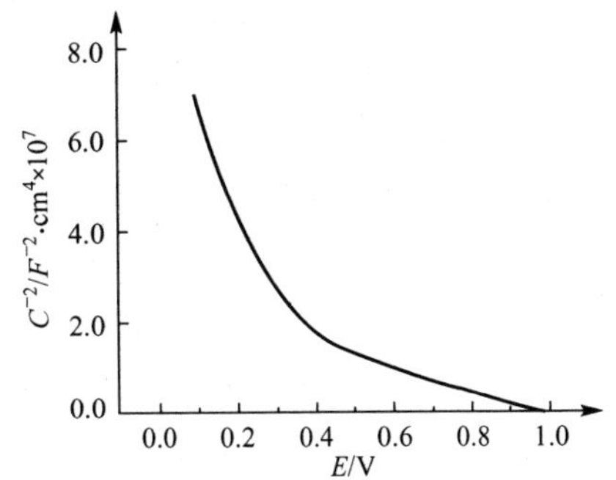


**图 5.17 0Cr13Ni5Mo 不锈钢的 Mott－Schottky 关系图**

不锈钢钝化膜的主要成分是铁和铬的氧化物，内层以铬的氧化物为主，具有 p－型半导体性质，外层以铁的氧化物和氢氧化物为主，具有 n－型半导体性质。在酸性条件下，外层的铁的氧化物和氢氧化物首先与盐酸发生反应。将部分的氧化物和氢氧化物溶解为二价铁离子，进入溶液。而化学性能稳定的铬的氧化物不宜被盐酸溶解，仍然发挥钝化膜的保护作用。所以 Mott－Schottky 关系曲线表现为负的斜率，因此，可以推断，0Cr13Ni5Mo 在 1mol/L 的盐酸溶液中的钝化膜为 p－型半导体。以上事实表明，在酸性条件下 0Cr13Ni5Mo 表面钝化膜外层部分的 $Fe_2O_3$ 已经被酸溶解，而内层的 $Cr_2O_3$ 未被腐蚀，表现出钝化膜是空穴掺杂的 p－型半导体，其费米能级靠近价带顶，很容易接受价带电子与空穴复合而减少空穴的富集程度，同时也表明 $Cr_2O_3$ 具有更好的抗腐蚀性。

研究钝化膜半导体特性的变化，对于探讨不锈钢钝化膜在各种条件下的耐蚀性与电子特性的关系，进一步了解不锈钢钝化膜的破坏和再形成机理，具有重要的意义。

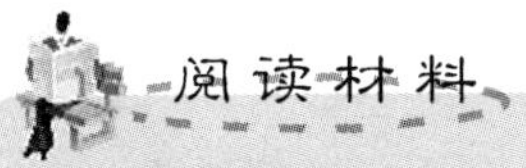


### 纳米材料的发现

组成材料的物质颗粒变小了，“小不点”会不会与“大个子”的性质很不相同呢？这便是纳米材料的发现者德国物理学家格莱特(Grant)的科学思路。

那是 1980 年的一天，格莱特到澳大利亚旅游，当他独自驾车横穿澳大利亚的大沙漠时，空旷、寂寞和孤独的环境反而使他的思维特别活跃和敏锐。他长期从事晶体材料的研究，了解晶体的晶粒大小对材料的性能有很大的影响：晶粒越小，强度就越高。

格莱特上面的设想只是材料的一般规律，他的想法一步一步地深入：如果组成材料的晶体的晶粒细到只有几个纳米大小，材料会是个什么样子呢？或许会发生“翻天覆地”的变化吧！

格莱特带着这些想法回国后，立即开始试验。经过将近 4 年的努力，终于在 1984 年制得了只有几个纳米大小的超细粉末，包括各种金属、无机化合物和有机化合物的超细粉末。

格莱特在研究这些超细粉末时发现了一个十分有趣的现象。众所周知，金属具有各种不同的颜色，如金是金黄色的，银是银白色的，铁是灰黑色的。至于金属以外的材料如无机化合物和有机化合物，它们也可以带着不同的色彩：瓷器上面的釉历来都是多彩的，由各种有机化合物组成的染料更是鲜艳无比。

可是，一旦所有这些材料都被制成超细粉末时，它们的颜色便一律都是黑色的：瓷器上的釉、染料以及各种金属统统变成了一种颜色——黑色。正像格莱特想象的那样，"小不点"与"大个子"相比，性能上发生了"翻天覆地"的变化。

为什么无论什么材料，一旦制成纳米"小不点"，就都成了黑色的呢？原来，当材料的颗粒尺寸变小到小于光波的波长($1\times10^{-9}$m 左右)时，它对光的反射能力变得非常低，大约低到小于1%。既然超细粉末对光的反射能力很小，我们见到的纳米材料便都是黑色的了。

"小不点"性质上的变化确实是令人难以置信的。著名的美国阿贡国家实验室，在一个封闭室内放进金属，然后充满惰性气体氦，再将金属加热变成蒸气，金属原子在氦气中冷却成金属烟雾，并使金属烟雾黏附在一个冷却棒上，再把棒上像炭黑一样的纳米大小的粉末刮到一个容器内，将这些粉末模压成零件形状，通过一道烧结工序，制成了纳米材料块体。通过测试发现，金属从导电体变成了绝缘体，其他物理化学性能包括抗腐蚀性也发生了很大的变化。

格莱特的发现已经和正在改变科学技术中的一些传统概念。因此，纳米材料将是21世纪备受瞩目的一种高新技术产品。

## 习　题

1. 金属的自钝化(或化学钝化)与电化学阳极钝化有何异同？试给金属的钝化、钝性和钝态下一个比较确切的定义。

2. 金属的化学钝化曲线与电化学钝化阳极极化曲线有何异同点？试画出金属的阳极钝化曲线，并说明该曲线上各特征区和特征点的物理意义。

3. 何谓 Flade 电位？如何利用 Flade 电位来判断金属的钝化稳定性？举例说明。

4. 要实现金属的自钝化，其介质中的氧化剂必须满足什么条件？试举例分析说明随着介质的氧化性和浓度的不同，对易钝化金属可能腐蚀的 4 种情况。

5. 成相膜理论和吸附理论各自以什么论点和论据解释金属的钝化？两种理论各有何局限性？

6. 影响金属钝化的因素有哪些？其规律是怎样的？试用两种钝化理论解释活性氯离子对钝化膜的破坏作用。

7. 在氧去极化腐蚀条件下，作图说明液体的流速或搅拌溶液对易钝化金属和非钝化金属的腐蚀速率影响的原因。

8. 试用极化图分析溶液中氧浓度对易钝化金属和非钝化金属腐蚀速率影响的原因。

9. 有哪些措施可以使处于活化钝化不稳定状态的金属进入稳定的钝态？试用极化图说明。

10. 现有一批 304 不锈钢，拟用作 1mol/L 硫酸的管材。如果氧的溶解度为 $10^{-6}$ mol/L，

测定不锈钢在这种酸中的致钝电流密度为200$\mu A/cm^2$，并已知氧还原反应

$$O_2+2H_2O+4e^- \longrightarrow 4OH^-$$

氧的扩散层厚度在流动酸中为0.005cm，在静止酸中为0.05cm。溶解氧的扩散系数$D=10^{-5}cm^2/s$。试问：不锈钢管在流动酸中和静止的酸中是否处于钝化状态？通过理论计算试确定该材料能否投入使用。

# 第6章 局部腐蚀

## 教学目标

通过本章的学习，使读者能够了解金属全面腐蚀和局部腐蚀的概念，明确局部腐蚀的类型；掌握局部腐蚀的电化学特征及其控制方法；理解各类局部腐蚀的电化学机理和特点；了解局部腐蚀发生的环境条件和影响因素；熟悉各种局部腐蚀的理论模型，掌握局部腐蚀的控制方法。

## 教学要点

(1) 局部腐蚀与全面腐蚀的概念。
(2) 电偶腐蚀、点蚀、缝隙腐蚀、晶间腐蚀、选择性腐蚀的概念。
(3) 各种局部腐蚀的电化学机理。
(4) 各种局部腐蚀的特征及其控制方法。
(5) 闭塞电池的工作原理。
(6) 大阴极小阳极腐蚀电池的组成。
(7) 影响局部腐蚀的因素。

导入案例

## 不锈钢点蚀机理的新认识

自20世纪30年代开始至今，人类对不锈钢点蚀形核机制的探索就从未间断，点蚀成为材料科学与工程领域中的经典问题之一。尽管研究人员普遍认为，点蚀的发生起因于不锈钢中硫化锰夹杂的局域溶解，但由于缺乏微小尺度的结构与成分信息，点蚀最初的形核位置被描述为“随机和不可预测的”。点蚀初始位置的“不明确”一直制约着人们对不锈钢点蚀机理的认识以及抗点蚀措施的改进。

中国科学院金属研究所沈阳材料科学国家实验室的研究人员，利用高分辨率透射电子显微技术，发现硫化锰夹杂中弥散分布着具有八面体结构的氧化物($MnCr_2O_4$)纳米颗粒。在模拟材料使役条件下的原位环境电子显微学研究表明，这些纳米氧化物的存在相当于硫化锰中内在的微小“肿瘤”。在一定的介质条件下，硫化锰的局域溶解正是起源于它与“肿瘤”之间的界面处，并由此逐步向材料体内扩展。

研究还表明，氧化物纳米八面体使得硫化锰的局域溶解存在速率上的差异。具有强的活性、易使其周围硫化锰快速溶解的氧化物纳米八面体具有以金属离子作为其外表面的特征(类“恶性肿瘤”)；相反，较低活性的纳米八面体则以氧离子作为其外表面(类“良性肿瘤”)。这一发现为揭示不锈钢点蚀初期硫化锰溶解的起始位置提供了直接证据，使人们对不锈钢点蚀机理的认识从先前的微米尺度提升至原子尺度，为探索提高不锈钢抗点蚀能力的新途径提供了原子尺度的结构和成分信息。

微米尺度的氧化物夹杂物会损伤钢铁材料的机械性能早已为人们普遍关注，并已得到有效控制。例如在冶金技术上通过减小非金属夹杂物的尺寸，获得“超洁净”钢。研究表明，即使将氧化物的尺寸减小至纳米量级，它们仍可通过电化学途径损害材料结构。因此，小尺度氧化物夹杂在传统(或新型)金属材料中的形成与作用值得关注，这将对改进在一定介质条件下长期服役的金属材料和生物医用材料的使役行为具有重要意义。

## 6.1 局部腐蚀与全面腐蚀的比较

在第1章已经提到，按腐蚀破坏形态的区别可以将金属材料的腐蚀分为全面腐蚀和局部腐蚀两大类。所谓全面腐蚀是指腐蚀发生在整个金属材料的表面，即金属表面各处的腐蚀速率相同，其结果是导致金属材料全面减薄；局部腐蚀则是指腐蚀破坏集中发生在金属材料表面的特定局部位置，而其余大部分区域腐蚀十分轻微，甚至不发生腐蚀。

全面腐蚀现象十分普遍，既可能由电化学腐蚀原因引起，例如均相电极(纯金属)或微观复相电极(均匀的合金)在电解质溶液中的自溶解过程，也可能由纯化学腐蚀反应造成，如金属材料在高温下发生的一般氧化现象。通常所说的全面腐蚀是特指由电化学腐蚀反应引起的。电化学反应引起的全面腐蚀过程的特点是腐蚀电池的阴、阳极面积都非常微小，且其位置随时间变幻不定，由于整个金属表面在电解质溶液中都处于活化状态，表面各处能量起伏不定，某一时刻为微阳极(高能量状态)的点，另一时刻则可能转变为微阴极(低能量状态)，从而导致整个金属表面遭受均匀腐蚀。

全面腐蚀尽管导致金属材料的大量流失，但是由于容易检测和察觉，通常不会造成金属材料设备的突发性失效事故。特别是对于均匀性全面腐蚀，根据较简单的试验所获数据，就可以准确地估算设备的寿命，从而在工程设计时通过预先考虑留出腐蚀裕量的措施，达到防止设备发生过早腐蚀破坏的目的。控制全面腐蚀的技术措施也较为简单，可采取选择合适的材料或涂层以及缓蚀剂和电化学保护等方法。

局部腐蚀是由于电化学因素的不均匀性形成局部腐蚀原电池导致的金属表面局部集中破坏。其阳极区和阴极区一般是截然分开的，可以用肉眼或微观检查方法加以区分和辨别，通常阳极面积比阴极面积小得多。局部腐蚀原电池可由异类金属接触电池，或由介质的浓差电池，或由活化钝化电池构成；也可以由金属材料本身的组织结构或成分的不均匀性以及应力或温度状态差异所引起。根据形成局部腐蚀电池的原因和腐蚀特点，可将局部腐蚀主要分为电偶腐蚀、点蚀、缝隙腐蚀、晶间腐蚀、选择性腐蚀，以及应力和腐蚀因素共同作用下的腐蚀(如应力腐蚀开裂、氢损伤、腐蚀疲劳、磨损腐蚀)6 种。由于应力作用下的腐蚀破坏具有特殊性，为了更好地分析这类腐蚀，通常将其从局部腐蚀中单独分立出来进行讨论，本节仅讨论前 5 种主要的局部腐蚀，关于应力作用下的腐蚀将放在第 7 章专门讨论。

与全面腐蚀相比，局部腐蚀造成的金属材料的质量损失虽然不大，但其危害性却要严重得多，如点蚀能导致容器或管道穿孔而报废，应力腐蚀则会导致构件的承载能力大大降低。另外，局部腐蚀造成的失效事故往往没有先兆，一般为突发性的破坏，通常难以预测，局部腐蚀破坏的控制也较为困难，因此，在工程实际中由于局部腐蚀导致的事故比全面腐蚀多得多。各类腐蚀失效事故事例均为局部腐蚀破坏，调查结果表明，全面腐蚀仅占约 20%，其余大约 80%为局部腐蚀。局部腐蚀中又以点蚀、缝隙腐蚀、应力腐蚀和腐蚀疲劳形式最为突出。

## 6.2 电偶腐蚀

### 1. 电偶腐蚀的特征

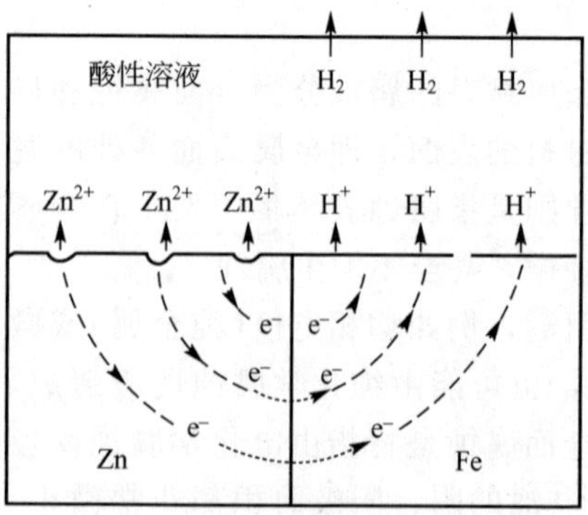

电偶腐蚀是两种电极电位不同的金属或合金互相接触，并在一定的介质中发生电化学反应，使电位较负的金属发生加速破坏的现象。电偶腐蚀亦称接触腐蚀或双金属腐蚀，它实质上是由两种不同的电极构成宏观原电池的腐蚀，如图 6.1 所示。

**图 6.1 异种金属接触构成电偶腐蚀**

电偶腐蚀的现象很普遍。例如硫酸厂所用的二氧化硫冷凝器中，列管用石墨制作，外壳用碳钢制作(二氧化硫走管内，冷却水走管外)。使用约半年后，外壳便被腐蚀穿孔。若该设备用碳钢整体制作，外壳则不至于加速破坏。显然，碳钢外壳是由于和石墨组成电偶腐蚀电池而加快了腐蚀。这是由一种合金和非金属电子导体所引起的电偶腐蚀。再如黄铜零件和钢管接触使用时，黄铜零件便会成为电偶对中的阴极，钢管作为阳极而腐蚀。但当黄铜零件和镀锌管接触时，首先是镀锌层加速溶解之后，碳钢基底才加速溶解。

有时两种不同的金属虽然没有直接接触，但亦有引起电偶腐蚀的可能。例如循环冷却系统中的铜零件被腐蚀，溶解下来的铜离子可通过扩散在碳钢设备表面上进行沉积，在沉积的疏松的铜粒子与碳钢之间便形成了微电偶腐蚀电池，结果引起了碳钢设备的局部腐蚀(如腐蚀穿孔)。这种现象的发生是由于构成了间接的电偶腐蚀电池。在设计工作中，碰到异种金属直接接触或可能间接接触的情况下，应该考虑是否会引起严重的电偶腐蚀问题，尤其是在设备结构的设计上要引起注意。

电偶腐蚀实际上是宏观腐蚀电池的一种，产生电偶腐蚀应同时具备下述 3 个基本条件。

(1) 存在相互接触的异种材料。电偶腐蚀的驱动力是低电位金属与高电位金属或非金属之间产生的电位差。

(2) 存在离子导电回路。电解质溶液必须连续地存在于接触金属之间，构成电偶腐蚀电池的离子导电回路。对大气中金属构件的腐蚀而言，电解质溶液主要是指凝聚在零构件表面上的、含有某些离子(氯离子、硫酸根)的水膜。

(3) 存在电子导电回路。即低电位金属与高电位金属或非金属之间要么直接接触，要么通过其他导体实现电连接，构成腐蚀电池的电子导电回路。

在第 2 章中介绍了金属的标准电极电位和电位序的概念，根据标准电极电位的高低可以从热力学的角度判断金属变成离子进入溶液的倾向大小，但是标准电极电位只给出了金属的理论电位值，它是指无膜的金属浸在该金属盐的溶液中且金属离子的活度处在标准态时用热力学公式计算得到的。此外标准电位序也未考虑腐蚀产物的作用，且没有涉及合金的排序，而含两种或两种以上活性成分的合金是不存在标准电极电位的。因此标准电位序仅能用来判断金属在简单体系中产生腐蚀的可能性，不能判断金属材料在某一特定腐蚀电解质中电偶腐蚀倾向的大小，为了方便地判断金属材料在某一特定腐蚀电解质中电偶腐蚀倾向的大小而引入了电偶序。

所谓电偶序，就是将金属材料在特定的电解质溶液中实测的腐蚀(稳定)电位值按高低(或大小)排列成表的形式。表 6-1 为金属在 25℃的海水中的电偶序。利用电偶序可以判断电偶腐蚀电池的阴、阳极极性和金属腐蚀的倾向性大小。例如，金属铝和锌在海水中组成电偶时锌受到加速腐蚀，铝得到了保护。原因是铝在海水中的腐蚀电位约为－0.8V(SCE)，高于锌在海水中的腐蚀电位(约为－1.0V(SCE))。在电偶序中腐蚀电位低的金属与离它越远的高电位金属接触，电偶腐蚀的驱动力越大，电偶腐蚀的倾向越高。然而，电偶腐蚀的速率除与电极电位差有密切关系外，还受腐蚀金属电极极化行为等因素的影响。由于金属材料的腐蚀电位受多种因素影响，其值通常随腐蚀时间而变化，即金属在特定电解质溶液中的腐蚀电位不是一个固定值，而是有一定变化范围。因此，电偶序中一般仅列出金属稳定电位的相对关系或电位变化范围，而很少列出具体金属的稳定电位值。另外，某些材料(如不锈钢和 Inconel 合金等)有活化和钝化两种状态，因此出现在电偶序中的不同电位区间。

**表 6-1 金属在海水中的电偶序**

| 金 属 | 正电性电偶序 |
|---|---|
| 铂<br>金<br>石墨<br>钛<br>银<br>18—8Mo 不锈钢(钝化态)<br>因科镍(Inconel)(钝化态)、镍(钝化态)<br>银焊条<br>青铜、铜、黄铜<br>蒙乃尔(耐蚀高强度镍铜合金)<br>镍铬钼合金<br>因科镍(Inconel)(活化态)；镍(活化态)<br>锡<br>铅<br>锡焊条<br>18—8Mo 不锈钢(活化态)；<br>铁铬合金、高镍铸铁<br>铸铁、软钢<br>铝合金<br>镉<br>工业纯铝<br>锌<br>镁合金<br>镁 | ↑ |

2. 电偶腐蚀的机理

电偶腐蚀的原理可用腐蚀原电池原理和腐蚀极化图来分析。由电化学腐蚀动力学可知，两金属偶接后的腐蚀电流大小与电极电位差．极化率及回路中的欧姆电阻有关。偶接金属的电极电位差越大，电偶腐蚀的驱动力越大。而电偶腐蚀速率的大小又与电偶电流成正比。

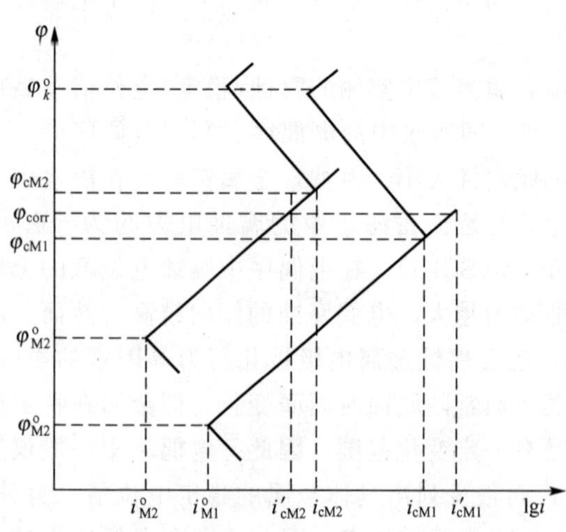

**图 6.2 两种金属短路的腐蚀极化图**

金属 $M_1$ 和 $M_2$ 孤立存在于电解质溶液中时，它们各自分别与介质构成了共轭腐蚀体系。$M_1$ 的腐蚀电位为 $\varphi_{cM1}$，$M_2$ 的腐蚀电位为 $\varphi_{cM2}$。并且 $\varphi_{cM1} < \varphi_{cM2}$。将 $M_1$ 和 $M_2$ 以导线短接后，就构成了宏观电偶腐蚀电池。设溶液电阻等于零，则它们将互相极化到一个共同的混合电位，这个混合电位就是这个电偶腐蚀电池的腐蚀电位 $\varphi_{corr}$(图 6.2)。

与 $M_2$ 接触后，$M_1$ 除了自溶解外还进行阳极溶解，因此它的腐蚀电流密度 $i'_{cM1}$ 比它单独存在时的腐蚀电流密度 $i_{cM1}$ 增大了。由于 $M_2$ 作为电偶电池的阴极，外电路输进的电子参与了其表面的还原反应而抑制了其单独存在时自身溶解的阳极反应，因此它的腐蚀电流密度 $i'_{cM2}$ 比它单独存在时的腐蚀电流密度 $i_{cM2}$ 减小了。

定义金属 $M_1$ 作为阳极形成电偶后的腐蚀电流密度 $i'_{cM1}$ 和它单独存在时的腐蚀电流密度 $i_{cM1}$ 之比，称为电偶腐蚀效应，一般用 $\gamma$ 表示

$$\gamma=\frac{i'_{cM1}}{i_{cM1}} \tag{6-1}$$

该公式表示金属 $M_1$ 和 $M_2$ 偶接后，阳极金属 $M_1$ 溶解腐蚀速率增加的程度。$\gamma$ 越大，电偶腐蚀越严重。

一种金属与另一种电位较低的金属在腐蚀介质中接触而降低了其腐蚀速率的现象称为阴极保护效应。这种效应是外加阳极(牺牲阳极)保护法的理论根据。

### 3. 影响电偶腐蚀的因素

电偶腐蚀受多种因素影响，有接触金属材料的自身性质、环境条件、阴极与阳极面积比等。

1）材料的影响

异种金属组成电偶时，它们在电偶序中的上下位置相距越远，电偶腐蚀越严重；而同组金属之间的电位差小于 50mV，组成电偶时腐蚀不严重。因此在设计设备或构件时，尽量选用同种或同组金属，不用电位相差大的金属。若在特殊情况下一定要选用电位差相差大的金属，两种金属的接触面之间应加绝缘处理，如加绝缘垫片或者在金属表面施加非金属保护层。

2）阴阳极面积比的影响

研究表明，阴极与阳极相对面积比对电偶腐蚀速率有重要的影响。阴阳极面积比的比值越大，阳极电流密度越大，金属腐蚀速率越大。图 6.3 为腐蚀速率随阴极面积 $S_k$ 与阳极面积 $S_a$ 之比的变化情况，由图可知，电偶腐蚀速率与阴阳极面积比呈线性关系。

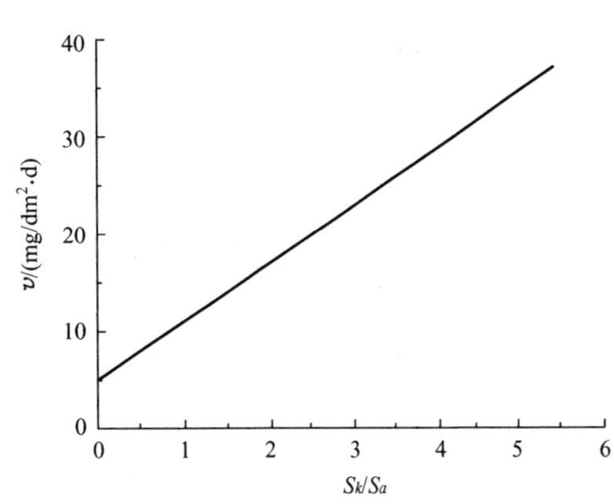


**图 6.3 阴阳极面积比和腐蚀速率的关系**

在氢去极化腐蚀的情况下，阴极上的氢过电位与电流密度有关，阴极面积越大，电流密度越小，氢过电位也越小，越容易发生氢去极化，因而阳极腐蚀速率加快。在氧去极化腐蚀的情况下，若过程由氧离子化过电位所控制，则阴极面积的增大导致氧过电位降低，因而阳极腐蚀速率加快。

如果过程由氧扩散所控制，则阴极面积增大能接受更多的氧发生还原反应，电偶效应有如下关系。

$$\gamma \propto \frac{S_k}{S_a} \tag{6-2}$$

上式称为电偶腐蚀集氧原理或称汇集原理。阴极起集氧作用，面积越大，参与反应的氧越多，因而阳极腐蚀电流也越大，由此导致阳极腐蚀加速。因此为了减少电偶腐蚀，在结构设计时切忌形成大阴极小阳极的面积比。

例如在航空结构设计中，如果钛合金板用铝合金铆钉铆接，就属于小阳极大阴极；铝合金铆钉会迅速破坏，如图 6.4(a)所示。反之，如果用钛铆钉铆接铝合金板，铝合金板结构组成了大阳极小阴极结构，尽管铝合金板受到腐蚀(图 6.4(b))，但是整个结构破坏的速率和危险性较前者小。由于钛合金与铝合金在电偶序中相距较远，因此飞机结构设计中即使对于小阴极(钛合金)大阳极(铝合金)的情况也力求避免。新型飞机结构中已采用钛合金紧固件真空离子镀铝的方法，使钛铝结构电位一致，避免了电偶腐蚀。

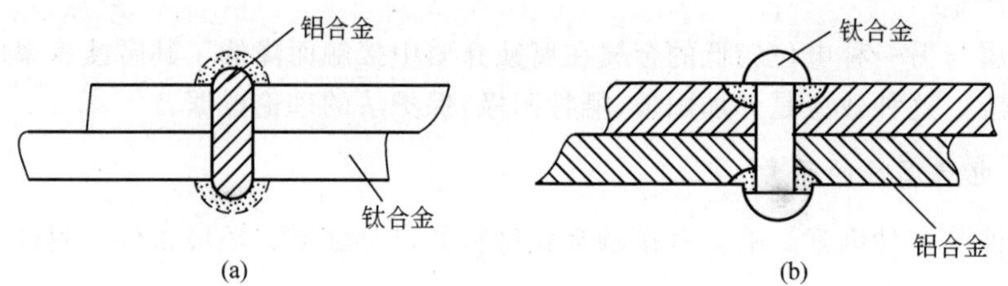


**图 6.4　钛和铝形成的电偶腐蚀**

3）介质的影响

介质的组成、温度、电解质溶液的电阻、溶液的 pH、环境条件的变化等因素均对电偶腐蚀有重要的影响，不仅影响腐蚀速率，同一电偶对在不同环境条件下有时甚至会出现电偶电极极性的逆转现象。例如，在水中金属锡相对于铁来说为阴极，而在大多数有机酸中，锡对于铁来说成为阳极。温度变化可能改变金属表面膜或腐蚀产物的结构，也可能导致电偶电池极性发生逆转。例如，在一些水溶液中，钢与锌偶接时锌为阳极受到加速腐蚀，钢得到了保护。当水的温度高于 80℃时，电偶的极性就发生逆转，钢成为阳极而被腐蚀，而锌上的腐蚀产物使锌的电位提高成为阴极。溶液 pH 的变化也会影响电极反应，甚至也会改变电偶电池的极性。例如，镁与铝偶接在稀的中性或弱酸性氯化钠水溶液中，铝是阴极，但随着镁阳极的溶解，溶液变为碱性，导致两性金属铝成为阳极。

由于在电偶腐蚀中阳极金属的腐蚀电流分布的不均匀性，造成电偶腐蚀的典型特征是腐蚀主要发生在两种不同的金属或金属与非金属导体相互接触的边沿附近，而在远离接触边沿的区域其腐蚀程度通常要轻得多，因此很容易识别电偶腐蚀。电偶腐蚀影响的空间范围与电解质溶液的电阻大小有关。在高电导的电解质溶液中，电偶电流在阳极上的分布比较均匀，总的腐蚀量和影响的空间范围也较大；在低电导的介质中，电偶电流主要集中在接触边沿附近，总的腐蚀量也较小。

4. 电偶腐蚀的控制

(1) 在设计设备或部件时，在选材方面尽量避免由异种金属(或合金)相互接触。若不可避免时，应尽量选取在电偶序中位于同组或位置相近的金属(或合金)。

(2) 在设备的结构上，切忌形成大阴极小阳极的不利于防腐的面积比。若已采用不同腐蚀电位的金属材料相接触的情况下，必须设法对接触面采取绝缘措施，但一定要仔细检查是否已真正绝缘。例如采用螺杆连接的装配中，往往忽略螺杆与螺孔的绝缘，这样就不能做到真正的绝缘，电偶腐蚀的效应依然存在。

(3) 对于不允许接触的小零件，必须装配在一起时，还可以采用表面处理的方法，如对钢零件的“发蓝”处理、表面镀锌、对铝合金表面进行阳极氧化，这些表面膜在大气中电阻较大，可起减轻电偶腐蚀的作用。

## 6.3 点 腐 蚀

### 1. 点腐蚀的特征

点腐蚀是在金属表面上极个别的区域产生小而深的蚀孔现象，又称点蚀、小孔腐蚀和坑蚀。点蚀是一种隐蔽性强、破坏性大的局部腐蚀形式。通常因点蚀造成的金属质量损失很小，但设备常常由于发生点蚀而出现穿孔破坏，造成介质泄漏，甚至导致重大危害性事故发生。点蚀通常发生在易钝化金属或合金表面，并且腐蚀环境中往往有侵蚀性阴离子(最常见的是氯离子)和氧化剂同时存在。例如，由不锈钢或铝、钛及其合金制成的设备，在含有氯离子及其他一些特定离子的介质环境中，很容易产生点蚀破坏。碳钢在含氯离子的水中由于表面氧化皮或锈层存在孔隙，也会发生点腐蚀。另外，当金属材料表面镀上阴极性防护镀层时(如钢上镀铬、镍、锡和铜等)，如果镀层上出现孔隙或其他缺陷而使基材露出，则大阴极(镀层)小阳极(孔隙处裸露的基体金属)腐蚀电池将导致基体金属上点蚀的发生。

蚀孔有大有小，在多数情况下为小孔。一般说来，蚀孔表面直径尺寸等于或小于它的深度尺寸，只有几十微米。蚀孔的形状往往不规则，在金属表面的分布也往往不均匀。大多数蚀孔有腐蚀产物覆盖，但也有少量蚀孔无腐蚀产物覆盖而呈现开放式状态，如图 6.5 所示。

金属点腐蚀的产生需要在某一临界电位以上，该电位称为点蚀电位或击穿电位，记为 $\varphi_b$。点蚀电位的测量可以利用动电位扫描法，即以较缓慢的速率使金属电极的电位升高，当电流密度达到某一预定值时，立即回扫，这样可以得到“滞后环”状阳极极化曲线，如图 6.6 所示。易钝化金属在多数情况下表现出这种滞后现象。点蚀电位 $\varphi_b$ 对应着金属阳极极化曲线上电流迅速增大的位置，即钝化遭到破坏产生了局部点腐蚀。正、反向极化曲线交点对应的电位 $\varphi_p$ 称为保护电位(也叫再钝化电位)。

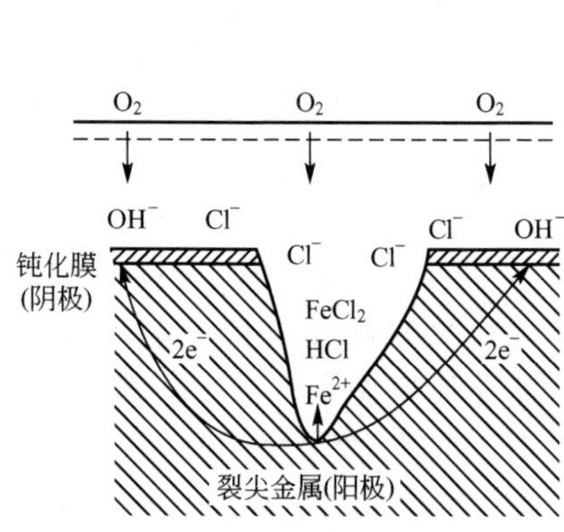


**图 6.5 开放式蚀孔示意图**

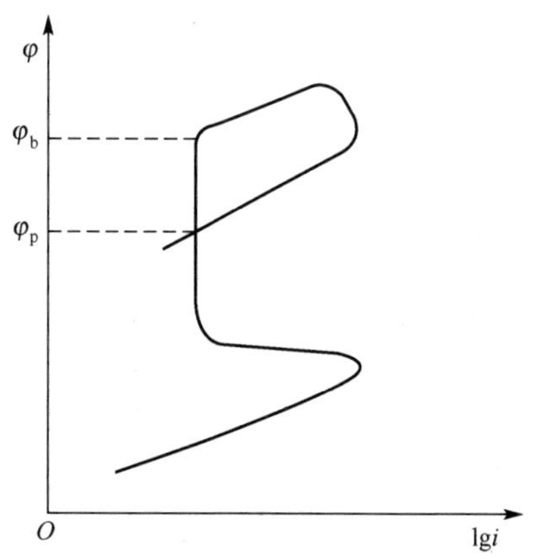


**图 6.6 动电位扫描法测量环电位阳极极化曲线的示意图**

当金属的电位低于 $\varphi_p$ 而处于钝化区时，不会形成点蚀孔；当金属的电位处于 $\varphi_b$ 和 $\varphi_p$ 之间时，不会形成新的点蚀孔，但已有的点蚀孔会继续长大；当金属的电位高于 $\varphi_b$ 时，不仅已形成的点蚀孔会继续长大，而且将形成新的点蚀孔。点蚀电位 $\varphi_b$ 越高，从热力学上讲金属的点蚀倾向越小，而 $\varphi_b$ 与 $\varphi_p$ 越接近，则表明金属钝化膜的修复能力越强。

点腐蚀过程包括孕育和发展两个阶段。孕育(或诱导)期长短不一，有的情况需要几个月，有的情况则达数年之久。有时因环境条件的改变，已生成的点蚀坑会停止长大，当环境条件进一步变化时，可能又会重新发展。由于点蚀是一种破坏性和隐蔽性很大的局部腐蚀，一般很难预测，同时，点蚀常常又是机械设备应力作用下腐蚀破坏裂纹的萌生源，因此，研究材料点腐蚀的行为、机理及控制技术途径，具有十分重要的实际意义。

2. 点蚀的机理

点蚀过程分为诱导期和发展期两个阶段，诱导期与点蚀核的形成和长大的过程密切相关。处于钝态的金属仍有一定的反应能力，即钝化膜的溶解和修复(再钝化)处于动平衡状态。当介质中含有活性阴离子(常见的如氯离子)时，平衡便受到破坏，溶解占了优势。其原因是氯离子能优先地有选择地吸附在钝化膜上，把氧原子排挤掉，然后和钝化膜中的阳离子结合成可溶性氯化物，结果在新露出基底金属的特定点上生成小蚀坑(孔径多数在20～30微米)，这些小蚀坑便称为点蚀核，亦可理解为蚀孔生成的活性中心。点蚀核形成后，该特定点仍有再钝化的能力，若再钝化的阻力小，点蚀核就不再长大，此时小蚀坑呈开放式，如图 6.5 所示。

从理论上讲，点蚀核可在钝化金属的光滑表面上任何地点形成，随机分布。但当钝化膜局部有缺陷(金属表面有伤痕、露头位错等)，内部有硫化物夹杂，晶界上有碳化物沉积等时，点蚀核将在这些特定点上优先形成。

在大多数情况下，点蚀核将继续长大。当点蚀核长大至一定的临界尺寸时(一般孔径大于 30 微米)，金属表面出现宏观可见的蚀孔，蚀孔出现的特定点称为孔蚀源。

在外加阳极极化的条件下，介质中只要含有一定量氯离子便可能使蚀核发展为蚀孔。在自然腐蚀的条件下，含氯离子的介质中有溶解氧或阳离子氧化剂(如 $FeCl_3$)时，亦能促使蚀核长大成蚀孔。氧化剂能促进阳极过程，使金属的腐蚀电位上升至点蚀临界电位以上。

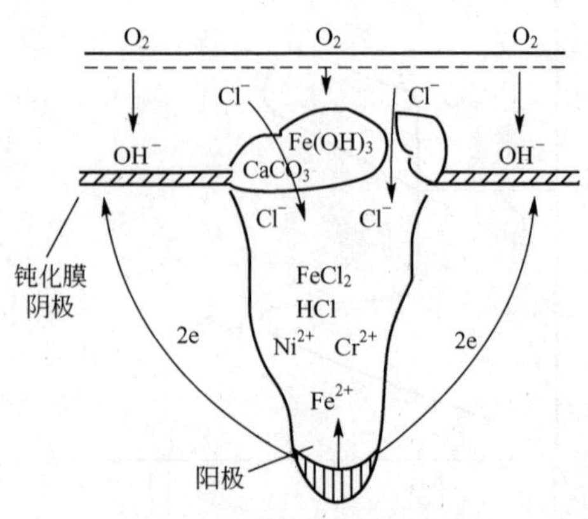


图 6.7 不锈钢在氯化钠溶液中点蚀的闭塞电池示意图

点蚀孔一旦生成，就会继续“深挖”发展，点蚀的发展过程可以通过不锈钢在含氯离子的介质中的腐蚀过程为例加以说明，如图 6.7 所示。

蚀孔内的金属表面处于活态，电位较负，蚀孔外的金属表面处于钝态，电位较正，于是孔内和孔外构成一个活态和钝态微电偶腐蚀电池，电池具有大阴极和小阳极的面积比结构，阳极电流密度很大，蚀孔加深很快。孔外金属表面同时将受到阴极保护，可继续维持钝态。

点蚀孔内主要发生阳极溶解，除反应 $Fe \longrightarrow Fe^{2+} + 2e^-$ 之外，还有反应 $Cr \longrightarrow Cr^{3+} + 3e^-$ 和 $Ni \longrightarrow Ni^{2+} + 2e^-$ 等发生。若介质呈中性或弱碱

性，孔外的主要反应为 $1/2O_2+H_2O+2e^- \longrightarrow 2OH^-$。

由图 6.7 可见，阴阳极彼此分离，二次腐蚀产物将在孔口形成，没有多大的保护作用。孔内介质相对于孔外介质呈滞流状态，溶解的金属阳离子不易往外扩散，溶解氧亦不易扩散进来。由于孔内金属阳离子浓度的增加，氯离子迁入以维持电中性。这样就使孔内形成金属氯化物(如 $FeCl_2$ 等)的浓溶液。这种浓溶液可使孔内金属表面继续维持活态。又由于氯化物水解的结果，孔内介质酸度增加。酸度的增加使阳极溶解速率加快，加上受介质重力的影响，点蚀孔便进一步向深处发展。

随着腐蚀的进行，孔口介质的 pH 逐渐升高，水中的可溶性盐如 $Ca(HCO_3)_2$ 将转化为 $CaCO_3$ 沉淀。结果锈层与垢层一起在孔口沉积形成一个闭塞电池。闭塞电池形成后，孔内外物质交换更困难，使孔内金属氯化物将更加浓缩，氯化物的水解使介质酸度进一步增加(如不锈钢，孔内 $Cl^-$ 离子浓度达 6～12mol/L，pH 接近于零)，酸度的增加促使阳极溶解速率进一步加快，最终蚀孔的高速率深化可把金属断面蚀穿。这种由闭塞电池引起孔内酸化从而加速腐蚀的作用，称为“自催化酸化作用”。自催化作用可使电池电动势达几百毫伏至 1 伏，加上重力的控制方向作用构成了蚀孔具有深挖的动力。因此不难理解一台不锈钢设备一旦出现蚀孔，在短期内就可以穿孔的事实。

综上所述可以看出，特定阴离子的优先吸附、钝化膜的局部破裂提供了点蚀萌生的条件；大阴极小阳极电池、孔内外氧浓差电池、闭塞电池自催化酸化作用等构成了点蚀发展的推动力。

3. 影响点蚀的因素

金属或合金的性质、表面状态、介质的性质、pH、温度和流速等都是影响点蚀的主要因素。具有自钝化特性的金属或合金对点蚀的敏感性较高，钝化能力越强则敏感性越高。点蚀的发生和介质中含有活性阴离子或氧化性阳离子有很大关系。

1) 材料因素

金属本性与合金元素的影响。金属的本性对其点蚀敏感性有着重要的影响，通常具有自钝化特性的金属或合金对点蚀的敏感性较高。表 6－2 列出了几种常见金属在 25℃ 0.1mol/L 氯化钠水溶液中的点蚀电位。材料的点蚀电位越高，说明耐点蚀能力越强。从表中可以看出，对点蚀最为敏感的是铝，抗点蚀能力最强的是钛。对于合金钢，抗点蚀能力随含铬量的增大而提高。

**表 6－2　几种常见金属在 25℃ 0.1mol/L 氯化钠水溶液中的点蚀电位**

| 金属 | Al | Fe | Ni | Zr | Cr | Ti | Fe－Cr 12%Cr | Cr－Ni | Fe－Cr 30%Cr |
|---|---|---|---|---|---|---|---|---|---|
| $\varphi_b$/V | －0.45 | 0.23 | 0.28 | 0.46 | 1.0 | 1.2 | 0.20 | 0.26 | 0.62 |

2) 介质因素

大多数的点蚀都是在含氯离子或氯化物介质中发生的。研究表明，在阳极极化条件下，介质中只要含有氯离子便可使金属发生点蚀。所以氯离子又可称为点蚀的激发剂。随着介质中氯离子浓度的增加，点蚀电位下降，使点蚀容易发生，而且容易加速进行。

在氯化物中，以含有氧化性金属阳离子的氯化物如 $FeCl_3$、$CuCl_2$、$HgCl_2$ 等属于强烈的点蚀促进剂。由于它们的金属离子电对的还原电位较高，即使在缺氧的条件下也能在阴极上进行还原，起促进阴极去极化作用。

在碱性介质中，随 pH 升高，使金属的 $\varphi_b$ 值显著地变正，在酸性介质中，对 pH 的影响有不同的看法，一些研究者发现随 pH 的升高，$\varphi_b$ 稍有增加，另一些研究者则认为 pH 实际上对 $\varphi_b$ 值没有影响。介质的温度升高使 $\varphi_b$ 值明显降低，使点蚀加速。

3) 溶液流速因素

介质处于静止状态，金属的点蚀速率比介质处于流动状态时为大。介质的流速对点蚀的减缓起双重作用。加大流速(但仍处于层流状态)，一方面有利于溶解氧向金属表面的输送，使钝化膜容易形成，另一方面可以减少沉积物在金属表面沉积的机会，从而减少发生点蚀的机会。

一台不锈钢泵，经常运转则点蚀程度较轻，长期不使用则很快出现点蚀孔，这可由下述试验得到证明。将 1Cr13 不锈钢试片置于 50℃，流速为 0.13m/s 的海水中，一个月便穿孔；当流速增加到 2.5m/s 时，13 个月后仍无蚀孔。但当把流速增加到出现湍流时，钝化膜经不起冲刷破坏，便会引起另一类型的腐蚀，即磨损或者空化腐蚀。

4) 金属的表面状态

金属的表面状态对点蚀亦有一定的影响，光滑的和清洁的表面不易发生孔蚀，积有灰尘或各种金属的和非金属的杂物的表面，则容易引起点蚀。经冷加工的粗糙表面或加工后残留在表面上的焊流、焊渣飞溅等，在这些部位上往往容易引起点蚀。

### 4. 点蚀敏感性的试验

点蚀敏感性的试验可采取化学浸泡法和电化学测量法。化学浸泡法是将板状试样磨光、除油、清洗、干燥、称重后浸泡到腐蚀溶液中，一定时间后取出试样进行评定。耐点蚀性能评定的判据可以选择点蚀坑深度、点蚀密度、失重率等指标。将腐蚀率和蚀孔特征(分布、密度、形状、尺寸、深度等)综合起来，并借助统计学的方法评定材料的点蚀敏感性。点蚀对容器等设备的贯穿程度可以用点蚀系数(或点蚀因子)来表示，即

$$\text{点蚀系数}=\frac{\text{最大腐蚀深度}}{\text{平均腐蚀深度}}$$

化学浸泡法选用的腐蚀溶液是根据材料的种类确定的。三氯化铁腐蚀溶液被用于检验不锈钢及含铬的镍基合金在氯化物介质中的耐点蚀性能，此法已列入我国国家标准(GB 4334.7—84不锈钢三氯化铁腐蚀试验方法)和美国材料试验学会(ASTM)标准(ASTM G48—76)中。

电化学测量法是利用电化学测试仪器测量点蚀特征电位 $\varphi_b$ 与 $\varphi_p$、电化学噪声(电极电位或电流密度的随机波动现象)等，用以评价材料的点蚀敏感性。用于测量点蚀电位的方法有控制电位法(如动电位法、恒电位下的电流—时间曲线法)和控制电流法(如动电流法、恒电流下的电位—时间曲线法)。值得指出的是，点蚀电位值与测量方法有关，为相互比较起见，测量时，应采用相同的规范。动电位扫描法测量临界点蚀电位应用较为广泛，且对于不锈钢点蚀电位的测量已颁布了国标(GB 4334.9—84)。

### 5. 点蚀的控制措施

控制点蚀的基本措施应从材质、环境、结构、表面处理等几个方面考虑，具体措施如下。

(1) 合理选择耐蚀材料。钛及其合金在通常环境中具有优异的抗点蚀性能，在其他性

能和经济条件许可的情况下应尽可能选用。对于不锈钢材料，适当增加抗点蚀有效的合金元素如Cr、Mo、N等，而降低S等有害杂质元素，可以显著提高其抗点蚀性能。对于铝合金，降低那些能生成沉淀相的金属元素(如Fe、Cu等)，以减少局部阴极或加入Mn、Mg等合金元素，能与Si、Fe等形成电位较负的活泼相，均能起到提高抗点蚀能力的效果。

(2) 降低环境的侵蚀性。降低环境中的卤素等侵蚀性阴离子浓度，尤其是避免其局部浓缩，避免氧化性阳离子，降低环境温度，使溶液处于一定速率的流动状态。对于循环体系添加合适的缓蚀剂是十分有效的方法，如对于不锈钢可以选硫酸盐、硝酸盐、钼酸盐、铬酸盐、磷酸盐等缓蚀剂。需要注意的是，铬酸盐、亚硝酸盐等阳极钝化型缓蚀剂用作控制点蚀时是危险型缓蚀剂，其用量应严格控制，或应与其他缓蚀剂复配。

(3) 电化学保护。对于金属设备、装置采用电化学保护措施，将电位降低到保护电位以下，使设备金属材料处于稳定的钝化区或阴极保护电位区。

(4) 表面处理。使用钝化处理和表面镀镍可以提高不锈钢的抗点蚀性能；包覆纯铝可以提高铝合金的抗点蚀性能；在金属表面注入铬、氮离子也能明显改善合金抗点蚀的能力；对于不锈钢应避免敏化热处理。

# 6.4 缝隙腐蚀

1. 缝隙腐蚀的特征

缝隙腐蚀是指在电解液中金属与金属或金属与非金属表面之间构成狭窄的缝隙，缝隙内离子的移动受到了阻滞，形成浓差电池，从而使金属局部破坏的现象。许多金属构件由于设计不合理或者由于加工缺陷等均会造成缝隙。如法兰连接面、螺母压紧面(图6.8)、焊缝气孔、锈层等都存有缝隙；泥砂、积垢、杂屑等沉积于金属表面也可能形成缝隙。

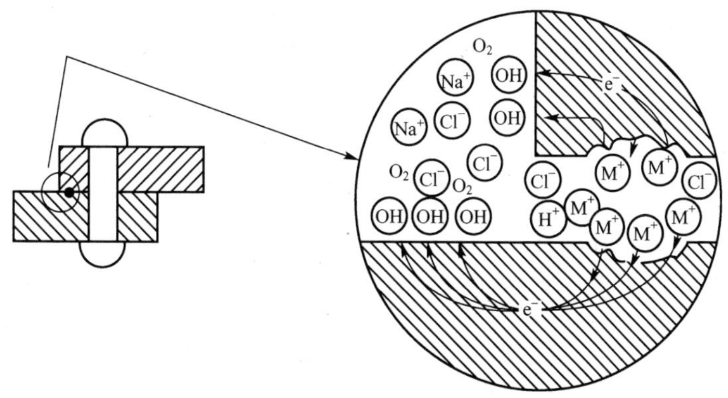


图6.8 缝隙腐蚀示意图

能引起缝隙腐蚀的缝宽一般为0.02～0.1mm。宽度大于0.1mm的缝隙内介质不会形成滞流，故不会产生缝隙腐蚀；缝若过窄，介质进不去，也不会形成缝隙腐蚀。几乎所有的金属在各种介质中都会产生缝隙腐蚀。但是不同金属在不同的介质中产生缝隙腐蚀的倾向性不同。具有自钝化倾向的金属，在充气且含活性阴离子的中性介质中最易引起缝隙腐蚀，金属的自钝化能力越强，缝隙腐蚀的倾向性越大。

金属的缝隙腐蚀表现出如下主要特征。不论是同种或异种金属的接触还是金属同非金属(如塑料、橡胶、玻璃、陶瓷等)之间的接触，只要存在满足缝隙腐蚀的狭缝和腐蚀介质，都会发生缝隙腐蚀，其中以依赖钝化而耐蚀的金属材料更容易发生。几乎所有的腐蚀介质(包括淡水)都能引起金属的缝隙腐蚀，而含有氯离子的溶液通常是缝隙腐蚀最为敏感的介质。与点蚀相比，对同一种金属或合金而言，缝隙腐蚀更易发生。通常缝隙腐蚀的电位比点蚀电位低。

遭受缝隙腐蚀的金属表面既可表现为全面性腐蚀，也可表现为点蚀形态。耐蚀性好的材料通常表现为点蚀型，而耐蚀性差的材料则为全面腐蚀型。

缝隙腐蚀存在孕育期，其长短因材料、缝隙结构和环境因素的不同而不同。缝隙腐蚀的缝口常常为腐蚀产物所覆盖，由此增强缝隙的闭塞电池效应。缝隙腐蚀的结果会导致部件强度的降低，配合的吻合程度变差。缝隙内腐蚀产物体积的增大会引起局部附加应力，不仅使装配困难，而且可能使构件的承载能力降低。

2. 缝隙腐蚀的机理

金属离子浓差电池和氧浓差电池(或充气不均匀电池)是早期阐述缝隙腐蚀机理的较为重要的两种理论。目前普遍为大家所接受的缝隙腐蚀机理则是氧浓差电池和闭塞电池自催化效应共同作用的结果。

1) 在含氯离子水中的腐蚀

腐蚀刚开始时，氧去极化腐蚀在缝内外均匀进行。因滞流关系，氧只能以扩散方式向缝内迁移，使缝内的氧消耗后难以得到补充，氧的还原反应很快便终止。而缝隙外的氧可以连续得到补充，于是缝内金属表面和缝外金属表面之间组成了氧浓差电池，缝内电位低是阳极，缝外电位高是阴极，这个电池具有大阴极小阳极的面积比，结果缝内金属发生强烈溶解。在缝口处腐蚀产物逐步沉积，使缝隙发展为闭塞电池。

缝内 $Fe^{2+}$ 不断增多，缝外 $Cl^-$ 在电场力作用下移向缝内(图 6.8)，它与 $Fe^{2+}$ 生成的 $FeCl_2$ 要水解

$$FeCl_2+2H_2O\longrightarrow Fe(OH)_2+2HCl$$

及 $Fe^{2+}$ 离子的水解

$$3Fe^{2+}+4H_2O\longrightarrow Fe_3O_4+8H^++2e^-$$

使缝内酸度增加。与点蚀的自催化扩展过程相似，会加速腐蚀。

2) 在不含氯离子水中的腐蚀

在无氯离子情况下，如上所述的氧的浓差电池和缝隙内铁离子的水解会使缝内碳钢加速腐蚀。

3. 缝隙腐蚀与点蚀的比较

从以上讨论可以看出，缝隙腐蚀与点蚀有许多相似之处，特别是两者腐蚀发展阶段的机理是基本一致的，均以形成闭塞电池为前提，为此，有人认为点蚀只是一种特殊形式的缝隙腐蚀，与一般缝隙腐蚀唯一的差别是点蚀的扩散通道较短。事实上，在发生的机理上、发生的难易程度上以至在发生的电位区间等方面，两者都有很大的差异。

从腐蚀发生的条件来看，点蚀是通过腐蚀逐渐形成蚀孔(即闭塞电池)，而后加速腐蚀；而缝隙腐蚀是在腐蚀前就已存在缝隙，腐蚀一开始就是闭塞电池作用，而且缝隙腐蚀

的闭塞程度较孔蚀的为大。另外，点蚀一定要在含有氯离子等活性阴离子的介质中才发生，而缝隙腐蚀即使在不含活性阴离子的介质中也能发生。

从循环阳极极化曲线上的特征电位来看，不锈钢等钝性金属材料缝隙腐蚀的发生与成长电位范围比点蚀的要宽，萌生电位也比点蚀电位低，说明缝隙腐蚀更易发生。在实践中，缝隙腐蚀的危害性也比点蚀更大。例如，在氯化物溶液中，钛不发生点蚀，但在浓度较高的热溶液中，钛及其合金易遭缝隙腐蚀。

点蚀通常发生在钝性金属的表面，而缝隙腐蚀既可造成钝性金属加速腐蚀，也可促进活性金属的腐蚀破坏。从腐蚀形态上看，缝隙腐蚀既可呈现均匀的全面活化腐蚀，也可呈现局部点蚀型腐蚀，即使对于后一种情况，点蚀坑也广而浅，而一般点蚀的蚀孔则窄而深。

4. 影响缝隙腐蚀的因素

(1) 缝隙的几何因素。缝隙的几何形状、宽度和深度，以及缝隙内、外面积比等，决定着缝内、外腐蚀介质及产物交换或转移的难易程度、电位的分布和宏观电池性能的有效性等。图 6.9 所示为不锈钢在 0.5mol/L 氯化钠水溶液中缝隙腐蚀宽度与腐蚀深度和腐蚀速率的关系。图中曲线 1 代表总腐蚀速率，曲线 2 代表腐蚀深度。

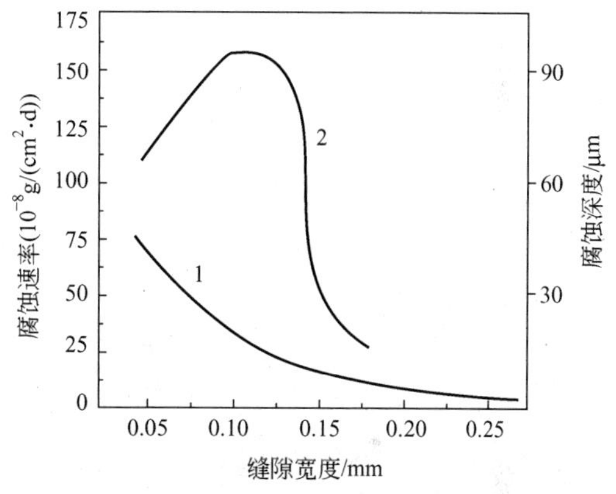


**图 6.9 腐蚀深度和腐蚀速率的关系**

可以看出，缝隙宽度增大，腐蚀深度降低，但在缝隙宽度为 0.10～0.12mm 时，腐蚀深度最大，即此时缝隙腐蚀的敏感性最高。缝隙的宽度和深度主要是影响闭塞电池效应。缝外面积/缝内面积增大，促进大阴极小阳极效应，因此增大缝隙腐蚀的倾向。

(2) 环境因素。影响缝隙腐蚀的环境因素包括溶液中的溶解氧量，电解质溶液的流速、温度、pH 和氯离子浓度等。通常随溶液中 pH 的降低，氯离子浓度和氧浓度增大，缝隙腐蚀加重。溴离子、碘离子等卤素离子也会引起缝隙腐蚀，但其作用均不及氯离子的作用强。溶液的流速和温度对缝隙腐蚀的影响应作具体分析。流速增大，缝外溶液的溶解氧量增加，使缝隙腐蚀增大。但是，当由沉积物引起缝隙腐蚀时，情况则不同，流速增大，沉积物的形成难度增加，因此，使缝隙腐蚀的倾向降低。通常温度升高，缝隙腐蚀加速；但对于开放系统，当温度高于 80℃时，溶液中的溶解氧量明显降低，结果会导致缝隙腐蚀速率下降。

(3) 材料因素。合金成分对缝隙腐蚀有重要影响，对于不锈钢材料，Cr、Ni、Mo、Cu、Si、N 等元素对提高其抗缝隙腐蚀是有效的，而 Ru 和 Pd 则是有害元素。

5. 缝隙腐蚀的控制

根据缝隙腐蚀产生的条件、机理及其影响因素，常采用如下措施来控制缝隙腐蚀。

(1) 合理设计。在设计和制造工艺上应尽可能避免造成缝隙结构。例如，尽量用焊接取代铆接或螺栓连接，采用连续焊取代点焊，并且在接触腐蚀介质的一侧避免孔洞和缝隙。设计容器时，应保证容器在排空时无残留溶液存在。连接部件的法兰盘垫圈要采用非吸水性材料(如聚四氟乙烯等)。

(2) 合理选择耐蚀性材料。选择合适的耐缝隙腐蚀材料是控制缝隙腐蚀的有效方法之一。例如，含 Cr、Mo、Ni、N 量较高的不锈钢和镍基合金，钛及钛合金，某些铜合金等具有较好的抗缝隙腐蚀性能。选材时既要考虑耐蚀性能，同时还要注意经济因素。例如，Ti-Pd 合金具有优异的抗热浓氯化物介质缝隙腐蚀性能，但因其价格昂贵则难以推广使用，钛合金表面渗 Pd 可解决这一问题。

(3) 采取电化学保护措施。例如，对不锈钢等钝化性金属材料，将其电位降低到保护电位以下，而高于 Flade 电位区间，这样既保证不产生点蚀，也不致引起缝隙腐蚀。

此外，采用缓蚀剂控制缝隙腐蚀时要谨慎，通常需要采用高浓度的缓蚀剂才能有效，因为缓蚀剂进入缝隙时常受阻，其消耗量较大。若缓蚀剂用量不当，很可能会加速腐蚀。

## 6.5 晶间腐蚀

### 1. 晶间腐蚀的特征

晶间腐蚀是金属在特定的腐蚀介质中，沿着材料的晶界出现腐蚀，使晶粒之间丧失结合力的一种局部破坏现象。腐蚀沿着晶界向内部发展，使晶粒间的结合力大大丧失，以致材料的强度几乎完全消失。发生晶间腐蚀的构件，表面腐蚀的很轻微，而内部因腐蚀已造成了沿晶界的网络状裂纹(图 6.10)，使金属的强度大大下降，如果该构件受力的作用，将会造成灾难性破坏事故。另外，晶间腐蚀有时会作为应力腐蚀的先导，所以晶间腐蚀也是常见且危害性大的腐蚀形态之一。

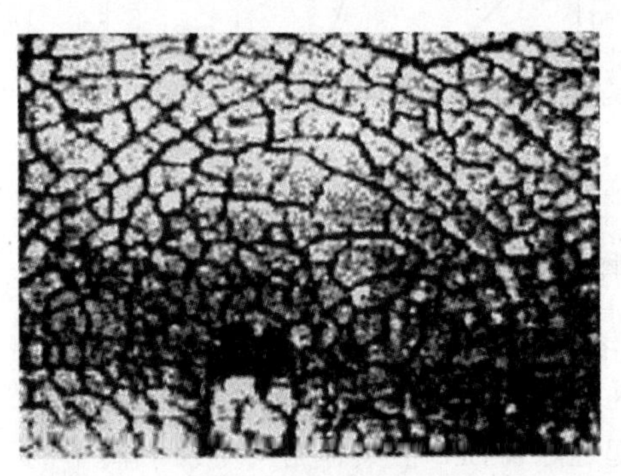

**图 6.10 晶间腐蚀**

大多数金属在特定的环境中都具有晶间腐蚀的倾向。研究表明，金属产生晶间腐蚀的内在原因是晶界的物理化学状态与晶内金属的不同，致使晶界及晶内的电极电位、电化学反应程度不同，从而引起了晶界的加速腐蚀。而晶界与晶内的物理化学状态的不同是由于在晶间及其附近析出了碳化物、氮化物或其他相，或者由于杂质、合金元素在晶界的偏聚，导致晶间区成为阳极，晶粒区成为阴极。

奥氏体不锈钢是产量最多，应用最广的不锈纲，晶间腐蚀是其常见的腐蚀形态。本节主要讨论奥氏体不锈钢晶间腐蚀的产生条件、机理及控制方法。

### 2. 晶间腐蚀的机理

解释晶间腐蚀的理论模型很多，各种模型均认为晶界区存在局部微观阳极的看法。其原因是晶界区既遭受选择性腐蚀，它必然为阳极，而对阳极区的来源、发展和分布看法的不同，出现了各种腐蚀理论。目前具有代表性的理论模型主要有贫化理论、第二相析出理论和晶界吸附理论等。

1）贫化理论

贫化理论是被最早提出的，在实践中已得到了证实，因此是目前被广泛接受的理论。对于不锈钢来说，是贫铬；对于镍钼合金，是贫钼；对于铝铜合金，则是贫铜。下面以奥氏体不锈钢为例，介绍晶间腐蚀的贫化理论。

奥氏体不锈钢在氧化性或弱氧化介质中产生晶间腐蚀，多数是由于热处理不当而造成的。奥氏体不锈钢在450～850℃（此区间常称为敏化温度）短时间加热，使得晶间产生了腐蚀倾向，这在热处理上称为敏化处理。这是因为碳在奥氏体不锈钢中的溶解度与温度有很大影响。奥氏体不锈钢在450～850℃的温度范围内（敏化温度区域）时，会有高铬碳化物（$Cr_{23}C_6$）析出，降低了晶界区的铬含量，当铬含量降至耐腐蚀性界限（11%）之下时，形成了晶界贫铬区，如图6.11所示。晶粒与晶界及其附近区域构成大阴极（钝化）小阳极（活化）的微电池，从而加速了晶界区的腐蚀。严重时材料能变成粉末。晶界及其附近贫铬已经被多数实验数据证实，有人对贫铬区域的大小进行了测量，例如，对于18－8不锈钢，经650℃敏化处理，贫铬区宽度约为150～200nm。奥氏体不锈钢焊接时，靠近焊缝处均有被加热到敏化处理温度的区域，因此焊接结构都有受晶间腐蚀而发生破坏的可能。

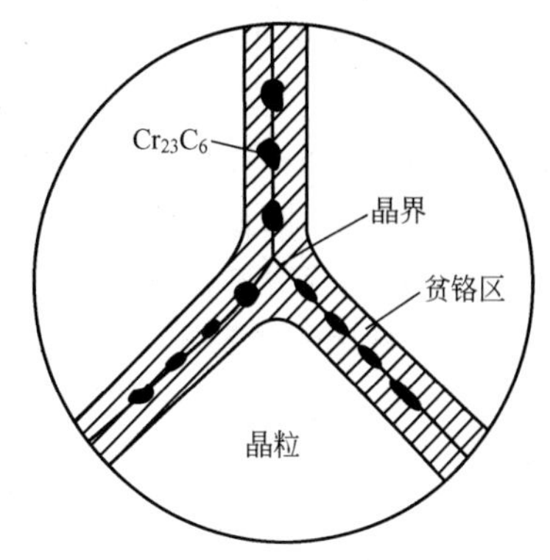

图6.11 不锈钢敏化态晶界析出示意图

2）第二相析出理论

晶界σ相析出促进晶间腐蚀是最具代表性的第二相析出理论，用于解释低碳或超低碳不锈钢晶间腐蚀敏感性。碳化物引起的晶界合金元素贫化理论此时不再适用。σ相是FeCr或FeMo的金属间化合物，含Cr质量分数为0.18～0.54。σ相在晶界的析出同样会引起晶界区贫铬，由此导致晶间腐蚀。超低碳不锈钢，特别是高铬、含钼钢在650～850℃加热或热处理时，易析出σ相。18－8铬镍不锈钢若在产生σ相的温度区间长时间加热，冷加工变形后在产生σ相的温度范围加热，或钢中添加Mo、Ti、Nb等合金元素，也可诱发晶间腐蚀。

3）晶界吸附理论

研究发现，在强氧化性热浓的“硝酸重铬酸盐”介质中，经1050℃固溶处理的超低碳18－8型奥氏体不锈钢等也能产生晶间腐蚀。这显然既不能用晶界沉积$Cr_{23}C_6$引起的贫铬解释，也不能用σ相析出现象来说明。经过研究，将这类晶间腐蚀归于晶界吸附溶质等产生电化学侵蚀而造成晶界溶解所致。

上述3种晶间腐蚀理论模型并不相互抵触，而是相辅相成的，各自适用于不同的合金组织状态和环境体系。值得指出的是，由于晶间腐蚀的复杂性，目前所提出的机理模型仍不完善，有待进一步发展，这需要通过对晶界更微观的成分、结构和相应电化学的深入研究。

3. 晶间腐蚀的影响因素

1）材料成分和组织的影响

合金成分是影响晶间腐蚀的重要因素。以不锈钢为例，无论是奥氏体不锈钢还是铁素体不锈钢，晶间腐蚀的倾向均随碳含量的增加而增大。其原因是，碳含量越高，晶间沉淀的碳化物越多，晶间贫铬程度越严重。与奥氏体不锈钢不同的是，铁素体不锈钢中碳含量需要降到更低的程度，才能降低晶间腐蚀敏感性。Cr 和 Mo 含量增大，可降低碳的活度，从而降低不锈钢的晶间腐蚀倾向。不锈钢中加入与 C 亲和力强的 Ti 和 Nb，能够优先于 Cr 而与 C 结合成碳化物 TiC 和 NbC，从而减少奥氏体中的固溶碳量，使钢在敏化温度加热时避免铬的碳化物在晶界沉淀，从而降低产生晶间腐蚀的倾向。材料组织对晶间腐蚀同样有重要影响，如奥氏体不锈钢中含 δ 铁素体的质量分数为 0.05～0.1 时，可减轻晶间腐蚀倾向，其原因是降低了奥氏体晶界的碳化铬析出量。粗晶较细晶组织的晶间腐蚀倾向大，原因是粗晶晶界部位的碳化物密度比细晶大。

2）热处理因素的影响

从晶间腐蚀的机理看，晶间腐蚀的敏感性与合金材料的热处理(加热温度、加热时间、温度变化速率)有直接的关系。热处理过程影响晶间碳化物的沉淀，进而影响晶间腐蚀的倾向性。不过晶界沉淀的开始并不意味着晶间腐蚀敏感性的开始，而是存在图 6.12 所示的关系。

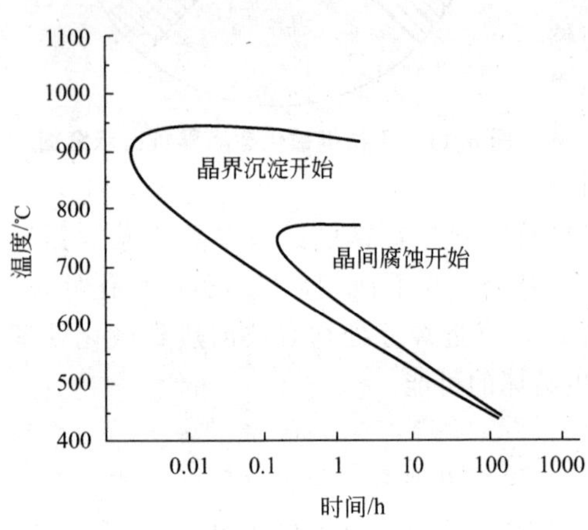


**图 6.12　不锈钢晶间沉淀与晶间腐蚀的关系**

高温敏化，虽然已开始晶界沉淀，但晶界铬的碳化物是孤立的颗粒，晶间腐蚀趋势较小，甚至没有晶间腐蚀；低温敏化，晶间的碳化铬在晶界面上形成连续的片状，晶间腐蚀趋势增大，温度低到一定程度时，开始晶界沉淀与开始有晶间腐蚀的曲线趋于一致。

3）环境因素的影响

由于晶间腐蚀是晶界区或晶界沉淀相选择性腐蚀的结果，因此，凡是能促使晶粒表面钝化，同时又使晶界表面活化的介质，或者可使晶界处的沉淀相发生严重的阳极溶解的介质，均为诱发晶间腐蚀的介质。例如，不仅强氧化性的浓硝酸溶液能引起铬镍不锈钢的晶间腐蚀，而且稀硫酸、甚至海水也能引起晶间腐蚀。工业大气、海洋大气或海水则可引起铜铝合金的晶间腐蚀。那些可使晶粒、晶界都处于钝化状态或活化状态的介质，因为晶粒与晶界的腐蚀速率无太大差异，不会导致晶间腐蚀的发生。温度等因素的影响主要是通过晶粒、晶界或沉淀相的极化行为的差异来显示的。

4. 晶间腐蚀的控制

由于证明了 18－8 型奥氏体不锈钢在敏化状态有贫铬区存在，而这种贫铬区又是由于晶界上析出了碳化铬($Cr_{23}C_6$)所引起的，这便可以相应地采取避免晶间腐蚀的各种措施。同时，由于证实了 18－8 型奥氏体不锈钢已经存在着晶界上碳富集的现象，因而就可通过加入一些比铬更容易形成碳化物的元素，如钛、铌等元素，以避免形成碳化铬。但因钛稳定不锈钢存在许多问题，突出的是严重地影响连铸坯的质量，因此近年来用钛稳定的不锈钢品种的生产受到了一些限制。同时，人们也尝试利用选择性的晶界吸附，加入比碳更容易吸附在晶界上的合金元素，例如加入一定量的硼来降低晶间腐蚀，这方面已经取得了一些效果。

在国家标准 GB/T 4334.1～6 中规定了不同的不锈钢晶间腐蚀的试验方法，但通用的检查不锈钢晶间腐蚀的方法是用65%硝酸腐蚀试验方法。试验是将不锈钢试样放入沸腾的65%的硝酸溶液中，连续48小时为一个周期，共5个周期，每个周期测定重量损失。一般规定，5个试验周期的平均腐蚀率应不大于0.05mm/月。

目前，因为晶界析出碳化铬机理是奥氏体不锈钢发生晶间腐蚀的主要原因，而且其他理论也都是从碳化铬析出的现象出发解释晶间腐蚀现象，因此防止晶间腐蚀的各种措施都是从控制碳化物在晶界上析出着手，这些措施主要有如下几个方面。

(1) 降低钢中的碳含量，即将钢中的碳含量降低到固溶度以下，使碳化物无法析出；或者只有微量的碳化物析出，不足以引起晶间腐蚀破坏的危险。

(2) 加入合金元素，即为了避免碳化铬在晶界处析出，可在钢中加入一些能形成稳定碳化物的元素，最常用的是钛和铌；另外，由于硼原子受尺寸因素的影响，通常会在晶界上偏析，从而可抑制碳化铬在晶界的析出，从而可减轻发生晶间腐蚀的倾向。

(3) 通过一些工艺措施来控制碳化铬析出的部位和数量，来改善晶间腐蚀趋势。如进行冷加工使碳化物在孪晶界上析出，或者通过细化不锈钢的晶粒降低碳化物在晶界上的平均析出量。

(4) 通过调整不锈钢的化学成分，使钢中含有5%～10%的δ铁素体，也可降低晶间腐蚀倾向。

(5) 通过固溶处理使在晶界上析出的碳化铬重新溶解，并在固溶处理后直接水冷，从而消除因敏化而造成的晶间腐蚀倾向。

## 6.6 选择性腐蚀

### 1. 选择性腐蚀的特征

选择性腐蚀是指多元合金在腐蚀介质中，较活泼的组分优先溶解，结果造成材料强度大大下降的现象。选择性腐蚀发生在二元或多元固溶体合金中，电位较高的组元为阴极，电位较低的组元为阳极，组成腐蚀原电池，使电位较高的组元保持稳定或重新沉积，而电位较低的组元发生溶解。最典型的选择性腐蚀是黄铜脱锌和灰口铸铁的石墨化腐蚀，其中黄铜脱锌是最早(1866年)被人们认识的选择性腐蚀，在腐蚀过程中锌被优先脱除而留下多孔的铜骨架。实际上，除黄铜和灰口铸铁以外，还有很多种铜基合金和其他合金材料在适当的介质中都会发生选择性腐蚀。合金发生选择性腐蚀的本质是由于合金中各组分的化学稳定性或者化学活性的不同。

从外观上，可以将选择性腐蚀分为3种破坏形式：①层式——腐蚀较均匀地波及整个材料的表面；②栓式——腐蚀集中发生在材料表面的某些局部区域，并不断地向材料的纵深发展；③点蚀——成分选择性腐蚀在某点的基础上进行，即起始于点蚀孔处。

选择性腐蚀发生后，在材料表面留下一个多孔的残余结构，虽然总尺寸变化不大，但是其机械强度、硬度和韧性大大降低，甚至完全丧失，能够引起难以预料的突发性失效。

2. 黄铜脱锌

黄铜中的合金元素锌用于提高合金的强度，但是当锌的质量分数超过 0.15 时，选择性腐蚀脱锌就较为明显地表现出来，并且脱锌腐蚀倾向随锌含量的增大而增大。脱锌的结果使黄铜变为多孔的海绵紫铜(往往还含有质量分数为 0.1 以下的铜氧化物)，其机械强度显著降低。黄铜脱锌最普遍的是发生在海水中，因此黄铜脱锌成为海水热交换器中黄铜冷凝管的重要腐蚀问题。除海水环境外，在含盐的水及淡水中，或酸性环境、大气和土壤中，也会发生黄铜脱锌腐蚀。但是，如果介质的腐蚀性十分强烈，铜与锌同时被溶解，则不会发生选择性腐蚀。

从腐蚀形态上看，黄铜脱锌有两种形式，即层式脱锌和栓式脱锌，如图 6.13(a)和图 6.13(b)所示。层式脱锌的特点是在酸性介质中腐蚀发生在合金表面，表现为均匀性层状脱锌，使得表层形成疏松的软铜组织，该腐蚀多发生于锌含量高的合金中；栓式(或塞状)脱锌的特点是在中性、碱性或弱酸性介质中腐蚀沿着局部区域向深处发展，构件呈针孔状腐蚀特征，局部腐蚀速率可达每年 5mm，而针孔周围的区域却没有明显的腐蚀迹象，使得栓塞区形成软铜组织，这种腐蚀多发生于锌含量低的合金中，易导致黄铜管穿孔或引起突发性脆性断裂。

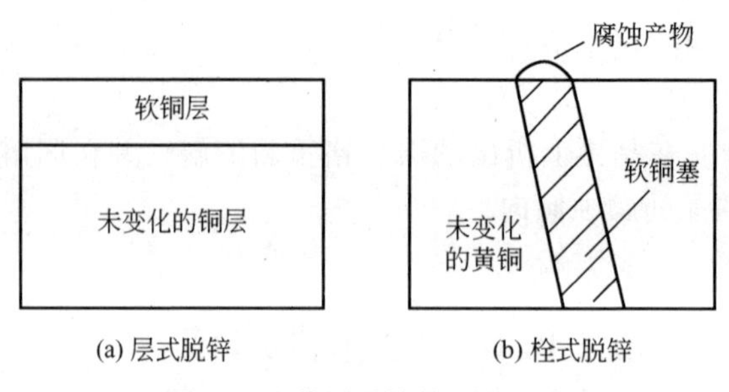


**图 6.13 黄铜脱锌的两种形态**

脱锌与黄铜的其他腐蚀形式有密切关系，如脱锌能够促进黄铜应力腐蚀裂纹的萌生与扩展，成为诱发黄铜应力腐蚀开裂的主要因素之一。

3. 铸铁的石墨化腐蚀

灰口铸铁中的石墨以网络状形式分布在铁素体的基体内，对于铁素体来说石墨为阴极，在一定的介质环境条件下发生铁的选择性腐蚀，而留下一个多孔的石墨骨架，称为石墨化腐蚀。石墨化腐蚀使灰口铸铁丧失原有的强度和金属性能，具有一定的危险性。石墨化腐蚀通常发生在较为缓和的环境中，如盐水、土壤或极稀的酸性溶液等。船舶的冷凝器、地下管道等设施中使用的灰口铸铁常常发生石墨化腐蚀。石墨化腐蚀通常仅发生在有石墨网存在的灰口铸铁中。不能保持连续石墨残留物的可锻铸铁及球墨铸铁则不发生石墨化腐蚀，而没有自由碳的白口铸铁同样也不发生石墨化腐蚀。石墨化腐蚀是一个缓慢进行的过程，当灰口铸铁处于腐蚀性十分强烈的环境中时，则取代石墨化腐蚀的是整个铸铁表面的均匀化腐蚀。

4. 选择性腐蚀的机理

关于合金的选择性腐蚀机理，多年来存在着两种不同的观点：一种是选择性溶解理论

(或剩余理论)，另一种是溶解再沉积理论。选择性溶解理论认为，活性高的组元(贱组元)优先溶出而残留下活性低的组元(贵组元)的残余构架；溶解再沉积理论则认为选择性腐蚀是活性高与活性低的组元一同溶解到腐蚀介质中后，活性低的组元发生再沉积(或反镀)，形成疏松多孔的骨架结构。这两种理论均有一定的依据，并能解释一些实验现象，但却不能完全否定另外一种理论。为此，近年来越来越多的人倾向于认为两种机理可能共存，提出了综合作用机理。选择性腐蚀的理论围绕黄铜脱锌讨论得最多，因此，下面的介绍将主要以黄铜脱锌为例。

1) 选择性溶解理论

该理论模型认为，黄铜脱锌的机理是黄铜中的锌发生选择性溶解，合金内部的锌通过表层上的复合空位迅速扩散并到达溶解反应的地点，从而保持继续溶解，由此导致表层留下疏松的铜层。这一机理模型十分直观，并得到了金相分析、旋转环盘电极试验、电子探针分析、X射线衍射分析、显微硬度测试等方面直接或间接实验结果的支持。同时利用该理论能较好地解释灰口铸铁的石墨化腐蚀、Cu-Au合金的脱铜等选择性腐蚀现象。

2) 溶解再沉积理论

该理论认为，黄铜脱锌由黄铜的整体溶解、锌离子留在溶液和铜再沉积回基体等步骤组成。下面以黄铜在海水中的脱锌过程为例加以说明(图6.14)。

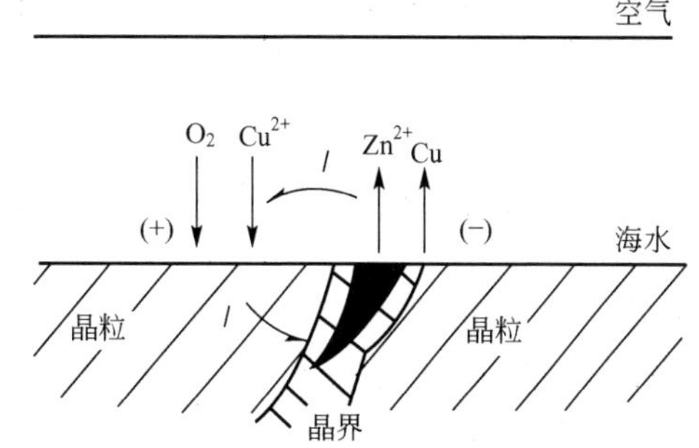

图 6.14 黄铜选择性腐蚀示意图

(1) 黄铜的整体溶解。

阳极过程为
$$Cu-Zn \longrightarrow Cu^{2+} + Zn^{2+} + 4e^- \quad (a)$$

阴极过程为
$$O_2 + 2H_2O + 4e^- \longrightarrow 4OH^- \quad (b)$$

(2) 铜的反镀(或再沉积)。由于Zn的活性高，阳极溶解出的$Zn^{2+}$留在水溶液中，而富集在基体表面的$Cu^{2+}$将产生置换反应(阴极)，即

$$Cu^{2+} + Cu-Zn \longrightarrow 2Cu + Zn^{2+} \quad (c)$$

置换出的Cu沉积在基体上。方程式(a)和方程式(c)中的Cu-Zn表示铜合金。方程式(a)、方程式(b)及方程式(c)相加的总反应为

$$O_2 + 2H_2O + 2Cu-Zn \longrightarrow 4OH^- + 2Cu + 2Zn^{2+} \quad (d)$$

方程式(d)表明，黄铜总的腐蚀结果是锌量减少，铜量不变，疏松多孔的沉积铜取代了黄铜中有结合力的铜。这样虽然黄铜的几何形状无明显改变，但是其力学和金属学性能显著改变。

3) 综合作用机理

迄今已知的实验事实尚难以判定上述两种理论中哪一个更正确，同时近年来又有各种新的实验现象不断出现，驱使更多的研究者倾向于两种机理共存的意见。这种观点包含两个方面的含义。一些研究者认为，在不同的介质环境条件下，选择性腐蚀的机理不同。例如，在弱酸性介质中或温度较低的条件下，选择性溶解起主导作用；而在强酸性介质、海水或高温条件下，溶解再沉积机理起作用。另外一些研究者认为，在选择性腐蚀发展的不同阶段可以有不同的机理起主导作用。观点之一是，在黄铜脱锌初期，以锌的优先溶解为

主，产生的富铜位置对后期的铜再沉积起阴极区作用。随着腐蚀进程的发展，转化为以合金溶解和铜再沉积为主的腐蚀。这些观点也得到了一些直接或间接实验的支持。

综上所述可以看出，由于选择性腐蚀的错综复杂性和目前实验手段的局限性，还难于完全确定某种机理的完全正确性。但随着科学技术的进展，人们的认识会逐步提高。

5. 选择性腐蚀的影响因素与控制措施

选择性腐蚀受合金成分、组织结构、介质状况、温度及电化学极化条件等因素影响，因此，人为地去合理控制这些因素就可以达到有效控制选择性腐蚀的目的。

1）材料成分的影响

合金中活性组元的含量越高，脱合金元素的倾向就越大，因此，为了控制选择性腐蚀，有效方法之一就是尽可能选择含活性组元低的合金。另外，除了主加合金组元外，添加少量的辅加合金元素，也会对选择性腐蚀产生重要影响。例如在α黄铜中加入砷、锑、锡、磷、镍和铝，均可有效地抑制其脱锌腐蚀，基于此原因目前发展了一些含这类辅加合金元素的新型合金，以控制α黄铜的脱锌，从综合效果和经济上考虑，则以加入砷和磷最为有利。

2）热处理工艺的影响

合金组织结构对选择性腐蚀有重要影响。例如，对于二元铝铜合金，脱铝腐蚀的严重程度通常按如下顺序递增：α相→含铝少的马氏体→含铝高的马氏体→γ相。因此，通过恰当地控制热处理工艺，可以获得选择性腐蚀倾向低的组织。

3）介质的影响

合金成分选择性腐蚀与介质状况密切相关，特定的合金仅对某些介质有选择性腐蚀敏感性。对于黄铜脱锌腐蚀，当介质中氯化物浓度高、含氧量大、流速低或合金表面存在有利于缝隙形成的垢层及沉积物时，均会增大脱锌的敏感性。合理地控制这些因素即可降低黄铜脱锌的敏感性。在环境介质中加入缓蚀剂也是控制选择性腐蚀的另一种重要手段。

由于选择性腐蚀通常发生在特定的电极电位范围内，因此，通过电化学阴极保护手段，将被保护的合金维持在最活泼的合金组元的溶解电位以下，就可以防止选择性腐蚀的发生。但是因该措施不够经济，所以在实际中应用不多。

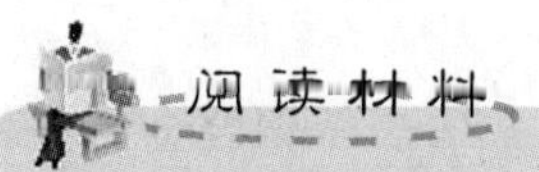


**材料之电化学**

材料学和电化学交叉领域的研究越来越受到关注。1987年国际电化学学会召开了一届以“新材料之电化学和电化学之新材料”为主题的国际电化学年会，此后，材料经常成为电化学研究的重点领域之一。在1989、1991、1994、1998和1999年的国际电化学年会上，材料学都为年会讨论的主题之一。

有关这一领域的讨论，在材料学界也在进行，如国际热处理和表面工程联合会在澳大利亚召开的2000年的大会将电化学作为第一主题会场讨论的主题。这一主题之所以近年来备受关注，其主要原因是电化学反应在很大程度上依赖于材料；而材料的许多作用和性能又与电化学反应有关。“电化学材料科学”这一概念的提出是学科发展的必然，它将促进这一处于材料学和电化学的交叉领域研究的发展。在此，我们力图揭示“电化学材料科学”这一概念的内涵和外延，仅供参考。

(1)“电化学材料科学”是1999年德国的斯卡尔茨教授在意大利的帕威尔召开的第50届电化学年会上提出的，但他未就这一词予以确切定义。其实，在“电化学材料科学”提出以前，电化学工作者关心材料领域的研究由来已久。200年前伏特电堆发明以后，不同电池材料对电池电性能的影响逐渐被人们所认识。1896年人造石墨的出现和它在氯碱生产中发挥的作用给电化学工作者以极其深刻的影响，此后对有关石墨电极材料改性以及其他电极材料如铅阳极、磁铁矿阳极的探索，一直持续到20世纪70年代。活性氧化物电极材料在1965年问世，并于1968年进入工业应用，材料的作用才越来越受到电化学工作者的关注。材料科学工作者对电化学的关切可以追溯到20世纪初，20年代著名的英国科学家伊文思对金属腐蚀理论进行了大量的分析。他认识到金属的腐蚀可以归结为电化学反应，与学生一起建立了金属腐蚀的电化学历程并提出金属腐蚀极化图。腐蚀对材料的破坏是惊人的，有估计认为全世界因腐蚀损失的钢铁材料约相当于全年钢铁产量的30%。对腐蚀电化学机理的研究和认识为金属的防护措施的建立打下了良好基础。尽管牺牲阳极的电化学保护技术最早出现在1842年，但直到20世纪30年代在工业上才开始采用，而阳极保护技术则是1954年由艾德利纽提出的，1948年得到工业应用。20世纪50年代以前，金属的高温氧化被看成是典型的化学腐蚀，1952年瓦格纳分析了氧化机理，提出了氧化膜的生长加厚阶段可完全归结为电化学反应，从而为高温腐蚀问题的解决开辟了正确道路。材料科学工作者感兴趣的另一方面是材料的电化学沉积技术。实际上，电镀技术是一种古老的技术，到20世纪30年代才开始有很大的发展。

(2)“电化学材料科学”是电化学和材料科学的交叉科学。要明确“电化学材料科学”这一概念，首先要了解“电化学”和“材料科学”，并在了解“电化学”和“材料科学”概念的基础上，从宏观和微观两个角度来理解。电化学是边缘学科，是多领域的跨学科。对“电化学”，古老的定义认为它是“研究物质的化学性质或化学反应与电的关系的科学”。以后Bockris下了定义，认为是“研究带电界面上所发生现象的科学”。当代电化学领域已经比Bockris定义的范围又拓宽了许多。实际上还有学者认为电化学领域更宽。如日本的学者小泽昭弥则认为，电化学涵盖了电子、离子和量子的流动现象的所有领域，它横跨了理学和工学两大方面，从而可将光化学、磁学、电子学等收入版图之中。若从宏观和微观两个角度来理解的话，可以认为，宏观电化学是研究电子、离子和量子的流动现象的科学。微观电化学还可以有广义和狭义之分，广义的微观电化学是“研究物质的带电界面上所发生现象的科学”，而狭义的微观电化学则是“研究物质的化学性质或化学反应与电的关系的科学”。

材料科学也是多领域的跨学科边缘学科。而“材料科学”一词是在20世纪60年代初才提出的。1957年苏联的人造地球卫星先于美国上天，引起美国朝野震惊，认为落后的主要原因是材料的落后，为此成立了10余个材料科学研究中心，“材料科学”一词便流传开来。有人认为，材料科学是研究材料组织结构、加工技术和性能特点之间关系的科学。用肖纪美院士的观点，它是研究“可为人类社会接受的、经济地制造有用器件的物质”的科学。“微观材料学是着眼于材料—单个或集体的—在外界自然环境作用下所表现的各种行为，以及这些行为与材料内部结构之间的关系和改变这些结构的工艺”；而宏观材料学则着眼于考察它与社会环境之间的交互作用。综上所述，可以认为微观电化学材料科学作为电化学和材料科学的交叉科学的研究领域，涵盖了材料的有关带电界面上所发生的现象，以及这些现象与材料内部结构之间的关系和利用此现象来改变内部结构的工艺；而宏观电化学材料科学则着重于考察所有与电子、离子和量子的流动现象和材料有关的问题以及它们与社会环境之间的交互作用。

(3)“电化学材料科学”这一交叉学科覆盖的领域和研究的具体问题与有关科技工作者的看法有关。根据上述意见，从狭义的角度来理解，微观电化学材料科学的覆盖领域是材料的化学变化并涉及电的有关问题。因此，它的主要研究内容就比较明确了。从广义角度来理解，微观电化学材料科学还将涉及所有与带电界面有关的问题，它不仅涉及电子，还涉及离子。从这个意义上才能理解斯卡尔茨教授所认识的EMS的领地。而宏观电化学材料科学则覆盖了材料的所有与电子、离子和量子的流动有关的现象及它们与社会环境之间的交互作用。

(4)“电化学材料科学”的区域划分因着眼点不同而异，可以从宏观的和微观的角度来划分，即是宏观电化学材料科学和微观电化学材料科学。也可以根据材料类型或电化学角度来划分，如将电化学材料科学划分为电化学无机材料科学和电化学有机材料科学，或者电化学结构材料科学和电化学功能材料科学等。如果从电化学角度着眼，可以将电化学材料科学划分为理论电化学材料科学和应用电化学材料科学，或者腐蚀电化学材料科学、分子电化学材料科学和工业电化学材料科学等。将电化学材料科学分为3个区域：①材料的电化学制备科学，它属于材料制备科学的范畴，指采用电化学技术制备各种材料，主要包括材料的电化学加工和表面工程；②材料的电化学，是电化学的一个组成部分，它研究材料的电化学现象，主要有腐蚀与防护和电化学传感器等；③电化学的材料学，指的是电化学系统中的材料的组织、加工和性能的科学，它既位于材料学的边缘，又处于电化学的边缘，距离两个学科的中心地带较远，因此，这一区域应当是电化学材料科学关注的重点区域。这一区域研究电解和电池所涉及的材料，它包括电极材料、电解材料和电池材料。

所谓的“电化学的材料”，对电化学来说是电化学反应的组件和辅件；对材料学而言，又属于电化学能量转换功能性材料。而仿佛是配角的电化学材料又恰恰是维系电化学反应的不可或缺的材料。在电化学技术的高度发展的今天，电化学工业的高要求和电化学新系统的出现必然对电化学材料有更高的期待，以至于对其研究也愈加重视。这也许是近来这一领域的研究备受关注的原因，或许也是“电化学材料科学”在近期才被提出的原因。“电化学材料科学”的提出必将促进电化学和材料科学的研究与应用，促进交叉领域间的相互渗透和相互发展。这一学科的发展必将在今后的科研、生产和基础设施建设中逐渐发挥积极作用。

**资料来源：唐电，陈再良．电化学材料科学的发展前景［J］．科技导报，2002(6)．**

## 习　题

1. 试分析为什么全面腐蚀的阴极和阳极电位相等，均等于腐蚀电位，而局部腐蚀的阴极电位与阳极电位不相等。在极化图上，为什么局部腐蚀通常不能像全面腐蚀那样横坐标用电流密度表示？

2. 试比较标准电位序与腐蚀电偶序的异同，并说出其各自的应用。

3. 电偶腐蚀的影响因素有哪些？造成电偶极性逆转的主要原因是什么？

4. 对于不锈钢、铝合金、钛合金、低碳钢等，溶液中氯离子的存在往往促进点蚀，然而对于铜来说，其情况则相反。试查阅有关文献资料，分析其差异的原因。

5. 试述点蚀萌生和发展的机理模型及控制点蚀的措施。

6. 点蚀电位与保护电位(或再钝化电位)所代表的意义是什么？它们是如何确定的？其数值与测定方法是否有关？

7. 阐述缝隙腐蚀的机理及影响。

8. 分析晶间腐蚀产生的原因。热处理制度对奥氏体不锈钢和铁素体不锈钢产生晶间腐蚀的影响有何不同之处？

9. 哪些金属材料更易发生点蚀、缝隙腐蚀和晶间腐蚀？这3种类型的腐蚀机理中有无相同的作用因素和联系？

10. 产生选择性腐蚀的根本原因是什么？哪些合金材料易产生选择性腐蚀？简述黄铜脱锌的机理及控制措施。

11. 何为石墨化腐蚀？试述其特点和产生机理。

# 第7章 应力腐蚀

## 教学目标

通过本章的学习，使读者能够了解应力腐蚀的现象、过程和类型；明确金属受到载荷时，表面及其组织的能量会发生变化，引起电化学性能的变化而加速腐蚀；了解应力腐蚀机理和特点。

## 教学要点

(1) 掌握应力腐蚀的概念。

(2) 理解应力腐蚀与断裂、氢脆和氢损伤的产生及其机理。

(3) 明确应力腐蚀的三要素。

(4) 了解腐蚀疲劳、磨损腐蚀、空泡腐蚀、微动腐蚀、滞后破坏等的概念。

(5) 掌握应力腐蚀的控制方法。

导入案例

## 斜拉索的腐蚀

斜拉索长期处于跨江河、跨海湾的地域，长期暴露在风雨、潮湿和污染空气的环境中，且主要材料为钢材，若防护不当，极易受到腐蚀。据统计，全球已建成各类斜拉桥超过500座。自20世纪80年代后期以来，开始发现斜拉桥的拉索腐蚀，并不得不更换了数十座斜拉桥的拉索。

由于桥上车辆重复荷载作用，斜拉索的风雨振等因素，斜拉索实际上处在振动环境中。可变荷载使斜拉索承受疲劳作用，有可能破坏斜拉索表面的防护层，影响斜拉索的抗腐蚀能力。拉索的振动还会在斜拉索与锚具的结合处形成反复的弯折作用，加大疲劳应力幅值，形成拉索的薄弱环节。

斜拉索的腐蚀主要是索体中的钢材与周围介质发生电化学作用，造成氧化还原反应所致。引起斜拉索腐蚀的常见因素有空气、水、氯离子以及持续作用于高强钢丝的拉应力等，这些因素都会引起钢材腐蚀，产生应力腐蚀裂缝和氢化断裂。在斜拉索钢丝中的合金元素、渗碳体及其他杂质往往构成阴极，铁元素构成阳极，当斜拉索表面凝结吸附水汽而形成水膜时，就构成了无数微电池，空气中的氧、二氧化硫及二氧化碳等还会不断地溶解到水膜中去，促进铁元素电离，加快钢材的腐蚀速率，最终致使斜拉索被腐蚀。

斜拉索的防腐就是要防止钢丝表面形成可作为电解液的水膜，因此最有效的防腐手段就是将钢丝与大气隔离。常用的防腐措施主要有钢丝镀锌或镀铝防护、全封闭套管防护、套管压浆法，还有化学涂层法等。使用较为普遍的是聚乙烯(PE)管压浆防护，PE管价格低廉，经济适用，便于工厂化生产和加工，PE管内的填充物有压水泥浆和热挤高密度聚乙烯(PE)护套加聚氨脂(PU)彩色护套的挤包层扭绞型斜拉索。试验证明，在严格的质量控制条件下，完全暴露在大气环境下的PE材料，其正常使用寿命不超过30年。如果PE材料本身存在缺陷，再加上恶劣的环境条件，其使用寿命将大大缩短。大型桥梁工程的设计使用寿命通常为100年。一般而言，斜拉桥在营运期间可能要进行3次或更多次的换索。

拉索腐蚀案例与分析如下。

案例1。广州海印大桥，1989年建成。该桥斜拉索高强钢丝自内向外有4层保护：镀锌层、水泥压浆层、聚乙烯含炭黑防老化层、多道树脂玻璃钢缠带包裹层。这在当时已被认为是足够严密的防护体系了。但斜拉索灌浆后部分轻质离析物和有害物质向管顶富集，在密闭条件下，顶部含FDN高效减水剂的较大水灰比浆体长时间不凝固，导致对拉索产生以电化学腐蚀为主的多种强腐蚀，使拉索锈蚀。浆体中含有侵蚀性很强的氯离子，不但不能防止电化学反应的发生，反而在一定程度上为腐蚀反应提供了有利条件。1995年5月15日7时15分，该桥南塔边跨西侧15号索突然坠落，所幸未伤及车辆与行人。由原施工单位更换全桥拉索，1995年12月14日完成换索工作，1996年1月15日全桥调索完毕。

案例2。上海恒丰路立交桥为一座独塔斜拉桥，主跨56m，建于1987年，其拉索的设计寿命为20年。防护体系采用外包PE护套，内部灌注水泥浆。海印大桥发生事故后，有关部门采用搭脚手架的方法对恒丰路立交桥的每一根拉索都进行了检测，将索的上部锚头打开，用细铁丝往下探，结果发现索内存在空穴，最严重的空穴长达7m。对灌浆施工的过程进行分析，表明这些空穴是由于灌浆不饱满造成的。此外水泥浆收缩也是造成空穴的部分原因。2003年对恒丰路立交桥进行了换索，检查发现拉索的锈蚀非常普遍，且拉索上部的锈蚀最为严重。对换下的拉索进行力学试验，发现钢丝的抗拉强度平均下降了15%左右。

案例3。美国Pasco Kennewick桥，建于1978年，其拉索钢丝置于PE套管中，并往管内注入水泥浆。设计中考虑到黑色聚乙烯管的热膨胀系数比水泥浆和钢索大，为控制温度的作用并照顾美观，在聚乙烯管外再缠绕了聚乙烯条带(1989年广州海印大桥的防护措施与之类似)。原估计使用寿命为25年，但仅5年时间就发现防护失效，不得不进行换索。

案例4。济南黄河大桥为塔墩固结的5跨连续预应力混凝土斜拉桥。主桥长488m，主跨220m。拉索由67～121根5mm镀锌钢丝组成，铝管防护套其间压注了水泥浆。1982年建成通车。其主桥是我国早期建成的大跨斜拉桥之一。1991年9月大桥管理处对斜拉索进行检查时，发现部分斜拉索的铝套管腐蚀、胀裂，将铝套管腐蚀严重的斜拉索剥开，发现灌浆不饱满、钢丝裸露。水泥石剥离后，发现钢丝表面镀锌层已不存在，钢丝表面已受到程度不同的锈蚀。为预防发生突发断索事故，1995年9～11月更换了全桥的88根拉索。

这些案例表明，PE套管(包括铝套管)内灌注水泥浆的方法难以有效地保护拉索钢丝。主要原因是灌注水泥浆不密实，水泥浆的收缩难以避免，外层防护材料不能完全密封等。国内后来修建的斜拉桥很少采用这种斜拉索防护方法。但在美国和欧洲，情况似乎有所不同。美国较早建造的斜拉桥大约在20世纪70年代，其中也不乏采用PE套管内灌注水泥浆进行钢丝防护的工程实例，但拉索严重锈蚀的却很少。

**资料来源：王力力，易伟建．斜拉索的腐蚀案例与分析［J］．中南公路工程，2007**(32).

## 7.1 应力腐蚀的范畴

应力腐蚀是指在拉应力作用下，金属材料在腐蚀介质中引起的破坏。材料在应力(外加的、残余的、化学变化或相变引起的)和环境介质协同作用下发生的开裂或断裂现象称为材料的环境断裂。如果环境介质为腐蚀性环境，则称为应力作用下的腐蚀。材料在应力因素和腐蚀环境因素单独或联合作用下造成的破坏类型及彼此间的关系可用图7.1表示。

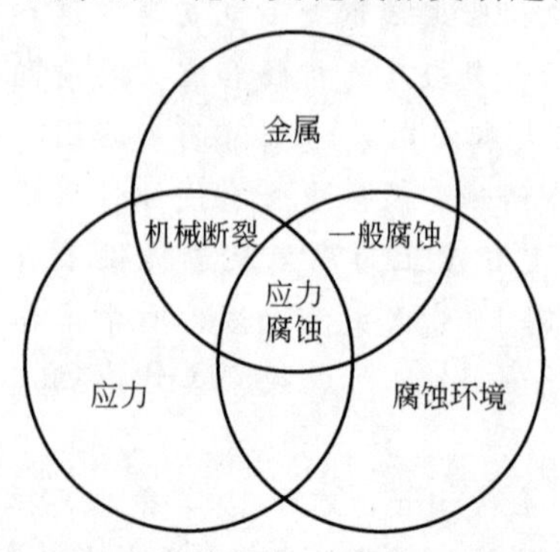


**图7.1　金属材料结构破坏定义范畴示意图**

材料(结构)在应力因素单独作用下的破坏属于机械断裂(包括机械疲劳)；材料(结构)在腐蚀环境因素单独作用下的破坏属于一般性腐蚀破坏；当应力因素与腐蚀环境因素协同作用于材料或结构时，则发生应力作用下的腐蚀破坏，导致的构件断裂破坏则称为应力腐蚀断裂。应力作用下的腐蚀破坏主要包括应力腐蚀、腐蚀疲劳、氢致断裂、微动腐蚀(或微振腐蚀)、冲击腐蚀(或湍流腐蚀)和空泡腐蚀等。

应力腐蚀开裂(Stress Corrosion Cracking，SCC)是指受应力的材料在特定腐蚀环境下产生滞后开裂，甚至发生滞后断裂的现象。当材料不受应力的作用时，其腐蚀非常轻微；当承受的应力超过某一临界值时，会在腐蚀并不严重的情况下发生开裂或断裂。材料、应力和腐蚀环境是发生应力腐蚀的三要素。

腐蚀疲劳(Corrosion Fatigue，CF)是指腐蚀介质与交变应力协同作用，引起材料破坏的现象。腐蚀疲劳可以看成是应力腐蚀的一种特殊形式(应力是交变的)，也可看成是特殊环境(腐蚀介质)下的疲劳。为了突出腐蚀疲劳的特殊性，应力腐蚀狭义上仅指受静应力或非常缓慢变化应力作用下的腐蚀破坏。

氢脆(Hydrogen Embrittlement，HE)或氢损伤是指进入材料内部的氢导致材料性能的退化现象，包括氢压引起的微裂纹、高温高压氢腐蚀、氢化物相或氢致马氏体相变、氢致塑性损失及氢致开裂或断裂等。

微动腐蚀(Fretting Corrosion，FC)是指在有氧气或其他腐蚀介质存在的条件下，沿着受压载荷而紧密接触的界面上有轻微的振动或微小振幅的往返相对运动，导致在接触面上出现小坑、细槽或裂纹的现象。微动腐蚀的结果要么导致以磨损为主的破坏，要么造成以裂纹萌生和扩展为主的疲劳断裂破坏，具体破坏形式依赖于工况条件。

冲击腐蚀(Erosion Corrosion，EC)是指金属表面与腐蚀流体之间由于高速相对运动而引起的金属破坏现象。冲击腐蚀时，金属的腐蚀产物因受高速流体的冲刷而离开金属表面，从而使新鲜的金属表面与腐蚀介质直接接触，加速了腐蚀破坏。

空泡腐蚀(Cavitation Corrosion，CC)是指由于流体压力分布不均匀，在金属表面形成流体的空泡，随后这类空泡破裂，产生高压冲击波，加速构件表面破坏的现象。空泡破裂产生的冲击波可产生如下3种效应：使软的金属表面发生高速形变；使韧性差的金属表面层剥落；损坏金属表面的保护膜，促进腐蚀的进行。

应力腐蚀是危害性最大的局部腐蚀形态破坏形式之一。在腐蚀过程中，若有微裂纹形成，其扩展速率比其他类型的局部腐蚀速率要快几个数量级。应力腐蚀是一种“灾难性的腐蚀”，如桥梁坍塌、飞机失事、油罐爆炸、管道泄漏等都造成了巨大的生命和财产损失。此外，如核电站、船只、锅炉、石油化工也都发生过应力腐蚀断裂的事故。

## 7.2 应力腐蚀开裂

1. 应力腐蚀开裂的条件

一般认为发生应力腐蚀开裂需要同时满足3个方面的条件：拉伸应力、敏感材料和特定介质。

(1) 引起应力腐蚀开裂的往往是拉应力。这种拉应力的来源可以是：工作状态下构件所承受外加载荷形成的拉应力；加工、制造、热处理引起的内应力；装配、安装形成的内应力；温差引起的热应力；裂纹内因腐蚀产物的体积效应造成的楔入作用也能产生裂纹扩展所需要的应力。

(2) 每种合金的应力腐蚀开裂只对某些特殊介质敏感。一般认为纯金属不易发生应力腐蚀开裂，合金比纯金属更易发生应力腐蚀开裂。表 7-1 列出了各种合金对应力腐蚀开裂的环境介质体系。

**表 7-1　不同合金对应力腐蚀开裂的环境介质体系**

| 合金 | 腐蚀介质 |
|---|---|
| 碳钢和低合金钢 | 碱性溶液，酸性溶液，海水，工业大气，三氯化铁溶液，湿的 $CO-CO_2$，空气 |
| 高强度钢 | 蒸馏水，湿大气，氯化物溶液，硫化氢 |
| 奥氏体不锈钢 | 高温碱液，高温高压含氧纯水，氯化物水溶液，海水，浓缩锅炉水，水蒸气(260℃)，湿润空气(湿度 90%)，硫化氢水溶液，$NaCl-H_2O_2$ 水溶液 |
| 铜合金 | $NH_3$ 蒸汽，氨溶液，汞盐溶液，含 $SO_2$ 的大气，三氯化铁，硝酸溶液 |
| 钛合金 | 发烟硝酸，海水，盐酸，含 $Cl^-$、$Br^-$、$I^-$ 的水溶液，甲醇，三氯乙烯，$CCl_4$，氟利昂 |
| 铝合金 | NaCl 水溶液，海水，水蒸气，含二氧化硫的大气，含 $Br^-$、$I^-$ 的水溶液，汞 |

(3) 介质中的有害物质浓度往往很低，如大气中微量的 $H_2S$ 和 $NH_3$ 可分别引起钢和铜合金的应力腐蚀开裂。$H_2S$ 引起高强度钢的开裂称为氢脆；空气中少量的 $NH_3$ 能引起黄铜的氨脆。此外，氯离子能引起奥氏体不锈钢的应力腐蚀开裂，称为氯脆；低碳钢在硝酸盐溶液中可以发生硝脆；碳钢在强碱溶液中的碱脆等都是给定材料和特定环境介质结合后发生的破坏。氯离子能引起不锈钢的应力腐蚀开裂，而硝酸根离子对不锈钢则不起作用，反之，硝酸根离子能引起低碳钢的应力腐蚀开裂，而氯离子对低碳钢则不起作用。

2. 应力腐蚀开裂的特征

应力腐蚀开裂是一种典型的滞后破坏，即材料在应力和环境介质共同作用下经过一段时间后，才萌生裂纹。当裂纹扩展到临界尺寸时，裂纹尖端的应力强度达到材料的断裂韧性，继而发生失稳断裂。应力腐蚀开裂过程分为 3 个阶段：裂纹萌生、裂纹扩展、失稳断裂。

1) 裂纹萌生

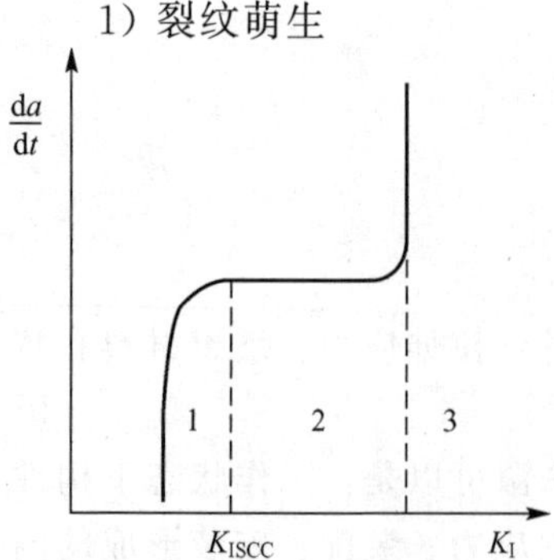

**图 7.2　裂纹的扩展速率与裂纹尖端的应力的关系**

裂纹源多在保护膜破裂处，而膜的破裂可能与金属受力时应力集中与应变集中有关。此外，点蚀、缝隙腐蚀和晶间腐蚀的区域也往往是应力腐蚀开裂裂纹的萌生处。萌生期少则几天，多则长达几年、几十年，主要取决于环境特征与应力大小。

2) 裂纹扩展

应力腐蚀开裂裂纹的扩展速率 $da/dt$ 与裂纹尖端的应力强度因子 $K_I$ 的关系如图 7.2 所示。裂纹扩展包括 3 个阶段。在第一阶段 $da/dt$ 随 $K_I$ 增加而急剧增大。

当 $K_I$ 达到临界应力强度因子 $K_{ISCC}$ 以上时，应力腐蚀开裂裂纹不再扩展，$K_{ISCC}$可作为评定材料应力腐蚀开裂倾向的指标之一。在第二阶段，裂纹扩展与应力强度因子 $K_I$ 大小无关，主要受介质控制。第三阶段为失稳断裂，完全由力学因素 $K_I$ 控制，$da/dt$ 随 $K_I$ 增大而迅速增加直至断裂。

3）失稳断裂

当裂纹扩展达到临界尺寸时，裂纹失稳迅速，导致纯机械断裂。

### 3. 应力腐蚀开裂机理

应力腐蚀开裂机理很多，目前尚未有统一的理论。由于应力腐蚀开裂是一个与腐蚀有关的过程，其机理必然与电化学腐蚀反应有关。应力腐蚀开裂机理可以分为两大类，即阳极溶解机理和氢致开裂机理，二者之间的关系如图 7.3 所示。一般认为，黄铜的氨脆和奥氏体不锈钢的氯脆属于阳极溶解型；$H_2S$ 引起高强度钢的开裂属于氢致开裂型。关于氢致开裂型机理，将在下一节中讨论。

阳极溶解机理包括活性通道理论、快速溶解理论、膜破裂理论和闭塞电池理论。

1）活性通道理论

该理论认为，在金属或合金中有一条易于腐蚀的连续通道，沿着这条活性通道，优先发生阳极溶解。活性通道可以是晶界、亚晶界或由于塑性变形引起的阳极区等。电化学腐蚀就沿着这条通道进行，形成很窄的裂缝裂纹，而外加应力使裂纹尖端发生应力集中，引起表面膜破裂，裸露的金属成为新的阳极，而裂纹两侧仍有保护膜为阴极，电解质靠毛细管作用渗入到裂纹尖端，使其在高电流密度下加速裂尖阳极溶解。该理论强调了在拉应力作用下保护膜的破裂与电化学活化溶解的联合作用。

2）快速溶解理论

该理论认为，在金属或合金表面的点蚀坑、沟等缺陷，由于应力集中形成裂纹。裂纹一旦形成，其尖端的应力集中很大，足以使其裂纹尖端发生塑性变形，塑性导致了裂纹尖端具有很大的溶解速率(图 7.4)。这种理论适用于自钝化金属，由于裂纹两侧存在钝化膜，更显示出了裂纹尖端的快速溶解，随着裂纹向前发展，裂纹两侧的金属重新发生钝化(再钝化)，只有当裂纹中钝化膜的破裂和再钝化过程处于某种同步条件下才能使裂纹向前发展，如果钝化太快就不会产生裂纹的进一步腐蚀，若再钝化太慢，裂纹尖端将变圆，形成活性较低的蚀孔。

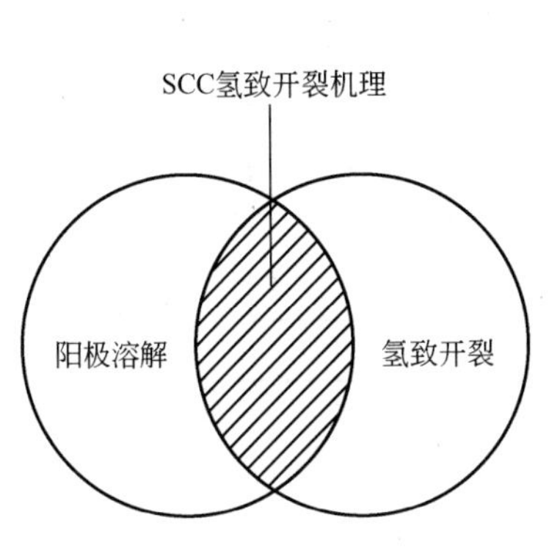


7.3 阳极溶解机理和氢致开裂机理的关系

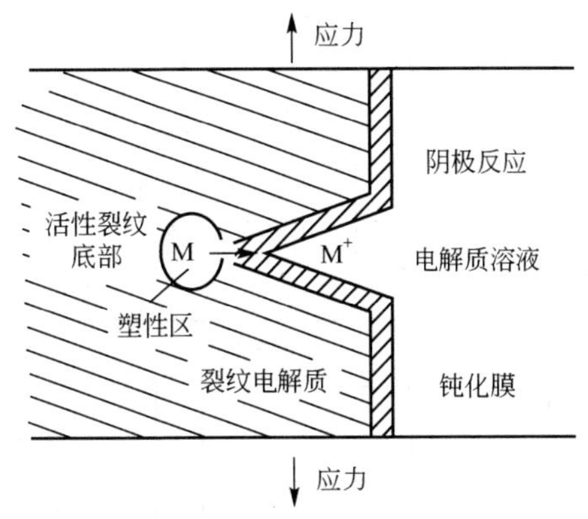


图 7.4 裂纹溶解示意图

3）膜破裂理论

该理论认为金属表面有一层保护膜(吸附膜、氧化膜、腐蚀产物膜，如图 7.5 (a) 所示，图中的 P 表示钝化膜指图中的虚线部分)，在应力作用下，表面膜发生破裂(图 7.5 (b))，局部暴露出活性裸金属，发生阳极溶解，形成裂纹(图 7.5(c))。同时外部保护膜得到修补，对于自钝化金属裂纹两侧金属发生再钝化(图 7.5(d))，这种再钝化一方面使裂纹扩展减慢，一方面阻止裂纹向横向发展，只有在应力作用下才能向前发展。

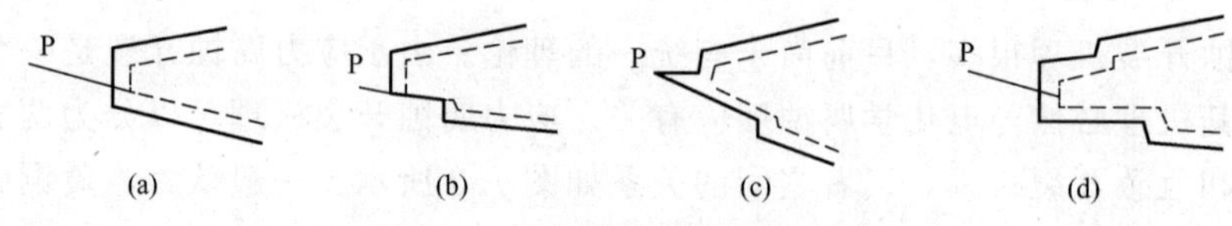


**图 7.5 钝化膜溶解修复示意图**

4）闭塞电池理论

该理论是在活性通道理论的基础上发展起来的。腐蚀预先沿着这些活性通道进行，应力的作用在于将裂纹拉开，而后形成腐蚀产物堵塞裂纹，出现闭塞电池。在闭塞区内，金属发生水解：$FeCl_2 + 2H_2O \longrightarrow Fe(OH)_2 + 2HCl$，使 pH 下降，甚至可能产生氢气，外部氢扩散到金属内部引起脆化。闭塞电池起了一个自催化腐蚀作用，在拉应力的作用下使裂纹不断扩展直至断裂。

4. 影响应力腐蚀开裂的因素

影响应力腐蚀开裂的因素主要包括环境、电化学、力学、冶金等方面，这些因素与应力腐蚀的关系较为复杂，如图 7.6 所示。奥氏体不锈钢在氯化物中的应力腐蚀开裂就是典型的例子。氯化物遇水生成酸性的氯化氢均可能引起应力腐蚀开裂，其影响程度为 $MgCl_2 > FeCl_3 > CaCl_2 > LiCl > NaCl$。奥氏体不锈钢的应力腐蚀开裂多发生在 50～300℃范围内，氯化物的浓度上升，应力腐蚀开裂的敏感性增大。溶液的 pH 越低，奥氏体不锈钢发生应力腐蚀开裂的时间越短。阳极极化使断裂的时间缩短，阴极极化可以抑制应力腐蚀开裂。

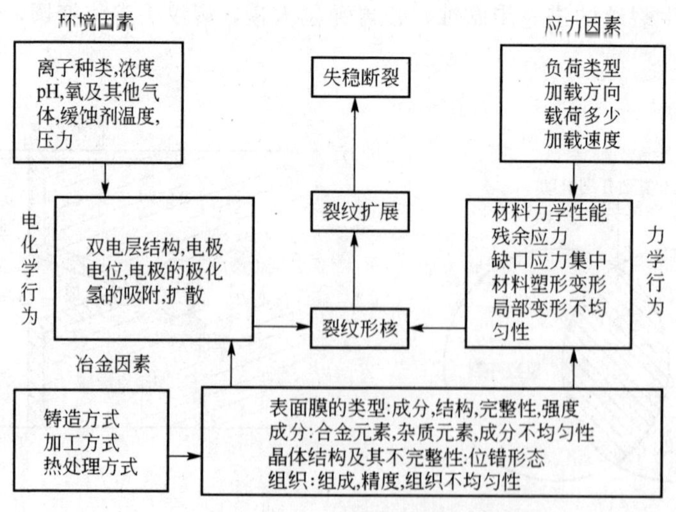


**图 7.6 应力腐蚀开裂的影响因素及其关系**

5. 应力腐蚀开裂的控制

由于应力腐蚀涉及环境介质、应力、材料3个方面，因此防止应力腐蚀也应从这3方面入手。

(1) 改进结构设计：降低和消除应力。应力腐蚀开裂常发生在应力集中处，在结构设计时应减少应力集中。

(2) 涂层保护：主要是有机高分子涂层，如环氧树脂涂层、有机硅涂层，从而使金属表面和环境隔离开，避免产生应力腐蚀。

(3) 合理选材和改善材质：选材应避免金属或合金在易发生应力腐蚀的环境中使用。减少材料中的杂质，提高纯度对减少应力腐蚀开裂也有好处。

(4) 改善介质环境：控制和降低有害的成分，在腐蚀介质中加入缓蚀剂，促进成膜，阻止氢或者有害物质的吸附，改变环境的敏感性质。

(5) 电化学保护：由于应力腐蚀开裂发生在活化-钝化和钝化-过钝化两个敏感电位区间，因此可以通过控制电位进行阴极保护或阳极保护防止应力腐蚀开裂。

## 7.3 氢致开裂

1. 氢致开裂的特点

金属的氢致开裂是金属中由于氢的存在或金属与氢的相互作用所造成的力学性能恶化而产生脆性断裂的现象，又称氢损伤或氢脆。氢致开裂过程涉及氢的来源、氢的传输、氢的去处及造成的结果等一系列过程。

氢的来源可分为内氢和外氢两种。内氢是指材料在使用前内部就已经存在的氢，主要是在冶炼、热处理、酸洗、电镀、焊接等过程中吸收的氢；外氢或环境氢是指材料在使用过程中与含氢介质接触或进行阴极析氢反应吸收的氢。

当金属与气态氢接触时，氢便在金属表面发生物理吸附。物理吸附是瞬间就可完成的可逆过程。吸附的氢分子分解成原子态氢，原子态氢经短程化学力吸附于金属表面上而发生化学吸附。这一过程进行得较慢，可以是可逆的，也可以是不可逆的。当金属与水溶液接触受到腐蚀或阴极保护时，阴极过程产生了原子氢。一部分原子氢结合成分子氢，形成气泡逸出溶液，另一部分原子氢则吸附于金属表面上。金属表面吸附的氢原子在氢浓度梯度、温度场、应力场等的驱动下，向金属体内扩散。

2. 氢在金属中的溶解度

氢在金属中的溶解度取决于温度和压力。在气体氢和溶解在金属中的氢达到平衡时

$$\frac{1}{2}H_2(气)=[H] \quad (金属中)$$

$$\Delta G^0=-RT\ln K_p=-RT\ln\frac{C_H}{\sqrt{p_{H_2}}}$$

式中，$p_{H_2}$为环境中的氢分压；$C_H$为氢在金属中的溶解度。

$$C_H=\sqrt{p_{H_2}}\exp\left(\frac{-\Delta G^0}{RT}\right)=\sqrt{p_{H_2}}\exp\left(\frac{-\Delta H+\Delta ST}{RT}\right)$$

式中，$\Delta H$ 和 $\Delta S$ 分别为氢在金属中溶解引起的焓变和熵变。

一般认为 $\Delta S \to 0$，因此

$$C_H = \sqrt{p_{H_2}} \exp\left(\frac{-\Delta H}{RT}\right)$$

当 $T$ 恒定时，可有 $C_H = k\sqrt{p_{H_2}}$，即所谓的西沃茨定律；当 $p$ 恒定时，则有

$$C_H = k' \exp\left(\frac{-\Delta H}{RT}\right)$$

对 Fe 而言，氢的溶解过程是吸热反应，$\Delta H$ 为正值，故随温度升高，氢的溶解度增大。例如，在环境的氢压为 $10^5$ Pa 时，氢在液态 Fe 中的溶解度可达 $2.4\times10^{-5}$，而在室温条件下，氢在 α - Fe 中的溶解度仅为 $5\times10^{-10}$。

通常，固溶在金属中的氢原子占据晶体点阵的最大间隙位置，如 bcc 金属的四面体间隙和 fcc 金属的八面体间隙。然而，某些金属在室温下实测的氢浓度(称表观溶解度)往往比点阵中的溶解度高很多。原因是除了少量氢处于晶格间隙外，绝大部分氢处于各种缺陷位置，如晶界、位错、空位、孔隙等，这些缺陷就是所谓的氢陷阱。

一般来说，处于晶格间隙位置的氢原子可以被陷阱捕获，而陷阱中的氢原子也可能跑出陷阱进入晶格间隙位置，即在室温下氢也能从陷阱中跑出来，这种陷阱称为可逆陷阱。处于可逆陷阱中的氢在室温下就能参与氢的扩散及氢致开裂过程。如果室温下捕获在陷阱中的氢难以跑出，这类陷阱称为不可逆陷阱。可逆陷阱和不可逆陷阱在外部条件(如温度)变化时可能发生转变。

氢在陷阱中的富集将可能导致氢致开裂。过饱和的氢原子在孔隙中结合成分子氢，能产生非常大的压力。若钢中的氢的质量分数为 $4\times10^{-6}$，根据氢在钢中的溶解度方程可计算出室温相应的氢压可高达 $10^4$ MPa 以上。

3. 氢的存在与传输

在金属中，氢的存在形式有很多种。

1) $H^-$、H、$H^+$

氢可以 $H^-$、H、$H^+$ 的形式固溶在金属中。一种观点认为，过渡族金属(如 Fe、Ni)的 d 带电子没有填满，当氢进入金属后，分解为质子和电子，电子进入 d 带，而氢以质子状态固溶在金属中。另一种观点认为，氢原子半径很小(0.053mm)，氢很容易以原子的形式存在于点阵的间隙位置。此外，在碱金属(Li、Na、K)中，氢还可以 NaH 即 $H^-$ 的形式存在。

2) 氢分子

当金属中的氢含量超过溶解度时，氢原子往往在金属的缺陷(孔洞、裂纹、晶间等)聚集形成氢分子。

3) 氢化物

氢在 V、Ti、Zr 等ⅣB 族或ⅤB 金属中的溶解度较大，但超过溶解度后会形成 $TiH_x$ (x=1.58～1.99)，Ni 也可以形成氢化物。

4) 气团

氢与位错结合形成气团，可看作是一种相。

引起氢致开裂的平均氢含量一般都很低，如 α - Fe 中氢的质量分数为 $4\times10^{-6}$ 即可能引起氢致开裂，这样的含量相当于 $10^6$ 个铁原子中只有 223 个氢原子。因此发生氢致开裂

需要氢的局部富集，而富集是通过氢在金属中的传输来实现的。氢的传输有扩散和位错迁移两种方式。

(1) 扩散。金属中存在氢的浓度梯度或应力梯度时就会导致氢的扩散。当金属中存在氢的浓度梯度时，氢将从浓度高的地方向浓度低的地方扩散。在稳态条件下，扩散遵从菲克定律。在常温下，由于氢陷阱的存在，对氢在金属中的扩散行为影响较大；高温下，影响较小。

(2) 位错迁移。位错是一种特殊的氢陷阱。位错不仅能将氢原子捕获在其周围，形成科垂耳气团，而且由于氢在金属中扩散快，在位错运动时氢气团还能够跟上位错一起运动，即位错能够迁移氢。当运动的位错遇到氢而结合成更大的不可逆陷阱时，氢将被“倾倒”在这些陷阱处。

#### 4. 氢致开裂的分类

按照氢脆敏感性与应变速率的关系可以将氢致开裂分成两大类。

1) 第一类氢脆

氢脆的敏感性随应变速率的增加而增加，即材料加载前内部已存在某种裂纹源，加载后在应力作用下加快了裂纹的形成与扩展。第一类氢脆包括3种形式。

(1) 氢腐蚀。由于氢在高温高压下与金属中第二相(夹杂物或合金添加物)发生化学反应，生成高压气体(如$CH_4$、$SiH_4$)引起材料脱碳、内裂纹和鼓泡的现象。

(2) 氢鼓泡。过饱和的氢原子在缺陷位置(如夹杂)析出，形成氢分子，在局部造成很高的氢压，引起表面鼓泡或内部裂纹的现象。

(3) 氢化物型氢脆。氢与ⅣB和ⅤB族金属有较大的亲和力，氢含量较高时容易形成脆性的氢化物相，并在随后受力时成为裂纹源，引起脆断。

上述3种情况将造成金属的永久性损伤，使材料的塑性或强度降低。即使从金属中除氢，损伤也不能消除，塑性或强度也不能恢复，故称为不可逆氢脆。

2) 第二类氢脆

氢脆的敏感性随应变速率增加而降低，即材料在加载前并不存在裂纹源，加载后在应力和氢的交互作用下逐渐形成裂纹源，最终导致脆性断裂。第二类氢脆包括两种形式。

(1) 应力诱发氢化物型氢脆。在能够形成脆性氢化物的金属中，当氢含量较低或氢在固溶体的过饱和度较低时，尚不能自发形成氢化物。而在应力作用力诱发的氢化物相变只在较低的应变速率下出现，并由此导致脆性断裂。一旦出现氢化物，即使卸载除氢，静置一段时间后再高速变形，塑性也不能恢复，故也是不可逆氢脆。

(2) 可逆氢脆。可逆氢脆是指含氢金属在高速变形时并不显示脆性，而在缓慢变形时由于氢逐渐向应力集中处富集，在应力与氢交互作用下裂纹形核、扩展，最终导致脆性的断裂。在未形成裂纹前去除载荷，静置一段时间后高速变形，材料的塑性可以得到恢复，即应力去除后脆性消失，因此称可逆氢脆。由内氢引起的叫可逆内氢脆，由外氢引起的叫环境氢脆。通常所说的氢脆主要指可逆氢脆，是氢致开裂中最主要、最危险的破坏形式。

#### 5. 氢致开裂的机理

1) 氢腐蚀

氢腐蚀最早是在德国用 Haber 法合成氨的压力容器上发现的。发生氢腐蚀时，氢与钢

中的碳及 $Fe_3C$ 反应生成甲烷，造成表面严重脱碳和沿晶网状裂纹。氢腐蚀的发展大致分为 3 个阶段。

(1) 孕育期。晶界碳化物及附近有大量亚微型充满甲烷的鼓泡形核。钢的力学性能没有变化。孕育期的长短决定了钢的使用寿命，表示了钢的抗氢腐蚀性能的好坏。

(2) 迅速腐蚀期。小鼓泡长大，达到临界密度后便沿晶界连接起来形成裂纹。钢的体积膨胀，力学性能下降。

(3) 饱和期。裂纹彼此连接的同时，碳逐渐耗尽，钢的力学性能和体积不再改变。

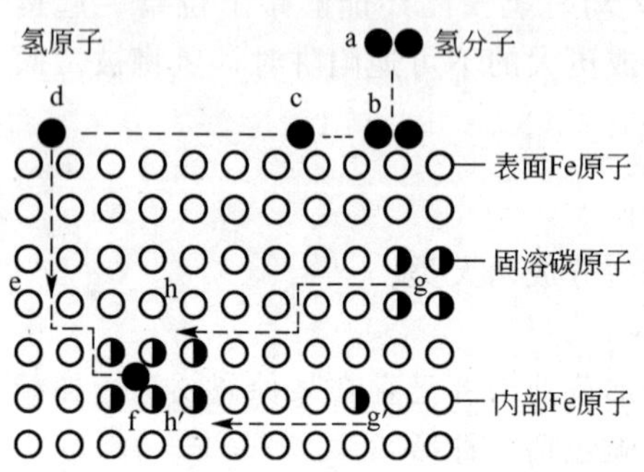

图 7.7　钢的氢腐蚀机理模型示意图

在高温高压下氢与碳反应形成甲烷气泡，经历了图 7.7 所示的过程。

最先，氢分子扩散到钢的表面，产生物理吸附(a→b)，被吸附的部分氢分子分离为氢原子或氢离子，并经化学吸附(b→c→d)，氢原子通过晶格和晶界向钢内扩散(e→f)。钢中的氢与碳反应生成甲烷，甲烷在钢中的扩散能力很差，聚集在微孔隙中，如晶界、夹杂物。不断反应的结果使孔隙周围的碳浓度降低，其他位置上的碳通过扩散不断补充(g→h 为渗碳体中碳原子的扩散补充；g′→h′为固溶碳原子的扩散补充)，造成局部高压。

在甲烷压力较低时，主要靠 Fe 原子沿晶界扩散离开气泡，从而使气泡长大；在甲烷压力较高时，主要靠周围基体的蠕变使气泡长大。在靠近表面的夹杂等缺陷形成的气泡最终造成钢表面出现鼓泡；在钢内部的气泡最终发展成裂纹。

如上所述，氢腐蚀属于化学反应，因此无论反应速率、氢的吸收或碳的扩散，以及裂纹的扩展都是克服势垒的活化过程，故提高温度和压力均可使孕育期缩短。各种钢在一定氢压下均存在发生氢腐蚀的起始温度，一般为 200℃以上。低于此温度，反应速率极慢，以致孕育期超过正常使用寿命。当氢分压低于一定值后，即使温度很高也不会产生氢腐蚀，而只发生表面脱碳，产生甲烷的压力较低，不足以引起鼓泡和开裂。

当氢中含有氧或水蒸气时，可以降低氢进入钢中的速率，使孕育期延长；当含有 $H_2S$ 时，孕育期变短。

钢的氢腐蚀与碳含量有直接关系。碳含量增加，孕育期变短。当钢中加入足够量的碳化物形成元素，如 Ti、Zr、Nb、Mo、W、Cr 等，可使碳化物不易被氢分解，减少甲烷生成的可能性。MnS 夹杂常常是裂纹源的引发处，应尽量避免。

热处理和冷加工对氢腐蚀有一定的影响。碳化物的球化处理可减少表面积，使界面能下降，有助于延长孕育期。细晶组织和用铝脱氧的钢，由于提供了较多的气泡形核位置，可使孕育期变短。冷加工变形将增加组织和应力的不均匀性，提高了晶界的扩散能力并增加了气泡形核位置，加速了钢的氢腐蚀。

2) 氢鼓泡

在湿 $H_2S$ 环境中钢有两类开裂现象。一种是硫化物应力腐蚀开裂，多发生于高强钢，必须有应力存在，裂纹与主应力方向垂直，是一种可逆氢脆。另一种是氢诱发开裂，发生于低强钢，不需要应力的存在，裂纹平行于轧制的板面，接近表面的形成鼓泡称氢鼓泡；靠近内部的裂纹呈直线或阶梯状，称阶梯状开裂，危险性最大，如图 7.8 所示。

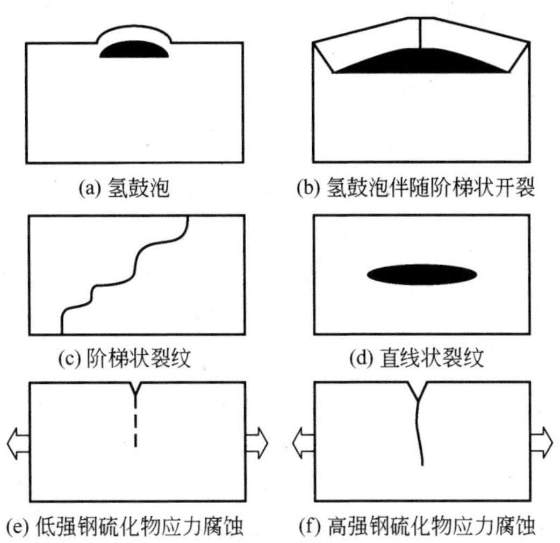


**图 7.8 在 $H_2S$ 环境中的各种破坏形态示意图**

$H_2S$ 是一种弱酸性电解质，在 pH 为 1～5 的水溶液中主要以分子形式存在。在金属表面发生下述反应。

$$H_2S+2e^- \longrightarrow 2H_{abs}+S^{2-}$$

或

$$H_2S+e^- \longrightarrow H_{abs}+HS^-_{abs}$$

$$HS^-_{abs}+H_3O \longrightarrow H_2S+H_2O$$

为氢渗入钢中创造条件。进入钢中的氢原子通过扩散到达缺陷处，析出氢分子，产生很高的压力。

研究证实，非金属夹杂物是裂纹的主要形核位置，如图 7.9 所示。特别是 MnS 夹杂，由于与基体的膨胀系数不同，热轧过程中变成扁平状，在夹杂与基体之间形成孔隙，可视为二维缺陷。氢原子在其端部聚积，并由此引发裂纹。此外，硅酸盐、串联状的氧化铝及较大的碳化物、氮化物也能成为裂纹的起始位置。低强钢主要是珠光体-铁素体组织，裂纹往往沿着 Mn、P 偏析造成的低温转变的反常组织(马氏体或贝氏体)或带状珠光体扩展，造成氢鼓泡。

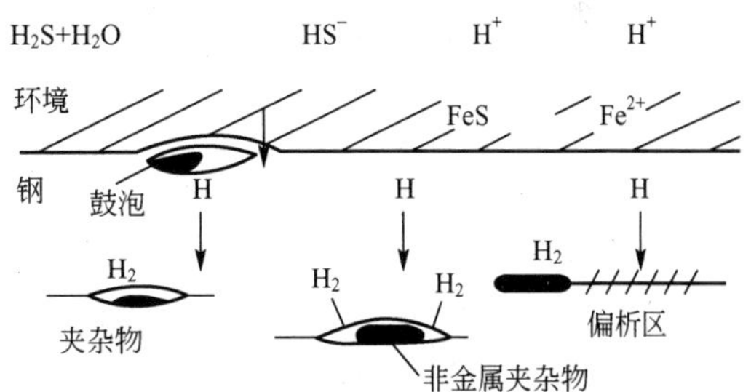


**图 7.9 氢鼓泡机理示意图**

氢鼓泡主要发生在 $H_2S$ 水溶液中，随 pH 降低，裂纹概率增大；随 $H_2S$ 浓度增大，出现裂纹的倾向增大。$Cl^-$ 的存在影响电极反应过程，促进氢的渗透。

可采取以下措施抑制氢鼓泡的发生。

(1) 改变温度。氢鼓泡主要在室温下出现，提高或降低温度可减少开裂倾向。

(2) 降低钢中的硫含量。降低钢中的硫含量可减少硫化物夹杂的数量，降低钢对氢鼓泡的敏感性。但即使硫的质量分数降低到 0.002%，也不能完全避免开裂。特别是在钢锭偏析部位，裂纹发生概率仍较高。在钢中加入适量的钙或稀土元素，使热轧铝镇静钢的硫化物球化，可有效降低敏感性。

(3) 合金化。通过合金化，在钢中加入质量分数为0.2%～0.3%的Cu对抑制氢鼓泡非常有效，原因是抑制了表面反应，减少了氢向钢中的渗入。钢中加少量Cr、Mo、V、Nb、Ti等可改善力学性能，提高基体对裂纹扩展的阻力。

(4) 调整热处理和控制轧制状态也有一定的作用。如增加奥氏体化温度和时间可减少Mn、P的偏析。研究表明，淬火＋回火比正火组织在减少氢致开裂方面更有效。轧制时，压缩比越大，终轧温度越低，硫化物夹杂伸长越严重，开裂概率显著增大。

3) 可逆氢脆

材料中的氢在应力梯度作用下向高的三向拉应力区富集，当偏聚的氢浓度达到临界值时，材料便在应力场的联合作用下开裂。典型的可逆氢脆有高强钢的滞后断裂、硫化氢的应力腐蚀断裂、钛合金的内部氢脆等。可逆内氢脆和环境氢脆对材料脆化的本质是相同的，差别是氢的来源不同，从而影响氢脆的历程及裂纹扩展速率。

氢脆有如下特点。

(1) 时间上属于滞后断裂。与应力腐蚀类似，材料受到应力和氢的共同作用后，经历了裂纹形核(孕育期)、亚临界扩展、失稳断裂的过程，是一种滞后破坏。

(2) 对氢含量敏感。随钢中氢浓度的增加，钢的临界应力下降，伸长率减小。

(3) 对缺口敏感。在外加应力相同时，缺口曲率半径越小，越容易发生氢脆。

(4) 室温下最敏感。氢脆一般发生在－100～100℃的温度范围，在室温附近(－30～30℃)最为严重。

(5) 发生在低应变速率下。应变速率越低，氢脆越敏感；冲击实验和正常的拉伸试验不能揭示材料是否对氢敏感。

(6) 裂纹扩展不连续。通过电阻法、声发射及位移传感器等监测，氢脆裂纹扩展是不连续的。

(7) 裂纹一般不在表面，较少有分枝现象。宏观断口比较齐平，微观断口可能涉及沿晶、准解理、韧窝等较为复杂的形貌，这些形貌与裂纹前沿的应力强度因子$K_{\mathrm{I}}$值及氢的浓度有关。

关于氢脆的机理，尚无统一认识。各种理论的共同点是：氢原子通过应力诱导扩散在高应力区富集，只有当富集的氢浓度达到临界值$C_{cr}$时，使材料断裂应力$\sigma_f$降低，才发生脆断。富集的氢是如何起作用的，尚不清楚。较为流行的观点有以下4种。

(1) 氢压理论。该理论认为金属中的过饱和氢在缺陷位置富集、析出、结合成氢分子，造成很大的内压，因而降低了裂纹扩展所需的外应力。氢压理论可以解释孕育期的存在、裂纹的不连续扩展、应变速率的影响等，但难以解释高强钢在氢分压远低于大气压力时也能出现开裂的现象，也无法说明可逆氢脆的可逆性。在氢含量较高时，如没有外力作用下发生的氢鼓泡等不可逆氢脆，只有这种理论得到公认。

(2) 吸附氢降低表面能理论。当裂纹表面有氢吸附时，比表面能下降，因而断裂应力降低，引起氢脆。该理论可以解释孕育期的存在、应变速率的影响，以及在氢分压较低时的脆断现象，但是该公式只适合用于脆性材料。此外，$O_2$、$SO_2$、CO、$CO_2$、$CS_2$等吸附能力都比氢强，按理应能造成更大的脆性，而事实并非如此，甚至氢气中混有少量的这些气体后，对氢脆还有抑制作用。

(3) 弱键理论。该理论认为氢进入材料后能使材料的原子间键力降低，原因是氢的1s电子进入过渡族金属d带，使d带电子密度升高，s与d带重合部分增大，因而原子间排斥力增加，即键力下降。该理论简单直观，容易被人们接受。然而实验证据尚不充分，如材料的弹性模量与键力有关，但实验并未发现氢对弹性模量有显著的影响。此外，没有3d带的铝合金也能发生可逆氢脆。

(4) 氢促进局部塑性变形理论。该理论认为氢致开裂与一般断裂过程的本质是一样的，都是以局部塑性变形为主。实验表明，通过应力诱导扩展在裂尖附近富集的原子氢与应力共同作用，促进了该处位错大规模增加与运动，使裂尖塑性区增大，塑性区内变形量增加。但受金属断裂理论本身不成熟的限制，局部塑性变形到一定程度后裂纹的形核和扩展过程尚不清楚，氢在这一过程中的作用也有待深入研究。

6. 氢致开裂的控制

1) 减少内氢

通过改进冶炼、热处理、焊接、电镀、酸洗等工艺条件及对含氢材料进行脱氢处理，减少带入材料的氢量。还可以通过添加陷阱分摊吸氢，陷阱的数量应足够多，具有不可逆陷阱的作用，并在基体中均匀分布。能满足条件的陷阱很多，如原子级尺寸的陷阱(以溶质原子形式存在)有Sc、La、Ca、Ta、K、Nd、Hf等；碳化物和氮化物形成元素(以化合物形式存在)有Ti、V、Zr、Nb、Al、B、Th等。

2) 限制外氢

有建立障碍和降低外氢活性两方面的措施。通过在材料表面施加限制氢的扩散和溶解的金属镀层(如Cu、Mo、Al、Ag、Au、W等)进行表面处理生成致密氧化膜，通过喷砂及喷丸在表面形成压应力及涂覆有机涂料，均可在材料表面建立直接障碍。通过向材料中加入某些合金元素抑制腐蚀反应或生产抑制氢扩散的腐蚀产物，向介质中加入某些阳离子，使材料表面形成低渗透性膜，可对氢的渗透构成间接障碍。此外，在气相含氢介质中加氧，在液相中加入某些促进氢原子复合的物质，可降低外氢的活性。

3) 改变材料组织

(1) 晶界。晶界是杂质元素As、P、S、Sn等及碳化物、氮化物偏析的地方，晶界的$C_{cr}$(临界氢浓度)因此下降。通过改进冶炼、热处理可减少杂质含量，消除偏析，对提高引起缺陷开裂的有益。细化晶粒使晶界表面积增大，加之细晶粒边界较为致密，结合力强，可使临界氢浓度提高。

(2) 夹杂物和碳化物。控制有害夹杂物(如硫化物、氧化物)以及碳化物的类型、数量、形状、尺寸和分布可提高临界氢浓度，如球状MnS夹杂较带状的临界氢浓度高，添加钙或稀土元素对改善MnS的形状和分布有非常好的效果。

(3) 位错。位错是一种特殊的陷阱。可动位错能够在塑性变形的情况下载氢运动，与第二相质点相遇时，往往造成质点附近氢的过饱和。适当的冷变形、热变形、表面处理造成的高密度静位错可分摊氢原子，降低溶解氢浓度。故大变形量的冷拔钢丝抗氢脆性能较好。

(4) 显微组织。组织结构对氢致开裂的影响较复杂。不同的组织对裂纹扩展的阻力不同，因而临界氢浓度不同。一般认为，热力学较稳定的组织敏感性小，奥氏体结构较铁素

体结构更耐氢致开裂，这可能与奥氏体结构中氢的溶解度较高、扩散系数较低因而临界氢浓度较高有关。

## 7.4 腐蚀疲劳

腐蚀疲劳指交变应力与腐蚀共同作用下发生的断裂现象。腐蚀疲劳所造成的破坏要比单纯的交变应力引起的破坏(机械疲劳，简称疲劳)或单纯的腐蚀作用造成的破坏严重得多，腐蚀疲劳是一些金属构件发生突然断裂的主要原因，如船舶推进器、涡轮机涡轮叶片、汽车的弹簧、泵轴、油田抽油杆等经常出现这种破坏。

1. 腐蚀疲劳的特征

严格地说，只有真空中的疲劳才是真正的疲劳。一般所说的腐蚀疲劳是指在一定的腐蚀环境中的疲劳行为。腐蚀作用的参与使疲劳裂纹萌生所需时间及循环周次明显减少，并使裂纹扩展速率增大。

腐蚀疲劳的特点如下。

(1) 机械疲劳存在疲劳极限，而腐蚀疲劳则不存在疲劳极限，如图 7.10 所示。在交变载荷下，金属承受的最大交变应力 $\sigma_{max}$ 越大，则至断裂的应力交变次数 $N$ 越少；反之，$\sigma_{max}$ 越小，则 $N$ 越大。如果将所加的应力 $\sigma_{max}$ 和对应的断裂周次 $N$ 绘成图，便得到图 7.10 所示的曲线，这种通过试验测得的这种曲线称为疲劳曲线(即应力寿命曲线，或 $S-N$ 曲线)。图中曲线 1 表示单纯的机械疲劳，曲线 2 表示在腐蚀环境中的腐蚀疲劳。

(2) 与应力腐蚀开裂不同，纯金属也会发生腐蚀疲劳。只要存在腐蚀介质，在交变应力的作用下就会发生腐蚀疲劳。金属在腐蚀介质中可以处于钝态，也可以处于活化态。

(3) 金属的腐蚀疲劳强度与其耐蚀性有关。耐蚀材料的腐蚀疲劳强度随抗拉强度的提高而提高，耐蚀性差的材料腐蚀疲劳强度与抗拉强度无关。

(4) 腐蚀疲劳裂纹多起源于表面腐蚀坑或缺陷，裂纹源数量较多。腐蚀疲劳裂纹主要是穿晶开裂，有时也可能出现沿晶或混合开裂，并随腐蚀发展裂纹变宽。

(5) 腐蚀疲劳断裂是脆性断裂，没有明显的宏观塑性变形。断口有腐蚀的特征，如腐蚀坑、腐蚀产物、二次裂纹等，又有疲劳辉纹，如图 7.11 所示。

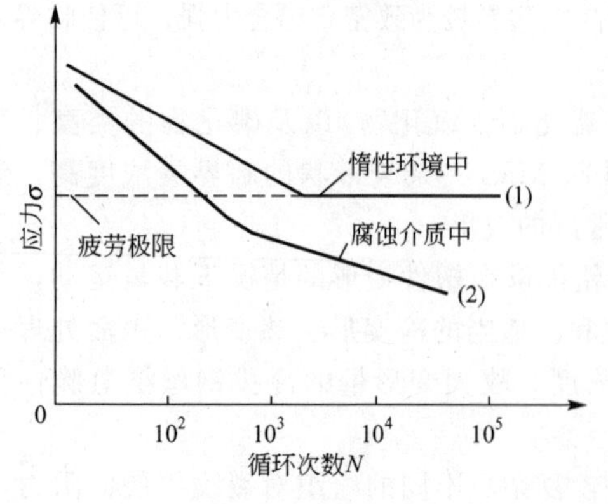


图 7.10 疲劳曲线

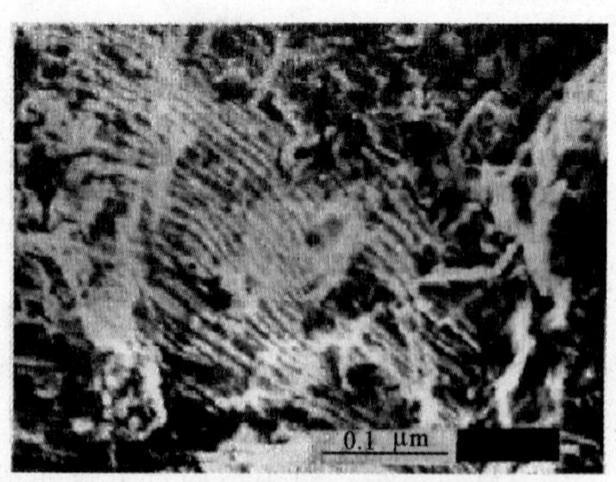


图 7.11 腐蚀疲劳断口形貌

2. 腐蚀疲劳的机理

由于腐蚀疲劳是交变应力与腐蚀介质共同作用的结果，所以腐蚀疲劳与纯机械疲劳和电化学腐蚀两方面的综合作用有关。腐蚀疲劳机理与应力腐蚀开裂机理基本相同，即存在萌生、发展、断裂等3个阶段。现已建立了多种腐蚀疲劳模型，具有代表性的有两种。

(1) 蚀孔应力集中模型：如图7.12所示。图7.12(a)表示在腐蚀介质中形成的点蚀坑，是腐蚀疲劳裂纹源。图7.12(b)表示在应力作用下蚀坑优先发生滑移，形成滑移台阶。图7.12(c)表示滑移台阶处发生溶解。图7.12(d)表示在反方向应力作用下，形成裂纹，反复不断加载使裂纹不断扩展。

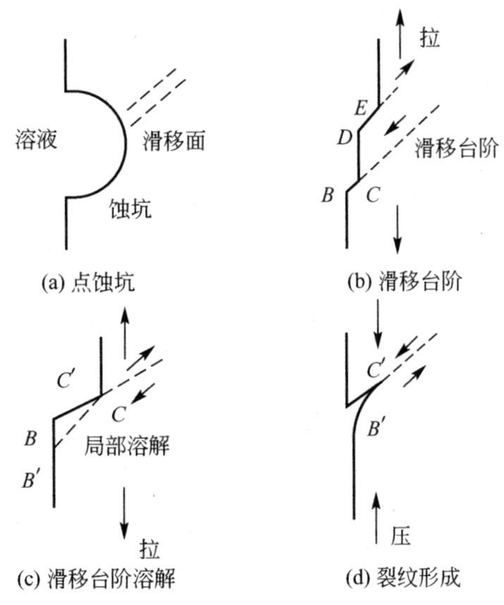


**图7.12　腐蚀疲劳机理示意图**

(2) 滑移带优先溶解模型：有些合金在腐蚀疲劳裂纹萌生阶段并未产生蚀孔，或虽然产生蚀孔，但是没有裂纹从蚀孔处萌生，因此出现了滑移带优先溶解。该模型认为在交变应力的作用下产生驻留滑移带，挤压处位错密度增大，杂质在滑移带沉积，使得原子具有较高的活性，受到优先腐蚀，导致腐蚀疲劳裂纹形核。变形区为阳极，未变形区为阴极，在交变应力的作用下促进了裂纹的扩展。

在交变应力下，滑移具有累积效应，表面膜更容易遭到破坏。在净拉应力下产生滑移台阶相对困难一些，而且只有在滑移台阶溶解速率大于再钝化速率时，应力腐蚀裂纹才能扩展。

腐蚀疲劳与纯疲劳的差别在于腐蚀介质的作用，腐蚀介质使得裂纹更容易形核和扩展。交变应力较低时，纯疲劳裂纹形核困难，以致低于某一数值时便不能形核，因此存在疲劳极限。在腐蚀介质中，裂纹形核容易，一旦形核就不断发展，故不存在腐蚀疲劳极限。

3. 影响腐蚀疲劳的因素

1) 力学因素的影响

(1) 应力循环参数。

$f$——应力循环频率，当循环频率很高时，腐蚀作用不明显，以机械疲劳为主；当循环频率很低时，与静拉伸作用相似，只有在某一范围内的循环频率最易发生腐蚀疲劳。

$R$——应力循环不对称系数，$R=\sigma_{min}/\sigma_{max}$, $R$ 值高，腐蚀的影响大；$R$ 值低，反映材料疲劳性能；$R=1$ 时表示静拉伸，如图 7.13 所示。

交变应力频率与应力对称系数对腐蚀疲劳的影响如图 7.14 所示。

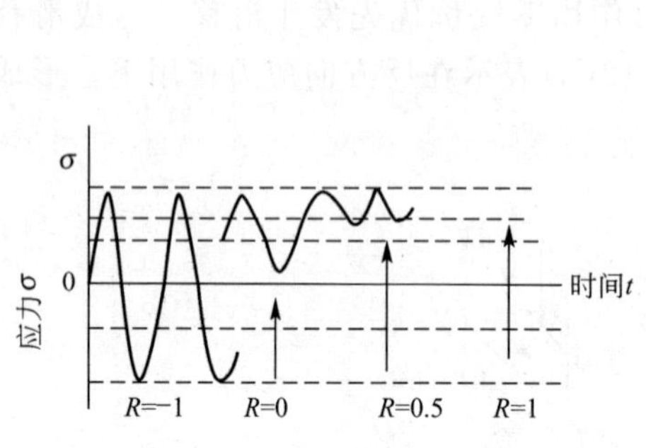


**图 7.13　应力循环波形示意图**

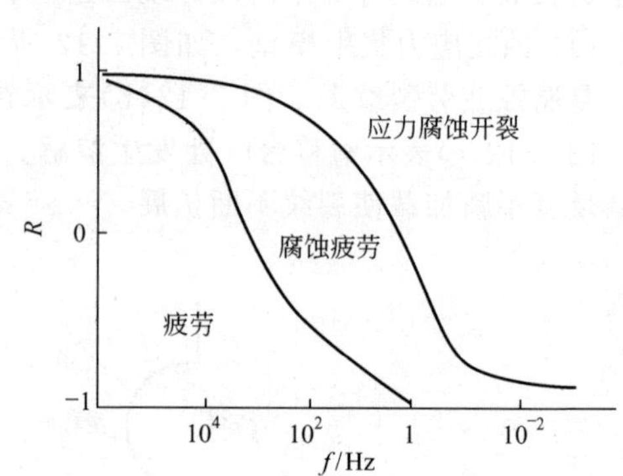


**图 7.14　交变应力频率与应力对称系数对腐蚀疲劳的影响**

(2) 疲劳加载方式。一般来说，扭转疲劳大于旋转弯曲疲劳，旋转弯曲疲劳大于抗压疲劳。

(3) 应力循环波形。正弦波，正锯齿波对腐蚀疲劳影响大，而方波，负锯齿波影响小。

(4) 应力集中。表面缺口等缺陷易产生疲劳裂纹，对腐蚀疲劳影响较大，但对裂纹扩展影响较小。

2) 环境因素的影响

(1) 温度：温度越高，材料耐腐蚀疲劳性能下降。

(2) 介质的腐蚀性：介质腐蚀性越强，腐蚀疲劳强度越低。

(3) 外加电流：因外加电流引起阴极极化可使腐蚀疲劳裂纹扩展速率降低。但当阴极极化过电流太大，以至有氢吸附时显然会加速腐蚀疲劳过程，尤其是高强度钢。阳极极化可以提高不锈钢和在氢化物介质中碳钢的腐蚀疲劳强度，但却加速活化状态碳钢的腐蚀疲劳。

3) 材料因素

(1) 材料耐蚀性：耐蚀性好的材料，如钛、铜及其合金、不锈钢等对腐蚀疲劳的敏感性较小；而耐蚀性差的金属，如铝合金、镁合金对腐蚀疲劳敏感性较大。

(2) 材料的组织结构：提高强度的热处理组织有降低腐蚀疲劳的倾向。

(3) 表面残余应力状态：残余压应力提高腐蚀疲劳强度，而残余拉应力降低腐蚀疲劳强度。

4. 防止腐蚀疲劳的措施

(1) 通过表面涂层和镀层改善材料的耐腐蚀性，可以改善材料的耐腐蚀疲劳性能。

(2) 使用缓蚀剂进行保护也很有效。如添加重铬酸盐可以提高碳钢在盐水中的疲劳抗力。

(3) 阴极保护已广泛用于海洋金属结构物的防腐蚀疲劳中。

(4) 通过氮化、喷丸和高频淬火等表面硬化处理，造成材料表面压应力层，对提高材料抗腐蚀疲劳性能有益。

(5) 合理选材，提高表面光洁度。

(6) 设计上注意结构平衡，避免颤动、振动或共振的出现，同时减少应力集中，适当加大危险截面的尺寸。

## 7.5 磨损腐蚀

金属表面与腐蚀流体之间由于高速相对运动而引起的金属损坏现象称为磨损腐蚀，又称为冲刷腐蚀。磨损腐蚀是材料受冲刷和腐蚀交互作用的结果，是一种危害性较大的局部腐蚀。冲刷腐蚀可以增加氧、二氧化碳或硫化氢与金属表面接触的供应量；也可以减少表面静止膜的厚度，使离子扩散或转移速率增大，因而腐蚀速率增大。

流速对金属材料腐蚀的影响分为两种情况，即层流和湍流两种。在低速条件下，金属相当于处于层流区内，这时，供氧量比较少，但能形成保护膜，流体对金属的剪切应力小，不能破坏保护膜，此时阴极反应呈现出氧扩散控制特征。冲刷腐蚀受氧的扩散控制，腐蚀速率随流速的增加而缓慢上升。当流速增加到开始出现湍流时，液体击穿了紧贴金属表面静止的边界层，不仅加快了腐蚀剂的供应和腐蚀产物的转移，而且增加了流体与金属之间的剪切应力。这种应力会将金属腐蚀产物(包括保护膜)从基体上冲走，使保护膜发生一定程度的破坏，同时流体中固相颗粒物无规则地剧烈冲击金属表面，促进冲刷腐蚀。因此这种情况下腐蚀速率急剧增加。实际上腐蚀类型已由层流下的均匀腐蚀变为湍流下的磨损腐蚀。

需要指出的是对于易钝化的金属而言，增大流速还可以减轻腐蚀和提高缓蚀剂的效率，这是通过以较高速率将化学物质提供给金属表面实现的。因为只有当介质中加入了足够的氧化剂时，金属才能产生钝态。但不同的流速对腐蚀也会产生不同的腐蚀效果。在低流速条件下，流速的提高增加了氧的传质过程，使金属的钝化和再钝化能力提高，金属钝化占主导地位，而冲刷作用相对较弱；而在高流速下，流体对金属表面产生的附加剪切力增大，同时固相颗粒碰撞金属表面的速率和频率也增大，冲刷作用占主导地位，随流速的提高，液固双相流冲刷对表面的破坏作用加剧，导致钝化膜剥落，金属重新暴露，从而腐蚀加剧。因此，适当增加流速反而会降低其腐蚀速率。

### 1. 湍流腐蚀

#### 1) 湍流腐蚀的定义

流动的液体按流速大小分为层流和湍流。层流流速慢，液体质点运动轨迹有条不紊；而湍流流速较快，液体流动质点互相混杂，由湍流导致的腐蚀称为湍流腐蚀。

#### 2) 湍流腐蚀的机理

湍流加速了阴极极化剂的供应量。当流速达到湍流时，湍流液体击穿金属表面的边界层，对金属表面产生一个切应力，这个切应力能够把已形成的腐蚀产物从金属表面刮去，并让液体带走。如果液体中含有固体微粒就会使金属表面磨损腐蚀更加严重。湍流腐蚀与一般机械磨损不同，前者金属以水化金属离子形式溶解，后者则以粉末形式而脱落。

#### 3) 产生湍流腐蚀的构件特征

湍流腐蚀大都发生在设备或构件的某些特定部位，这些特定部位有管道截面突然变化

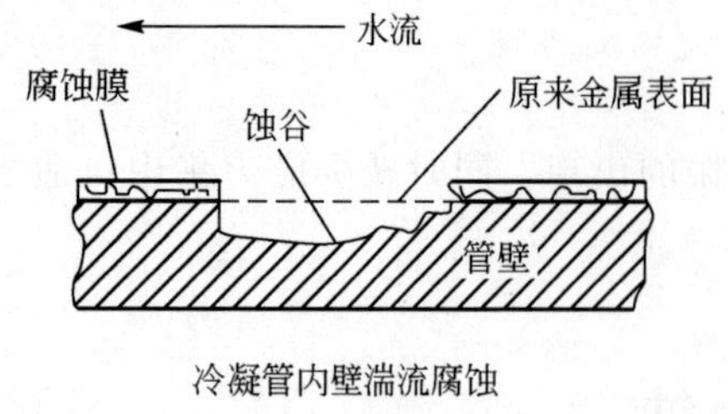


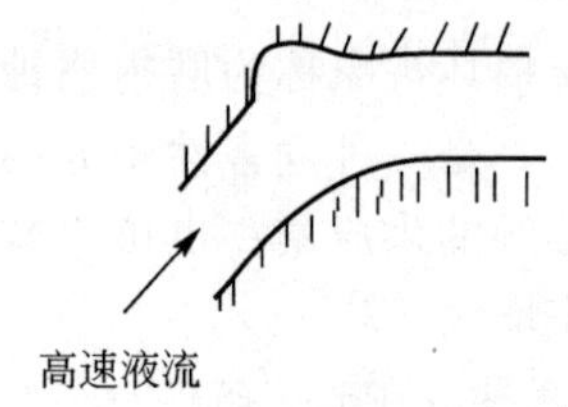


**图 7.15　冷凝管壁湍流腐蚀示意图**

的地方或流体突然改变方向处。如冷凝器、换热器的入口端，如图 7.15所示。液体由大口径管进入小口径管时，此处便形成了湍流。形状不规则也是引起湍流的一个重要条件，如水泵叶片都易形成湍流腐蚀。在 U 形管道拐弯部位由高速流体或含有固体微粒的高速流体(多相流)不断冲击金属表面所造成的腐蚀是湍流腐蚀的一种特例，又称冲击腐蚀。

4）影响湍流腐蚀的因素

(1) 金属：由惰性元素组成的合金是耐腐蚀的，其抗湍流腐蚀的性能视其耐磨损能力而定，通常硬度越高，耐磨损、抗磨蚀能力越强。

(2) 表面膜：金属表面抗湍流腐蚀性能与表面膜的性质、成膜速率和膜的自修复能力有关。如 304 不锈钢在氧化性介质中能形成稳定的钝化膜，其耐湍流腐蚀性能比在还原性介质中强。金属钛在许多介质中能形成稳定的氧化膜，故多用来制造在海水中抗湍流腐蚀的设备。

(3) 流速：对许多金属，流速越大，湍流腐蚀速率越大，图 7.16 所示的曲线为磨蚀速率与流体速率的关系。当流速大于某一速率时，腐蚀速率大大增加，这一速率可称为临界速率。因为大于这一速率切应力使钝化膜去除，从而使裸区与膜区构成电偶腐蚀。但是提高流速不一定都能使腐蚀速率增加。如不锈钢在中性含氧的海水中，增大流速有利于氧的输入，从而促进钝化膜形成，反而使腐蚀速率下降。

图 7.17 为 304 不锈钢在 3%氯化钠溶液中在不同的流速条件下测定的电化学阻抗谱。动态测量的搅拌速率分别为 0r/min、200r/min、400r/min、800r/min、1600r/min。由图可以看出，随着溶液搅拌速率的增大，腐蚀速率增大，当搅拌速率达到 1600r/min 时，其容抗弧曲线和搅拌速率为 800r/min 时的容抗弧曲线接近，腐蚀速率减慢。表明当溶液的流速增大到 1600r/min 时，液体的流动可能已经从层流变为湍流状态，湍流状态有利于氧的输入，从而促进 304 不锈钢表面钝化膜的形成，使腐蚀速率下降。

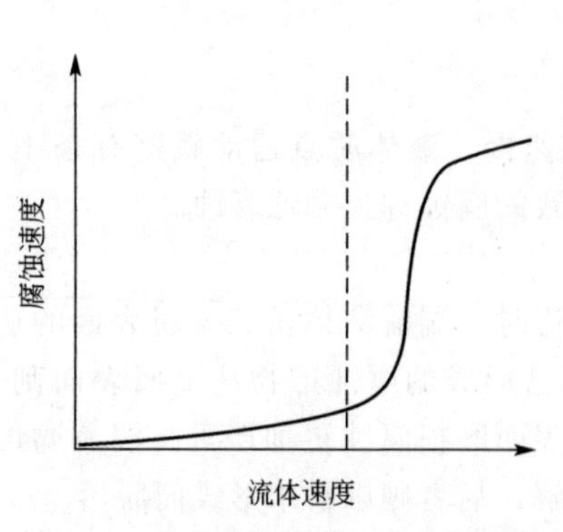


**7.16　腐蚀速率与流体速率的关系**

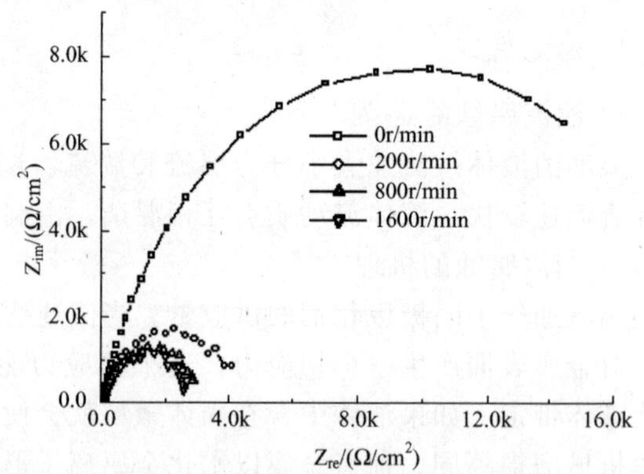


**图 7.17　不同的流速条件下不锈钢在氯化钠溶液中的电化学阻抗谱**

5）控制湍流腐蚀的措施

(1) 材料：选择既耐蚀又耐磨的材料或钝化膜稳定的材料，如不锈钢、镍铬合金、钛合金。在多相流中可以选用合金铸铁和双相不锈钢。

(2) 介质：添加缓蚀剂，减少流体中的固体微粒，控制 pH 和氧含量，避免蒸汽中冷凝水的形成，去除溶解在流体中的气体。

(3) 设计：在几何形状上减少易产生湍流的部分，或增加湍流腐蚀部位的厚度，增加管径和弯头半径，保持过流表面的光滑程度。

(4) 电化学保护：采取阴极保护抑制电化学因素。

2. 空泡腐蚀

1）空泡腐蚀的定义

空泡腐蚀又称空蚀，俗称气蚀，是由于液体介质中局部压力变化致使气泡形成和溃灭而造成的材料表面破坏。根据水力动力学特性，水力机械过流部件空蚀产生原因可概括为以下两种：①水流与过流部件之间相对流速过高，导致局部压力低于蒸汽压，从而诱发产生气泡，并在高压区溃灭，使部件受到破坏。如水轮机叶片和轮船螺旋桨的背面的空蚀；②过流表面设计和机械加工不当或运行中材料剥落，造成局部水流发生扰动，导致气泡形成和溃灭，使部件受到破坏。水力机械过流部件的空蚀大多数属于此类。

2）空泡的形成和溃灭

空蚀中气泡溃灭是一种瞬时物理现象。人们已利用高速摄影等测试技术从实验上证实了气泡溃灭形成微射流，揭示了气泡形成、长大和溃灭的动态过程。气泡溃灭时间约为2～3$\mu$s，微射流速率可达 100～500m/s[1]。材料在空蚀中表面所产生的应力通常高于一般工程材料屈服强度，达 1000MPa。在此高压下会在材料表面产生极高的温度。气泡与固体壁面之间的距离以及液体流速是影响气泡溃灭特性的最主要参数，因为流速大小直接关系到气泡的畸变和溃灭。空蚀破坏主要取决于气泡群溃灭的压力大小。气泡数目增加，气泡群溃灭更激烈并引起能量叠加，使气泡群溃灭压力升高，因而空蚀破坏性增大。

3）空蚀的机理

根据伯努利方程

$$p+\rho u^2/2=K \quad (常数)$$

式中，$p$ 为流体静压力；$\rho$ 为流体密度；$u$ 为流体速率。

流体的流速 $u$ 越高，流体静压力越低。当它的静压力低于流体的蒸汽压力时，于是流体中就有气泡产生，气泡中主要是水蒸气以及少量从水中析出的气体。当液体从低压区进入高压区时，气泡破裂，同时产生很大的冲击波，冲击波对金属表面施加的压力超过 140MPa，足以破坏金属表面膜，甚至造成金属表面产生塑性变形。空泡腐蚀过程如图 7.18所示。

分为 6 个步骤：①在金属表面膜上形成气泡；②气泡破裂使膜破坏；③暴露出的金属基体腐蚀并重新成膜；④在该处容易形成新的气泡；⑤气泡破后，膜再次破坏；⑥裸区腐蚀并重新成膜。上述步骤反复进行，在表面形成空穴甚至出现裂纹，使得材料迅速失效。

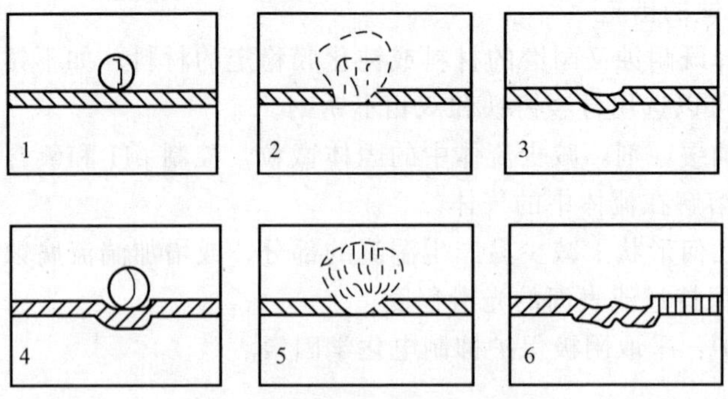


图 7.18　空泡腐蚀过程示意图

4）空蚀和电化学腐蚀的交互作用

在液体空化产生的微射流的作用下，材料表面发生塑性形变，改变了材料表面的几何形貌，引起内能的升高，随之表面自由能发生变化。在电化学上表现出来的是自腐蚀电位和腐蚀电流发生变化，这些变化会大大影响电化学腐蚀的速率；在空化的作用下，尤其是在介质被空化的条件下，介质的化学性质发生变化，产生新的对材料有氧化作用的物质，与电化学腐蚀反应平行地作用于体系，使得材料损失量增大；在空化的作用下，材料表面的吸附膜和成相膜(或者叫钝化膜)受到破坏，由于强烈的对流，使得氧扩散速率加快导致了腐蚀速率的增大，与此同时也加快了氧化膜的形成；在空化的作用下，表面钝化膜是不断被剥离又不断部分修复的周期过程，经过一定时间剥离与修复达到动态稳定。这种动态活化—钝化状态时的电化学参量显然与空化强度和空泡能量等有关，也与水介质中的 pH 与阴离子浓度等有关。以上种种因素导致了空化作用下的电化学腐蚀的复杂性。

电化学腐蚀导致材料表面的粗糙度增大，尤其在材料缺陷等处所出现的局部腐蚀，造成微湍流的形成，从而造成空蚀强度增加。电化学腐蚀弱化了材料的晶界、相界，使材料中耐磨的硬化相暴露，突出基体表面，使之易折断甚至脱落，促进了流动相液体的冲刷。腐蚀有时使材料表面产生松软的产物，它们容易在空蚀力作用下剥离，并会溶解掉材料表面的加工硬化层，降低其疲劳强度，从而促进了空蚀。

5）空蚀对不锈钢钝化膜的影响研究

不锈钢具有致密的钝化膜，优越的耐蚀性被广泛应用于各个领域，然而在许多腐蚀性环境介质中，不锈钢的腐蚀仍经常发生。尤其是在空蚀发生的条件下，不锈钢容易发生危害较大的局部腐蚀。因此，深入研究在空蚀发生的条件下不锈钢钝化膜的耐蚀机理，对于指导开发超高耐蚀性的不锈钢新材料及表面改性新技术具有重要意义。

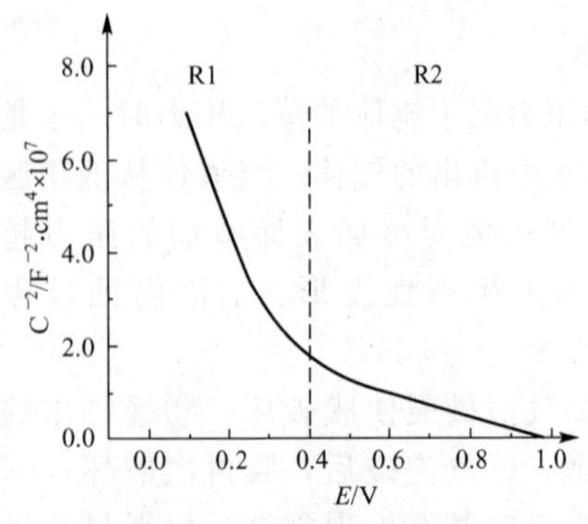


图 7.19　静态条件下不锈钢钝化膜的 Mott - Schottky 图

不锈钢表面钝化膜具有半导体性质，它的形成和破裂以及点蚀的发生过程包含了电子与离子的传输，电荷的传输是在电场驱动下发生的，而电场又受钝化膜电子结构的影响。因此，钝化膜耐蚀性与其半导体电子特性密切相关(理论部分见第 5.5 节)。

酸性介质体系中静态(未发生空蚀)条件下，经钝化处理后的 0Cr13Ni5Mo 不锈钢在 1mol/L 的盐酸溶液中的 Mott - Schottky 关系如图 7.19 所示。

由图 7.19 可知，曲线的线性部分可分为两段，即 R1 区和 R2 区。在 0V 到 0.4V 的范围内，直线的斜率为负值；在 0.4V 到 1.0V 的范围内，直线的斜率也为负值。表明在整个电位范围内，0Cr13Ni5Mo 表面的钝化膜呈现为 p -型半导体。在该半导体的空间电荷区，富集的载流子是空穴。此时空穴掺杂的半导体的费米能级靠近价带顶，处在受主能级。

不锈钢钝化膜的主要成分是铁和铬的氧化物。如前所述，钝化膜存在双重结构，内层以铬的氧化物为主，具有 p -型半导体性质；外层以铁的氧化物和氢氧化物为主，具有n -型半导体性质。在酸性条件下，外层的铁的氧化物和氢氧化物首先与盐酸发生反应。将部分的氧化物和氢氧化物溶解为二价铁离子，进入溶液。而化学性能稳定的铬的氧化物不宜被盐酸溶解，仍然发挥钝化膜的保护作用。所以在 Mott - Schottky 关系曲线表现为正的斜率，因此通过该实验可以推断，0Cr13Ni5Mo 在 1mol/L 的盐酸溶液中的钝化膜为p -型半导体。

空化条件下，经钝化处理后的 0Cr13Ni5Mo 在 1mol/L 的盐酸溶液中的 Mott - Schottky 关系如图7.20 所示。由图可知，曲线的线性部分也可分为两段，即 R1 区和 R2 区。R1 区在 0V 到 0.5V 的范围内。R2 区在 0.5V 到 1.0V 的范围内，直线的斜率为正值；在 0.8V 到 1.0V 的范围内，直线的斜率也为正值，和静态条件下的结果截然不同。表明在空化进行的情况下，钝化膜的半导体性质发生了改变，即由原来的 p -型半导体变成了 n -型半导体。

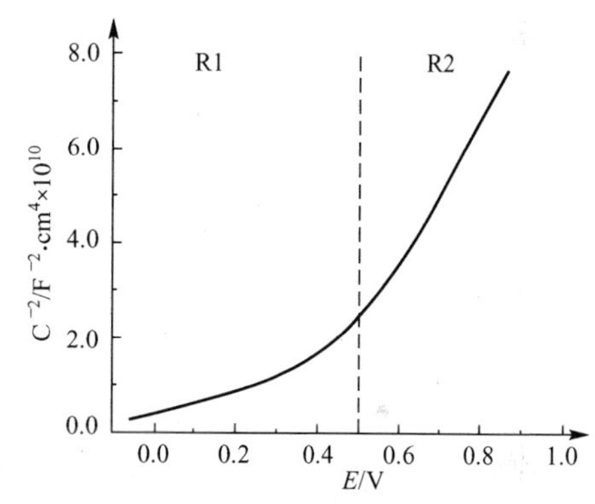


**图 7.20 空化条件下不锈钢钝化膜的 Mott - Schottky 图**

半导体性质转变的原因可以归结为两点，第一，在酸性条件下，0Cr13Ni5Mo 表面的钝化膜是空穴掺杂的半导体，其费米能级靠近价带顶，很容易接受价带电子与空穴复合而减少空穴的富集程度。第二，在空化条件下，产生了较高的温度，促使半导体价带的电子大量涌入导带，而显示了强烈的多电子导体特性，因此表现为 n -型半导体，即空蚀的结果增大了腐蚀电流。由此可见空蚀对不锈钢材料的破坏作用是不可忽视的。

6）抑制空蚀的方法

(1) 提高表面光洁度，减少气泡形核率。

(2) 采用塑性好的高分子涂层，吸收冲击波能量。

(3) 采用阴极保护增加阴极过电位，析出氢气泡，对冲击波也有产生缓冲作用。

(4) 选用抗气蚀好的材料，不锈钢抗气蚀性好。

3. *微动腐蚀*

1）微动腐蚀的定义

微动腐蚀指两个受压的相互接触的表面，由于相对滚动或往复滑动造成的一种破坏形式。破坏表面常呈麻点或沟纹，其周围往往有氧化物碎屑。微动腐蚀亦称微振腐蚀或摩擦氧化。微振腐蚀危害较大，它破坏金属部件，还产生氧化锈泥，使螺栓连接的设备发生松动，振动部位还会引起腐蚀疲劳。微动腐蚀常常发生在振动的轴承、螺栓连接处、铆接处等部位。由这个定义可知产生微动腐蚀有 3 个条件：①受到压应力；②往复相对运动；③有氧(大气)存在。

2) 微动腐蚀的机理

微动腐蚀机理有磨损-氧化和氧化-磨损两种，图 7.21 表示微动腐蚀的磨损-氧化机理，图 7.22 表示微动腐蚀的氧化-磨损机理。

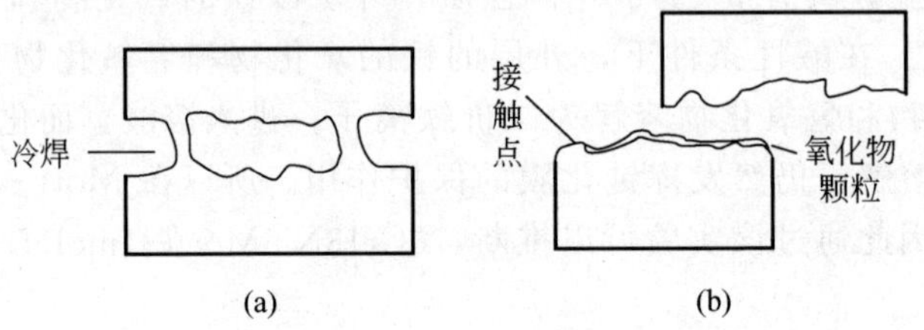


图 7.21　微动腐蚀的磨损-氧化机理

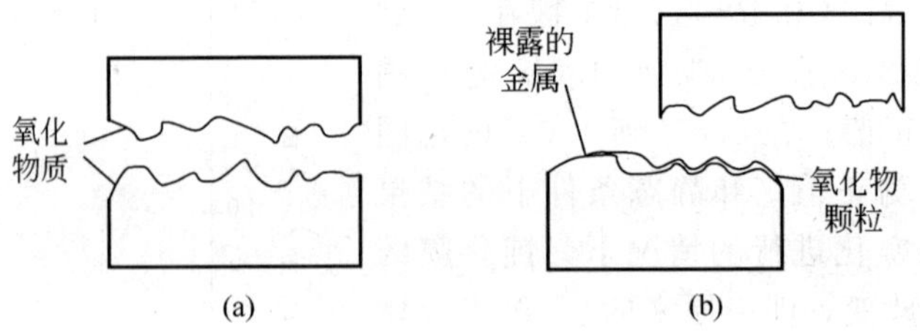


图 7.22　微动腐蚀的氧化-磨损机理

磨损-氧化理论认为，金属表面是凹凸不平的，受压的两金属表面接触时，凸起的部分处于粘接冷焊状态(图 7.21(a))。当两金属相对运动时，接触点破坏，使金属颗粒脱落下来。由于摩擦生热，颗粒被氧化(图 7.21(b))，这些较硬的氧化物颗粒在微动腐蚀中起磨料作用，强化了机械磨损过程。该过程反复进行，导致金属损伤。

氧化-磨损理论认为，多数金属表面本来就存在氧化膜(图 7.22(a))，当两金属往复运动时，突出部分的氧化膜被擦落变成氧化物颗粒，裸露金属重新被氧化(图 7.22(b))。这一过程反复进行，导致金属损伤。

上述两种情况都可能存在。

3) 控制微动腐蚀的措施

微动腐蚀可以从改变接触状况和消除滑动两个方面得到有效的抑制，具体方法有如下。

(1) 防止接触面发生相对移动或滚动。如拧紧紧固件，两紧固件间加垫片。

(2) 降低摩擦系数，减小摩擦(摩擦热)，加润滑剂，镀低熔点金属涂层(锌、镉等)。

(3) 提高表面强度，使接触面凸出部分不易焊合，表面强化，镀硬金属，氮化等。

## 材料科学家肖纪美

肖纪美，男，汉族，1920年12月出生，湖南凤凰人。1933年考入湖南省长沙市明德中学，1939年考入国立交通大学唐山工学院矿冶系，1943年7月毕业，获矿冶工程学学士学位。1948年2月赴美国留学，1949年1月获美国密苏里大学矿冶学院冶金工程学硕士学位，1950年8月获冶金学博士学位。此后在美国林登堡钢铁热处理公司、爱柯产品公司和美国坩埚钢公司从事产品分析和科研工作，1957年回到祖国。

回国后至今，肖纪美先生一直在北京科技大学（原北京钢铁学院）任教。先后任金属物理教研室主任、材料失效研究所所长、环境断裂开放实验室主任；教授、博士生导师、中国科学院资深院士。1978年，被聘为国家科委冶金新材料组和腐蚀科学学科组成员；1991年，当选为中国科学技术协会第四届全国委员会委员；历任中国腐蚀与防护学会第一、二届理事会副理事长、第三届理事会理事长；中国金属学会理事、材料科学学会理事长、荣誉会员、中国稀土学会常务理事；中国材料研究学会顾问；中国兵工学会金属材料学会副主任、中国航天学会材料与工艺委员会副主任，并在中国航空学会、中国机械工程学会等所属的材料专业委员会任职。1999年至2000年任中国博士后科学基金会副理事长，为中国博士后制度的建立与健全作出了重要贡献。1980年至1995年担任国际性学术刊物《冶金学报》（Adta Metallurgica）和《冶金快报》（Scripta Metallurgica）的中国编辑；1999年被美国腐蚀工程师协会（NACE）授予“资深会员”称号。

肖纪美先生始终活跃在科研、教学第一线。长期以来，一直坚持深入科学实验，深入生产实践，深入教学实际，任劳任怨，呕心沥血，锲而不舍。他长期从事合金钢、晶界吸附、脱溶沉淀、晶间腐蚀、断裂科学、氢致开裂等方面的研究与教学工作。1974年以来，肖先生领导的科研团队综合运用金属物理、断裂科学、腐蚀科学等学科的成就，一方面解决了国家经济建设和国防建设中许多重要材料的断裂与腐蚀问题，曾因此4次荣获冶金部及国防科工委奖励；另一方面，还结合实际开展了一系列深入的应用基础理论的研究。1981—1985年，肖纪美先生主持完成了两个国家重点基础研究项目《金属腐蚀机理研究》和《金属材料微观结构和力学性能研究》；1986—1990年主持完成了国家自然科学基金重大项目《金属材料断裂规律及机理若干问题的研究》。1979年以后，他结合已承担的研究项目，撰写并在国内外学术刊物上发表了大量的研究论文，得到了国际学术界同行们的高度重视与好评。由于在这方面的突出贡献，他承担的《材料的应力腐蚀和氢致开裂机理的研究》项目荣获国家自然科学二等奖。他曾先后12次应邀在国际专业学术会议上作大会特邀报告，并受邀赴美国、德国、加拿大、日本、澳大利亚、新西兰、巴西等国讲学，在世界材料科技界有很高的声誉。国际同行们认为，以肖纪美为首的科研团队所做的工作“在世界范围内处于学科前沿的领先地位。”

肖纪美先生在20世纪50年代初期，率先开创了节镍不锈钢研究的新领域，发现可用锰、氮部分或全部取代奥氏体不锈钢中的镍，并在世界上首次提出了节镍不锈钢的成分设计、力学性能计算法及其计算图。他提出的合金成分设计法摆脱了传统方法的束缚，开创了科学设计合金成分的新路，并因此获得美国专利。通过在肖纪美先生研制成功的 CrMnCN 系节镍奥氏体不锈钢中加入强化元素得到的 W90 和 W92 钢，其高温蠕变断裂强度优于当时美国航空工业中常用的高温合金 A286（含 Ni 量高达 26%）。此后，美国不含镍的奥氏体不锈耐热钢便正式投产，迅速发展，并形成了标准钢号，作为高温合金、不锈耐酸钢、高强度无铁磁性材料、高强度结构材料等在很多领域正式广泛使用。肖纪美先生 1957 年回国后，又结合我国的实际情况，继续研发节镍不锈钢和节镍耐热钢新品种，为我国铬镍氮不锈钢的发展作出了重要贡献。

肖纪美先生的第二大科研与学术成就，就是对断裂学科的发展作出了重要贡献。断裂、腐蚀与磨损是广泛使用的金属结构材料的 3 种主要失效形式。断裂往往是突发性的，不易预见，危害很大。1974 年以来，肖纪美先生对工程构件断裂成因的分析和断裂力学的研究解决了一大批工程中出现的断裂问题和产品质量问题，产生了巨大的社会效益和经济效益，于 1983 年荣获了"国防科工委及冶金部攻关成绩优异奖"。与此同时，肖纪美先生先后发表了数十篇学术论文，并出版了题为《金属的韧性与韧化》的专著。此外，他还于 1985 年创建了"北京科技大学材料失效研究所"；1986 年成立了"环境断裂开放实验室"。肖纪美先生对发展断裂力学理论和断裂学科作出了重要贡献。

关于应力腐蚀和氢致开裂的研究，是肖纪美先生取得的又一创新性成果。材料在应力和化学介质的共同作用下引起的断裂现象叫应力腐蚀断裂；因氢引起的材料塑性下降、开裂或损伤的现象称为氢致开裂（氢脆）。应力腐蚀与氢致开裂是两种相互联系又有区别的材料失效现象。1977—1985 年，以肖纪美先生为首的科研团队结合我国建设中的实际问题和前沿科学发展的需要，对这两种现象开展了系统的研究，通过实验发现了许多新现象，提出了不少新概念，揭示了若干新机理，仅针对这一领域就在国内外学术刊物上发表了 200 多篇学术论文，取得了一系列创新成果。首次得到了氢致开裂机理（氢压理论和弱键理论）的定量依据，从而统一了现有的各种氢致开裂机理。上述研究被国内外同行誉为"最系统的研究"。国家科委在 1986 年 26 号简报中指出："以肖纪美教授为首的科研集体，在《金属材料的应力腐蚀和氢致开裂机理的研究》中，首次提出了"断裂化学"这个新的分支学科，成为继"断裂力学"、"断裂物理"之后的断裂学科三大理论支柱之一。他们还在氢致开裂、应力腐蚀、腐蚀疲劳等方面提出了一系列经过实验证实的独创的新见解，形成了我国自己的学派，并逐步为国际同行所公认。

肖纪美先生的另一个引人注目的重大贡献是不遗余力地传播科学知识，呕心沥血地培养科技人才。他自 1957 年回国后，长期担任现北京科技大学金属物理教研室主任，始终坚持在第一线教书育人，近 50 年来，曾先后给金属物理专业和材料物理系的本科生、研究生主讲过《热力学》、《金属材料学》、《腐蚀金属学》、《合金相理论》、《金属物理》、《断裂力学》、《断裂物理》、《断裂化学》、《金属的韧性与韧化》、《合金能量学》、《材料学的方法论》等课程，与时同时，他还应邀到包括台湾在内的 20 多个省市的 66 所大学及 95 个学术研究单位讲学，不遗余力地传播先进的材料科学知识。他的讲课深入浅出，生动活泼，深受欢迎。肖纪美先生对待学生真可谓：教书育人，呕心沥血；关怀备至，诲人不倦。他重视与关心学生的全面成长、他十分注意培养学生的钻研精神、奉献精神和独立工作能力，治学严谨，一丝不苟。

肖纪美先生数十年如一日地忠诚党的教育事业，传播先进科学知识，探索材料内在奥秘，编写教材数十种，并于1962年8月至2005年10月共出版专著24部，累计785万字。其中，《合金能量学》于1988年荣获全国高校优秀教材奖，此后还分别于2000年与2002年获华东地区优秀科技图书一等奖、全国优秀教材一等奖；《合金相及相变》于1992年获全国高校优秀教材奖；《材料的应用与发展》于1990年获全国优秀科技图书二奖奖；《材料学的方法论》亦于1995年获全国优秀图书二等奖；《材料学方法论的应用》于2001年获全国优秀科技图书二等奖；此外，他合作主编的《金属腐蚀手册》还于1991年获华东地区优秀科技图书一等奖；《材料的表面与界面》与《中国稀土理论与应用研究》也先后于1993年及1995年获高教领域出版著作的优秀图书奖。数十年来，肖纪美先生及其所领导的科研学术团队，在国内外一级学术刊物上发表的分属不同学科领域的学术论文逾500篇。

肖纪美先生不但是一位世界知名的材料科学家、教育家，而且是一位杰出的思想家。肖纪美先生关于人文学科的部分论著，对人生、社会及其与材料、自然的关系提出了精辟的论述和见解，体现了深厚的文字功底和活跃的学术思想。

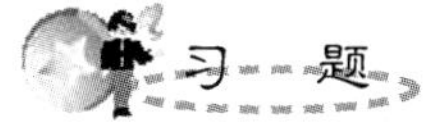


1. 解释下述概念：应力腐蚀、腐蚀疲劳、氢脆、磨损腐蚀、空泡腐蚀、微动腐蚀，滞后破坏。
2. 何谓应力腐蚀的三要素？试简述应力腐蚀的力学特征、环境特征和材料学特征。
3. 金属中氢的来源主要有哪几种途径？它在金属中的存在形式有哪些？
4. 试述金属材料空泡腐蚀的特点。
5. 简述微动腐蚀的主要机理模型和控制技术措施。
6. 控制在应力腐蚀作用下的各种腐蚀有哪些途径？

# 第8章 环境腐蚀

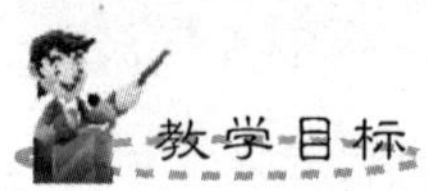

## 教学目标

通过本章的学习，使读者能够了解环境腐蚀的现象和类型；掌握金属环境腐蚀的电化学机理；认识材料在自然环境中的腐蚀行为和规律；了解环境腐蚀的影响因素；掌握环境腐蚀的控制方法。

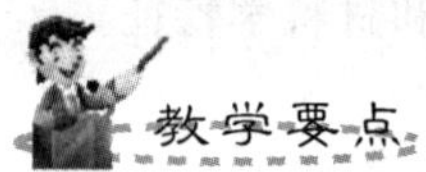

## 教学要点

(1) 环境腐蚀的概念。

(2) 大气腐蚀、海水腐蚀、土壤腐蚀、细菌腐蚀、高温腐蚀的电化学机理。

(3) 环境腐蚀的影响因素和控制方法。

(4) 金属高温氧化的热力学和影响金属氧化速率的因素。

(5) 金属高温氧化膜的组织结构和化学成分。

导入案例

## 地铁轨道杂散电流腐蚀与防护

随着国民经济的持续发展，我国各个城市为了缓和日趋严重的城市交通压力，纷纷加快了城市轨道交通的建设。同时为了保持城市美观，供水、燃气管道以及供电和通信电缆大多采用地下埋设或隐蔽敷设，城轨杂散电流对这些管道和电缆的腐蚀危害以及对应的防治方法则成为一个备受关注的问题。加强对杂散电流腐蚀危害及防治方法的研究，对保证城轨基础结构及周边的管线及建筑设施的安全运行，延长它们的使用寿命具有重要的现实意义。

1. 杂散电流电化学腐蚀的危害

城市轨道交通中的杂散电流会引起城轨、城轨附近的钢筋混凝土结构物以及埋地管线发生腐蚀，造成严重后果。主要表现在以下一些方面。

1）钢轨及其附件

城轨中多采用道钉把钢轨固定于枕木上，在与道钉相接触的部位常发生钢轨的楔状腐蚀。若采用垫板和压片固定钢轨，则这种腐蚀有所减少，但会导致在垫板以外的部位发生钢轨的底部腐蚀。这种腐蚀从上面难以发现，因而危害性更大。此外在与路基石子相接触的钢轨底部有时也发生类似的杂散电流腐蚀。钢轨的杂散电流腐蚀在隧道内及道岔等部位尤为显著，在有些地方2～3年就要更换钢轨。道钉也有杂散电流腐蚀，而且多发生在钉入部位，从地上难以发现。

2）钢筋混凝土结构物

杂散电流由混凝土进入钢筋之处，钢筋呈阴极。如果阴极产生氢气且氢气不能从混凝土逸出，就会形成等静压力使钢筋与混凝土脱开。如有钠或钾的化合物存在，则电流的通过会在钢筋与混凝土的界面处产生可溶的碱式硅酸盐或铝酸盐，使结合强度显著降低。在电流离开钢筋返回混凝土的部位，钢筋呈阳极并发生腐蚀。腐蚀产物在阳极处的堆积产生机械张力而使混凝土结构物基础便会在较短时间内发生腐蚀。如果结构物中的钢筋与钢轨有电接触，则更容易受到杂散电流腐蚀。

3）埋地管线

埋地管有铸铁管和钢管之分。铸铁管表面一般涂沥青等，在管接头处多采取相互绝缘的连接方式，因此杂散电流不会传到远方，加之管壁厚，故比较耐杂散电流腐蚀。钢管纵向电导性良好，容易积聚来自远方的电流，加之管壁较薄，故易受杂散电流腐蚀，有必要采取适当的防治措施。城轨系统内的埋地管线主要有自来水管、石油管线、通风管线、蒸汽管线等。在系统外则可能有煤气管线、石油管线、自来水管等公用事业管线以及各种电缆管等。

2. 影响城轨杂散电流电化学腐蚀的因素

1）电流影响

根据法拉第电解第一定律，电极上发生的化学变化量与通过的电量成正比。可见，由电极反应所消耗的物质的量取决于通过的电量和反应电子数。金属被腐蚀的速率只取决于通过被腐蚀电极的电流值。依据法拉第电解定律计算，每1安培杂散电流流经钢铁类金属设施时，一年可使之腐蚀掉9.1kg。北京城轨公司提供的数据表明，当城轨车辆启动时，流入地下的杂散电流会达到100安培以上。可见杂散电流所造成的电化学腐蚀危害将是十分严重的。

2）环境因素的影响

土壤的结构特性不同，对地下设施的电化学腐蚀程度也不同。土壤一般由土壤颗粒、水、空气混合而成。土壤颗粒与颗粒之间存在孔隙，这些孔隙中充满着水或空气。而土壤孔隙的透水性、通气性等会对腐蚀过程构成直接影响。土壤中也含有大量细菌，它们能使土壤中的物质发酵产生酸，从而使有机物发生分解。在松软、干燥的土壤中好气性细菌比较活跃，它们将有机物质分解成$CO_2$、$H_2O$等。在潮湿的土壤中，厌气性细菌相对活跃，将会使某些元素呈还原状态，如将S还原成$H_2S$等。因此在微生物的作用下，会使土壤的酸、碱性质发生变化，从而对埋地设施的腐蚀产生影响。

土壤的化学性质亦会对埋地电气设施的腐蚀程度构成影响。溶液偏酸或偏碱时，埋地设施靠近较浓溶液的那部分构成了阳极，靠近较淡溶液的那部分构成了阴极，从而使阳极那部分受到腐蚀。土壤的湿度也会对腐蚀的速率构成影响。当土壤非常干燥时，电解液较少，电阻系数大，此时腐蚀会非常缓慢。当湿度增加时，腐蚀的速率会明显加快。综上所述，环境因素对土壤电阻率的影响很大，其电阻率可以从小于1Ω·m到高达几百甚至上千Ω·m。显然，土壤的电阻率越大，泄漏的杂散电流就越少，杂散电流所引起的电化学腐蚀程度就会越轻。

3. 城轨杂散电流电化学腐蚀检测方法

线性极化曲线是目前运用较广的快速测定金属腐蚀速率的方法。它的理论基础是当极化程度较弱时，金属极化电位与极化电流密度呈线性关系。因此通过测量埋地金属物和城轨结构钢的极化电位值，就可以间接获知它们的极化电流值，极化电流值又与金属物的腐蚀速率成正比关系。所以埋地金属的极化电位是判断电流电化学腐蚀的重要指标，对其测量有重要的意义。

(1) 当存在杂散电流干扰时，埋地金属物的极化电位是判断其电化学腐蚀程度的重要指标。

(2) 当使用极性排流法输导埋地排流网和使用强制排流法防护埋地金属物电化学腐蚀时，埋地金属导体的极化电位是关断/开启排流装置和智能动态调整排流量的重要判据。

(3) 施加阴极保护的埋地金属物的极化电位是判断阴极保护程度和保护效果的一个重要参数。

理论上说，埋地金属的极化电位是指埋地金属体与大地无限远处的电位差，然而这在实际测量中是很难实现的，所以一般以就近大地或城轨系统接地端作为测量参考地。就近大地的地电位本身变化是很大的，尤其是在有杂散电流干扰的情况下。

城轨系统接地端的电位在杂散电流的极化作用下也会产生零电位偏移现象，因而不能用系统接地端作为电压测量的基准点。因此需要基准恒定的地电位参考点。

从电化学电极测量的原理上可知，需要使用合适的参比电极。在实际测量中埋地金属物的极化电位(指埋地金属物与理想大地零电位的电位差)和埋地金属物与参比电极之间的电位差有很大的联系。由此可见，参比电极的性能和可靠性是影响埋地金属极化电位测量的关键因素。在实际的工程实践中，多采用胶状的硫酸铜或氧化钼作为参考电极。

杂散电流是一种有害的电流，在直流牵引供电系统中会给城轨系统的设备、设施造成多方面的危害，必须加以治理。因此，弄清杂散电流对各种结构物、管道和电缆腐蚀的电化学本质及机理对于有针对性的采取防治措施具有指导性的意义。在实际的工程实践中，也正是基于这些原理，采用了堵、排、测等各种手段把杂散电流的影响减至最小。

自然环境包括大气、海水、土壤等。绝大多数工程设施和机电设备均是在自然环境中使用的，例如交通设施、载运工具、海港码头设施、工业设备、城乡建筑、地下管道等。作为工程设施和机电设备中使用的各类材料，受自然环境腐蚀的情况最为普遍，造成的经济损失和社会影响也最大。因此，认识和掌握材料在自然环境中的腐蚀行为、规律和机理，对于合理地控制工程设施和机电设备的腐蚀，延长其使用寿命，确保安全生产，降低经济损失具有十分重要的意义。

## 8.1 大气腐蚀

1. 大气腐蚀的定义

金属在自然大气条件下发生腐蚀的现象称为大气腐蚀。大气腐蚀是金属腐蚀中最普遍的一种。如铁在空气中生锈；光亮的铜零件变暗或产生铜绿；长期暴露在大气环境下的桥梁、铁道、武器装备的破坏等。据估计，因大气腐蚀而损失的金属约占总腐蚀量的一半以上。

大气腐蚀基本上属于电化学腐蚀范畴，但和浸在电解质溶液中的腐蚀有所不同，是一种液膜下的电化学腐蚀。随所处环境因素的变化，材料的腐蚀破坏程度有很大差别。

大气是组成复杂的混合物，从全球范围看，它的主要成分几乎是不变的，见表8-1。

**表8-1 大气的基本组成(不包括杂质10℃)**

| 成分 | 体积分数 | 成分 | 体积分数 | 成分 | 体积分数 |
|---|---|---|---|---|---|
| 空气 | 100% | 水汽 $H_2O$ | 0.70% | 氦气 He | $0.7\times10^{-4}$% |
| 氮气 $N_2$ | 75% | 二氧化碳 $CO_2$ | 0.04% | 氙气 Xe | $0.4\times10^{-4}$% |
| 氧气 $O_2$ | 23% | 氖气 Ne | $12\times10^{-4}$% | 氢气 $H_2$ | $0.04\times10^{-4}$% |
| 氩气 Ar | 1.26% | 氪气 Kr | $3\times10^{-4}$% | | |

其中水汽含量随地域、季节、时间等条件而变化。参与金属大气腐蚀过程的主要组成是氧和水汽。二氧化碳虽参与锌和铁等某些金属的腐蚀过程，形成腐蚀产物碳酸盐，但它的作用是次要的。氧在大气腐蚀中主要参与电化学腐蚀过程，而金属表面的电解液层(水膜)主要由大气中的水汽所形成。水膜的形成与大气的相对湿度密切相关。

所谓相对湿度是指在某一温度下，空气中的水蒸气压与在同一温度下空气中饱和水蒸气压的比值(常以百分比表示)，即

$$相对湿度(R \cdot H)=\frac{空气中水蒸气压}{该温度下空气中的饱和水蒸气压}\times 100\%$$

不同物质或同一物质的不同层面状态对大气中水分的吸附能力是不同的。当空气中相对湿度达到某一临界值时，水分在金属表面形成水膜，此时的相对湿度值称为金属腐蚀临界相对湿度。常用金属的腐蚀临界相对湿度为：铁 65%，锌 70%，铝 76%，镍 70%。

另外，金属的临界相对湿度还与金属的表面状态有关，金属表面越粗糙，裂缝与小孔越多时，其临界相对湿度也越低。

2. 大气腐蚀的环境分类

大气腐蚀环境的分类方法较多，有按气候特征分类；有按地理环境分类；还有按金属表面水汽的附着程度分类。从大气腐蚀形成的条件看，由于电解质液膜层的存在使金属受到明显的腐蚀，而且液膜厚度不同，导致大气腐蚀速率产生差异。因此，按金属表面水汽的附着状态分类更直观。

根据腐蚀金属表面的潮湿程度，把大气腐蚀分为 3 种类型。

(1) 干的大气腐蚀。在空气非常干燥的条件下，金属表面基本上没有水膜存在时的大气腐蚀，水膜厚度在 1～10nm，也称为干的氧化和低湿度下的腐蚀，如室温下某些非铁金属的失泽。

(2) 潮的大气腐蚀。金属在肉眼不可见的薄液膜层(10nm～1μm)下所发生的腐蚀。发生此种腐蚀时的相对湿度小于 100%，如铁在没被雨雪淋到时的生锈。

(3) 湿的大气腐蚀。空气湿度接近 100%且当水分直接落到金属表面时发生的腐蚀。这种环境下液膜层厚度(1～10μm)肉眼可见。

湿的和潮的大气腐蚀都属于电化学腐蚀。但由于表面液膜层厚度的不同，金属的腐蚀速率也不相同。可以定性地用图 8.1 表示大气腐蚀速率与金属表面上液膜层厚度之间的关系。

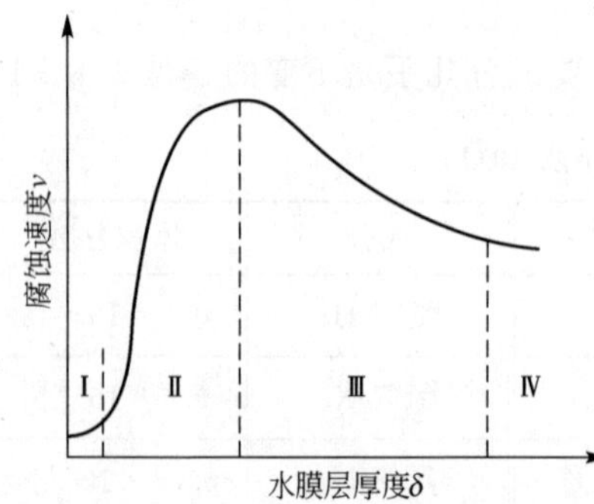

**图 8.1　大气腐蚀速率与金属表面上液膜层厚度之间的关系**

区域Ⅰ：金属表面只有几个水分子厚水膜，还没有形成连续的电解质溶液，相当于干大气腐蚀，腐蚀速率很小。

区域Ⅱ：金属表面水膜厚度约在 1μm 时，由于形成连续的电解液层，腐蚀速率迅速增加，发生潮的大气腐蚀。

区域Ⅲ：水膜厚度增加到 1mm 时，发生湿的大气腐蚀，氧欲通过液膜扩散到金属表面显著困难，因此腐蚀速率明显下降。

区域Ⅳ：金属表面水膜厚度大于1mm，相当于全浸在电解液中的腐蚀，腐蚀速率基本不变。

通常所说的大气腐蚀是指在常温下潮湿空气中的腐蚀。

### 3. 大气腐蚀的机理

大气腐蚀的特点是金属表面处于薄层电解液下的腐蚀过程，因此其腐蚀规律符合电化学腐蚀的一般规律，属于电化学腐蚀。

1）阴极过程

阴极过程通常是氧的去极化反应，即

$$O_2+2H_2O+4e^- \longrightarrow 4OH^-$$

由于在薄层电解液膜的条件下，氧的扩散比全浸状态下更容易，因此即使是一些电位较负的金属(如镁和镁合金)，当从全浸状态下的腐蚀转变为大气腐蚀时，阴极过程由氢去极化腐蚀为主转变为氧去极化腐蚀为主。

2）阳极过程

腐蚀的阳极过程为金属的阳极溶解过程，在大气腐蚀条件下，阳极过程的反应为

$$M+xH_2O \longrightarrow M^{n+}\cdot xH_2O+ne^-$$

当大气腐蚀时，随着腐蚀金属表面水膜的减薄，阳极去极化的作用也会随之减少。其原因可能有两个方面：一是当电极存在很薄的水膜时，阳离子的水化作用发生困难，使阳极过程受到阻滞；另一方面，也是更重要的原因，是在非常薄的水膜下，氧易于到达阳极表面，促使阳极的钝化作用，因而使阳极过程受到强烈的阻滞。此外，浓差极化也有一定的影响，但作用不大。

总之，大气腐蚀的速率、电极过程的特征随大气条件的不同而变化。随着金属表面电解液层变薄，大气腐蚀的阴极过程通常将更容易进行，而阳极过程相反变得困难。对于湿的大气腐蚀，腐蚀过程主要受阴极过程控制，但其阴极控制程度已比全浸时有所减弱。对于潮的大气腐蚀，腐蚀过程主要由阳极过程控制。

### 4. 影响大气腐蚀的因素

大气腐蚀的影响因素很复杂，它主要取决于大气的湿度、成分、温度以及大气中污染物质等气候条件。

1）大气湿度的影响

空气中含有水蒸气的程度称为湿度，水分越多空气越潮湿。当空气中的水蒸气量增大到超过饱和状态时，就出现细滴状的水滴。

对于某些金属来说，大气腐蚀强烈地受到温度和大气中水分含量的影响，湿度的波动和大气尘埃中的吸湿性杂质容易引起水分冷凝，在含有不同数量污染物的大气中，金属都有一个临界相对湿度，超过此值，腐蚀速率会突然增加。出现临界相对湿度，标志着金属表面产生了一层吸附的电解液膜，这层液膜的存在使金属从化学腐蚀变成了电化学腐蚀，使腐蚀性质发生了突变，腐蚀速率大大增强。大气腐蚀临界相对湿度与金属的种类、表面状态以及环境的气氛等因素有关。通常，金属的临界相对湿度在70%左右，而在某些情况下，如含有大量工业气体、易吸湿的盐类、腐蚀产物和灰尘等，使临界相对湿度降低很多。此外，金属表面变粗，小孔和裂缝增多，也会使临界相对湿度降低。

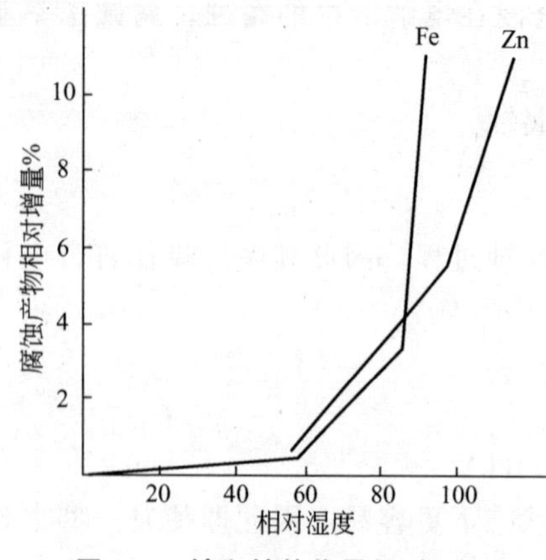

**图 8.2　铁和锌的临界相对湿度**

大多数金属和合金存在着两个临界相对湿度，如图 8.2 所示。第一临界湿度的出现，主要是因为金属表面出现腐蚀产物，这一湿度值取决于大气中水分含量和 $SO_2$ 的比例。第二临界湿度取决于腐蚀产物吸收和保持水分的性能。

临界相对湿度值对于评定大气腐蚀性和确定长期储存方法是十分有用的。当大气相对湿度超过临界值时，金属就容易生锈。所谓"干燥空气封存法"即基于这一理论。一般库房要求通风良好，温度保持在 10～30℃（南方 10～35℃），相对湿度为 45%～75%，昼夜温差不大于 7℃，这样才能防止零件生锈。

2）温度和温差的影响

空气的温度和温差对大气腐蚀速率有一定的影响，尤其是温差的影响比温度高。因为温差不但影响水汽的凝聚，而且还影响着凝聚水膜中气体和盐类的溶解度。在湿度很高的雨季或湿热带，温度会起较大的作用。一般随温度的升高，腐蚀加快。

3）大气成分的影响

大气中除表 8－1 所示的基本组成外，由于地理环境不同，常含有其他杂质，如在工业区常含有表 8－2 所示的一些成分，它们被称为大气污染物质，也有来自海洋大气中的 NaCl 及其他固体颗粒，它们对金属的大气腐蚀速率有不同的影响。表 8－3 列举了某些污染物质的典型浓度。

**表 8－2　大气污染物质的主要成分**

| 气　体 | 固　体 |
|---|---|
| 含硫化合物：$SO_2$、$SO_3$、$H_2S$ | 灰尘 |
| 含氮化合物：NO、$NO_2$、$NH_4$、$HNO_3$ | ZnO 金属粉末 |
| 氯和含氯化合物：$Cl_2$、HCl | NaCl、$CaCO_3$ |
| 含碳化合物：CO、$CO_2$ | 氧化物粉煤粉 |
| 其他：有机化合物 | |

**表 8－3　大气污染物质的典型浓度**

| 污染物质 | 浓度/($\mu g/m^3$) | |
|---|---|---|
| 二氧化硫($SO_2$) | 工业区：冬天 350，夏天 100<br>农村地区：冬天 100，夏天 40 | |
| 二氧化硫($SO_3$) | 大约为 $SO_2$ 含量的 10% | |
| 硫化氢($H_2S$) | 工业区：1.5～90<br>城市地带：0.5～1.7<br>农村地区：0.15～0.45 | 春季测量数字 |
| 氨($NH_3$) | 工业区：4.8<br>农村地区：2.1 | |

（续）

| 污染物质 | 浓度 | 单位 |
|---|---|---|
| 氯化物（空气样品） | 内地工业区：冬天4.8，夏天2.7<br>沿海农村区：年平均5.4 | $\mu g/m^3$ |
| 氯化物（雨水样品） | 内地工业区：冬天7.9，夏天5.3<br>沿海农村区：冬天57，夏天18 | $\mu g/L$ |
| 尘粒 | 工业区：冬天250，夏天100<br>农村地区：冬天60，夏天15 | $\mu g/m^3$ |

(1) 大气中有害气体的影响。在大气污染物质中 $SO_2$ 的影响最为严重。石油、煤燃烧的废气都含有大量的 $SO_2$，由于冬季用煤比夏季多，$SO_2$ 的污染也更为严重，所以对腐蚀的影响也极严重。如铁、锌等金属在 $SO_2$ 气氛中生成易溶的硫酸盐化合物，它们的腐蚀速率和 $SO_2$ 含量呈直线关系，如图8.3所示。

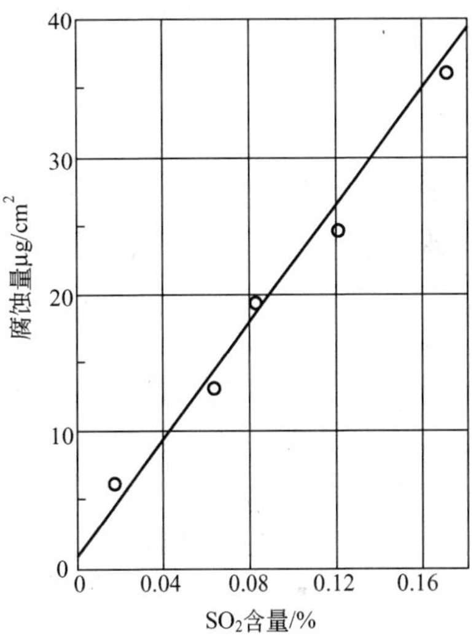


图8.3　$SO_2$ 含量和腐蚀速率的关系

目前，$SO_2$ 能加速金属腐蚀速率的机理主要有两种看法；其一是在高湿度条件下，由于水膜凝结增厚，$SO_2$ 参与了阴极去极化作用，当 $SO_2$ 大于0.5%时，此作用明显增大。显然大气中 $SO_2$ 含量很低，但它在溶液中的溶解度比氧约高1300倍，对腐蚀影响很大。其二是认为有一部分 $SO_2$ 被吸附在金属表面，与铁反应生成易溶的硫酸亚铁，$FeSO_4$ 进一步氧化并由于强烈的水解作用生成了硫酸，硫酸又和铁作用，整个过程具有自催化反应，其反应如下。

$$Fe+SO_2+O_2 \rightleftharpoons FeSO_4$$
$$4FeSO_4+O_2+6H_2O \rightleftharpoons 4FeOOH+4H_2SO_4$$
$$H_2SO_4+Fe+1/2O_2 \rightleftharpoons FeSO_4+H_2O$$

HCl也是腐蚀性较强的一种气体，溶于水膜中生成盐酸，对金属的腐蚀破坏甚大。

$H_2S$ 气体在干燥大气中使铜、黄铜、银变色，而在潮湿大气中会加速铜、黄铜、镍，特别是镁和铁的腐蚀。$H_2S$ 溶入水中使水膜酸化，使水膜的导电性增加，加速腐蚀。

$NH_3$ 易溶于水膜中，使pH增加，对钢铁起到缓蚀作用，但对有色金属不利，铜的影响较大，锌、镉次之。因为 $NH_3$ 能与这些金属作用生成可溶性的络化物，促进阳极去极化作用。

(2) 酸、碱、盐的影响。介质的酸、碱性的改变，将影响去极化剂(如 $H^+$)的含量及金属表面膜的稳定性，进而影响腐蚀速率的大小。两性金属如锌、铝、铅在酸和碱性液膜中都不稳定，铁和镁在碱性液膜中其表面生成保护膜，使腐蚀速率比中性和酸性介质中小。镍和镉在中性和碱性溶液中较稳定，但在酸中易腐蚀。上述金属的腐蚀速率与pH的关系，只是在没有其他因素的影响下才适用。

中性盐类对金属腐蚀速率的影响取决于很多因素，如腐蚀产物的溶解度、阴离子的特性，特别是与氯离子有关。氯离子不但能破坏 Fe、Al 等金属表面的氧化膜，而且能增加液膜的导电性，使腐蚀速率增加。另外，氯化钠的吸湿性强，也会降低临界相对湿度，促使锈蚀发生。所以，在海洋大气环境中的金属很易产生严重的孔蚀。

(3) 固体颗粒、表面状态等因素的影响。固体颗粒组成较复杂，除海盐粒子外，还有碳和碳的化合物、氮化物、金属氧化物、砂土等。它们对大气腐蚀的影响主要有 3 种方式：①颗粒本身具有腐蚀性，如铵盐颗粒，由于溶于金属表面的水膜，使水膜的电导率升高，pH 下降，促进了金属的腐蚀；②颗粒本身无腐蚀性，但能吸附腐蚀性物质，间接地加速腐蚀；③本身既无腐蚀性又不具吸附性，但由于造成毛细管凝聚缝隙，使金属表面形成电解液薄膜，形成氧浓差的局部腐蚀条件，也会加速金属的腐蚀。

金属表面的加工方法和表面状态对腐蚀速率也有明显的影响。通常，粗糙表面比精磨的易腐蚀，已生锈的钢铁表面比表面光洁的腐蚀速率大。

5. *研究大气腐蚀的方法*

由于世界各地的气候条件复杂，各个区域的自然大气污染程度不同，所以研究大气腐蚀的试验也是比较艰难的。现多以大气暴露试验为主，结合做人造大气试验和有关的电化学方法。

1) 大气暴露试验

自然环境下的暴露试验是研究大气腐蚀最常用的方法，它的优点是较能反映现场实际情况，所得数据直观、可靠，可用来估算该环境下材料的腐蚀寿命，但所需的试验周期较长，不能满足工艺和生产的迫切需要。

我国根据一年四季各地区气候特征的不同，在 11 个地区形成了大气腐蚀试验网站，其分布如图 8.4 所示。

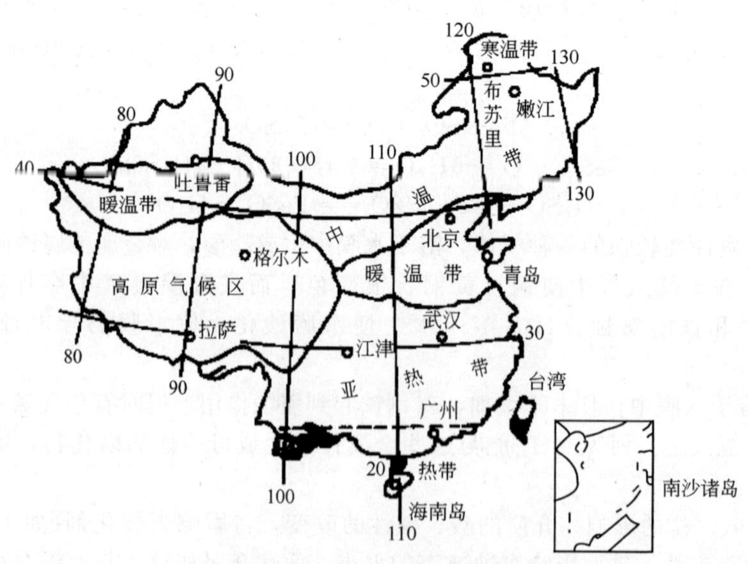


**图 8.4 我国大气腐蚀试验网**

试验周期根据不同的对象和试验目的而确定。同时定期对样品进行重量损失、腐蚀深度、金相及力学性能的测定，观察腐蚀产物的结构和特征，并进行拍照。

2）人造大气试验

人造大气试验是模拟自然大气试验，根据不同的气候条件加速材料的腐蚀破坏作用。可以在盐雾箱、潮湿箱、工业性气体腐蚀箱和人造气候腐蚀箱中进行腐蚀试验。常用的是盐雾试验和湿热试验。

3）电化学法

在大气腐蚀的模拟电解池中，测量薄层电解液中金属的极化曲线、极化阻力，经过换算，得到各种试验条件下金属的大气腐蚀速率。

6. 大气腐蚀的防护措施

1）提高金属材料自身的耐蚀性

通过合金化的方法，在普通碳钢的基础上加入某些适量的合金元素，可大大改善其耐大气腐蚀的性能。例如，在钢中加入 Cr、Ni、Cu、P 等，可使合金的耐蚀性增强。同时亦尽量降低有害杂质含量。

2）采用覆盖层保护

覆盖层起机械隔离作用，使金属与外界的腐蚀性物质不发生作用。覆盖层可分为金属材料和非金属材料；同时根据防护时间又分为长期性覆盖层和暂时性覆盖层。

(1) 长期性覆盖层，如电镀、喷镀、渗镀、磷化、发蓝、氧化、涂料、砖板衬里、衬胶、玻璃钢等。

(2) 暂时性覆盖层，如防锈油、脂、防锈水、可剥性塑料等。

3）控制金属所处环境的相对湿度、温度及含氧量

(1) 充氮封存。将产品密封在容器内，抽真空后充入氮气，并保持内部的相对湿度低于 40%。因无水分和氧，使金属不发生腐蚀。

(2) 干燥空气封存。也叫控制相对湿度法，是常用的长期封存方法之一。主要通过充干燥空气或用干燥剂使相对湿度低于 35%。

根据包装材料的不同，干燥空气封存分为封套包装、罐式包装、茧式包装等几种。

4）采用缓蚀剂

防止大气腐蚀用的缓蚀剂分为油溶性缓蚀剂、气相缓蚀剂和水溶性缓蚀剂。

## 8.2 海水腐蚀

海水是自然界中量最大、腐蚀性强的一种天然电解质，约占地球总面积的 7/10。常用金属及合金都会遭受不同程度的腐蚀。

我国海岸线很长，随着沿海交通运输、工业生产和国防建设的发展，金属结构物的腐蚀问题也日益突出。因此，研究和解决海水腐蚀问题对我国海洋运输和海洋开发及海军现代化的建设都具有重要意义。

1. 海水腐蚀的特征及电化学过程

海水是一种含有多种盐类、近中性的电解质溶液，盐分中主要是 NaCl，占总盐度的 77.8%，其次是 $MgCl_2$。表 8-4 列出了海水中主要盐类的含量。人们常用 3% 或 3.5% 的 NaCl 溶液近似地代替海水来进行某些研究。由于海水中含有大量的盐分，使其电导率很

高，远远超过河水和雨水。海水的平均电导率约为 $4\times10^{-2}$ S/cm，河水为 $2\times10^{-4}$ S/cm，雨水为 $1\times10^{-5}$ S/cm。

**表 8-4 海水中主要盐类的含量**

| 成分 | 100g 海水中盐的克数/g | 占总盐度质量分数(%) | 成分 | 100g 海水中盐的克数/g | 占总盐度质量分数(%) |
|---|---|---|---|---|---|
| 氯化钠 | 2.7213 | 77.8 | 硫酸钾 | 0.0863 | 2.5 |
| 氯化镁 | 0.3807 | 10.9 | 碳酸钙 | 0.0123 | 0.3 |
| 硫酸镁 | 0.1658 | 4.7 | 溴化镁 | 0.0076 | 0.2 |
| 硫酸钙 | 0.1260 | 3.6 | 合计 | 3.5 | 100 |

海水中溶有一定的氧量，是影响海水腐蚀的主要因素。对于在海水中难以钝化的碳钢等金属材料来说，海水的含氧量越高，金属的腐蚀速率也越大。

由于一定量氧的存在，决定了大多数金属在海水中腐蚀的电化学特征。除电极电位很负的镁及其合金外，所有的工程金属材料在海水中都属于氧去极化腐蚀，其电极反应如下。

阳极：$Me \longrightarrow Me^{n+} + ne^-$

阴极：$O_2 + 2H_2O + 4e^- \longrightarrow 4OH^-$

海水腐蚀的特点也与氯离子密切相关。氯离子是活性阴离子，能使钝化膜遭到局部破坏。除上述因素外，海水腐蚀还受潮汛、波浪运动、海洋生物、海水深度及微生物等的影响。海水腐蚀是典型的电化学腐蚀，具有如下特征。

(1) 海水腐蚀是氧的去极化腐蚀，尽管表层海水被氧所饱和，但氧通过扩散层到达金属表面的速率小于氧还原的阴极反应速率。在静止或流速不大的海水中，阴极过程通常受氧的扩散速率控制。

(2) 海水中含有大量的 $Cl^-$ 等卤素离子，对大多数金属其阳极阻滞作用较小。另外，可破坏金属的钝化膜。

(3) 海水是良好的导电介质，电阻较小。因此和大气及土壤腐蚀相比较电池作用将更强烈，影响范围更远。

(4) 海水中易发生局部腐蚀，如孔蚀和缝隙腐蚀。在高流速下，还易产生空泡腐蚀和冲刷腐蚀。

2. 影响海水腐蚀的因素

海水腐蚀是很多因素的综合作用，主要影响因素如下。

1) 含盐量的影响

海水含盐量用盐度表示。盐度是指 1000g 海水中溶解的固体盐类物质的总克数。海水的总盐度随海区的不同而变化，通常在相通的海洋中相差不大。中国近海的盐度平均值约为 3.2%，黄海、东海在 3.1%～3.2%之间，南海为 3.5%。但在某些海区和隔离性的内海中，变化较大。含盐量最高可达 4.0%，最低不到 1%。江河入海处，海水被稀释和污染，使总盐度和盐类组成有较大变化。

海水中含盐量直接影响电导率和含氧量，因此对腐蚀产生影响。随含盐量的增加，水的电导率增加而含氧量降低，如图 8.5 所示。水中含盐量增加，电导率增大，使钢的腐蚀速率加大。另一方面，当盐量达一定值后，水中的溶氧量降低，又使腐蚀速率减小。因此钢在海水中的腐蚀速率将随含盐量增加而先增后减，大多数盐类腐蚀性最大的浓度约在 0.5mol/L。但在江河入海处或海港中，却与上述规律不完全一致。虽然含盐量较低，但腐蚀性却较高。其原因是海水通常被碳酸盐饱和，钢表面沉积一层碳酸盐水垢保护层。而在稀释海水中，碳酸盐达不到饱和，不能形成此种保护性水垢。另外，海水可能受到污染，增强对金属的腐蚀作用。

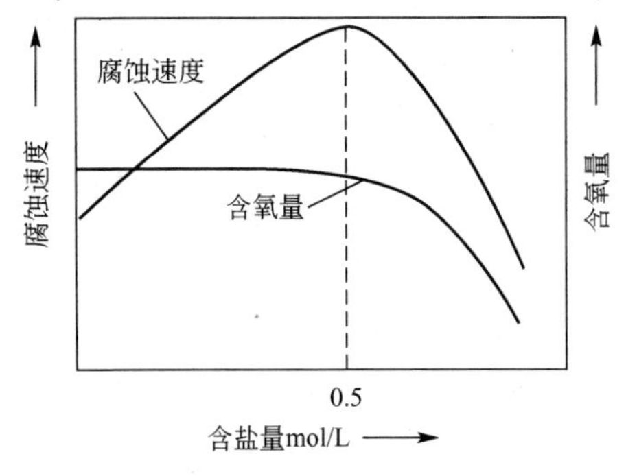


**图 8.5　海水含盐量与腐蚀速率以及含氧量的关系**

2）溶氧量的影响

由于大多数金属在海水中发生的腐蚀属于氧的去极化腐蚀，因此海水中溶解氧的量是影响海水腐蚀的重要因素。氧在海水中的溶解度随海水的盐度、深度、温度等环境的变化，有较大的差异。

表 8-5 列出了常压下，不同海水温度和盐度时氧的溶解度。从表中所列数据可以看出，海水中氧的溶解度主要受温度的影响。对不同种类的金属材料，含氧量对腐蚀的作用不同。对碳钢、低合金钢等在海水中不易钝化的金属，腐蚀速率随含氧量的增加而增加，但对依靠表面钝化膜而提高耐蚀性的金属，如不锈钢、铝等，含氧量增加有利于钝化膜的形成和修补，使钝化膜的稳定性提高。

**表 8-5　常压下氧在海水中的溶解度**

| 温度/℃ | 盐的质量分数(%) | | | | | |
|---|---|---|---|---|---|---|
| | 0.0 | 1.0 | 2.0 | 3.0 | 3.5 | 4.0 |
| 0 | 10.30 | 9.65 | 9.00 | 8.36 | 8.04 | 7.72 |
| 10 | 8.02 | 7.56 | 7.09 | 6.63 | 6.42 | 6.18 |
| 20 | 6.57 | 6.22 | 5.88 | 5.52 | 5.35 | 5.17 |
| 30 | 5.57 | 5.27 | 4.95 | 4.65 | 4.50 | 4.34 |

3）流速的影响

海水流速的不同改变了供氧条件，因此对腐蚀产生重要影响。对在海水中不能钝化的金属，如碳钢、低合金钢等，随海水流速的增加，腐蚀速率亦增大，如图 8.6 所示。但对于不锈钢、铝合金、钛合金等易钝化的金属，海水流速增加会促进钝化，提高耐蚀性，因此在一定的范围内提高流速是有利的。但是当流速达到一定值时，机械力的作用冲刷破坏又会使得腐蚀速率加快。

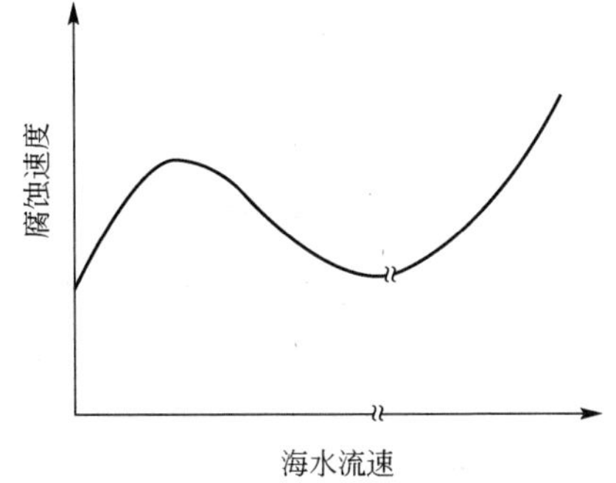


**图 8.6　腐蚀速率与海水流速的关系**

4）海洋生物的影响

海洋生物包括多种动物、植物及微生物，如海藻、牡蛎、藤壶等。对海水腐蚀影响较大的是附着生物，当金属浸入海水数小时后，便会附着一层生物黏液。生物的附着不仅使阻力增大，航速降低，堵塞水流使传热效率降低，而且由于海洋生物的生命活动使氧量增加，pH 降低，提高了金属的腐蚀速率，另外，还会使局部腐蚀倾向增加。

3. 海水腐蚀的防护措施

1）合理选材

合理选材是控制腐蚀最常用的方法。不同金属在海水中的耐蚀性差别较大，表 8-6 列出了某些材料在海水中的耐蚀性。对于大型海洋工程结构，通常采用价格低廉的低碳钢和低合金钢，再覆之涂料和采取阴极保护措施。环境的腐蚀条件比较苛刻时，应选用较耐蚀的材料。如船舶螺旋桨用铸造铜合金（铍青铜、铝青铜等）制造，军用快艇选用铝合金制造，海洋探测用深潜器选用钛合金制造等。

**表 8-6　金属材料耐海水腐蚀性能**

| 合金 | 全浸区腐蚀率/(mm/a) | | 潮汐区腐蚀率/(mm/a) | | 抗冲击腐蚀性能 |
|---|---|---|---|---|---|
| | 平均 | 最大 | 平均 | 最大 | |
| 低碳钢(无氧化皮) | 0.12 | 0.40 | 0.3 | 0.5 | 劣 |
| 低碳钢(有氧化皮) | 0.09 | 0.90 | 0.2 | 1.0 | 劣 |
| 普通铸铁 | 0.15 | — | 0.4 | — | 劣 |
| 铜(冷轧) | 0.04 | 0.08 | 0.02 | 0.18 | 不好 |
| 顿巴黄铜(10%Zn) | 0.04 | 0.05 | 0.03 | — | 不好 |
| 黄铜(70Cu-30Zn) | 0.05 | — | — | — | 满意 |
| 黄铜(22Zn-2Al-0.02As) | 0.02 | 0.18 | — | — | 良好 |
| 黄铜(22Zn-1Sn-0.02As) | 0.04 | — | — | — | 满意 |
| 黄铜(60Cu-40Zn) | 0.06 | 脱 Zn | 0.02 | 脱 Zn | 良好 |
| 青铜(5%Sn-0.1P) | 0.03 | 0.1 | — | — | 良好 |
| 铝青铜(7%$Al_2$%Si) | 0.03 | 0.08 | 0.01 | 0.05 | 良好 |
| 镍 | 0.02 | 0.1 | 0.4 | — | 良好 |
| 蒙乃尔(65Ni-31Cu-4(Fe+Mn)) | 0.03 | 0.2 | 0.5 | 0.25 | 良好 |
| 因科镍而合金(80Ni-13Cr) | 0.005 | 0.1 | — | — | 良好 |
| 哈氏合金(53Ni-19Mo-17Cr) | 0.001 | 0.00 | — | — | 优秀 |
| Cr13 | — | 0.28 | — | — | 满意 |
| Cr17 | — | 0.20 | — | — | 满意 |
| Cr18Ni9 | — | 0.18 | — | — | 良好 |
| Cr28-Ni20 | — | 0.02 | — | — | 良好 |
| Zn(99.5%Zn) | 0.028 | 0.03 | — | — | 良好 |
| Ti | 0.00 | 0.00 | 0.00 | 0.00 | 优秀 |

2）阴极保护

阴极保护是海水全浸状态时防腐的有效办法，通常与涂料联合保护。实施阴极保护有外加电流和牺牲阳极两种方法。阴极保护不仅可防止均匀腐蚀，而且对局部腐蚀如孔蚀、缝隙腐蚀、应力腐蚀、电偶腐蚀、空泡腐蚀等也是有效的。

3）涂层保护

涂装技术仍是至今普遍采用的方法。涂料的品种较多，应根据构筑物所处环境进行选择。海洋大气区、飞溅区和潮差区主要依靠涂层来防护。另外，选择耐蚀性好的涂料固然重要，但涂装的施工质量决不可忽视。涂装前的表面处理十分重要，要严格进行脱脂、除锈和表面的清洁工作。

## 8.3 土壤腐蚀

土壤是由土粒、水溶液、气体、有机物、带电胶粒和黏液胶体等多种组分构成的极为复杂的不均匀多相体系。不同土壤的腐蚀性差别很大。由于土壤的组成和性能的不均匀，极易构成氧浓差电池腐蚀，使地下金属设施遭受严重的局部腐蚀。埋在地下的油、气、水管线以及电缆等因穿孔而漏油、漏气或漏水，或使电信设备发生故障。而这些往往很难检修，给生产带来很大的损失和危害。

土壤腐蚀是一种很重要的腐蚀形式。对于先进国家来说，地下的油、气、水管线长达数百万千米以上，每年因腐蚀损坏而替换的各种管子费用就有几亿美元之多。因此研究土壤腐蚀的规律，防止土壤中金属的腐蚀，已成为腐蚀科学领域研究中的一个重要课题。

### 1. 土壤腐蚀的特征

土壤是一个由气、液、固三相物质组成的复杂系统，作为电解质主要有下列特点。

1）多相性

土壤具有复杂的多相结构，由土粒、无机矿物质、有机物质、水、空气等组成。不同土壤中的土粒大小不相同。如粉沙土的颗粒为0.05～0.07mm，黏土的颗粒小于0.005mm，而沙砾土的颗粒为0.07～2mm。实际土壤是由不同的土粒按一定比例组合而成的。

2）多孔性

土壤中的颗粒不是孤立的分散体，而是各种无机物、有机物的胶凝物质颗粒聚集体。颗粒间形成许多充满空气和水的毛细管微孔或孔隙，使土壤成为腐蚀性电解质。土壤的孔隙度和含水性影响土壤的透气性和电导率大小，含氧量影响土壤的电极过程。

3）不均匀性

土壤的物理及化学性质不仅随土壤的组成及其含水量而变化，而且还与土壤的结构及其紧密程度有关。土壤中的氧气有的溶解在水中，有的存在于土壤的缝隙中。土壤中氧的浓度与土壤的湿度和结构都有密切关系，氧含量在干燥砂土中最高，在潮湿的砂土中次之，而在潮湿密实的黏土中最少。这种充气不均匀性正是造成氧浓差电池腐蚀的原因。

4）固定性

固定性是指土壤中的固体物质相对于埋在土壤中的金属来说是固定不动的，而土壤中的气体和液体可做有限的运动。

2. 土壤腐蚀的类型

1）异金属接触电池

地下金属构件有时采用不同的金属材料，电极电位不同的两种金属材料连接时电位较负的金属腐蚀加剧，而电位较正的金属获得保护，这种腐蚀称为异金属接触电池。在工程中尽量避免此种腐蚀的发生，当然，接触腐蚀的速率还与阴阳极面积比、金属的极化性能等因素有关。

2）杂散电流腐蚀

所谓杂散电流是指由原定的正常电路漏失的电流。其来源主要有电气化铁道、电焊机、电化学保护装置、电解槽等，如图 8.7 所示。杂散电流可导致地下金属设施发生严重的腐蚀破坏作用。其腐蚀量与杂散电流的强度成正比，服从法拉第电解规律。例如，1A 的电流流过管线，那么一年就会溶解 9kg 的钢铁。在土壤中发生杂散电流的强度有时是很大的，壁厚为 7～8mm 的钢管，4～5 个月即可发生腐蚀穿孔。因此杂散电流的腐蚀是一般腐蚀不能与之相比的。腐蚀事故表明，直流电和交流电均能产生杂散电流腐蚀，但后者仅为前者的 1%。

3）氧浓差电池

对于埋在土壤中的地下管线而言，这种电池作用是最常见的。产生这种电池作用的原因是管线不同部位土壤的氧含量差异，氧含量低的部位电位较负，成为阳极，氧含量高的部位电位较正，为阴极。例如，黏土和砂土等结构的不同；管线埋深不同等，如图 8.8 所示。

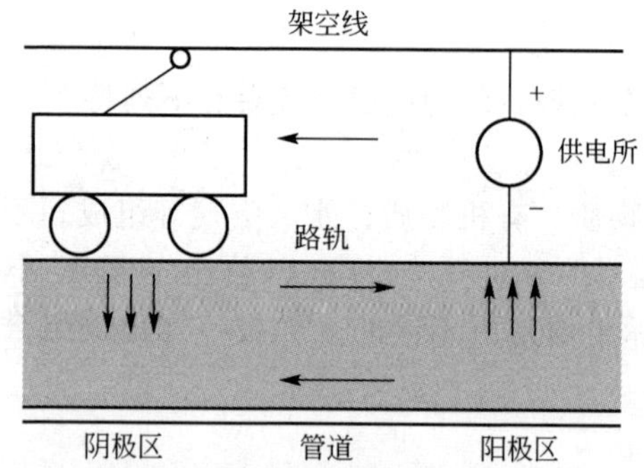

图 8.7　杂散电流腐蚀示意图

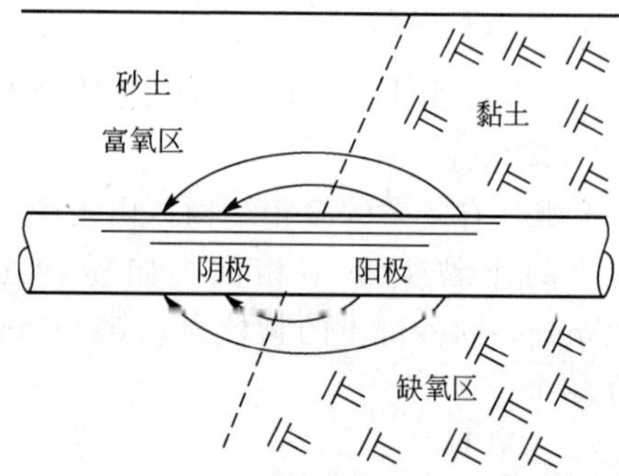

图 8.8　不同土壤形成的氧浓差电池

4）盐浓差电池

由于土壤介质的含盐量不同而造成的，盐浓度高的部位电极电位较负，成为阳极而加速腐蚀。

5）温差电池

这种电池在油井和气井的套管以及压缩站的管道中可能发生。位于地下深层的套管处于较高的温度，为阳极；而位于地表面附近即浅层的套管温度低，成为阴极。图 8.9 是压缩站产生温差电池的例子。当热气进入管道后，把热量传给土壤，温度下降，所以靠近压缩站的管线是阳极，而离压缩站较远的管子是阴极。

6）新旧管线构成的腐蚀

当新旧管线连在一起时，由于旧管线表面有腐蚀产物层，使电极电位比新管线正，成为阴极，加速新管的腐蚀，如图 8.10 所示。

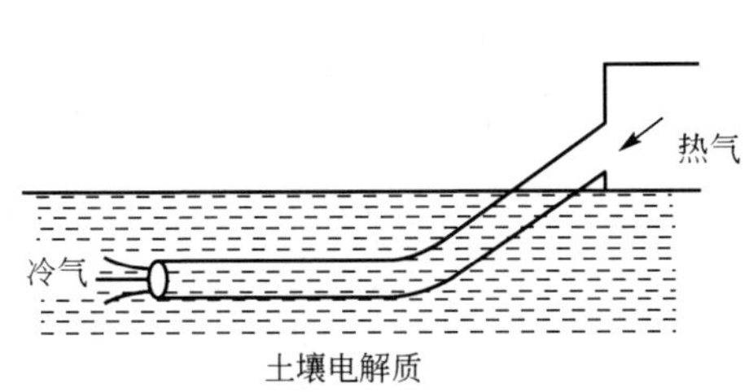


**图 8.9　压缩站产生的温差电池**

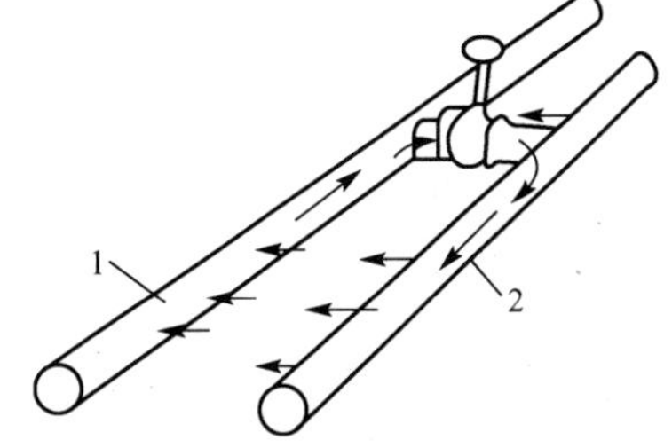


**图 8.10　土壤中新旧管道形成的腐蚀电池**

**1**—旧管(阴极)　**2**—新管(阳极)

7）微生物腐蚀

和土壤腐蚀有关的微生物有 4 类：硫化菌(SOB)、厌氧菌(SRB)、真菌、异养菌。真菌和异养菌属于喜氧菌，在含氧的条件下生存，厌氧菌的生存及活动是在缺氧的条件下进行的；而硫化菌属于中性细菌，有氧无氧都可进行生理活动。微生物对地下金属构件的腐蚀是新陈代谢的间接作用，不直接参与腐蚀过程。

3. 土壤腐蚀的电化学过程

土壤中总是含有一定的水分，因此，土壤腐蚀与在电解液中的腐蚀一样，是一种电化学腐蚀，大多数金属在土壤中的腐蚀为氧的去极化腐蚀。

1）阳极过程

以铁为例

$$Fe+nH_2O \longrightarrow Fe^{2+}\cdot nH_2O+2e^-$$

铁在潮湿土壤中的阳极过程和在溶液中腐蚀时类似，阳极过程没有明显的阻碍。在干燥且透气性良好的土壤中，阳极过程的进行方式接近于铁在大气腐蚀的阳极行为。也就是说，阳极过程因钝化现象及离子水化的困难而有很大的极化。在长时间的腐蚀过程中，由于腐蚀的次生反应所生成的不溶性腐蚀产物的屏蔽作用，可以观察到阳极极化逐渐增大。

2）阴极过程

钢铁是土壤中常用的材料，在弱酸性、中性和碱性土壤中，阴极反应主要是氧的去极化作用。阴极过程是

$$O_2+H_2O+4e^- \longrightarrow 4OH^-$$

氧的去极化过程包括两个步骤，一是氧向阴极的迁移，一是氧的离子化反应。由于土壤腐蚀的复杂条件，使腐蚀过程的控制因素差别也较大，大致有图 8.11 所示的几种控制情况。

当腐蚀决定于腐蚀微电池或距离不太长的宏观腐蚀电池时，腐蚀主要为阴极控制(图 8.11(a))；在疏松、干燥的土壤中，随氧渗透率的增加，腐蚀转变为阳极控制(图 8.11(b))，与潮的大气腐蚀情况相似；对于由长距离宏观电池作用下的腐蚀，土壤的电阻成为主要的腐蚀控制因素，为阴极—电阻混合控制(图 8.11(c))。

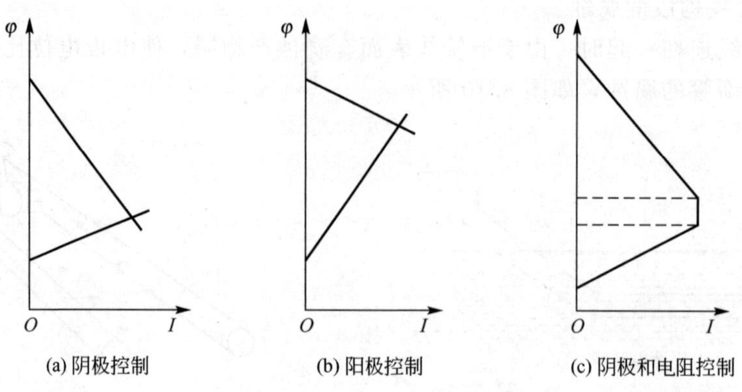


**图 8.11　不同土壤条件下的过程腐蚀**

在酸性很强的土壤中，才发生氢的去极化，在某些情况下，还有微生物参与的阴极还原过程。

$$2H^{+}+2e^{-}\longrightarrow H_2$$

4. 影响土壤腐蚀的因素

影响土壤腐蚀性的因素较多，主要是环境因素。如土壤的电阻率、氧化还原电位、含氧量、含水量、盐分种类和浓度、酸碱度、温度、微生物等。这些影响因素往往又是相互联系的。

1）电阻率

土壤电阻率与土壤的含水量、孔隙度等因素有关。通常认为，土壤电阻率越大，土壤腐蚀越严重。

2）透气性(孔隙度)

较大的孔隙度有利于氧渗透和水分的保存，而氧和水分都是促进腐蚀发生的因素。关于透气性对土壤腐蚀的影响，不能简单下定论，要视具体情况进行分析。

3）含水量

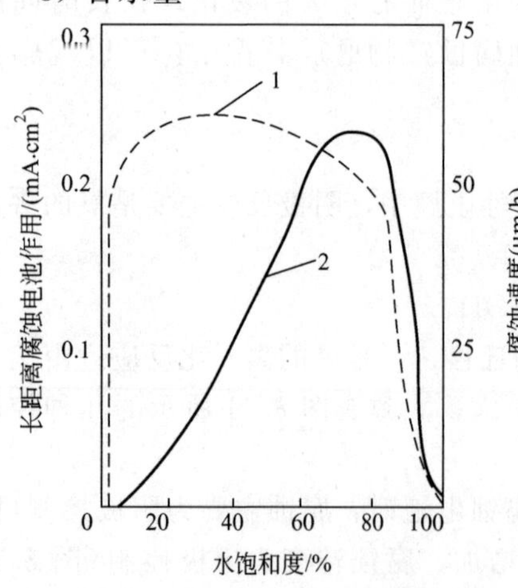


**图 8.12　土壤含水量与腐蚀速率的关系**

**1**—腐蚀速率　**2**—长距离腐蚀电池作用

含水量对腐蚀的影响较大。图 8.12 表示钢管腐蚀速率与土壤含水量的关系，从图中可以看出，含水量很高时，腐蚀速率减小，主要是氧的扩散受阻，随着含水量的减少，氧的去极化变得容易，腐蚀速率增加。但当降到 10%以下时，由于水分含量太少，使阳极极化和土壤比电阻加大，腐蚀速率急速降低，另外图中还示出了长距离浓差宏电池的作用与含水量的关系。

随含水量的增加，土壤电阻率减小，氧浓差电池作用增加，达到最大值后，含水量再增加并接近饱和时，氧的浓差作用减小。在实际的腐蚀情况下，埋得较浅的管道含水量少，为阴极；而埋得深的管道因土壤湿度较大，成为氧浓差电池的阳极。

4）含盐量和酸度

土壤中含盐量越大，土壤的电导率越大，土壤的腐蚀性增加。通常土壤中含盐的质量分数约为 $8\times10^{-3}\%\sim1.5\times10^{-1}\%$，含有的元素有钠、钙、镁、碳酸根、氯和硫酸根离子。氯离子对腐蚀的影响作用较大，可引起局部腐蚀。

大部分土壤属中性范围，但也有碱性土壤(如盐碱土)及 pH 为 3～6 的酸性土壤(如腐殖土、沼泽土)。随土壤 pH 的降低、土壤腐蚀速率增加，但值得指出的是，当土壤中含有大量有机酸时，虽然土壤的 pH 近于中性，但腐蚀性很强。因此，要测定土壤中酸性物质的含量(总酸度)，来检测土壤的腐蚀性。

5. 土壤腐蚀的防护

防止土壤腐蚀可采取以下措施。

1）采用涂料或包覆玻璃布防水

埋地管道外防腐层分为普通、加强和特加强 3 级。各种防腐等级的涂层结构应符合表 8-7 的规定。防腐层的结构通常是依据管道输送介质的温度、土壤腐蚀性等条件来确定。

表 8-7 沥青防腐层结构

| 防腐等级 | | 普通级 | 加强级 | 特加强级 |
|---|---|---|---|---|
| 防腐层总厚度/mm | | ≥4 | ≥5.5 | ≥7 |
| 防腐层结构 | | 三油三布 | 四油四布 | 五油五布 |
| 防腐层数 | 1 | 底漆一层 | 底漆一层 | 底漆一层 |
| | 2 | 沥青 1.5mm | 沥青 1.5mm | 沥青 1.5mm |
| | 3 | 玻璃布一层 | 玻璃布一层 | 玻璃布一层 |
| | 4 | 沥青 1.5mm | 沥青 1.5mm | 沥青 1.5mm |
| | 5 | 玻璃布一层 | 玻璃布一层 | 玻璃布一层 |
| | 6 | 沥青 1.5mm | 沥青 1.5mm | 沥青 1.5mm |
| | 7 | 聚乙烯工业膜一层 | 玻璃布一层 | 玻璃布一层 |
| | 8 | | 沥青 1.5mm | 沥青 1.5mm |
| | 9 | | 聚乙烯工业膜一层 | 玻璃布一层 |
| | 10 | | | 沥青 1.5mm |
| | 11 | | | 聚乙烯工业膜一层 |

2）采用金属涂层

包覆金属，镀锌层等。

3）采用电化学保护

阴极保护依靠外加直流电流或牺牲阳极，使被保护金属成为阴极达到一定阴极电位，来防止腐蚀的方法。

实际工程常采用涂层和阴极保护联合方法，既可弥补保护涂层的针孔和破损的缺陷，又可以减少阴极保护的电能消耗。

## 8.4 微生物腐蚀

微生物腐蚀是指在微生物生命活动参与下所发生的腐蚀过程。微生物腐蚀主要是促进金属材料的破坏，往往和电化学腐蚀同时发生，两者很难截然分开。此外，微生物腐蚀还会降低非金属材料的稳定性。近年来微生物对材料形成的腐蚀破坏越来越突出，引起了人们的关注。例如发电厂、化工厂大量使用的水冷管道，输油、储油装置，大型船舶，纸浆处理设备，飞机整体油箱内部环境等都很适合细菌的寄生和生存，为微生物腐蚀创造了条件。由于微生物腐蚀速率很快，且常在局部区域形成突然穿孔，对设施的安全性构成威胁，甚至发生重大人身伤害事故，并带来巨大的经济损失。因此，微生物的腐蚀问题已引起人们更大的重视。

### 1. 微生物的腐蚀作用及腐蚀特征

许多微生物和海生植物能吸附在钢桩、近海平台和船底表面并生长和繁殖，尤其是在较温暖的海域和春夏两季，这些海中附着生物对海船和海上建筑物及渔网等均有危害，故称其为污损生物。污损生物的吸附会引起防蚀涂层的脱落而造成严重腐蚀，某些微生物(如硫酸盐还原菌、铁细菌等)本身就会对金属造成腐蚀作用，故海洋防污与防蚀有着密切的关系。微生物腐蚀并非是它本身对金属的侵蚀作用，而是微生物生命活动的结果间接地对金属腐蚀的电化学过程产生影响，主要有以下 4 种方式。

(1) 新陈代谢产物的腐蚀作用。

(2) 微生物生命的活动影响电极反应的动力学过程，如硫酸盐还原菌的活动过程促进了阳极去极化过程。

(3) 使金属的环境如氧浓度、盐浓度、pH 等发生改变，形成局部腐蚀电池。

(4) 破坏金属表面的非金属覆盖层，另外，还能破坏缓蚀剂的稳定性。

微生物腐蚀有两个特征：一是金属表面总是伴随有粘泥的沉积。许多微生物都能分泌黏液，黏泥是粘液与介质中的金属腐蚀产物、矿物质、藻类、土粒和死亡菌体的混合物。金属遭受微生物腐蚀的程度往往和粘泥积聚的数量密切相关。另一个特征是腐蚀部位总带有孔蚀的迹象。原因是在粘泥覆盖下，局部金属表面贫氧引起氧浓差电池。

### 2. 与腐蚀有关的重要微生物

与腐蚀有关的重要微生物基本上都属于细菌类，所以有时把微生物腐蚀简称为细菌腐蚀。自然环境中的细菌成千上万，但对腐蚀过程有影响的不多，通常把腐蚀性细菌分为喜氧菌和厌氧菌两大类。

1) 喜氧菌(或称嗜氧菌)

指有游离氧存在条件下能生存的一类细菌，主要有以下几种。

(1) 铁细菌，与腐蚀有关的主要是氧化铁杆菌。最适宜的生长温度是 20～25℃，pH 为 7～1.4 之间。铁细菌在含有机物和可溶性铁盐的中性水、土壤和锈层中存在。靠

$Fe^{2+} \longrightarrow Fe^{3+} + e^-$ 反应获得新陈代谢作用的能量。另外，三价铁离子可将硫化物氧化成硫酸。

(2) 硫氧化菌，与腐蚀有关的是排硫杆菌、氧化硫杆菌和水泥崩解硫杆菌。其中氧化硫杆菌最为重要。这些菌适宜生长的温度是 28～30℃，pH 在 2.5～3.5 范围内。硫氧化菌能将硫及硫化物氧化成硫酸，其反应为

$$2S + 3O_2 + 2H_2O \xrightarrow{\text{硫氧化菌}} 2H_2SO_4$$

2) 厌氧菌

指在缺乏游离氧或几乎无游离氧的条件下才能生存，有氧反而不能生存的一类细菌。和腐蚀有关的厌氧菌主要是硫酸盐还原菌，广泛存在于中性土壤、海水、油井、河水、港湾和锈层中。其特点是把硫酸盐还原为硫化物，如硫化氢等。适宜生长的温度为 25～30℃（耐热菌种可在 55～65℃生长），pH 在 7.2～7.5 范围内。

还有一些细菌在有氧和无氧的环境中都能生存，如硝酸盐还原菌，能把硝酸盐还原为亚硝酸和氨。最适宜的生长温度为 27℃，pH 为 5.5～8.5 范围内，主要存在于有硝酸盐的土壤和水中。

3. 微生物腐蚀的机理

对于参与金属腐蚀过程，在缺氧中性介质中使钢铁腐蚀速率加剧的理论有以下两种。

1) 阴极去极化作用理论

此理论由 KÜhr 首先提出，后来得到 Iverson 的证明。他认为，在缺氧条件下，金属腐蚀的阴极过程应该是氢离子的还原，但由于氢的活化过电位较高，因此一层氢原子覆盖在阴极上，使阴极氢的去极化过程难以进行。如果有硫酸盐还原菌存在，则可消耗金属表面的氢原子，使阴极的去极化反应顺利进行，其反应如下。

$$4Fe \longrightarrow 4Fe^{2+} + 8e^- \quad \text{（阳极反应）}$$

$$8H_2O \longrightarrow 8H^+ + 8OH^-$$

$$8H^+ + 8e^- \longrightarrow 8H \quad \text{（阴极反应）}$$

$$SO_4^{2-} + 8H \xrightarrow[\text{吸附}]{\text{还原菌}} S^{2-} + 4H_2O \quad \text{（有菌参与的阴极反应）}$$

$$Fe^{2+} + S^{2-} \longrightarrow FeS \quad \text{（二次腐蚀产物）}$$

$$3Fe^{2+} + 6OH^- \longrightarrow 3Fe(OH)_2 \quad \text{（二次腐蚀产物）}$$

总反应为

$$4Fe + SO_4^{2-} + 4H_2O \longrightarrow FeS + 3Fe(OH)_2 + 2OH^-$$

阴极去极化作用的机理可用图 8.13 表示。

后来又发现，阴极去极化作用与菌中所存在的氢化酶密切相关，但每种菌中氢化酶的活性不同，氢化酶的活性越大，阴极去极化作用也越大。

2) 硫化物理论

该理论认为，钢铁腐蚀速率的加快是由于硫化的作用，而硫化物是由还原菌的活动提供的，其反应如下。

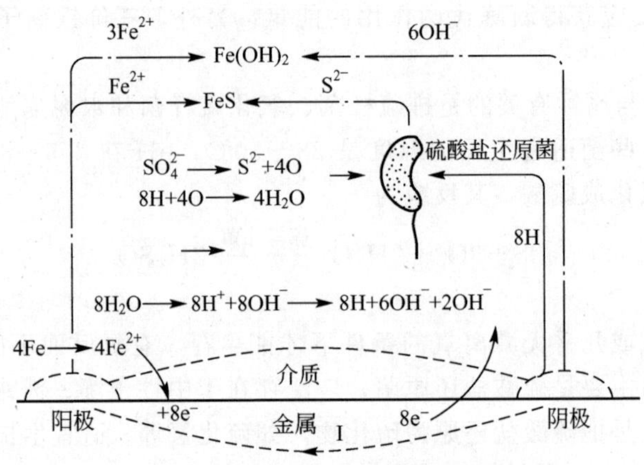


图 8.13 硫酸盐还原菌腐蚀机理图

$$Na_2SO_4 + 8H \xrightarrow{\text{细菌作用}} Na_2S + 4H_2O$$

$$Na_2S + 2H_2CO_3 \longrightarrow 2NaHCO_3 + H_2S$$

$$Fe + H_2S \longrightarrow FeS + H_2$$

由此可知，细菌先为腐蚀提供活性硫化物，而活性硫化物可使碳钢腐蚀加快。

3）细菌联合作用下的腐蚀

这种腐蚀是由于细菌的生命活动使金属材料周围的环境，如pH、氧浓度等发生了改变，构成了其他类型的腐蚀条件。

如喜氧性细菌和厌氧性细菌所需的生长条件截然不同，但在实际中，往往喜氧性细菌的腐蚀会造成厌氧性菌的生存条件，使厌氧性菌得到繁殖，加速了金属的腐蚀作用。另外，由于细菌的作用改变环境的氧含量，形成局部腐蚀的条件。如水管内壁的铁瘤腐蚀，就是以铁细菌腐蚀为先导而构成的一种腐蚀形态。生活于溪流和泉水中的铁细菌随水钻入水管内，把腐蚀溶解的 $Fe^{2+}$ 氧化 $Fe^{3+}$，并形成 $Fe(OH)_3$ 沉淀物，沉淀物附着在管道内侧表面，生成硬壳状铁瘤，瘤下金属表面成为贫氧的阳极区，瘤外其余金属表面成为富氧的阴极区，使阳极金属形成小孔，如图 8.14 所示。研究发现，瘤下的缺氧区正好为厌氧菌提供生长繁殖的场所。通过硫酸盐还原菌的生物化学作用，使瘤下金属的腐蚀加速。在一些腐蚀实例中，可检测到腐蚀产物含硫化物为1.5%～2.5%(质量分数)，每克腐蚀产物中含硫酸盐还原菌达1000个。

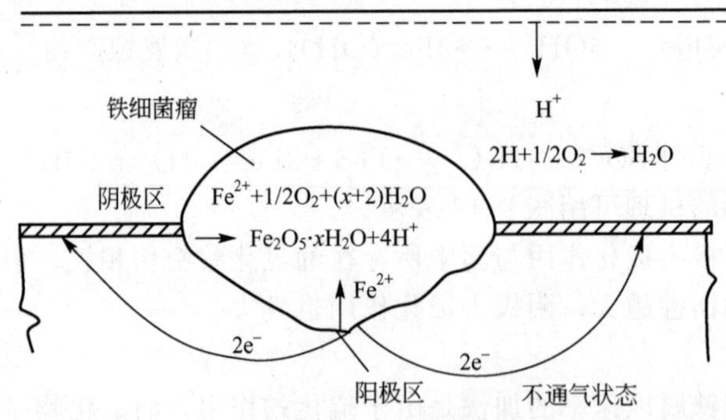


图 8.14 铁细菌在水管内壁处的氧浓差腐蚀电池示意图

4. 细菌腐蚀的防护措施

目前在控制微生物引起的腐蚀方面还没有一种尽善尽美的措施，处理这些问题时通常从腐蚀角度考虑比从微生物学角度考虑为多，要完全消灭腐蚀性微生物是很难实现的。目前的微生物腐蚀防护措施主要有以下几种。

1）使用杀菌剂或抑菌剂

能够杀死微生物的药剂为杀菌剂，只能使微生物处于不活动或不生长状态的药剂为抑制剂。所用药剂应具有高效、低毒、稳定、价廉并且本身无腐蚀性等特点，所用药剂种类及含量视细菌的类型及环境而定。

2）改变环境条件，控制细菌的生长

改变环境条件，主要是改变细菌的生长条件。只要能减少细菌的有机物营养源或者除去代谢物质，就有可能控制细菌的活动。例如，对硫酸盐还原杆菌采取切断硫化物矿石中硫的来源的方法；控制 pH 为 5.5～9 范围之外，就可使硫酸盐还原菌生长的活性被抑制。

3）覆盖层保护

采取覆盖层保护，主要是使金属的表面光滑，不易附着细菌，或减少这种机会。覆盖层保护有两种：非金属覆盖层，如地下管道用煤焦油沥青涂层、环氧树脂漆、聚乙烯涂层等；还有金属覆盖层，如镀铬、涂锌等。

4）阴极保护

阴极保护和涂层相结合的方法，也经常用于防止细菌的腐蚀。但对碳钢和铸铁来说，阴极保护电位应控制在－0.95V 以下（相对 $Cu/CuSO_4$ 电极），使阴极表面附近造成碱性环境以抑制细菌的活动。

## 8.5 高温腐蚀

1. 高温腐蚀的类型和研究高温腐蚀的重要性

材料在高温下与环境介质发生化学或电化学反应，导致材料变质的现象称为高温腐蚀。“高温”是高温腐蚀发生的基本条件，但是多高的温度算高温，是个相对的概念。对于金属材料的高温强度行为，通常是以材料的再结晶温度来划分温度的高低。一般认为在再结晶温度以上，也就是大约在 0.3～0.4 倍材料熔点（Tm 点，热力学温度）以上的温度，即为高温。对于腐蚀行为，则以引起金属材料腐蚀速率明显增大的下限温度作为高温的起点。例如，发生硫腐蚀最严重的温度范围为 200～400℃，因此，对于硫腐蚀来说，200℃已经是属于高温范畴了。除了温度以外，环境介质是高温腐蚀的重要参数。环境的差异对腐蚀的形态、机理、速率及腐蚀产物有明显的影响。

1）高温腐蚀的分类

按环境介质的状态，可将高温腐蚀分为 3 类。

（1）高温气态介质腐蚀。无论是单质气体分子（如 $O_2$、$Cl_2$、$N_2$、$H_2$、$F_2$ 等）、非金属元素的气体化合物（如 $H_2O$、CO、$CO_2$、$CH_4$、$SO_2$、$H_2S$、HCl 等）、金属氧化物气态分子（如 $MnO_2$、$V_2O_5$ 等），还是金属盐的气态分子（如 NaCl、$Na_2SO_4$ 等）都会诱发和加剧金属的高温腐蚀。由于这种腐蚀是在高温、干燥的气态环境中进行的，而且在它的起始阶段又是材料与环境气体直接发生化学反应所致，因而常被称为化学腐蚀、干腐蚀，或广义的高温氧化，以有别于在电解质水溶液中的电化学腐蚀。研究表明，在腐蚀形成一定厚度的氧化膜后，氧化膜的进一步成长存在着电化学机制，因此，把高温气体腐蚀简单看成为化学腐蚀是不全面的。

(2) 高温液体介质腐蚀。液体介质包括液态金属，如 Pb、Sn、Bi、Hg 等，低熔点金属氧化物，如 $V_2O_5$、$Na_2O$ 等和液态熔盐，如硝酸盐、硫酸盐、氯化物、碱等。高温液态介质腐蚀的机理取决于液态介质和固态金属之间的相互作用。

当液态金属用作导热物质时，存在冷热温差的场合，液态金属在热端将构件金属溶解，而在冷端又将其沉积出来，这种腐蚀形式则属于物理溶解。

当液体金属或液态金属中的杂质与固态金属发生化学反应时，在固态金属表面生成金属间化合物或其他化合物，这种腐蚀形式则属于化学腐蚀。低熔点金属氧化物腐蚀通常发生在含钒或钠等的燃料燃气中。例如，含钒燃料燃烧后生成 $V_2O_5$，其熔点只有 670℃，在金属表面上呈熔融状态存在。它属于酸性氧化物，可以破坏金属表面的氧化膜，从而加速金属腐蚀，这种形式的腐蚀也属于化学腐蚀。

液态熔盐中的高温腐蚀也称为熔盐腐蚀。熔盐属离子导体，具有良好的电导性，金属在熔盐中会发生与在水溶液中相似的电化学腐蚀。金属在熔盐中也可能发生与熔盐或与溶于熔盐中的氧和氧化物之间的化学反应，即化学腐蚀。

(3) 高温固体介质腐蚀。这是金属在腐蚀性固态颗粒冲刷下发生的腐蚀现象。腐蚀介质包括固态燃灰及燃烧残余物中的各种金属氧化物、非金属氧化物和盐的固体颗粒，如 C、S、$V_2O_5$、NaCl 等。这类腐蚀既包含固态燃灰和盐粒对金属的腐蚀，又包含着这些固态颗粒对金属表面的机械磨损，故属于高危腐蚀。

2) 研究高温腐蚀的重要意义

上述各种腐蚀类型中，氧化是高温腐蚀中最常见的一种形式。热力学告诉人们，几乎所有的金属在大气环境中都具有自发发生氧化的倾向。金属冶炼将自然界中的矿石(金属的各种氧化物)还原为金属，而金属在其铸造成型、轧锻形变加工及热处理过程中，由于氧化却又消耗了自己。仅以钢的生产为例，氧化的损耗就约占钢总产量的 7%～10%，损失相当惊人。

高温腐蚀涉及的范围很广，锅炉、反应釜、蒸馏塔、内燃机、涡轮发动机等都是在高温下各种工业介质环境中服役的。介质中除了氧以外，常常还含有水蒸气、二氧化硫、硫化氢、气相金属氧化物、熔盐等。这些物质诱发或加剧腐蚀的发生与发展，而温度通常是更进一步加速腐蚀过程。高温腐蚀不仅消耗了金属材料，还影响着这些生产装备运行的安全性和可靠性，制约着它们的使用寿命，并限制了它们性能的进一步提高。可以这么说，无论是冶金、石油、化工、动力等基础工业，还是代表当代尖端科学技术的航空航天、核能等工程技术，都离不开对高温腐蚀规律的掌握和正确运用。

可以预见，面对 21 世纪高科技时代的到来，为提高效率，许多装备需要进一步提高运行温度；许多新技术可能需要在更高温度下实现。这些均有赖于具有更优良抗高温腐蚀性能的新材料和防护涂层的研制和开发。新的科技和工程的发展，必将极大地推动高温腐蚀的研究；同时，高温腐蚀规律的更深入认识和其防护技术的不断完善也将极大地促进整个现代科学技术的进步。

2. 高温氧化

在高温气体介质中发生的腐蚀称为高温气体腐蚀，也称为高温氧化。加热炉炉管和锅炉炉管、氨合成塔内件、石油裂解和加氢装置，以及轧钢、工件热处理都会发生高温气体腐蚀。金属不仅在氧气和空气中可以发生高温氧化，在氧化性气体 $CO_2$、水蒸气、$SO_2$ 中也可以发生高温氧化。

金属氧化的腐蚀形态与前述的腐蚀形态的腐蚀机制不完全相同，金属氧化反应的最初步骤是气体在金属表面上吸附。随着反应的进行，氧溶解在金属中，进而在金属表面形成氧化物薄膜或独立的氧化物核。在这一阶段，氧化物的形成与金属表面取向、晶体缺陷、杂质以及试样制备条件等因素有很大关系。当连续的氧化膜覆盖在金属表面上时，氧化膜就将金属与气体分离开来，要使反应继续下去，必须通过中性原子或电子、离子在氧化膜中的固态扩散(迁移)来实现。在这些情况下，迁移过程与金属氧化膜及气体氧化膜的相界反应有关。在氧化初期，氧化控制因素是界面反应速率，随着氧化膜的增厚，扩散过程起着越来越重要的作用，成为继续氧化的速率控制因素。

在高温气体中工作的金属及其合金，按其最基本的使用性能要求应具备以下几个条件。

(1) 良好的抗高温氧化性能和抗热腐蚀的化学稳定性。

(2) 较好的高温强度(持久强度与蠕变极限)、高温热疲劳强度以及与之相适应的塑性。

(3) 良好的工气性能，如铸造、热处理、焊接、冲压性能等。

但是，实际上并不是所有的金属和合金都能满足以上要求，如铝合金在400～450℃的空气或炉气中是热稳定的，但其强度和硬度都很低，显然耐热强度很差。也有相反的情况，如铜在高温时耐热稳定性不高，但其耐热强度良好。所以要研制或使用耐高温气体氧化的材料必须从以上几个性能上去考虑。

金属或合金在高温气体条件下的氧化，同样可用金属氧化的热力学和动力学的一般规律研究。但是金属的高温气体氧化，还有着它自己的特殊规律。

### 3. 影响高温气体腐蚀的因素

影响金属高温气体腐蚀的因素很多，也很复杂，本节主要讨论合金元素、温度和气体介质对金属氧化的影响。

1) 合金元素对氧化速率的影响

金属的氧化主要受氧化膜离子晶体中离子空位和间隙离子的迁移所控制，因而可通过加入适当的合金元素改变晶体缺陷，控制氧化速率。

2) 温度对氧化速率的影响

由热力学可知，随着温度的升高，金属氧化的热力学倾向减小，但绝大多数金属在高温时吉布斯自由能仍为负值。另外，在高温下反应物质的扩散速率加快，氧化层出现的孔洞、裂缝等也加速了氧的渗透，因此大多数金属在高温下总的趋势是氧化，而且氧化速率大大增加。

3) 气体介质对氧化速率的影响

不同的气体介质对同种金属或合金的氧化速率的影响是存在差异的。

### 4. 高温氧化的控制

(1) 正确选材：通过合金化提高抗高温氧化的性能，在碳钢中加入铬、铝和硅。减少脱碳倾向，在碳钢中加入钼和钨。防止氢腐蚀，降低钢中含碳量，如微碳纯铁(含碳0.015%)在氨合成塔中有良好耐蚀性。

(2) 覆盖层保护：常用于防止高温氧化的覆盖层有渗铝、渗铬、渗硅，以及铬铝硅三元共渗。非金属覆盖层对防止高温氧化也是很有效的方法。在温度较低时，可使用硅涂料或含铝粉的硅涂料。使用温度较高时，用等离子喷涂方法将耐热的氧化物、碳化物、硼化物等熔化，喷涂在金属部件表面，形成耐高温的陶瓷覆盖层，可达到抗高温氧化的目的。

(3) 控制气体组成：降低烟道气中的过剩氧含量使 $CO_2$、CO、$H_2O$、$H_2S$、$O_2$、$H_2S$ 保持一定比例，烟气呈近中性；采用保护性气氛。钢材热处理常用的保护气体有氩、氮、氢、一氧化碳、甲烷等。氩是惰性气体，做保护气体十分理想。

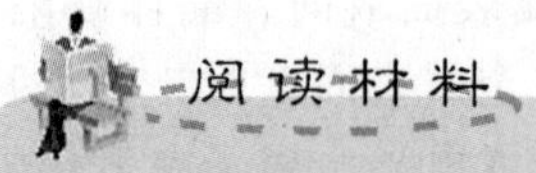


**约·理·伊文思博士**

1980 年 4 月 3 日，约立克理·查德森·伊文思(U·R·Evans)博士在他 91 岁寿辰后的第三天，在英国剑桥他的寓所里，安详地于睡眠中阖然长逝。这位被称为“近代金属腐蚀与防护科学之父”的伟大科学家给人们留下了不可磨灭的印象。他对腐蚀科学的创立和发展作出的重大贡献，他的杰出的著作，他的人格和品质：慷慨、亲切、幽默感、诚实、公平和正直都曾深深地感动所有认识他的人。

伊文思及其弟子根据研究结果，提出了腐蚀的临界湿度理论，即包装中的微环境湿度只要低于某个百分点，腐蚀就可抑制或忽略不计，从而保证产品品质。建立在此理论基础上的防腐包装技术，对世界经济发展和国防建设，具有十分重大的意义。远在第一次世界大战期间他曾与伊利克爵士一同研究过燃料电池。这之后他开始了金属腐蚀的科学研究。今天世界各国已经有成千上万的腐蚀科技工作者，然而在五十多年前，世界上出名的腐蚀科学家却只有包括伊文思在内的少数几个人。但是科学家并不都是一帆风顺的，当伊文思在 1923 年向英国金属学会提出他的第一篇重要的腐蚀论文时，据说当时同意他的观点的只有一位名叫乌斯汀伯格的奥地利科学家。这以后他在英国化学学会杂志上发表了一系列关于金属钝化的论文，又在英国化学工业学会杂志上发表了另一系列以“实践中的腐蚀问题”为主题的论文。

到 1929 年访问美国时，伊文思博士已经名闻世界，他创立的伊文思图，阴极极化和阳极极化曲线，其交点代表腐蚀电流密度，引起了学术界的高度重视。迄今极化图或伊文思图仍是解释腐蚀现象的重要依据，在理论上和实验技术上都不断地有新的进展。当过伊文思博士的助手或学生的人都觉得他很平易近人。他交给别人一项研究课题时，对题目的意义和做法总是交代得简明确切。许多工作都是用一些简单的设备和材料做出来的，看起来很平凡，可是通过敏锐的观察和细致的思考，往往能得出很不平凡的结果。如果你在他的实验室中犯了错误，这位平易近人的长者会毫不容情地责备你，简明确切地指出你的错误。你改正了，他以后决不会再提起过去的事。

伊文思博士热情、严肃而认真地追求真理。早在 1920 年，他和以研究黄铜脱锌问题出名的卞果福博士在一个学术问题上争得伤了和气，几年后才和好，然而真理主要是在伊文思博士这边。有一次，美国有名的腐蚀学家斯佩勒去访问伊文思，当伊文思博士拿起茶壶来为客人倒茶时，斯佩勒和他谈起了不锈钢，伊文思博士手执茶壶，大谈不锈钢的钝化，在旁陪客的何尔博士也被这场精彩的学术讲演吸引住了，到讲完时，何尔博士看墙上的挂钟已过了 19 分钟、客人欣赏了一杯冷茶，当然这 19 分钟精湛的学术见解是更为特别丰盛的招待了，伊文思博士喜欢鼓励和他工作的人提出不同学术意见来辨论。青年科学家寄来论文征求意见时，他在欣赏鼓励之余，也往往会提出自己的不同看法，而且以他的意见是正确的。不要以为伊文思博士只是终日埋头伏案的书呆子，他也非常爱好户外活动，他自己说“我一个星期有六天孜孜不倦地工作，但是第七天我变得非常活跃，有时甚至有股傻劲”。他参加越野赛跑，直到五十多岁他还常常练习长跑。他爱好爬山，也爱好游泳，不管什么天气，也不管海水或河水。到八十多岁的高龄时，他还常常在剑河中游泳。此外，他也喜欢文学、艺术，尤其喜欢音乐。

人们常用“著作等身”一词来形容一位学者的著述贡献，伊文思博士对此可以当之无愧，从1913年到1969年，这位杰出的腐蚀科学家著了6本书，发表过266篇科学论文。1976年，当时他已达87岁的高龄，他还为他1960年的巨著《金属的腐蚀和氧化》全书一千余页，写了第二个长达五百页的补篇。提起这个补篇，笔者不竟想起和伊文思博士的一次会见。那是1971年11月9日，笔者参加中国科学院金属腐蚀科学考察代表团在英国访问，这天我们从伦敦坐火车去剑桥，剑桥大学的缅因博士邀请我们在他家晚餐，并且告诉我们，伊文思博士要来和我们会见。晚上，我们在缅因博士家的客厅中畅谈，客人中还有剑桥大学冶金及材料系的霍尼康柏教授和何尔博士，霍尼康柏教授告诉我们，伊文思博士已快到89岁了，虽然不出门，他家里还放着些化学药品和玻璃仪器，这位老科学家有时还要进行一些研究试验。正谈着，伊文思博士来了，他对远道来访的中国客人表示欢迎，当我们称赞他1976年出版的这个补篇时他说，出版商一再要求他修订1960年的《金属的腐蚀与氧化》一书。他说那本书已有一千多页了，由于近年来腐蚀科学技术的迅速进展，要修订就得增加新内容，然而1960年的材料并不都是陈旧了的，其中可能有60%还和原书一样可用。为什么叫读者增加不应有的负担呢？因此他决定采用写补篇的方法。第一个补篇是1968年出版的，补进1960至1966年新发表的工作，第二个补篇是1976年出版的，补进了1966至1975年的新资料。补篇的章节和1960年出版的正篇完全相同，因此对照查阅起来很方便。伊文思博士问我的意见，并说他还记得在他的书中引用过我的导师斯觉罗曼尼斯和我的论文。我赞扬了他这3本巨著和补篇，也赞扬了他为减轻读者负担所作出的努力，他笑着说“下次出版商再来找我时，我要告诉他们，中国的科学家也赞成我的意见。”到了90岁的高龄，他还重新修订了为学生写的《金属腐蚀导论》，可惜由于英国印刷工人罢工，这本书推迟了和读者见面的日期。由于对腐蚀科学作出了卓越的贡献，伊文思博士一生中获得了许许多多的荣誉，1932年剑桥大学授予他科学博士的学位，1947年都伯林大学授予他科学博士的荣誉学位，1961年舍菲尔大学授予他冶金学博士的荣誉学位，他是英国皇家学会会员、英国金属学会荣誉会员、英国化学学会荣誉会员、英国金属精整学会荣誉会员和金质奖章获得者、美国电化学学会钯奖章获得者、美国腐蚀工程师学会惠特奖获得者。

伊文思博士培育了不少的接班人，美国明尼苏塔大学工学院长斯帖里教授曾经列举了伊文思博士杰出的门生弟子47人，其中有何尔博士、缅因博士、叶德里亚仓博士、弥尔斯博士等。其第3代的学生如伍德教授、司克里博士等也已成为国际闻名的腐蚀学家。伊文思博士常常遗憾地抱怨腐蚀科学未曾引起应有的重视，然而他毕生的努力已经奠定了这门科学的基础，现在世界各国正在逐渐地认识腐蚀造成的经济损失，从而腐蚀科学正在受到人们日益增长的重视。而伊文思博士的功绩也将为今日及后世的腐蚀科学技术工作者长期地记忆。

**资料来源：石声泰. 记念约·理·伊文思博士[J]. 表面技术，1981(1)**

## 习　题

1. 什么是大气腐蚀？试比较农村大气、工业区大气和海洋大气腐蚀的特点。

2. 何谓相对湿度？当相对湿度低于100%时，为什么金属表面上能够形成水膜？

3. 干燥空气封存法建立在何种理论基础之上？

4. 试阐述大气中的$SO_2$加速钢腐蚀的原理。

5. 海水中氧含量如何影响金属的海水腐蚀？

6. 温度和含盐量对金属腐蚀速率有怎样的影响规律？请说出原因。

7. 试比较大气、海水和土壤腐蚀中的阴极过程的异同。

8. 土壤有何特点？土壤中的微生物对腐蚀有何影响？

9. 说明土壤的电阻率是评估土壤腐蚀的重要依据而不是唯一依据的原因。

10. 试分别给出大气腐蚀、海水腐蚀和土壤腐蚀的控制措施，并加以比较。

11. 土壤中杂散电流为什么会引起土壤中金属的腐蚀？如何进行控制？

12. 微生物腐蚀是否就是微生物对金属材料的直接腐蚀？试比较好氧菌和厌氧菌造成金属材料腐蚀机理的异同性，并给出控制微生物腐蚀的主要技术措施。

# 第9章 金属腐蚀控制

## 教学目标

通过本章的学习，使读者能够正确掌握控制腐蚀的技术途径；从材料、环境、界面3方面考虑控制腐蚀的方法，掌握抗蚀材料的结构设计；了解电化学保护的机理；合理选用不同类型的缓蚀剂；掌握材料的表面处理和涂层方法。

## 教学要点

(1) 材料选择的原则。
(2) 抗蚀材料的结构设计。
(3) 电化学保护的机理。
(4) 缓蚀剂的缓蚀机理。
(5) 表面涂层的一般方法。

导入案例

## 电厂锅炉四管腐蚀与磨损形成机理

1. 电厂锅炉存在的腐蚀磨损问题

我国火力发电厂很多，它对国民经济的发展起到了很大的推动作用。但是，在火力发电厂中，高温高压锅炉的水冷壁管、过热器管、再热器管、省煤器管(简称锅炉四管)的腐蚀磨损问题是长期困扰电厂的经济和技术问题。高温腐蚀和冲蚀磨损使管壁减薄，严重者会造成“四管”的泄露，大大增加了电厂的临时性检修和大修的工作量，给电厂造成很大的经济损失。锅炉“四管”的防护就成为电力行业亟待解决的难题。近年来，由于高温、高压、腐蚀、磨损和疲劳等原因引起电厂锅炉“四管”早期爆管呈逐年上升的趋势。我国是一个以火力发电为主的国家，据调研，大港电厂 3 号机组意大利进口的锅炉，1991 年 9 月投产，1995 年大修期间发现水冷管壁减薄现象，一次就换管 2000 米；1996 年小修期间，又发现大面积减薄，进行了大面积换管。西柏坡电厂锅炉水冷管壁材料为 20 号钢，水冷壁温度 400 度以上，锅炉运行一年后，水冷管壁钢管平均减薄 1.0～1.6mm，锅炉每 9 个月小修一次，3 年大修一次，因此每次小修都要更换水冷管壁。据统计，1982 年至 1985 年期间，我国 50MW 以上的火力发电厂共发生锅炉事故 949 起，其中“四管”泄漏事故占 305 起，占事故总数的 32%。仅西北电网 1988 年就发生“四管”泄漏事故 150 起，占全年锅炉事故 239 起的 62.7%。由于锅炉管道的高温腐蚀、冲蚀引起的损失是多方面的，除了更换新管和维修锅炉造成的经济损失外，锅炉停运造成的损失也是巨大的。有关文献报道，我国 100MW 以上的机组锅炉“四管”爆管事故造成的停机抢修时间约占整个机组非计划停用时间的 40%左右，占锅炉设备本身非计划停用时间的 70%以上。另外，锅炉的突发性爆管事故对电厂大安全、稳发电的危害是十分严重的。根据 1992 年我国火力发电设备事故的统计表明，当年锅炉事故占全部发电事故的 56%，而锅炉“四管”爆管问题却占到了全部锅炉事故的 64%，其中水冷管壁占了 27.8%。产生事故的原因除了管材的焊接质量外，主要是由于锅炉腐蚀、磨损等引起，锅炉管道的腐蚀问题是久未解决的技术问题。高温腐蚀和冲蚀使管壁减薄，严重者会造成“四管”的泄露，大大增加了电厂的临时性检修和大修的工作量，给电厂造成很大的经济损失。紧急锅炉停炉抢修不仅打乱了电厂的正常发电秩序，减少了发电量，而且增加了工人的劳动强度和额外的检修费用，同时也干扰了整个地区电网系统的正常调度，影响当地的工农业生产，所造成的社会效益损失更为巨大。

2. 电厂锅炉水冷管高温氧化腐蚀的机理和形式

1) 硫酸盐型高温腐蚀机理

硫酸盐高温腐蚀主要是煤中的碱性成分通过生成硫酸盐和焦硫酸来对水冷管壁进行腐蚀，其腐蚀反应过程如下。

(1) 生成硫酸盐($M_2SO_4$)。煤中碱性成分转变成硫酸盐有两种途径：一是在炉内高温下与氯结合的挥发的钠，除一部分被熔融硅酸盐捕捉外，余下的则与烟气中的 $SO_3$ 反应，转换成 $Na_2SO_4$；二是存在于非挥发性的铝硅酸盐中的钾，通过与挥发的钠置换反应被释放出来(可占硅酸盐 40%)并与 $SO_3$ 化合，而转换成 $K_2SO_4$。

(2) 生成焦硫酸盐($M_2S_2O_7$)。当碱性金属硫酸盐沉积到受热面上后会再吸收 $SO_3$

并与 $Fe_2O_3$、$Al_2O_3$ 作用生成焦硫酸盐($M_2S_2O_7$)。由于焦硫酸盐在管壁温度范围内呈液态，因而产生更强烈的腐蚀性。研究表明，在附着层的硫酸盐中，只要有5%的硫酸盐存在，腐蚀过程将强烈地加剧。

(3) 除硫酸盐对水冷管壁的腐蚀之外，受热面上熔融的硫酸盐($M_2SO_4$)再吸收 $SO_3$ 并在 $Fe_2O_3$ 与 $Al_2O_3$ 的作用下，能生成复合硫酸盐 $M_3(Fe, Al)(SO_4)_3$。

(4) 焦硫酸盐对水冷管壁的腐蚀。在附着层中的焦硫酸盐($M_2S_2O_7$)，由于它的熔点低，在通常的壁温情况下即在附着层中呈现熔融状态，这样它就与 $Fe_2O_3$ 反应生成 $M_3Fe(SO_4)_3$，即形成反应速率很快的熔盐型腐蚀。上述几个过程便破坏了水冷管壁的保护层，使烟气中的腐蚀性成分直接接触管壁，加剧了腐蚀。硫酸盐型水冷管壁高温腐蚀的过程通常都伴随着的结焦或结渣的发生。

2) 硫化物型高温腐蚀机理

在燃烧器区域内，由于尚未燃尽的火焰直接冲刷到水冷管壁使得燃料继续燃烧时消耗了大量氧气，在该处形成还原性或半还原性气氛，从而使水冷管壁的外表面产生了硫腐蚀。燃烧过程中生成的 $H_2S$ 气体和碱金属硫化物 $R_2S$ 均可与管壁发生腐蚀反应。实验表明 $H_2S$ 的腐蚀性大大超过 $SO_2$，其高温腐蚀速率与烟气中 $H_2S$ 浓度成正比。同时实验还发现，只有当 $H_2S$ 的含量大于0.01%时，腐蚀的危险才显著地反映出来。由于硫化物型高温腐蚀所生成的硫化物不稳定，易于分解和剥落，其晶格缺陷多，熔点沸点低，保护性极差。硫化物型高温腐蚀的具体腐蚀反应过程如下。

(1) 产生自由的硫原子。煤粉中的黄铁矿($FeS_2$)粉末冲刷到水冷管壁上时，受高温作用而分解成自由的硫原子和硫化亚铁(FeS)。此外，在管壁附近的烟气中也存在着一定浓度的硫化氢($H_2S$)，它与二氧化硫化合，发生置换反应而生成自由的硫原子。

(2) 生成硫化亚铁(FeS)。在还原性气氛中，由于缺氧，原子状态的硫能单独存在。当水冷管壁的壁温为620K时，便发生硫化反应，即原子状态的硫与铁发生反应，生成硫化亚铁(FeS)。此外，在管外壁温度超过537K时，$H_2S$ 还可以透过疏松的 $Fe_2O_3$，而直接与较致密的磁性氧化铁层 $Fe_3O_4$(即 $Fe_2O_3-FeO$)中复合的FeO作用生成硫化亚铁(FeS)。

(3) 形成磁性氧化铁($Fe_3O_4$)。上述反应生成的硫化亚铁(FeS)，在高温下缓慢氧化而生成黑色的磁性氧化铁($Fe_3O_4$)及二氧化硫($SO_2$)。如此循环反复，水冷管壁便被腐蚀破坏了。另外，生成的 $SO_2$ 在渣层内由于灰渣的催化作用有可能转化成 $SO_3$，从而促进硫酸盐的腐蚀。

3) 氯化物型高温腐蚀机理

近年来很多研究结果表明，当用高氯化物燃料时，炉内氯化氢腐蚀是确实存在的。因此，应该给予重视。煤中的氯在加热过程中以NaCl形式释放出来，而NaCl易与烟气中的 $H_2O$、$SO_2$ 和 $SO_3$ 反应，生成硫酸钠和HCl气体。此外，NaCl可以在水冷壁上发生凝结，凝结的NaCl在继续硫酸盐化的同时也生成HCl。因此，沉积层中的HCl浓度比烟气中的大得多。这样会使 $Fe_2O_3$ 氧化膜发生破坏，并且在CO或 $H_2$ 的气氛下更甚。由于 $Fe_2O_3$ 氧化膜转化成多孔、松脆易脱落的FeO形式，且反应生成的 $FeCl_2$ 易挥发，所以HCl连同 $SO_3$ 和 $O_2$ 很容易扩散到管子金属表面，加快水冷管壁腐蚀的速率。

3. 影响水冷管壁高温腐蚀的因素

综合各种类型高温腐蚀发生的条件，可以概括为：煤质特性、管壁温度和燃烧工况组织等 3 个方面，下面分别给予介绍。

(1) 煤质特性。燃用无烟煤和贫煤的锅炉，煤的着火温度相对较高，燃烧困难，容易产生不完全燃烧和火焰拖长，因而形成还原性气氛，致使腐蚀性增强。含硫量高的煤引起腐蚀的可能性较大。硫的含量越高，腐蚀性介质的浓度就越高，游离和硫化物含量也越大，因而同金属管壁发生急剧反应的可能性也越大，从而破坏水冷管壁表面的保护层，也就是说硫的含量越高，腐蚀性越强。煤中氯和碱金属成分含量过高，都很容易引起锅炉水冷管壁的高温腐蚀。灰分虽然不能直接对水冷管壁产生腐蚀，但是含灰量越高，对管壁的磨损就越大，因磨损而失去保护层的壁管遭受高温腐蚀的可能性大大增加了。因此，磨损与高温腐蚀有着密切的关系，使得煤中的灰分也对水冷管壁高温腐蚀产生间接的影响。

(2) 管壁温度。燃烧器区域附近的水冷管壁的热流密度很大(约 200～500kW/$m^2$)，温度梯度也很大，管壁温度常在 623～673K，这对管壁的高温腐蚀有很大的影响。管壁温度越高，腐蚀速率越快。

(3) 高温火焰冲刷。水冷管壁烟气中带有微量附着性气体，如 $SO_2$、$SO_3$、$H_2S$、HCl，它们会对管壁产生腐蚀作用，若高温火焰冲刷水冷管壁，则腐蚀产物又极易被高温火焰中的灰粒和未燃尽的煤粉冲刷掉，露出新的表面，从而再腐蚀，使腐蚀与磨损交替进行，这样大大加快了腐蚀的速率。此外，德国研究表明火焰冲刷和磨损加速高温腐蚀的发展。磨损最严重的部位仅仅集中在火焰有效冲刷水冷管壁的区域内，这也充分证明了磨损作用的影响。

(4) 煤粉的粗细程度。煤粉的粗细程度对腐蚀也有较大的影响。煤粉越粗，就越不易燃尽，导致火焰拖长，进一步燃烧时，发生缺氧而形成还原性气氛，产生腐蚀。同时粗大的煤粒动量较大，容易冲刷水冷管壁而产生磨损，破坏水冷管壁的氧化保护膜，加剧腐蚀。

(5) 形成还原性气氛。根据研究，发生腐蚀的管壁附近，没有例外地都有还原性气氛。而上述高温火焰冲刷水冷管壁和燃用较粗的煤粉，都易形成还原性气氛。还原性气氛会导致灰粉熔点的下降和灰沉积过程的加快，以及 $H_2S$ 含量的猛烈增加，从而引起受热面的结渣，加剧腐蚀；同时，还原性气氛还会加速硫化物腐蚀。

(6) 风粉的组织与配合。给灰粉量的不稳定、过量空气不足、各燃烧器风粉分配不均等，比较容易造成局部热负荷过高和高温火焰冲刷水冷壁管，并可能形成还原性气氛，从而进一步加剧锅炉水冷管壁的高温腐蚀。

研究材料腐蚀的主要目的在于澄清腐蚀的原因、机理、规律和控制因素，以便采取科学合理的技术措施控制腐蚀。由于腐蚀是材料或结构与环境介质发生作用造成的，因而控制腐蚀的技术途径主要可以从材料、环境、界面 3 方面考虑，当涉及应力因素时，则需要控制力学参量。目前尽管防腐蚀的具体技术方法很多，但这些方法归纳起来主要有以下几种类型。

(1) 合理的防腐蚀设计及改进生产工艺流程以减轻或防止金属的腐蚀。

(2) 合理选材。根据不同介质和使用条件，选用合适的金属材料和非金属材料。

(3) 阴极保护。利用金属电化学腐蚀原理，将被保护的金属设备进行外加阴极极化以降低或防止金属腐蚀。

(4) 阳极保护。对于钝化溶液中易钝化金属组成的腐蚀体系，可以选用外加阳极电流的办法，使被保护金属设备进行阳极钝化以降低金属腐蚀。

(5) 介质处理。包括去除介质中促进腐蚀的有害成分(例如锅炉给水的除氧)，调节介质的 pH 及改变介质的湿度等。

(6) 添加缓蚀剂。往介质中添加少量能阻止或减缓金属腐蚀的物质以保护金属。

(7) 金属表面覆盖层。在金属表面喷、衬、渗、镀、涂上一层耐蚀性较好的金属或非金属物质以及将金属进行磷化、氧化处理，使被保护金属表面与介质机械隔离而降低金属腐蚀。

每一种防腐蚀措施都有其应用范围和条件，使用时要注意。对某一种情况有效的措施，在另一种情况下就可能是无效的，有时甚至是有害的。例如阳极保护只适用于金属在介质中易于阳极钝化的体系，如果不能造成钝态，则阳极极化不仅不能减缓腐蚀，反而会加速金属的阳极溶解。另外，在某些情况下，采取单一的防腐蚀措施其效果并不明显，但如果采用两种或多种防腐蚀措施进行联合保护，其防腐蚀效果则有显著增加。例如阳极保护—涂料、阴极保护—缓蚀剂等联合保护就比单独一种方法的效果好得多。

因此，对于一个具体的腐蚀体系，究竟采用哪种防腐蚀措施，应根据腐蚀原因、环境条件、各种措施的防腐蚀效果、施工难易以及经济效益等综合考虑，不能一概而论。

## 9.1 正确选用材料

为了保证设备长期安全运转，将合理选材、正确设计、精心施工制造及良好的维护管理等几方面的工作密切结合起来，是十分重要的。而材料选择则是其中最首要的一环。合理选材是一项细致而又复杂的技术。它既要考虑工艺条件及其生产中可能发生的变化，又要考虑材料的结构、性质及其使用中可能发生的变化。

### 1. 设备的工作条件

#### 1) 介质、温度和压力

金属构件设备一般是在特定条件下工作的，工作介质的情况是选材时首先要分析和考虑的问题。设备中的介质是氧化性的还是还原性的，其浓度如何；含不含杂质，杂质的性质如何；杂质是减缓腐蚀的还是加速腐蚀的，如果是加速腐蚀的，其加速原因是什么；此外，介质的导电性、pH 及生成腐蚀产物的性质等，都要了解清楚。例如硝酸是氧化性酸，应选用在氧化性介质中易形成良好氧化膜的材料，如不锈钢、铝、钛等金属材料；盐酸是还原性酸，选用非金属材料则有其独特的优点。在硝酸浓度不同时，不同材料又显示出不同的耐蚀性，例如稀硝酸中用不锈钢，浓硝酸中则要选用纯铝。

其次要考虑设备所处的温度是常温、高温还是低温。通常温度升高，腐蚀速率加快。在高温下稳定的材料，常温时也往往是稳定的；但在常温下稳定的材料，在高温时就不一定稳定。例如在浓度大于70%的硫酸中，常温下碳钢是耐蚀的，温度高于70℃时就不耐蚀了。而高分子材料在高温时要考虑老化、蠕变及分解的问题，低温时还要考虑材料的冷脆问题。例如在深度冷冻装置中，一般选用铜、铝、不锈钢，而不能用碳钢。

另外，还要考虑设备的压力是常压、中压、高压还是负压。通常是压力越高，对材料的耐蚀性能要求越高，所需材料的强度要求也越高。非金属材料、铝、铸铁等往往难于在有压力的条件下工作，这时需考虑选用强度高的其他材料或衬里结构等防护方法。设备衬里时还要考虑负压的影响。

2）设备的类型和结构

选材时要考虑设备的用途、工艺过程及其结构设计特点。例如泵是流体输送机械，要求材料具有良好的抗磨蚀性能和良好的铸造性能；高温炉要求材料具有良好的耐热性能；换热器除了要求材料有良好的耐蚀性外，还要求有良好的导热性以及表面光滑度，不易在其上生成坚实的垢层。

3）环境对材料的腐蚀

除均匀腐蚀外，特别要注意晶间腐蚀、电偶腐蚀、缝隙腐蚀、孔蚀、应力腐蚀开裂及腐蚀疲劳等类型的局部腐蚀。例如不锈钢、铝在海水中可能产生孔蚀，在选材时就要予以注意。

4）产品的特殊要求

例如在合成纤维生产中，不允许有金属离子的污染，设备一般采用不锈钢。而医药、食品工业中，设备选用铝、不锈钢、钛、搪瓷及其他非金属材料。

2. 材料的性能

作为结构材料一般要具有一定的强度、塑性和冲击韧性。例如铝的强度低，不能做独立的结构材料使用，一般只作为设备的衬里材料。

材料加工工艺性能的好坏往往是决定该材料能否用于生产的关键。例如高硅铸铁在很多介质中耐蚀性都很好，但因其又硬又脆，切削加工困难，只能采用铸造工艺，而且成品率较低，使设备成本费增高，限制了它的应用；又如新研制的一些耐蚀用钢，由于焊接性能不过关，也影响了其推广应用。

任何材料都不是万能的，所谓耐蚀也是相对的，因此选材时要根据具体情况进行具体分析。此外还要考虑材料的价格与来源，要有经济观点。

根据上述原则，选材时一般要进行下列几方面的工作。首先可以查阅有关资料。许多耐蚀材料手册及腐蚀数据图册对各种材料在不同介质中的耐蚀性能有定量或定性的介绍，有的手册还附有常用的酸、碱介质的选材图和腐蚀图，可供选材时参考。但手册上大多是单一成分的腐蚀数据，而实际介质中往往含有多种成分，特别是某些少量杂质，有时对腐蚀的影响很大，这些因素在手册中常常反映不出来，这时就应该到生产实际中进行调查研究，根据类似条件下材料的实际应用情况来选用材料。如果通过这两方面的工作能够满足设备的耐蚀、强度和加工工艺要求，就可以选定所需的材料。但在缺乏足够的数据和使用经验时(特别是新工艺)，就要进行材料的耐蚀性能试验。

# 9.2 阴极保护

1. 阴极保护的概念

将被保护的金属进行外加阴极极化以减小或防止金属腐蚀的方法叫做阴极保护。外加阴极极化可以采用两种方法来实现。

(1) 将被保护的金属与直流电源的负极相连，利用外加阴极电流进行阴极极化，如图 9.1 所示。这种方法称为外加电流阴极保护法。

(2) 在被保护设备上连接一个电位更负的金属作阳极(例如在钢设备上连接锌)，它与被保护金属在电解质溶液中形成大电池，而使设备进行阴极极化，这种方法称为牺牲阳极保护法，如图 9.2 所示。

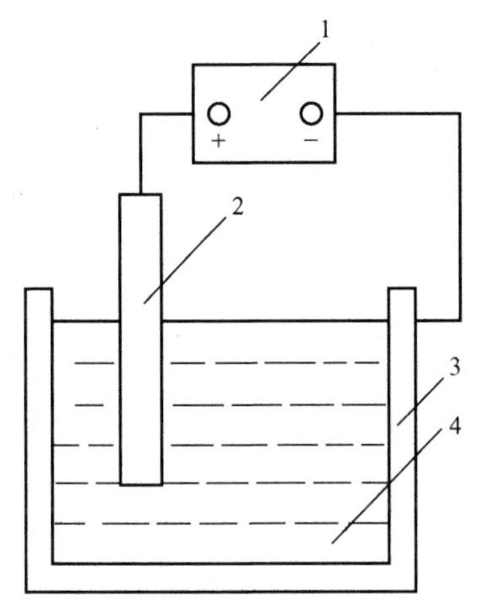


**图 9.1 外加电流阴极保护示意图**

1—直流电源 2—辅助阳极

3—被保护设备 4—腐蚀介质

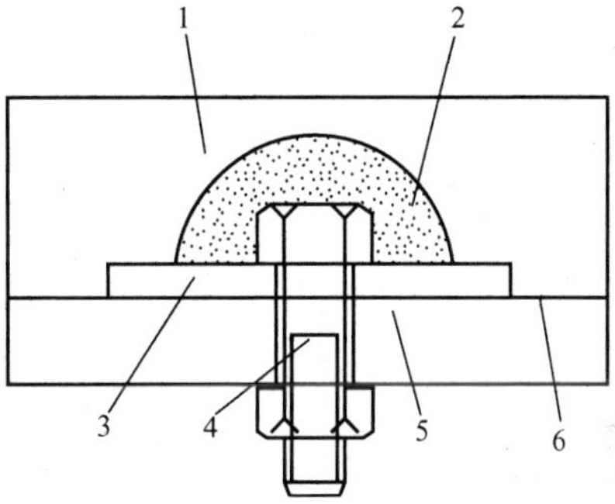

**图 9.2 牺牲阳极保护示意图**

1—腐蚀介质 2—牺牲阳极 3—绝缘垫

4—螺栓 5—被保护设备 6—屏蔽层

2. 阴极保护的基本原理

上述两种方法实现阴极保护，其基本原理是相同的，以外加电流阴极保护法为例来说明。

由 Fe - $H_2O$ 体系的电位 - pH 图(图 9.3)可以看出：将处于腐蚀区的金属(例如图中的 $A$ 点，其电位为 $\varphi_A$)进行阴极极化，使其电位向负移至稳定区(例如图中 $B$ 点，其电位为 $\varphi_B$)，则金属可由腐蚀状态进入热力学稳定状态，使金属腐蚀停止而得到保护。或者将处于过钝化区的金属(例如图中 $D$ 点，其电位为 $\varphi_D$)进行阴极极化，使其电位向负移至钝化区，则金属可由过钝化状

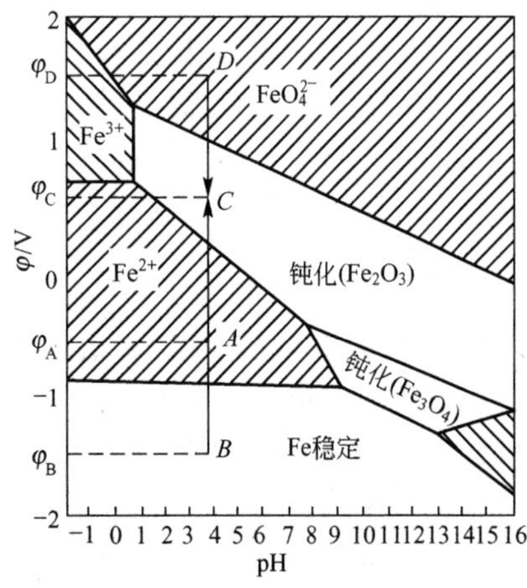


**图 9.3 铁水体系的电位 - pH 图**

态进入钝化状态而得到保护。从热力学上看阴极保护是可行的。

在电解质溶液中金属设备表面形成了短路的双电极腐蚀原电池，如图 9.4 所示。当腐蚀电池工作时，就产生了腐蚀电流 $I_{corr}$。将金属设备实施阴极保护，用导线将金属设备接到外加直流电源的负极上，辅助阳极接到电源的正极上，当电路接通后，外加电流流出辅助阳极，经过电解质溶液而进入被保护金属，使金属进行阴极极化。由腐蚀极化图(图 9.5)可以看出：在未通外加电流以前，腐蚀金属微电池的阳极极化曲线 $\varphi_a S$ 与阴极极化曲线 $\varphi_k S$ 相交于 $S$ 点(忽略溶液电阻)，此点相应的电位为金属的腐蚀电位 $E_{corr}$，相应的电流为金属的腐蚀电流 $I_{corr}$。

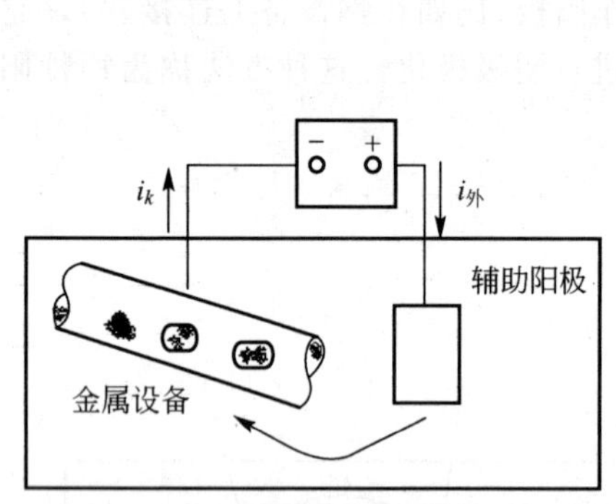


图 9.4 阴极保护模型

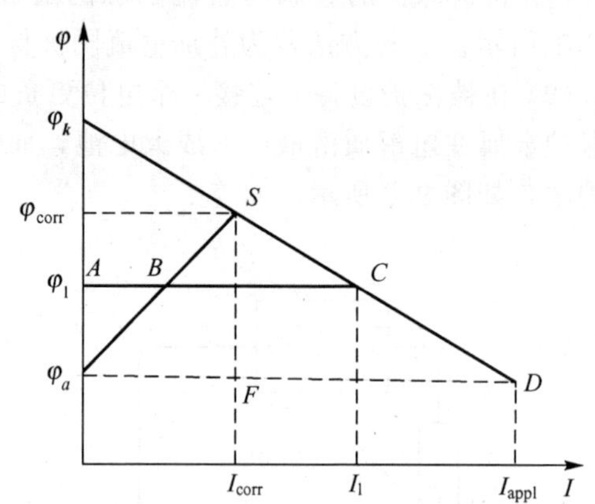


图 9.5 阴极极化保护原理的极化图

如果从外部把电流送入系统，使金属阴极极化，此时电位从 $E_{corr}$ 向更负的方向变动，阴极极化曲线从 $S$ 点向 $C$ 点方向延长。

当金属电极电位极化到 $\varphi_I$，这时所需的极化电流为 $I_I$，相当于线段 $AC$。线段 $AC$ 由两个部分组成，其中线段 $BC$ 这部分电流是外加的，而线段 $AB$ 这部分电流是阳极腐蚀所提供的电流，这表明金属还未停止腐蚀。

如果使金属阴极极化到更低的电位，例如达到 $\varphi_a$，这时由于极化使金属表面各个区域的电位都等于 $\varphi_a$，即等于最活泼的阳极点的开路电位，腐蚀电流就为零，金属达到完全保护。这时外加的电流 $I_{appl}$ 即为金属达到完全保护所需的电流。使金属达到完全阴极保护所需要的最小外加电流密度称为最小保护电流密度，相应的电位称为最小保护电位，最小保护电流密度和最小保护电位是阴极保护两个最基本的参数。

阴极保护电位并非越低越好，如果超过最小保护电位后还向负向移动，就不仅浪费了电能，而且还可引起析氢反应和导致介质的 pH 降低、破坏漆层等而使腐蚀加剧。

3. 牺牲阳极保护

牺牲阳极保护是在被保护的金属上连接一个电位较负的金属作为阳极，它与被保护的金属在电解液中形成一个大电池。电流由阳极经过电解液而流入金属设备，并使金属设备阴极极化而得到保护。其结构示意图如图 9.2 所示。

牺牲阳极保护的原理与外加电流阴极保护一样，都是利用外加阴极极化来使金属腐蚀减缓。但后者是依靠外加直流电源的电流来进行极化，而牺牲阳极保护则是借助于牺牲阳极与被保护金属之间有较大的电位差所产生的电流来达到极化的目的。

牺牲阳极保护由于不需要外加电源，不会干扰邻近设施，电流的分散能力好，设备简单，施工方便，不需要经常的维护检修等特点，已经广泛用于舰船、海上设备、水下设备、地下输油输气管线、地下电缆以及海水冷却系统等的保护。

1）牺牲阳极材料

作为牺牲阳极材料，应该具备下列条件。

(1) 阳极的电位要负，即它与被保护金属之间的有效电位差(即驱动电位)要大；电位比铁负而适合做牺牲阳极的材料有锌基(包括纯锌与锌合金)、铝基及镁基三大类合金。

(2) 在使用过程中电位要稳定，阳极极化要小，表面不产生高电阻的硬壳，溶解均匀。

(3) 单位重量阳极产生的电量要大，即产生1安·时电量损失的阳极重量要小。3种阳极材料的理论消耗量为：镁0.453克/安·时，铝0.335克/安·时，锌1.225克/安·时。

(4) 阳极的自溶量小，电流效率高。由于阳极本身的局部腐蚀，产生的电流并不能全部用于保护作用。有效电量在理论发生电量中所占的百分数称为电流效率。3种牺牲阳极材料的电流效率为：镁50%～55%，铝80%～85%，锌90%～95%。

(5) 价格低廉，来源充分，无公害，加工方便。

下面分别对锌基、铝基、镁基三大类合金牺牲阳极作简单介绍。

(1) 锌与锌合金阳极。锌与铁的有效电位差较小，如果钢铁在海水、淡水、土壤中的保护电位为－0.85伏，则锌与铁的有效电位差只有0.2伏左右。如果纯锌中的杂质铁含量大于0.0014%，在使用过程中阳极表面上就会形成高电阻的、坚硬的、不脱落的腐蚀产物，使纯锌阳极失去保护效能。这是因为锌中含铁量增加会形成Fe－Zn相，而使其电化学性能明显变劣。

在锌中加入少量铝和镉可以在很大程度上降低铁的不利影响，这时锌中的铁不再形成Fe－Zn相而优先形成铁和铝等的金属间化合物，这种铁铝等金属间化合物不参与阳极的溶解过程，使阳极性能改善。加铝和镉都使腐蚀产物变得疏松易脱落，改善了阳极的溶解性能。另外，加铝和镉还能使晶粒细化，也使阳极性能改善。

我国目前已定型系列化生产含0.6%Al和0.1% Cd的锌-铝-镉三元锌合金阳极。该阳极在海水中长期使用后电位仍稳定；自溶解量小，电流效率高，一般为90%～95%；溶解均匀，表面腐蚀产物疏松，容易脱落，溶解的表面上呈亮灰色的金属光泽；使用寿命长，价格便宜。在海水中用于保护钢结构及铝结构效果良好。但由于锌与铁的有效电位差较小，故不宜用于高电阻的场合，而适用于电阻率较低的介质中。

(2) 铝合金阳极。铝合金阳极是近期发展起来的新型牺牲阳极材料。与锌合金阳极相比，铝合金阳极具有重量轻、单位重量产生的有效电量大、电位较负、资源丰富、价格便宜等优点，所以铝阳极的使用已经引起了人们的重视。目前我国已有不少单位对不同配方铝基牺牲阳极的熔炼和电化学性能进行了研究。但铝阳极的溶解性不如锌铝镉合金阳极，电流效率约为80%，也比锌合金阳极低一些。

常用的有Al－Zn－In－Cd阳极，Al－Zn－Sn－Cd阳极，Al－Zn－Mg阳极及Al－Zn－In阳极等。

(3) 镁合金阳极。目前使用的多为含6%Al和3%Zn的镁合金阳极，由于其电位较负，与铁的有效电位差大，故保护半径大，适用于电阻较高的淡水和土壤中金属的保护。但因其腐蚀快、电流效率低、使用寿命短，需经常更换，故在低电阻介质中(如海水)不宜使用。而且镁合金阳极工作时，会析出大量氢气，本身易诱发火花，工作不安全，故现在舰船上已不使用之。

在选择阳极材料时，主要根据阳极的电位、所需电流的大小以及介质的电阻等，并要考虑到阳极寿命、经济效果等因素。有关牺牲阳极的计算见电化学保护的专著。

2）牺牲阳极安装

对于水中结构如热交换器、储罐、大口径管道内部、船壳、闸门等的保护，阳极可直接安装在被保护结构的本体上。安装方法是将牺牲阳极内部的钢质芯棒焊在被保护结构本体上，也可以用螺栓固定在金属上(图 9.2)。阳极用螺钉直接固定在被保护金属本体上时，必须注意阳极与金属本体间应有良好的绝缘，一般采用橡胶垫、尼龙垫等。如果阳极芯棒直接焊在被保护设备上，则必须注意阳极本身与被保护设备之间有一定距离，而不能直接接触。另外，为了改善分散能力，使电位分布均匀，应在阳极周围的阴极表面上加涂绝缘涂层作为屏蔽层。屏蔽层的大小视被保护结构的情况而定。对于海船、闸门等大型结构，可在阳极周围 1 米的半径范围内涂屏蔽层，对于较小的设备，屏蔽层则可小一些。总之，阳极屏蔽层越大，则电流分散能力越好，电位分布越均匀。但屏蔽层大，施工麻烦，成本增高。

地下管道保护时，为了使阳极的电位分布较均匀，应增加每一阳极站的保护长度，阳极应离管道一定距离，一般为 2～8 米。阳极与管道用导线连接。为了调节阳极输出电流，可在阳极与管道之间串联一个可调电阻(图 9.6)。如果管子直径较大，阳极应装在管子两侧或埋设在较深的部位(低于管道的中心线)，以减少遮蔽作用。

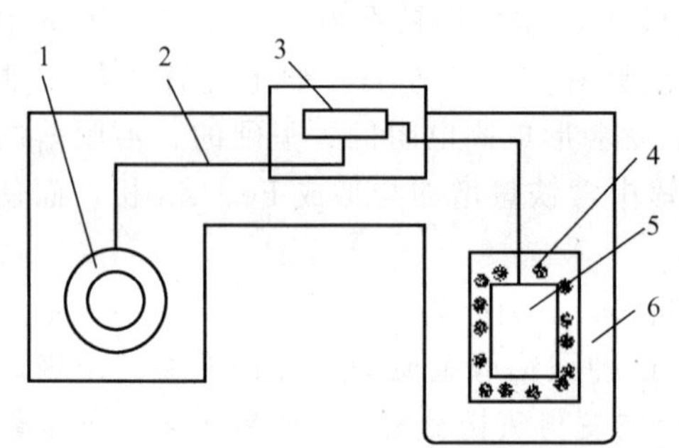


**图 9.6　地下管道牺牲阳极保护示意图**

1—被保护管道　2—导线　3—可调电阻
4—回填物　5—牺牲阳极　6—土壤

牺牲阳极不能直接埋入土壤中，而要埋在导电性较好的化学回填物(填包料)中，导电性回填物的作用是降低电阻率，增加阳极输出电流，同时起到活化表面，破坏腐蚀产物的结痂，以便维持较高、较稳定的阳极输出电流，减少不希望有的极化效应的作用。

地下管道以牺牲阳极保护时，牺牲阳极的现场安装方法如下：在阳极埋设处挖一个比阳极直径大 200 毫米的坑，底部放入 100 毫米厚的搅拌好的填包料，把处理好的阳极放在填包料上(例如铝阳极要用 10％NaOH 溶液浸泡数分钟以除去表面氧化膜，再用清水冲洗或用砂纸磨光)，再在阳极周围和上部各加 100 毫米厚的细土，并均匀浇水，使之湿透，最后覆土填平。

如果牺牲阳极是由多个并联组成一个阳极组，为了使每个阳极充分发挥作用，避免阳极之间因本身腐蚀电位的差异而造成本组阳极之间的自身损耗，因此在安装之前要测试每个阳极的腐蚀电位，在安装时，将腐蚀电位相近的阳极按需要组合在一起。

4. 阴极保护的应用范围

阴极保护简单易行，且有好的保护效果。地下输油及输气管线、地下电缆、舰船、海上采油平台、水闸、码头等场所已广泛采用。近年来在石油化工机械上应用也很普遍。阴极保护不仅能减小溶解型腐蚀速率，而且能控制应力腐蚀和腐蚀疲劳。但是在应用阴极保护时，要考虑到以下几方面的因素。

(1) 腐蚀介质必须是能够导电的，并且介质有足够的量以便能建立连续的电路。例如在中性盐溶液、土壤、海水等介质中宜于进行阴极保护，而气体介质、大气及其他不导电的介质中，则不能应用阴极保护。

(2) 金属材料在所处的介质中要容易进行阴极极化，否则耗电量过大，不宜进行阴极保护。如常用金属材料中的碳钢、不锈钢、铜及铜合金等都可采用阴极保护。在阴极保护中，不论在阴极上进行的是氧去极化反应还是氢去极化反应，都会使阴极附近溶液的 pH 增加。对于碱性较差的两性金属，如铝、铅可能会使腐蚀加快。因此两性金属采用阴极保护受到限制。但两性金属在酸性介质中是可以用阴极保护的。另外如果金属在介质中原来处于钝态，若外加阴极极化后可能将其活化时，则采用阴极保护将反而会加速腐蚀，这种情况下不宜采用阴极保护。

(3) 被保护设备的形状、结构不能太复杂，否则可能产生“遮蔽现象”，使金属表面电流不均匀，造成有的地方起不到保护作用，而另一些地方由于电流集中而造成“过保护”。

(4) 对氢脆敏感的金属施加阴极保护时要特别注意氢脆问题。为消除氢脆隐患，阴极保护施工后，应对关键部件或部位施加去氢处理。

阴极保护的两种方法各有其特点，可参考表 9-1。

**表 9-1　阴极保护的两种方法比较**

| 项　　目 | 外加电流法 | 牺牲阳极法 |
|---|---|---|
| 电源 | 需变压器、整流器 | 无 需 |
| 导线电阻影响 | 小 | 大 |
| 电流自动调节能力 | 大 | 小(用镁) |
| 寿命 | 半永久性 | 较短时间 |
| 电源稳定性 | 好 | 容易变动 |
| 管理 | 必要 | 不要 |
| 初始经费 | 大 | 低 |
| 维持费 | 需耗电费用 | 不要 |
| 用途 | 陆地上及淡水中 | 海洋上 |

5. 牺牲阳极保护法与外加电流阴极保护法的比较

外加电流阴极保护法的优点是可以调节电流和电压，适用范围广，可用于要求大电流的情况，在使用不溶性阳极时装置耐久。其缺点是需要经常的操作费用，必须经常维护检修，要有直流电源设备，当附近有其他结构时可能产生干扰腐蚀(地下结构阴极保护时)。

牺牲阳极保护的优点是不用外加电流，故适用于电源困难的场合，施工简单，管理方便，对附近设备没有干扰，适用于需要局部保护的场合。其缺点是能产生的有效电位差及输出电流量都是有限的，只适用于需要小电流的场合；调节电流困难，阳极消耗大，需定期更换。

## 9.3 阳极保护

1. 阳极保护的概念

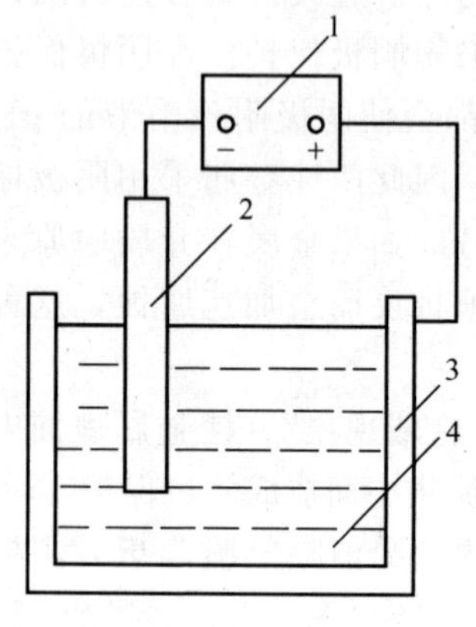

图 9.7 阳极保护示意图
(所标序号同图 9.1)

将被保护的金属施加外加阳极电流以减小和防止金属腐蚀的方法称为阳极保护。从阳极保护的定义可知，这种保护法是对金属设备施加阳极电流，使其电位正向移至钝态而达到保护目的的，因此适用于那些电位正移时有钝化倾向的金属—介质体系。图 9.7 为阳极保护示意图，图中的 1 表示外加的极化电源；2 表示形成电池回路的辅助电极；3 为被保护的设备(作为电池的工作电极)；4 为腐蚀介质。

当外电路接通时，被保护的金属发生阳极极化，控制电位不断向正变化，使得腐蚀体系进入钝化区，维持电位恒定在钝化区，达到阳极保护的目的。

如果金属的电位向正向移动但不能建立钝态，阳极极化不但不能使设备得到保护，反而会加速腐蚀。

2. 阳极保护的主要参数

阳极保护的关键是建立和保持钝态，因此阳极保护的主要参数是围绕着怎样建立钝态和保持钝态而提出的，这些参数主要有致钝电流密度、维钝电流密度、钝化区电位范围和最佳保护电位。

1) 致钝电流密度 $i_{PP}$

低的致钝电流密度 $i_{PP}$ 可减小电源设备的投资和耗电量，同时还可减少致钝过程中金属构件的阳极溶解，使金属构件能达到钝态的 $i_{PP}$ 越小越好。金属、介质的性质和致钝时间都和致钝电流密度有关。在金属和介质一定的情况下，致钝电流主要与时间有关。由于金属表面钝化膜的生成需要一定的电量，达到这个电量的时间越长，所需电流就越小。例如在 1mol 硫酸中对碳钢施加阳极极化，$i_{PP}$ 和建立钝态的时间关系见表 9-2。

表 9-2 致钝电流密度和建立钝态的时间关系

| $i_{PP}$/(mA/m$^2$) | 2000 | 500 | 400 | 200 |
|---|---|---|---|---|
| 建立钝化所需时间/s | 2 | 15 | 60 | 不能钝化 |

由此可知，建立钝态的时间与 $i_{PP}$ 的乘积并不是一个常数。这是因为 $i_{PP}$ 只有一部分用于生成钝化膜，另外一大部分消耗于金属腐蚀上。所以合理选择 $i_{PP}$ 很重要。如果设备很大，可用逐步极化的方法来降低 $i_{PP}$。

2) 维钝电流密度 $i_P$

维钝电流密度 $i_P$ 代表着阳极保护时金属的腐蚀速率。$i_P$ 越小，金属的腐蚀速率越小，保护效果越显著。所以人们希望维钝电流密度 $i_P$ 应尽可能低。但应注意到当介质中还存在其他成分时，在阳极上产生副反应，而使 $i_P$ 增加。但这时金属的腐蚀速率不一定增加。例如钝化液体中有硫离子，其在阳极上被氧化成单质硫，$i_P$增大，但金属阳极的腐蚀速率并未增加。

3）钝化区范围

钝化区范围越大越好，其大小主要由金属及介质的性质决定。从上述可以看出，在介质中金属电位向正方向移动时，金属具有钝化特征，这是金属可施加阳极保护的必要条件。而维钝电流密度 $i_P$和致钝电流密度 $i_{PP}$小，钝化电位范围宽则是阳极保护的充分条件。只有两者皆优，阳极保护才是经济可行的。

4）最佳保护电位

阳极处于最佳保护电位时，维钝电流密度 $i_P$最小，钝化膜最致密，表面膜电阻最大，保护效果最好。

3．阳极保护注意的几个问题

（1）由于氯离子能局部破坏钝化膜造成孔蚀，因此在氯离子浓度高的介质中，不宜采用阳极保护。

（2）在酸性介质中或者在金属对氢脆很敏感的情况下，宜采用阳极保护。

（3）阳极保护所需设备多、成本高。如消耗辅助阳极，需要恒电位仪，同时需要测试和控制上述的参数。所以与阴极极化保护相比，工艺比较复杂。

（4）阳极保护中阴极的布局应均匀合理，否则也有产生遮蔽效应的倾向。

4．阴极保护与阳极保护的比较

阴极保护和阳极保护都属于电化学保护，适用于电解质溶液中连续液相部分的保护，不能保护气相部分。但阳极保护和阴极保护又各有特点(表 9－3)。

**表 9－3　电化学保护方法比较**

| 方法 | 阳极保护 | 阴极保护 |
|---|---|---|
| 适用性 | 适用于钝性金属 | 所有金属 |
| 腐蚀介质 | 弱、强 | 弱、适中 |
| 设备费用 | 高 | 低 |
| 应用的电源 | 简单 | 复杂 |
| 设备运转费用 | 很低 | 中、高 |
| 操作 | 直接准确 | 通常用经验法测定 |

## 9.4　缓蚀剂保护

1．缓蚀剂的概念

在腐蚀环境中，少量能阻止或减缓金属腐蚀速率的物质称为缓蚀剂，用缓蚀剂保护金属的方法称为缓蚀剂保护。采用缓蚀剂防腐蚀，由于设备简单、使用方便、投资少、收效快，因而广泛用于石油、化工、钢铁、机械、动力和运输等部门，并已成为十分重要的防腐蚀方法之一。

缓蚀剂的保护效果与腐蚀介质的性质、温度、流动状态、被保护材料的种类和性质，以及缓蚀剂本身的种类和剂量等有着密切的关系。也就是说，缓蚀剂保护是有严格的选择性的。对某种介质和金属具有良好保护作用的缓蚀剂，对另一种介质或另一种金属就不一定有同样的效果；在某种条件下保护效果很好，而在别的条件下却可能保护效果很差，甚至还会加速腐蚀。一般说来，缓蚀剂应该用于循环系统，以减少缓蚀剂的流失。同时，在应用中缓蚀剂对产品质量有无影响、对生产过程有无堵塞、起泡等副作用，以及成本的高低等，都应全面考虑。

缓蚀剂的缓蚀效率(缓蚀率) $I$ 可表示为

$$I=\frac{v_0-v}{v_0}\times 100\%$$

式中，$v_0$ 为未加缓蚀剂时金属的腐蚀速率；$v$ 为加入缓蚀剂时金属的腐蚀速率。

缓蚀效率 $I$ 能达到 90%以上的缓蚀剂即为良好的缓蚀剂。为了提高缓蚀效果，有时要用两种以上的缓蚀剂。但也有时缓蚀剂合用反而会降低各自的缓蚀效率，使用时应加以注意。

2. 缓蚀剂分类

缓蚀剂有多种分类方法，可从不同的角度对缓蚀剂分类。

1) 根据产品化学成分分类

可分为无机缓蚀剂、有机缓蚀剂、聚合物类缓蚀剂。

(1) 无机缓蚀剂。无机缓蚀剂主要包括铬酸盐、亚硝酸盐、硅酸盐、钼酸盐、钨酸盐、聚磷酸盐、锌盐等。

(2) 有机缓蚀剂。有机缓蚀剂主要包括以氨基、亚氨基、炔醇基、硫代基及醛基等含氮、氧、硫的有机化合物，如吡啶系列、硫醇胺、乌洛托品等。

(3) 聚合物类缓蚀剂。聚合物类缓蚀剂主要包括聚乙烯类，聚天冬氨酸等一些低聚物的高分子化合物。

2) 根据缓蚀剂对电化学腐蚀的控制部位分类

可分为阳极型缓蚀剂、阴极型缓蚀剂和混合型缓蚀剂。

(1) 阳极型缓蚀剂。阳极型缓蚀剂多为无机强氧化剂，如铬酸盐、钼酸盐、钨酸盐、钒酸盐、亚硝酸盐、硼酸盐等。它们的作用是在金属表面阳极区与金属离子作用，生成氧化物或氢氧化物氧化膜覆盖在阳极上形成保护膜。这样就抑制了金属向水中溶解。阳极反应被控制，阳极被钝化。硅酸盐也可归到此类，它也是通过抑制腐蚀反应的阳极过程来达到缓蚀目的的。阳极型缓蚀剂要求有较高的浓度，以使全部阳极都被钝化，一旦剂量不足，将在未被钝化的部位造成点蚀。

(2) 阴极型缓蚀剂。阴极型缓蚀剂包括锌的碳酸盐、磷酸盐和氢氧化物，钙的碳酸盐和磷酸盐。阴极型缓蚀剂在水中能与金属表面的阴极区反应的反应产物在阴极沉积成膜，随着膜的增厚，阴极释放电子的反应被阻挡。在实际应用中，由于钙离子、碳酸根离子和氢氧根离子在水中是天然存在的，所以只需向水中加入可溶性锌盐或可溶性磷酸盐即可。

(3) 混合型缓蚀剂。混合型缓蚀剂指的是既能抑制阳极又能抑制阴极的缓蚀剂。某些含氮、含硫或羟基的、具有表面活性的有机缓蚀剂，其分子中有两种性质相反的极性基团，能吸附在清洁的金属表面形成单分子膜，它们既能在阳极成膜，也能在阴极成膜。阻止水与水中溶解氧向金属表面的扩散，起了缓蚀作用，巯基苯并噻唑、苯并三唑、十六烷胺等属于此类缓蚀剂。

3）根据生成保护膜的类型分类

大部分水处理用的缓蚀剂的缓蚀机理是在与水接触的金属表面形成一层将金属和水隔离的金属保护膜，以达到缓蚀目的。根据缓蚀剂形成的保护膜的类型，缓蚀剂可分为氧化膜型、沉积膜型和吸附膜型缓蚀剂。

（1）氧化膜型缓蚀剂。氧化膜型缓蚀剂指的是能在金属表面阳极区形成一层致密的氧化膜的缓蚀剂。包括铬酸盐、亚硝酸盐、钼酸盐、钨酸盐、钒酸盐、正磷酸盐、硼酸盐等。铬酸盐和亚硝酸盐都是强氧化剂，无需水中溶解氧的帮助即能与金属反应。其余的几种，或因本身氧化能力弱，或因本身并非氧化性，都需要氧的帮助才能在金属表面形成氧化膜。由于这些氧化膜型缓蚀剂是通过阻抑腐蚀反应的阳极过程来达到缓蚀的，这些阳极缓蚀剂能在阳极与金属离子作用形成氧化物或氢氧化物，沉积覆盖在阳极上形成保护膜。

（2）沉淀膜型缓蚀剂。锌的碳酸盐、磷酸盐和氢氧化物，钙的碳酸盐和磷酸盐是最常见的沉淀膜型缓蚀剂。由于它们是由锌、钙阳离子与碳酸根、磷酸根和氢氧根阴离子在水中和金属表面的阴极区反应而沉积成膜，所以又被称作阴极型缓蚀剂。阴极缓蚀剂能与水中有关离子反应，反应产物在阴极沉积成膜。

（3）吸附膜型缓蚀剂。吸附膜型缓蚀剂多为有机缓蚀剂，它们具有极性基因，可被金属的表面电荷吸附，在整个阳极和阴极区域形成一层单分子膜，从而阻止或减缓相应电化学的反应。如某些含氮、含硫或含羟基的、具有表面活性的有机化合物，其分子中有两种性质相反的基团：亲水基和亲油基。这些化合物的分子以亲水基(例如氨基)吸附于金属表面上，形成一层致密的憎水膜，保护金属表面不受水腐蚀。

由于缓蚀剂的缓蚀机理在于成膜，故迅速在金属表面上形成一层密而实的膜是获得缓蚀成功的关键。为了迅速成膜，水中缓蚀剂的浓度应该足够高，等膜形成后，再降至只对膜的破损起修补作用的浓度；为了让膜密实，金属表面应十分清洁，为此，成膜前对金属表面进行化学清洗除油、除污和除垢，是必不可少的步骤。

### 3. 缓蚀机理

目前对于缓蚀剂作用的机制尚无统一观点，下面介绍几种主要的理论观点。

1）吸附作用理论

吸附作用理论可用来解释有机缓蚀剂在金属表面形成吸附膜这一现象。这种观点认为，由于吸附作用而使金属表面的能量下降，从而增加了金属的逸出功，吸附膜阻碍了与腐蚀反应有关的电荷或物质的迁移，因而使腐蚀速率降低。

有机缓蚀剂在金属表面的吸附有物理吸附和化学吸附两种，引起物理吸附的作用力是静电引力(金属表面有过剩电荷)和范德华力，前者往往为主要作用力。在这种作用力的驱动下，有机缓蚀剂的极性基与金属表面吸附，而非极性基于介质中形成定向排列，于是在金属表面形成了保护膜，如图 9.8 所示。

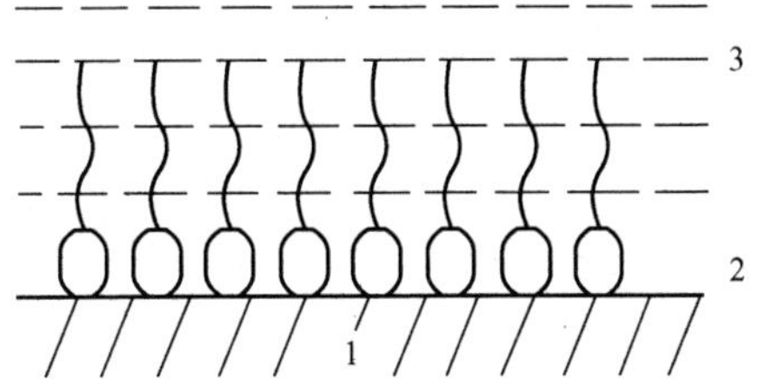


**图 9.8 有机缓蚀剂在金属表面定向吸附的示意图**

1—金属 2—极性基 3—非极性基

化学吸附是由缓蚀剂分子中极性基团中心元素的未公用电子对和金属形成配价键而引起的吸附。

$$\mathrm{R{-}\overset{\displaystyle H}{\underset{\displaystyle H}{\overset{|}{\underset{|}{N}}}}{:}} + \mathrm{Fe} \longrightarrow \mathrm{R{-}\overset{\displaystyle H}{\underset{\displaystyle H}{\overset{|}{\underset{|}{N}}}}{:}Fe}$$

2) 电化学作用理论

这一理论认为一些缓蚀剂(多数为无机化合物)是通过抑制阳极过程或者影响阴极过程而产生缓蚀效果的。故有阳极型作用理论及阴极型作用理论。

阳极型作用理论认为：一些氧化剂型缓蚀剂或者介质中的溶解氧作氧化剂时，缓蚀剂的作用是抑制阳极过程，或促进阳极表面形成氧化膜(钝化膜)，从而减小腐蚀速率。

从图 9.9 中可以看出，当加入阳极型缓蚀剂后，腐蚀电流由原来 $I_o$ 减小为 $I'$；腐蚀电位 $\varphi_o$ 向正移动到 $\varphi'$。腐蚀电位正移是阳极型缓蚀剂的特点。

阴极型作用理论认为：一些缓蚀剂是通过抑制阴极而产生缓蚀作用的(图 9.10)。当加入阴极型缓蚀剂后，腐蚀电流由原来 $I_o$ 减小为 $I'$；腐蚀电位 $\varphi_o$ 向负移动到 $\varphi'$。使腐蚀电位负移是阴极型缓蚀剂的特征。

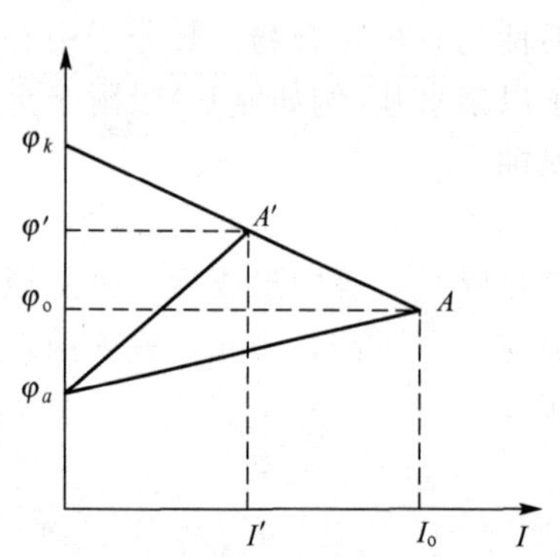

图 9.9 阳极型缓蚀剂作用机理

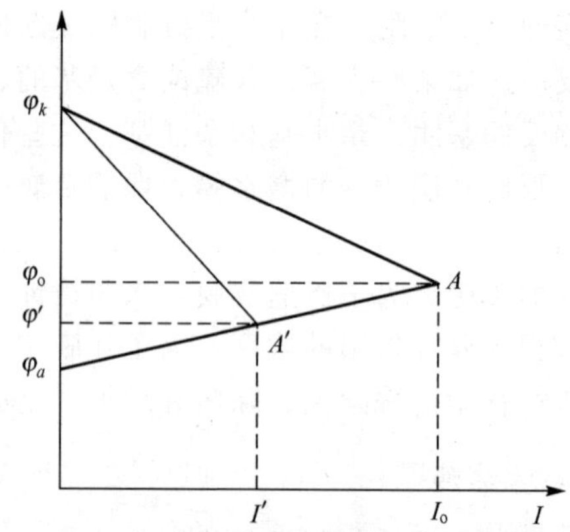

图 9.10 阴极型缓蚀剂作用机理

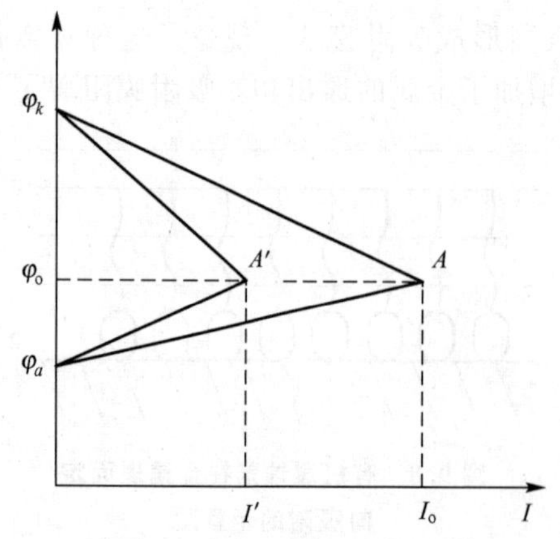

图 9.11 混合型缓蚀剂作用机理

如果缓蚀剂同时对阳极过程和阴极过程发生作用，就称为混合型缓蚀剂。从 Evans 图(图 9.11)可以看出，混合型缓蚀剂使得腐蚀电流减小，但是自腐蚀电位变化很小。

由上可知，根据自腐蚀电位的变化情况，可以判断缓蚀剂的类型。

3) 沉淀作用理论

这一理论认为一些缓蚀剂是由于自身的相互作用或者与介质中金属离子反应而产生了沉积于金属表面的沉积膜，从而起到的缓蚀作用。

4. 缓蚀剂的选择与介质的控制

1) 缓蚀剂的选择

从缓蚀剂的分类和作用机制可看出，选择缓蚀剂时要注意到受保护金属及介质的种类、腐蚀体系的控制步骤、金属在介质中的电化学特性等。除上述因素以外，还要注意下面3点。①空间：当介质处在较小的空间中或者在作循环使用时，加缓蚀剂是方便有效的防护方法。而当空间很大时，如果用缓蚀剂，将消耗太大，成本增高；②成本：选择缓蚀剂时一定要注意成本，有的缓蚀剂效果很好，但是成本很高；③环境保护：有些缓蚀剂有毒，选用时要注意它们的应用场所。另外还要注意废水排放和处理问题。

2) 介质的控制

从前面的讨论知道，介质的成分、浓度、pH、温度、压力、流速等因素均影响着金属在介质中的腐蚀，控制这些因素能有效地改善金属的腐蚀性。例如，当盐酸中无氧时，铜不发生腐蚀，有氧后它将发生腐蚀；在无氧的 $N_2O_4$ 中，Ti-6Al-4V 不发生应力腐蚀开裂，当 $N_2O_4$ 中含有较高的自由氧和无 NO 时，将发生应力腐蚀开裂；在含氧的氯离子介质中，只需约10ppm 的氯离子，奥氏体不锈钢就可产生应力腐蚀，而在无氧情况下，含 Cl 量大于1000ppm 时，它也不发生开裂；黄铜在含氨的环境中必须有氧和水时才引起应力腐蚀开裂；等等，这些例子均说明了控制介质，特别是控制其中的关键成分的重要性。

介质的控制主要是对成分、pH、温度等的控制，下面仅介绍成分、pH 的控制。锅炉中的给水、反应堆系统及各种冷凝器中的供水装置均易受水的腐蚀，为减小腐蚀，常采用热力法或化学法除氧。

(1) 热力除氧。由亨利定律知道，气体在水中的溶解度与该气体在液面上的分压成正比。在敞开系统中将水温升高时，各种气体在水中的溶解度将下降，氧在水中的溶解度也会下降。当水加热到沸点时，可以基本上消除水中的溶解氧。但以这种办法除氧有时水中残留氧还比较多。

(2) 化学除氧。在水中加联氨、亚硫酸钠等化学药品进行除氧，这些药品将与氧发生反应，产物对钢铁构件无大的伤害。但是亚硫酸钠在高温水中会发生反应生成硫化氢、二氧化硫等有害物质，所以使用此法要谨慎。

常用金属的腐蚀速率与介质的 pH 关系如图9.12所示。由图可知，两性金属在强酸性、强碱性介质中很不耐蚀，除贵金属和两性金属以外，当 pH>10 后，其他金属的腐蚀速率均会大幅度下降(当 pH>14 后，铁将快速溶解)。所以介质 pH 对金属腐蚀速率有显著的影响。为了减少腐蚀，应对 pH 加以控制。

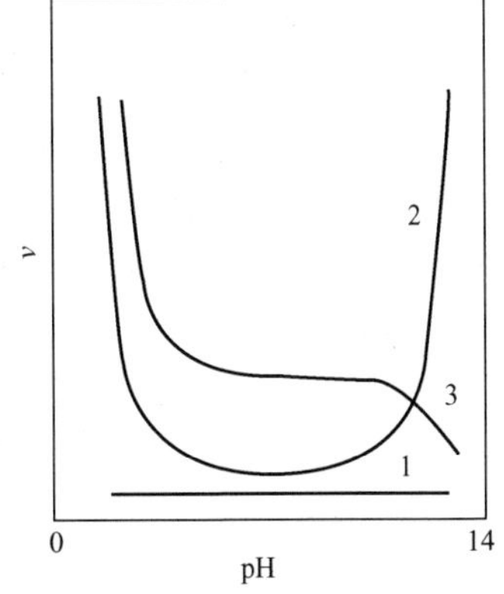


**图9.12 pH 对金属腐蚀速率的影响**

1—Au、Pt 2—Al、Zn、Pb

3—Fe、Cd、Mg、Ni 等

控制 pH 的办法是在介质中添加化学药品，例如锅炉给水和工业用冷却水中，如果含有酸性物质，此时 pH<7，可能会发生氢去极化腐蚀。这时给水中加入氨水(注意，氨水可能引起黄铜产生应力腐蚀开裂)或加入

胺，可提高水的 pH。

## 9.5 金属表面的防护方法

金属表面的防护方法一般是在金属表面覆盖各种保护层，使被保护金属与腐蚀介质分开，从而防止金属被腐蚀。这种防护方法不仅能提高金属的耐蚀性，有时还可改善其他使用性能，并且能节约为设计整体耐蚀金属而消耗的大量贵重金属，所以是很重要的防护方法。

在设计保护层时，应尽量使其满足下列基本要求。

(1) 保护层本身在介质中应耐蚀，并应与基体金属结合牢固，附着力强。

(2) 保护层应有一定厚度，覆盖完整，均匀，孔隙度小。

(3) 保护层应有良好的物理、力学性能。

保护层可分为金属保护层和非金属保护层，分别用化学方法、电化学方法、冶金方法、物理方法实施。

### 1. 金属保护层

金属保护层的施工方法一般比较复杂，但是与非金属保护层相比，其性能稳定，具有高的强度、韧性和导电性等优点，所以工业中广泛采用。

金属保护层又可分为阳极性保护层和阴极性保护层两种，阳极性保护层是指在介质中，保护层金属的电位比被保护金属的电位更负。保护层是阳极，被保护金属是阴极。例如以锌、镉等金属来覆盖铁表面时，锌、镉覆盖层就是阳极保护层。这种保护层的一个突出优点是，当保护层有微孔时，在保护层和被保护金属之间形成了电偶对，保护层金属要加速腐蚀，而被保护金属的腐蚀速率下降。但是，如果保护层是阴极（如铁表面的镍层）时，一旦保护层中有孔隙，孔底被保护金属与保护层形成小阳极大阴极电池，孔底被保护金属将会加速腐蚀。

1) 电沉积保护层

电沉积是在电场力的作用下，带电物质于金属表面形成的金属保护层。当带电物质是离子时，离子于被保护金属表面放电、沉积形成了保护层，这种施工方法叫电镀；当带电物质是粒子时，它于被保护金属表面聚集形成了保护层，这种施工方法称为电泳镀。

(1) 电镀。电镀施工细节可参考有关文献。电镀虽然是较老的施工方法，但是目前已派生出如刷镀、非水镀等新的工艺，增加了电镀的生命力。

电镀保护层多为纯金属铬、镍、金、铂、银、铜、锡、铅、锌、镉等，有时是某些合金，如锡青铜、黄铜、Ni—W 合金等。当采用非水镀工艺时，金属表面可形成铅、镁、钛等保护层。工业上常用的电镀保护层见表 9-4。

**表 9-4 工业中常见的电镀保护层**

| 分类 | 耐蚀性 | 应用举例 |
| --- | --- | --- |
| 镀锌 | 镀锌层耐大气、工业大气及油类的腐蚀，但不耐酸、碱、硫化物的腐蚀 | 大气中工作的设备和管道 |

（续）

| 分类 | 耐蚀性 | 应用举例 |
| --- | --- | --- |
| 镀镍 | 镀镍层美观，耐大气腐蚀，耐碱蚀 | 大气中工作的构件；复合镀的底层 |
| 镀铬 | 镀铬层与机体结合好，在工业大气、潮湿大气中稳定性好，在大气中稳定性更好。铬在碱、硝酸、硫化物、碳酸盐及有机酸中非常稳定，但易溶于盐酸及热、浓的硫酸中，抗氧化 | 装饰性镀铬，大气中工作的构件；耐蚀性镀铬；机械零件 |
| 镀锡合金 | 含锡5%～15%的锡青铜镀层在热的淡水中耐蚀 | 热水中工作的构件 |
| | 高锡(大于38%)镀层耐有机酸、弱酸的腐蚀，在含硫化物的大气中也很稳定 | 冷却水管 |

电镀质量除与镀液的成分、温度、电流大小、溶液搅拌等情况有关外，还与电极之间相对面积的大小、电极之间距离、电极的成分、冶金质量及金属表面情况等有关。

用电镀法形成的保护层具有下述优点：镀层厚度可控制；镀层消耗金属少；无需加热升温；镀层均匀、表面光洁，保护层与被保护金属之间结合力比喷镀层高等。其缺点是有一定的孔隙度、成本较高和较大型构件受到限制等。

(2) 电泳镀。电泳镀形成的保护层可以是金属，也可以是金属氧化物。要取得粘附性好、密实、强度高的保护层，粒子于金属表面沉积好后还要作进一步的处理。这些处理包括加压致密化和热处理。热处理能烘去微量悬浊液介质，使膜中微粒烧结以提高强度。

这种方法形成保护层速率快，但由于它要消耗大量有机溶剂，工艺比较复杂，未被广泛应用。

2) 渗镀保护层

渗镀保护层是使一种或几种金属在高温下扩散到被保护金属表面而形成的表面合金层。

按渗渡的施工方法分类，它又可以分成直接渗镀和复合渗镀两类。前者是直接把金属渗到被渗金属表面；而后者则是经喷镀、电镀、料浆涂层等工艺在被渗金属表面形成了保护层后，为提高该保护层与基体之间的结合力，再在高温下进行扩散保温。

直接把金属渗到被渗金属表面上可用固渗、液渗和气渗。将金属固体粉末和其他添加剂与被渗金属一起装入容器密封后加热，经扩散得到的保护层为固渗；将被渗金属浸入熔融金属(低熔点金属)中而形成保护层称为液渗，将金属加热到能够高速扩散的温度(一般为900～1200℃)，使含欲渗金属的氧化物气流经过被渗金属表面，靠被渗金属置换出欲渗金属的活性原子或被氢还原出欲渗金属的活性原子，该活性原子渗入被渗金属表面而形成的保护层称为气渗。工业上常见的渗镀保护层及其耐蚀性见表9-5。

**表9-5 工业上常见的渗镀保护层**

| 分类 | 耐蚀性 | 应用举例 |
| --- | --- | --- |
| 渗铝 | 渗铝钢抗氧化性酸腐蚀能力、抗 $H_2S$ 腐蚀能力、抗氧化能力、抗大气腐蚀能力均增加 | 涡轮机叶片，加热炉构件 |
| 渗铬 | 渗铬钢抗硝酸腐蚀能力增加，且改善了硫酸、盐酸中的耐蚀性；抗氧化能力及耐磨性也增加 | |

（续）

| 分类 | 耐蚀性 | 应用举例 |
| --- | --- | --- |
| 渗锌 | 渗锌钢耐大气、淡水、海水腐蚀的能力及耐磨性均增加 | |
| 渗硅 | 渗硅钢耐盐酸及其他非氧化性酸腐蚀能力、抗氧化能力及抗磨性均提高，但在有孔时易引起孔蚀 | |
| 渗硼 | 渗硼钢耐稀盐酸腐蚀能力和抗冲刷腐蚀能力及耐磨性均提高 | 排污水阀门 |
| 渗钛或渗钒 | 耐磨性及耐冲刷腐蚀能力均增加 | |

用渗镀法形成的保护层具有下述优点：渗层与被渗金属表面结合牢固；渗层均匀；渗层厚度可控，消耗的金属材料少等。但要加热，不仅成本高，又可能引起变形和其他缺陷。

3）喷镀保护层

喷镀保护层是用压缩空气将熔融的金属雾化成微粒，喷射在预先准备好的金属构件表面上形成的保护层。喷镀工艺的设备简单，欲喷的金属种类多，而且基本上不受被喷构件尺寸、形状的限制，所以应用广泛。

当熔融的金属微粒与被保护构件表面碰击时，微粒变成鳞片状后，互相重叠形成多层构造的覆盖层附于构件表面，该保护层不与被保护金属形成合金或焊合，所以附着力较低，并有孔隙。为了减少孔隙，可用机械法、热处理法、加涂料等方法封闭孔隙。

由于喷镀层的上述特点，其防腐蚀性能受到限制，但能提高耐磨性，也可用于修补有缺陷或磨损的零件。

4）热浸镀保护层(又称热浸、液镀、热镀)

热浸镀保护层是金属构件浸渍在液态金属中，经短时间取出后金属构件表面粘上的一层金属保护层。此种施工方法仅限于以低熔点金属作保护层，为了降低熔点等，还需加熔剂。这样，保护层中就会有一定厚度的金属间化合物而使之变脆。但是，这种方法简单、方便，钢是热浸镀锡、锌、铝的良好基底金属，保护层金属能向基底金属内扩散，从而可得到金属间化合物，这就使得保护层有较大的附着力。这些优点使热浸镀方法得到了广泛的应用。

工业上热浸镀形成的保护层有浸镀锡、锌、铝、铅层。锡无毒，镀层表面为纯锡，因此在食品工业上广泛采用，热浸镀锌层在大气中具有良好的抗蚀能力，热浸镀铝层具有极好的抗氧化能力。

5）化学镀保护层

化学镀保护层是通过置换反应或氧化—还原反应将盐溶液中的金属离子析出并使其在被保护金属构件表面上沉积而形成的保护层。这种施工方法不需要电源和专用设备，而且保护层均匀、致密、孔隙度小。但是设计化学镀溶液很困难，化学镀液的老化、pH、离子浓度等的控制也都很复杂，因此目前较为成熟的化学镀仅有化学镀镍和化学镀铜。

6）金属包覆层(复合金属)

金属包覆层是通过碾压或电焊的方法将耐蚀性良好的金属包覆在被保护金属表面上形

成的保护层。这种保护层是消除保护层孔隙度的最好方法。用浇注法来包覆金属构件，能使保护层与基底金属间有较大的结合力。工业上常见的包覆层有铝包层、铜包层、镍包层，不锈钢包层等。

7）物理气相沉积(PVD)保护层

物理气相沉积保护层是在真空中，通过溅射或者蒸发把金属沉积在被保护金属上形成的保护层。这种保护层在电工元件中应用较多。

8）化学气相沉积(CVD)保护层

化学气相沉积保护层是使沉积金属在某个温度下与气相试剂作用后在另一个温度下分解，然后沉积于被保护金属表面上形成的保护层。此法中沉积金属的速率比真空中的快，但这项技术目前在实际工程上使用还有一定困难。

2. 转化保护层

转化保护层是采用化学或电化学方法使金属表面原有的氧化膜发生变化而形成转性氧化膜。其常见的施工方法有阳极氧化、铬酸盐处理、磷化处理等。

1）阳极氧化保护层

阳极氧化保护层是以电解法增厚了的基底金属氧化膜。最常用的阳极氧化的金属是铝，现也采用铜、镉、铁、镁和锌等金属。

2）铬酸盐处理

铬酸盐处理方法是使浸在铬酸盐溶液中的金属表面层溶解的同时形成铬酸盐膜，其组成可能是 $CrO_3 \cdot xH_2O$ 或者 $Cr(OH)_3$ $Cr(OH)CrO_4$。该膜有可能会补充原有的钝化膜，从而提高了抗腐蚀性。另外该膜对颜料、油漆等有良好的黏结能力，所以可作防护涂层的预处理。这一方法运用于铝、铜、锌、锡、镁等金属。

3）磷化处理

将金属浸入磷酸盐溶液中，在一定条件下获得一种磷酸盐保护层的方法称为磷酸盐处理，简称磷化处理。磷化处理可形成灰色或暗灰色膜，表面膜厚为 5～15$\mu$m，且不改变被处理工件的尺寸。钢铁构件经磷化处理的膜比经氧化处理的膜更耐腐蚀。

磷酸盐膜致密、难溶，对油类和油漆类有较强的吸附能力，并且有孔，既可作油漆前的预处理，又可使构件耐磨性提高，还耐 300～1200V 的高压。但是膜的硬度低，且较脆。

4）钢铁氧化处理

钢铁氧化处理是在钢铁表面用氧化剂进行氧化以获得致密的有一定防腐蚀能力的氧化铁薄膜，该膜呈黑色或深蓝色，所以工业上又称这种处理为发蓝或者煮黑。

钢铁氧化处理有碱性氧化(在含各种氧化剂的苛性钠中氧化)和酸性氧化(在含硝酸钙、过氧化锰和磷酸的溶液中氧化)两种施工方法。酸性氧化法形成的膜耐腐性和附着力比碱性氧化法好，这种方法氧化时间短、处理温度低，且成本也低。

氧化膜只有几个微米厚，基本上不改变工件原来的尺寸。故精密仪器上的钢铁零件常采用氧化层防护。但此法只能用于弱腐蚀性介质中。

3. 非金属保护层

非金属保护层的施工方法简单，成本较低，并且防护层还具有一定的绝缘性、绝热性和耐高温性。所以非金属保护层有广泛的用途。其中比较重要的保护层有涂料、搪瓷、塑料、橡胶以及各种类型的有机涂层。

1）涂料保护层

涂料是由油漆演变而来的，油漆是以油料为主要原料制成的，而涂料的主要原料不仅包含有油料，还含有各种有机合成树脂，所以涂料保护层所涉及的范围更广。但是现在有时还习惯地把这两种保护层统称为油漆保护层。

涂料一般由不挥发组分和挥发组分组成，当把涂料涂于被保护金属构件表面后，其挥发组分逐渐逸出，留下不挥发组分干结成膜(它是涂料保护层的基础)，通常称该膜为基料或者漆基。

涂料保护层由主要、次要和辅助成膜物质组成。主要成膜物质是油料(桐油、亚麻子油)和天然树脂(松香、沥青和虫胶)或合成树脂(酚醛、醇酸、环氧、氯化橡胶)。主要成膜物质如果是油料的涂料称为油基漆，如果是树脂的则称为树脂基漆。

次要成膜物质有钛白、立德粉、炭黑等颜料。作为底漆的颜料有红丹、氧化铁、锌黄、铝粉等，这些颜料还兼有防锈的作用。

涂料中未加颜料的透明液体为清漆，如酚醛清漆、过氧乙烯清漆。清漆不仅耐蚀而且防污斑。清漆与马口铁有良好的黏结性，马口铁上涂上含油树脂清漆烘干后可得到黏结牢固的涂层，从而可大大改善马口铁表面锡保护层的性能。

工业上常用的几种涂料的名称、成分及耐蚀性见表 9－6。

**表 9－6　工业上常用的涂料**

| 种类 | 组成或构成 | 耐蚀性 |
|---|---|---|
| 红丹 | 将 $Pb_3O_4$ 与各种漆基调制而成 | $PbO_4^{4-}$ 对金属具有缓蚀作用，一般做底漆 |
| 醇酸树脂 | 由多元醇、多元酸和其他单元酸通过酯化作用缩聚制得 | 漆膜坚韧，具有良好的附着力和耐蚀性，可作耐蚀和装饰涂层 |
| 环氧树脂 | 主要成膜物质为环氧树脂 | 耐酸、碱化学药品腐蚀，特别是耐高浓度农药的腐蚀 |
| 过氧乙烯 | 主要成膜物质为过氧乙烯树脂 | 耐水蚀 |
| 聚氨酯 | 多异氰酸酯和多羟基化合物反应而得的含有氨基甲酸酯的高分子化合物 | 坚硬耐磨，耐碱、酸、水的腐蚀，对溶剂及油类也有好的稳定性，耐热，可做化工设备、贮槽、管道的防腐涂料 |
| 氯化橡胶 | 主要成膜物质为氯橡胶 | 耐水、海水腐蚀，做船底漆、甲板漆 |
| 含锌涂料 | 锌粉及少量成膜物质(黏结剂)混合而成(也叫富锌漆) | 做底漆用，防腐蚀性能接近锌 |

2）塑料保护层

将塑料面直接黏合在金属表面上即形成塑料保护层，塑料保护层有聚氯乙烯和聚乙烯、丙烯酸聚合物、聚酯、聚酰胺、环氧树酯、聚氨脂等。其中最常用的是聚氯乙烯和聚乙烯。而耐蚀性最好的是聚四氟乙烯$(C_2F_4)_n$，它能抗王水、硝酸、硫酸、氢氟酸、氯气及各种有机溶剂的腐蚀，因此称为“塑料王”。但这种塑料生产工艺复杂，价格昂贵，故不宜广泛应用。

3）橡皮保护层

橡胶覆盖在金属表面上形成的保护层称为橡皮保护层，它具有耐酸、碱、化学药品的腐蚀的作用。现在化工设备中常用硬橡胶(橡胶中加30%～50%的硫进行硫化后得到的橡胶)做衬里，但只能在150℃以下使用。

4）沥青保护层

这种保护层耐酸蚀，可用来保护与酸性介质接触的金属构件。但沥青在低温时会变脆，在阳光照射下，会发生氧化和聚合反应而变硬并产生龟裂，在100℃以上软化，这些均使得它的应用范围受到限制。

5）搪瓷保护层

这种保护层耐所有介质的腐蚀，但易受机械损伤。长期以来，搪瓷就被用于制造炊具、灶具。

### 4. 临时保护层

这种涂层起临时性保护作用，往往可以去除。这种涂层一般采用防锈油、蜡、润滑油、气相缓蚀剂等物质。

1）表面预处理

金属构件表面往往有污垢、灰尘、油泥等，在表面处理施工前，要认真清理，否则将得不到性能良好的保护层。消除污物的方法有机械清除(如喷砂、喷丸、打磨等)、溶剂清洗以及强碱清洗和酸洗等。

2）检验

检验是控制表面保护层性能的最后关卡，根据保护层的种类及服役要求有着不同的指标。但对大多数保护膜都应进行保护层成分、保护层厚度及孔隙度等的测定，并进行腐蚀试验。

3）保护层的选择

保护层种类繁多，施工工艺、性能、成本等不尽相同。选择保护层时，要从保护性、经济性、外观性、施工性等几个方面考虑保护层的适用性。例如塑料王聚四氟乙烯，它几乎耐所有介质的腐蚀，然而因价格昂贵，施工工艺复杂，只能用在腐蚀性极强的介质中。再例如喷镀保护，施工方便，适用性强(指不易受构件尺寸、形状的影响)。但是保护层中孔隙度大，也限制了它在一些腐蚀性环境中的应用。总之，选择保护层时，要反复比较，试验后再确定。

### 5. 导电高分子保护层

1）聚苯胺导致界面膜形成

聚苯胺的存在会在金属和聚苯胺膜界面处形成一层金属氧化膜，使得该金属的电极电位处于钝化区得到保护。聚苯胺是一种具有氧化还原能力的共轭高分子材料，其氧化还原电位比铁高。当两者相互接触时，在水和氧气的参与下两者发生氧化还原反应，在界面处形成一层致密的金属氧化膜。这一过程如下。

聚苯胺(PAn)被还原，铁被氧化 $Fe + 3PAn^{+} + 3H_2O \longrightarrow Fe(OH)_3 + 3PAn + 3H^{+}$

聚苯胺被氧气氧化 $O_2 + 2H_2O + 4PAn \longrightarrow 4PAn^{+} + 4OH^{-}$

因此，聚苯胺对氧气的渗透起到了屏障作用，使之无法直接渗透到涂层下的金属表面，从而吸氧腐蚀无法发生。同时在铁被氧化形成钝化膜的过程中产生 $H^+$，可以进一步掺杂本征态聚苯胺。这也可能是本征态聚苯胺具有很好防腐能力的原因之一。用 XPS 技术已经观察到无论是加入掺杂态聚苯胺还是本征态聚苯胺，均有该氧化膜存在。同时发现划痕处裸露金属表面也有氧化膜存在。据报道最宽可达 6mm。这一发现很好地解释了聚苯胺的抗孔蚀、抗划伤现象。更加有趣的是，当把聚苯胺涂在金属背面时，在其正面也可以形成 1.5～5nm 的氧化膜，从而使其得到保护。现在对于氧化膜的存在已经达成共识，但是对它在防腐中作用的大小仍然存在分歧。

2）聚苯胺导致界面电场变化

聚苯胺在金属表面形成电场，该电场的方向与电子传输的方向相反，因此阻碍了电子从金属向氧化物质(如氧气)的传递，也就是相当于一个电子传递的屏障作用。聚苯胺即使是掺杂态，它的电导率远低于钢铁、铜的电导率，故而可以看作是半导体。根据物理学理论，在金属/半导体界面上通常存在 Schotteky 位垒，对电子的传递的方向有重要影响。在金属(的吸氧)腐蚀过程中金属表面发生一个电子净输出的过程：从金属向氧气传递，此时掺杂态聚苯胺形成的电场方向正好与电子传输方向相反，从而使腐蚀过程减慢。

3）聚苯胺在金属表面形成一层致密薄膜

用 EIS 技术研究本征态聚苯胺和掺杂态聚苯胺涂膜表明聚苯胺有很高的阻抗值。而且本征态聚苯胺膜的极化电阻 $R_P(2\times10^8\Omega)$明显高于掺杂态聚苯胺的 $R_P(2\times10^6\Omega)$。掺杂态聚苯胺是一种含有一定量电荷的聚电解质，对于完全掺杂的聚苯胺每一个聚合单体含有一个正电荷或负电荷。因此水合电解质穿过这种聚电解质膜就比穿过不带电荷的本征态聚苯胺容易一些，这些可以从阻抗值上看出。

然而聚苯胺的防腐机理是一个复杂过程，不能用一个简单的模型加以描述。其防腐机理很可能是以上 3 种机理共同作用的结果。但是对于不同状态的聚苯胺起主要作用的成分可能不同。

## 9.6 腐蚀控制方法的选择原则

根据具体情况，选择合理、有效、可行的腐蚀控制方法，是减缓材料及设备腐蚀的重要环节。对于一个具体的腐蚀体系，在考虑腐蚀控制措施选择时，主要应从以下几点考虑。

1. 防护效果

防护效果是选择腐蚀控制方法时首先考虑的因素。应根据设备装置的整体性、主要部件的结构特征、材料的性质、所处环境的性质以及各种腐蚀控制方法的使用条件和特点等综合考虑。各种腐蚀控制方法可以根据应用条件单独使用，也可以联合使用。

2. 实施难易程度

对用相同的材料制成的不同设备和零件，其防护措施的实施难易程度不同，而不同的材料对各种腐蚀控制方法也有不同的要求，在选择腐蚀控制方法时应加以注意。例如，对直径较小的空心管材，用电镀、喷涂的方法就比较困难，而采用化学镀、浸镀或浸涂的方法就方便得多；再如在铝、镁、钛等金属或合金表面电镀比较困难，而在其表面化学氧化、阳极氧化、真空离子镀就容易一些。

3. 经济效益

经济效益是选择腐蚀控制方法要考虑的一个十分重要的因素。不能只考虑防护效果不顾经济利益，也不能只从经济利益考虑而忽视防护效果。对贵重设备及零件、设备中不易更换的零部件，选择长期防护的措施更经济，而对于一些本身价值不高的零件，选用短期或中期防护方法可能更合理。

4. 环境保护

当有多种腐蚀控制措施可供选择时，应尽量选用对环境污染小的防护措施。例如，选择涂装方法时，粉末涂装就比含有机溶剂的喷涂对环境的污染小，水基涂料就比有机溶剂的涂料污染小。

**参比电极**

用来作为基准来测量其他电极电位的电极称为参比电极，又称参考电极。参比电极的电位具有稳定性和重现性。将被测定的电极与精确已知电极电位数值的参比电极构成电池，测定电池电动势数值，就可计算出被测定电极的电极电位。参比电极必须是电极反应为单一的可逆反应，通常多用微溶盐电极作为参比电极。虽然氢电极也可以作为一个标准的参考电极，但是在具体测量过程中不易于实现，因此标准氢电极只是理想的电极。参比电极应不容易发生极化；如果一旦电流过大，产生极化，则断电后其电极电势应能很快恢复原值；在温度变化时，其电极电势滞后变化应较小。常见的参比电极如下。

1. 氢电极

用镀有铂黑的铂片为电极材料，在氢气氛中浸没或部分浸没于用氢饱和的电解液中，即可组成氢电极，常用 $Pt, H_2|H^+$ 表示。其电极电势 $\varphi_{H_2}$ 与温度 T、溶液的 pH 和氢气的压力 $P_{H_2}$ 有关。有时采用与研究体系相同的溶液作为氢电极的溶液，以消除液体接界电势。氢电极容易失效，应当避免在溶液中出现易被还原或易发生吸附中毒的物质，如氧化剂、易还原的金属离子、砷化物和硫化物等。

2. 甘汞电极

由汞、甘汞和含 $Cl^-$ 的溶液等组成，常用 $Hg, Hg_2Cl_2|Cl^-$ 表示。电极内，汞上有一层汞和甘汞的均匀糊状混合物。用铂丝与汞相接触作为导线。电解液一般采用氯化钾溶液。用饱和氯化钾溶液的甘汞电极称为饱和甘汞电极，这是最常用的参比电极；而用1N 氯化钾溶液的则称为当量甘汞电极。甘汞电极的电极电势与氯化钾浓度和所处温度有关。它在较高温度时性能较差。

3. 氯化银电极

由覆盖着氯化银层的金属银浸在氯化钾或盐酸溶液中组成。常用 $Ag, AgCl|Cl^-$ 表示。一般采用银丝或镀银铂丝在盐酸溶液中阳极氧化法制备。银|氯化银电极的电极电势与溶液中 $Cl^-$ 浓度和所处温度有关。有机电解质溶液体系中，常采用相同溶剂的有机电解质溶液的 Ag|Ag+电极和 $Ag|AgCl|Cl^-$ 电极为参比电极。熔盐体系中，常用熔盐 Ag|Ag+电极和 Pt|Pt2+电极，但熔盐体系尚无统一的标准电极电势表。

4. 氧化汞电极

这是碱性溶液体系常用的参比电极，表示式为 Hg，HgO|$OH^-$。它由汞、氧化汞和碱溶液等组成，其结构同甘汞电极。它的电极电势取决于温度和溶液的 pH。

5. 硫酸亚汞电极

它适用于硫酸溶液或硫酸盐溶液体系。电极由汞、硫酸亚汞和含 $SO_4^{2-}$ 离子的溶液所组成，表示式为 Hg，$Hg_2SO_4$ | $SO_4^{2-}$。其结构同甘汞电极，它的电极电势与温度和溶液中 $SO_4^{2-}$ 离子的浓度有关。

6. 阴极保护参比电极

在阴极保护中，参比电极是阴极保护系统中重要的组成部分之一，它可用来测量被保护构筑物的电位，又可作为恒电位仪自动控制的讯号源。常用的阴极保护系统中的参比电极有铜/硫酸铜参比电极和锌参比电极。硫酸铜参比电极可用于埋地管道、地下电缆等金属构筑物的阴极保护，性能可靠，使用寿命长，是一种理想的埋地型参比电极。用作牺牲阳极保护的电位测量，在外加电流阴极保护系统中，作自动控制的稳定信号源。可以精确监测阴极保护状态。可埋设在需要监测而又不能进入的位置，如：大型容器底部中心位置、地下燃料库、化学贮罐之间不能接近的位置；城市路面底下的管网等，可在工程施工期间预先埋设，长期使用。锌参比电极是一种既可在海水中又可在土壤中使用的参比电极。

**资料来源：D. J. G. Ives and G. J. Jang. Reference Electrodes [M]. New York：Academic Press，1961.**

## 习题

1. 腐蚀控制方法分为几大类？选择腐蚀控制方法时应考虑哪些因素？
2. 结构设计包括哪几个方面？如何从设计上控制腐蚀？
3. 防腐蚀选材设计的原则及应考虑的因素是什么？
4. 金属结构或设备的加工工艺对其腐蚀行为有怎样的影响？如何加以控制？
5. 何谓缓蚀剂？试从对电极反应过程的影响上分析缓蚀剂的缓蚀机理。
6. 试用电位-pH 图和腐蚀极化图说明阴极保护的基本原理。
7. 阴极保护的基本参数是什么？如何确定？
8. 阳极保护有何特点？如何确定阳极保护参数？
9. 实现阴极保护的方法有哪几种？各有何特点？如何选择？
10. 阴极保护和阳极保护各有什么特点？试指出各自的适用范围和选用原则。

# 第10章 腐蚀电化学研究方法

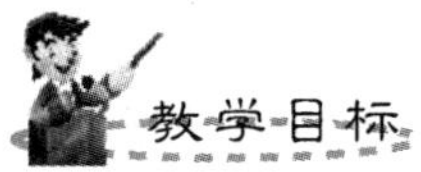


通过本章的学习，使读者能够正确掌握电化学仪器的操作方法；理解电解池的装置；理解测定电极电位与外加电流之间的关系；掌握电化学研究方法的特点。

(1) 理解电化学研究方法的特点。

(2) 掌握一般电化学测试方法。

(3) 了解电化学暂态方法和稳态方法。

(4) 掌握稳态极化曲线的测量原理和方法。

(5) 掌握电化学阻抗谱的测量原理和方法。

导入案例

## 水轮机叶片的多相流损伤

含沙河流中的水轮机过流部件在运行一段时间后会受到不同程度的损伤，多相流中的金属材料将遭受空蚀、泥沙冲蚀磨损及电化学腐蚀的破坏，实际情况往往是以上3种单独破坏形式的联合作用。我国40%水电站的水轮机过流部件在含沙水流中遭受的冲蚀、空蚀和腐蚀的破坏，极大地影响了水轮机的正常运行，迫切需要具有高耐多相流损伤性的金属材料。迄今虽然有一些该领域的研究报道，但进展缓慢，当前马氏体不锈钢广泛应用于水轮机叶片材料，但其作为叶片材料还有许多问题需要解决，如制造工艺、空蚀、焊接、表面处理等。张小彬、郑玉贵等人对水轮机用0Cr13Ni5Mo不锈钢及其精炼合金在蒸馏水和模拟长江水中进行了旋转圆盘仪空蚀和冲蚀以及二者组合的多相流损伤实验，并与普通不锈钢进行对比分析。

研究结果表明：通过调整成分和改进冶炼及热处理工艺后的0Cr13Ni5Mo不锈钢晶粒内部的铁素体组织得到了细化，力学性能提高，水轮机用不锈钢的冲蚀、空蚀与冲蚀联合作用损伤累积失重-时间曲线均呈直线关系，空蚀和冲蚀联合作用对材料造成的损伤明显高于空蚀和冲蚀单独作用，空蚀和冲蚀之间的交互作用在水轮机用马氏体不锈钢的多相流损伤行为中起主要作用，抗冲蚀和多相流损伤能力明显高于原合金和普通不锈钢。

电化学腐蚀与空蚀和冲蚀的交互作用测试不能通过旋转圆盘仪实现，但是可以通过超声波空化模拟水轮机的实际工况来进行表征。王保成、朱金华等人对0Cr13Ni5Mo不锈钢在空化条件下的电化学腐蚀行为做了系统的研究。该研究通过功率超声波在水溶液的空化，在线测量了体系的电化学极化曲线和电化学阻抗谱，与空蚀失重法联合确定了电化学腐蚀对空蚀的贡献。结果表明，电化学腐蚀和空蚀的交互作用使0Cr13Ni5Mo不锈钢的损失量远比二者单独作用的损失量要大得多。

**资料来源：王保成，朱金华．超声空化下不锈钢钝化膜的半导行为[J]．金属学报，2007(8)．**

# 10.1 概　　述

1．腐蚀电化学研究方法的特点

金属腐蚀的电化学过程与其他电化学过程(如电镀、电解、化学电源等)相比有其独有的特点，因此腐蚀电化学研究方法也有着不同于电化学其他领域的特色。对金属腐蚀过程进行电化学研究和测量时，其具体的对象是腐蚀金属电极，它具有如下特点。

(1) 金属腐蚀过程电极表面存在着多个电极反应，整个电极系统是两个或多个电极反应的耦合系统，这些电极反应以最大限度的不可逆方式相互耦合，形成一个复杂的动力学过程。因此在腐蚀电化学实验结果的分析与处理上，与单个电极反应的电极系统相比，存在着区别。

(2) 电极系统中的主要电极反应之一即为腐蚀金属电极本身参加的反应——电极材料

的阳极溶解反应。在腐蚀过程中，电极表面状况不断地随时间变化，电极表面附近溶液的pH、参加腐蚀反应的反应物及产物的离子浓度，以及电极表面阴阳极面积之比也均不断地发生变化。特别是在一些局部腐蚀的过程中，因此需要发展各种快速测量手段，以追踪不同瞬间的电极表面状况下腐蚀金属电极的电化学行为。

(3) 腐蚀金属电极表面在一般情况下是不均匀的，而且电极表面呈现多层结构，在腐蚀金属电极上存在着表面膜、腐蚀产物锈层以及一些腐蚀孔等，使得电极表面不光滑。有时电极表面的不均匀性起着重要的影响，形成不同类型的局部腐蚀。因此不能仅仅研究整个电极表面总的电化学行为，而要发展能用于各种局部腐蚀反映其电极表面不均匀性的研究手段，如微区电化学测量技术。

(4) 与其他电化学过程相比，腐蚀金属电极反应的速率相对比较低。通常自腐蚀电流密度在 $1nA/cm^2 \sim 1mA/cm^2$ 之间，因此要求相应的测试方法，特别是极低腐蚀速率的测试方法。

此外，腐蚀金属电极的研究和测量还会遇到一些其他电化学领域所不曾遇见的问题。例如以下两种。

(1) 金属的钝性和钝化膜生成与破坏过程的研究。由于许多耐蚀合金表面存在钝化膜，膜的形成与破坏过程对于金属的腐蚀行为往往有着决定性的影响，使金属钝性与钝化膜稳定性的研究成为腐蚀电化学的一个特有的研究领域，发展了一些用于金属钝化性能研究的特殊的电化学测试方法。

(2) 力学因素对腐蚀金属电极电化学行为影响的研究与测量。如金属的应力状态和应变过程对电化学行为的影响。因此针对这些情况的电化学研究和所发展的相应测试技术也是其他电化学领域所没有的。

金属腐蚀的试验与研究方法有许多种。基于腐蚀的电化学性质，电化学测量方法被广泛地用在腐蚀机理的基础研究、腐蚀试验和使用中的监控、腐蚀速率的测定等方面。金属与合金对电偶腐蚀、孔蚀、晶间腐蚀、应力腐蚀破裂等的敏感性是用电化学方法预示实际使用中的腐蚀行为的例子。

与一般的电化学测试方法相同，腐蚀电化学测试方法主要测定的参数之一是电极电位，它表明金属电解液界面结构和特性；之二是表明金属表面单位面积电化学反应速率的参量——电流密度。大部分电化学测试都是属于极化测量范畴，即测定电极电位与外加电流之间的关系。

腐蚀电化学研究方法作为电化学测试方法的一种，与其他物理或化学的研究方法相比测试速率较快，是一类快速测量的方法；测试的灵敏度也较高，当使用精密的检测仪器时，可测出 μA 甚至 nA 数量级的电流变化。再者电化学方法测定的都是瞬时的腐蚀状况，能够测出腐蚀金属电极在外界条件影响下瞬时的变化情况，并且电化学测试方法能连续地测定金属电极表面腐蚀状况的连续变化。此外，它是一种“原位”(in situ)的测量技术，能体现金属电极表面的实际腐蚀情况。

2. 腐蚀电化学研究方法的类型

根据腐蚀金属电极的特点，可以将腐蚀电化学研究方法分为下面几类。

(1) 借鉴和利用电化学其他领域中的研究方法和测量技术，根据腐蚀金属电极的特点和特殊要求，加以改造和发展，成为腐蚀电化学的研究和测量手段。这类方法很多，大部分属于电化学动力学的研究范围，故称为金属腐蚀过程的“电化学动力学研究方法”。

(2) 为只有在研究腐蚀金属电极中所遇到的问题而建立的特有的电化学研究和测量方法。如测定小孔腐蚀特征电位的电化学测量方法、各种微区电化学测试技术等。该类方法可称为“专用的腐蚀电化学研究和测量方法”。

(3) 利用模拟装置研究特殊腐蚀形态的电化学研究和测量方法。如用闭塞电池方法模拟研究电偶腐蚀、大气腐蚀研究的模拟电池装置、应力腐蚀开裂裂纹尖端的模拟装置等。

(4) 电化学方法是与近代物理表面分析技术相结合的测试方法。这种方法可实现“原位”测量，研究金属腐蚀过程表面状态的变化。如电化学调制光谱、利用激光椭圆术、表面增强 Raman 光谱、光声谱等“原位”测量金属上成相膜的变化和某些腐蚀电极反应产物等。

在上述各类腐蚀电化学研究方法中，电化学动力学的研究方法是最基本的。

3. 腐蚀电化学研究方法的发展

1) 发展简史

(1) 理论方面。随着电化学理论的不断完善和发展，腐蚀电化学研究方法也得到了相应的发展。在金属腐蚀的电化学测量中，作出了重要贡献的是 stern 和他的同事。他们在 1957 年提出了线性极化的重要的概念，虽然线性极化技术有着一定的局限性，但它还是实验室和现场快速测定腐蚀速率的一种简单而可行的方法。许多腐蚀工作者在随后的十余年中，又做了许多工作，完善和发展了极化电阻技术。Pourbaix 和他的同事在研究腐蚀热力学的基础上绘制了大多数金属-$H_2O$ 系统的电位-pH 图，并且用热力学和动力学结合的研究方法，发展了一个预示金属所处腐蚀状态的方法。通过实际腐蚀体系电位-pH 图的测定与绘制可以确定均匀腐蚀、孔蚀、钝化或不腐蚀的状态。

(2) 仪器方面。随着电子技术的迅速发展，促进了电化学测试仪器的进展，能用于腐蚀电化学测试的新仪器不断出现，从而推动了腐蚀电化学研究方法的发展。

恒电位仪的出现为电化学测试开拓了新的篇章，运算放大器在电化学测试仪器中的应用，更新了电偶腐蚀测试和应用各种方法的腐蚀速率测试的仪器。由于现代电子技术的应用和用于暂态测量的测试仪器的出现，一些快速测量方法和暂态响应分析方法也得以发展。

电子技术的发展和应用促进了电化学测试方法不断改进与完善，最典型的例子是交流阻抗技术。最初测量电化学阻抗采用交流电桥和李沙育方法等。这些方法既费时间又较烦琐，干扰影响也大。随着电子技术的发展，利用锁相技术、相关技术的仪器(如频率响应分析仪、锁相放大器等)用于交流阻抗测试，它们的灵敏度高，测试方便，而且很容易应用扫描信号实现频域阻抗图的自动测量，但是它仍是频率域的测试方法，当测试需要频率范围比较宽时，完成整个频谱图的测量需要很长时间，腐蚀金属电极表面可能已发生变化，引起实验结果分析处理的困难。现代技术科学的发展，可以利用时频变换技术从暂态响应曲线得到电极系统的阻抗频谱，从而可以实现实时在线测量，追踪电极表面状况的变化。

计算机在腐蚀科学中的应用，腐蚀电化学计算机在线测量的实现，使常规的腐蚀电化学测试出现了崭新的面貌。控制信号可由计算机软件产生，极化进行的控制、数据的采集和处理都可由计算机自动完成，使得腐蚀电化学的各种稳态和暂态测试技术得到进一步的发展。

2) 发展趋势

腐蚀电化学研究的深入，要求不断发展适应腐蚀金属电极特点的研究和测试方法，测试仪器也应相应地得到更进一步的发展，以期获得有关腐蚀金属电极上进行的复杂过程的更详细的信息。今后腐蚀电化学方法和测试仪器应从以下方面进一步地发展。

(1) 进一步发展快速电化学测量技术和暂态响应的分析方法，以期适应腐蚀金属电极表面状态不断变化的特点。

(2) 发展能够阐明某些局部腐蚀类型的机理和特征的电化学研究方法。例如为了更直接反映腐蚀金属电极表面的不均匀状况和研究局部腐蚀的发展过程，需要使电极表面微区电化学测量方法进一步完善与提高。一些局部腐蚀的模拟电解池和装置及其研究方法也应不断地发展。

(3) 进一步提高微弱信号检测技术和相应的测试仪器。由于较大幅度的扰动信号会引起腐蚀金属电极表面状态的剧烈变化和腐蚀体系的不稳定，因此采用微弱扰动信号能使数据的处理与分析得以简化。信号平均技术、相关技术以及其他微弱信号检测技术和相应测试仪器的发展将会促进腐蚀电化学研究方法的发展。

(4) 发展“原位”表面测量和电化学测试联用的技术。应用近代物理表面分析方法可以获得有关腐蚀金属电极表面过程更多的信息。目前许多用于表面分析的能谱仪器的测试要在真空条件下进行，这样无法得到相应于实际腐蚀状况的表面状态。因此发展电化学测量与原位表面测量相结合的技术，是发展腐蚀电化学研究的一个重要课题。表面增强拉曼光谱、光声光谱等方法都是有希望的原位测量手段，应使其获得更广泛的应用。

(5) 进一步促进电化学仪器的数字化与计算机化。随着电子技术数字化程度的提高，以及计算机系统软件和应用软件的不断升级发展更新，现代国外和国内的电化学测试仪器和测试技术均获得了长足的进步。如测量仪器小型化、接口简单化、数据记录直观化、测量功能多样化、测量速率快速化等都为电化学研究提供了良好的实验条件。

## 10.2 电化学稳态技术

1. 电化学稳态与暂态

稳态和暂态是相对时间而言的，在指定的时间范围内，电化学系统的参量(如电极电位、电流、反应物及产物的浓度分布、电极表面状态等)变化甚微，基本上不随时间变化，这种状态称为电化学稳态。

电极未达到稳态以前的阶段称为暂态。稳态和暂态是相对而言的，从暂态到稳态是逐渐过渡的，绝对的稳态是不存在的。介于暂态与稳态之间尚有准稳态之称。稳态、准稳态、暂态是由于测试技术的不同而引入的概念。一般情况下，电极界面处反应物的浓度变化或表面状态的变化都会引起电流 $i$ 和电极电位 $\varphi$ 的变化，因此只要根据实验条件，在一定时间内电流 $i$ 和电极电位 $\varphi$ 相对稳定就认为达到了稳态。一般认为，在测量电极电位时，电位随时间变化率小于 5mV/min 时，电化学体系就达到了稳态。

流向电极/溶液界面的电流可以分成两部分。

(1) 在界面参加电化学反应。这部分电流服从法拉第定律，称为法拉第电流。

(2) 用来改变电极/溶液的界面构造，也就是改变双电层的电荷。这部分电流不符合法拉第定律，称为非法拉第电流，是双电层的充电电流。

稳态过程的特点：稳态时，电极/溶液界面的电位差和界面结构都不发生变化，故双电层的充电电流为零。稳态时流过电极的电流全部由电化学反应所产生。

暂态过程的特点：当电化学体系处于暂态时，流过电极表面的电流一部分用于双电层充电($i_c$)，一部分用于进行电化学反应($i_r$)，总的电流 $i=i_c+i_r$。在过渡过程初期，极化很小，因此用于电化学反应的法拉第电流很小($i_r=0$)，流过电极的电流主要用于双电层充电($i=i_c$)。以后极化逐渐增大，$i_c$ 减小，$i_r$ 增大。接近稳态时，电极极化不再随时间变化，双电层充电结束。流过界面的电流全部用于电化学反应。因此暂态过程可以用来研究双电层结构。此外，由于暂态过程过渡时间短，浓差极化影响大大削弱，故可研究电化学动力学参数。

2. 稳态极化测量

从以上讨论可知，稳态极化曲线的形状与时间无关，而暂态极化曲线的形状与时间有关，测试频率不同，极化曲线的形状也不同。暂态测试能反映电极过程的全貌，便于实现自动测量，具有一系列优点。但稳态测量仍是最基本的研究方法，特别是在腐蚀研究中更为重要。

稳态极化测量按其控制方式，分为控制电位方法(恒电位法)和控制电流方法(恒电流法)两大类。图 10.1 列出了稳态极化测量的简单分类。

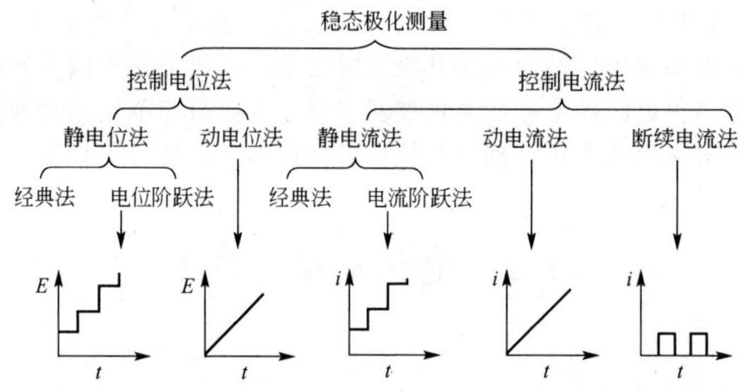


**图 10.1　稳态极化测量分类**

1) 控制电位法

以电极电位作主变量，测试时逐步地改变电极电位，测定相应的极化电流的大小。按其电位变化方式，又分为静电位和动电位两种极化方式。静电位法的电位变化可以是手动逐点变化(经典恒电位方法)，也可以是阶梯式的(电位阶跃法)，电位变化后，间隔一定时间进行测量，以便使体系很好地达到稳态。动电位极化曲线的电位变化是连续地以恒定的速率扫描，电位扫描速率应保证测试体系达到稳态。

2) 控制电流法

以极化电流作为主变量。测试时逐步地改变外加电流，测定相应的电极电位数值。电流的变化可以是逐点改变，也可以是连续变化。逐点变化称为静电流方法，其电流变化方式可手动一点一点地变化(经典恒电流方法)，也可以是自动地阶梯变化(电流阶跃法)。电流连续改变称为动电流，即电流扫描方法。

控制电流方法中还包括在断电流的时间内测量电极电位，此时测出的电极电位是不包含溶液欧姆压降的，因此断电流法的优点在于能全自动地消除欧姆极化。

恒电位方法和恒电流方法各有优缺点及各自的适用范围。恒电流方法使用仪器较为简单，也易于控制，主要用于一些不受扩散控制的电极过程或电极表面状态不发生很大变化的电化学反应。而恒电位方法需要用恒电位仪控制电位，实验操作较为复杂，但是适用的范用较广。

对于形状简单的极化曲线，也就是电极电位是极化电流的单值函数的情况，采用恒电位方法和恒电流方法得到的结果是相同的。对于形状复杂的极化曲线，电极电位不是极化电流的单值函数，即同一电流可能对应多个电位值，此时只能采用恒电位方法测定，倘若采用恒电流方法则得不到完整的极化曲线。图 10.2 是具有活化-钝化转变的腐蚀体系的阳极极化曲线。

如果用恒电流法，只能得到 *abef* 线，*be* 段电位是突然变化的，不能反映出电位和电流的真实关系。若采用恒电位方法进行测试，则能得到 *abcdef* 完整的钝化曲线。

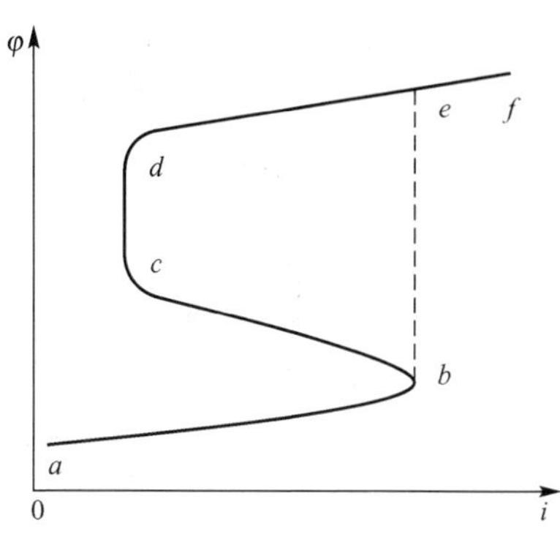


**图 10.2 采用恒电位和恒电流法得到的不同的阳极钝化曲线**

3. 测量电解池

电化学测量需要使用两支或三支电极(三电极系统)。电极的名称各有差异，除前面已提及的正极、负极、阳极、阴极外，还有研究电极或工作电极、参比电极、辅助电极或对电极等。

1）研究电极或工作电极

用于测定过程中溶液本体浓度不发生变化的体系的电极称为指示电极。用于测定过程中本体浓度会发生变化的体系的电极称为工作电极。因此，在电位分析法中的离子选择电极、极谱分析法中的滴汞电极都称为指示电极，在电解分析法和库仑分析法的铂电极上，因电极反应改变了本体溶液的浓度，故称为工作电极。腐蚀电化学测量体系中的工作电极就是腐蚀材料本身，属于第一类电极。

工作电极应具有一定的容易计算的表面积，在极化测量时其表面的电力线应均匀一致。此外研究电极的表面状态对测试结果也有很大的影响。因此在极化测量以及其他电化学测试时，对研究电极的要求主要是封样和表面处理两个方面。封样是为了使研究电极表面具有确定的表面积，此外为了使试样的非工作表面(包括导线、试样与导线的接触表面等)能与腐蚀介质隔离，在封样时应尽量避免缝隙腐蚀的出现。封样的方法较多，常用的有涂料封闭试样、热塑性或热固化塑料镶嵌(或浇铸)试样、聚四氟乙烯专用夹具压紧非工作表面、预先使试样表面钝化再用涂料封闭或与镶嵌配合等。

电极表面处理并无标准方法，一般要求电极表面光滑、洁净、无油污和无氧化皮。此外平行试验要求工作电极表面状态处理一致，以保证实验结果的重现性。

2）参比电极

凡是提供标准电位的辅助电极都称为参比电极，电化学测量中常用的参比电极是甘汞电极(尤其是饱和甘汞电极)以及银-氯化银电极。参比电极能够提供一个稳定的电极电位，电阻处在高阻状态，以便不发生极化。

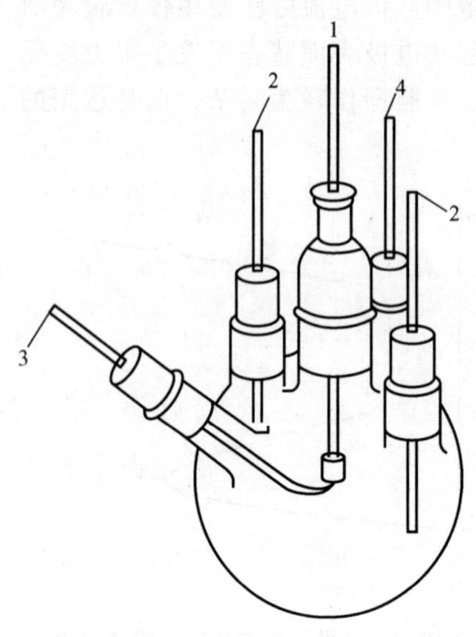


图 10.3　腐蚀电解池

1—工作电极　2—辅助电极

3—参比电极　4—通气口

3）辅助电极

能够和工作电极组成电流回路的铂丝电极称为辅助电极或对电极。辅助电极须用惰性材料制成，实验室中往往采用铂电极，此外也可用石墨电极、镍电极或铅电极等。辅助电极的形状和配置应使电解池中电力线分布均匀。为了尽量减小辅助电极的极化，应增大其暴露面积，因而常采用镀铂黑的铂片作辅助电极。常用的腐蚀电解池如图 10.3 所示。

测量电解池的选择应根据具体实验条件而定。一般来说，选择和设计的要点有以下几点。

(1) 工作电极表面的电力线分布要求均匀一致。

(2) 如果辅助电极上的电极反应物和(或)产物不希望扩散到研究电极区，可在测量电池中部放置隔膜(如微孔塑料、烧结玻璃等)，或两电极区用玻璃活塞相连。

(3) 在测量过程中，溶液浓度不应有显著的变化，故应注意工作电极的面积与溶液体积的比例应适当。

(4) 注意参比电极的放置位置，可以用鲁金毛细管盐桥接近工作电极来减小溶液欧姆压降。

(5) 当极化测量需在一定气氛中进行时，电解池应有气体进出管，并应注意电解池的密封。

4. 电位扫描方法

电位扫描方法也称动电位方法，其特征是加到恒电位仪上的基准电压随时间呈线性变化。因此研究电极的电位也随时间线性变化。

即

$$d\varphi/dt=常数$$

1）单程扫描

单程线性扫描如图 10.4(a)，主要用于稳态阳极(或阴极)极化曲线的测定。单周期三角波扫描如图 10.4(b)所示，主要用于研究表面膜的状态性质以及各种局部腐蚀。

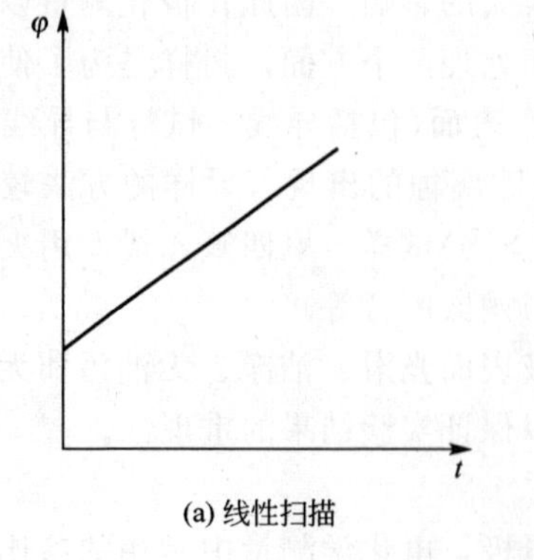


(a) 线性扫描

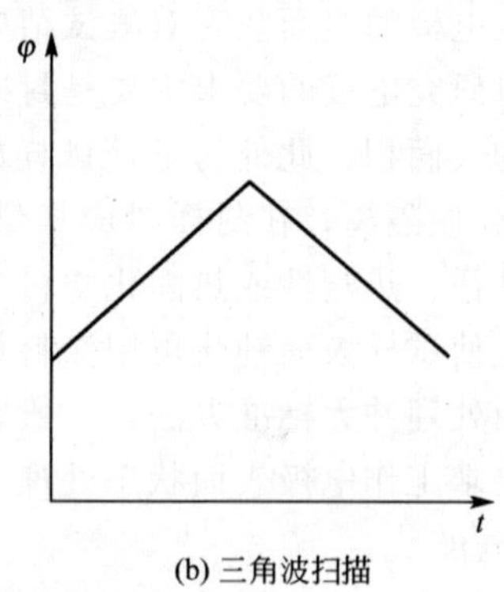


(b) 三角波扫描

图 10.4　单程扫描电位时间图

2) 多程扫描

多程扫描又称三角波扫描，也称循环伏安法。电位时间关系如图 10.5 所示。主要用于研究暂态过程。快速扫描采用此方式。

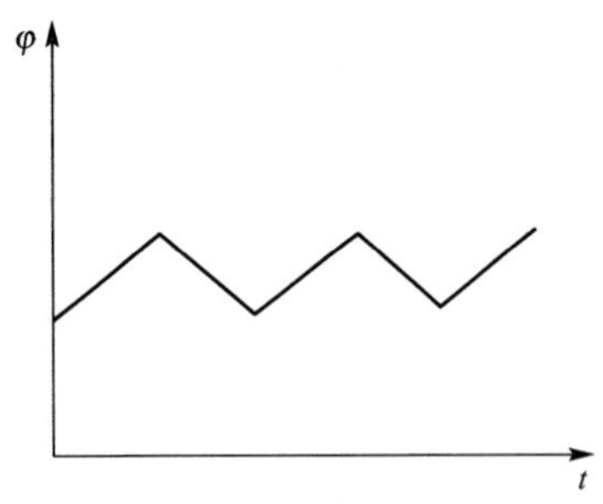


**图 10.5 三角波扫描电位时间图**

按扫描幅度(电位变化幅度)可分为小幅度电位扫描和大幅度电位扫描。小幅度电位扫描是指在某一电位(如 $\varphi_{corr}$)附近进行扫描，幅度一般为数十毫伏。主要用于弱极化区测定腐蚀速率以及双层电容等电化学参数的测定；大幅度电位扫描是指电位变化幅度通常大于数百毫伏，用于自动绘出恒电位极化曲线和孔蚀特征电位的测定等。

按扫描速率可分为慢速扫描和快速扫描。慢速扫描用于稳态极化曲线的测定，达到稳态的标志是当继续减小扫描速率时，极化曲线的形状不再发生变化。慢速扫描的扫描速率最慢可达 10mV/s。快速扫描属于暂态测试范畴，不同的扫描速率得到的极化曲线形状完全不同。

5. 电位扫描测试仪器

目前国内外已出现很多进行电化学综合测试的微机化的整机装置，这些仪器都能设置各电化学极化参数，通过 USB 接口和微计算机连接自动进行极化曲线的测试和数据拟合。

由美国的 AMETEK 子公司 Princeton Applied Research 公司生产的 PARSTAT2273 恒电位/恒电流仪/阻抗分析仪，并内置频率响应分析仪。它的硬件扫描范围高达 10V，最大输出电流为 2A，电化学交流阻抗的测量频率范围能从 10μHz 直到 1MHz。它所能包含的测试技术就有 9 种之多，与之配套的数据处理软件能够很方便地获得各种电化学参数。

由武汉科斯特公司生产的 CS 系列电化学工作站能完成动电位扫描，线性扫描伏安、循环伏安、电化学阻抗(EIS)等电化学测试等功能。配套的测试软件还具有特别针对材料和腐蚀电化学的实验方法，包括钝化曲线自动或人工反扫、电化学再活化法、溶液电阻(IR 降)测量和补偿法。软件具有完善的数据分析功能，可对极化曲线进行电化学参数解析，获得极化电阻、Tafel 斜率、腐蚀电流密度和腐蚀速率等电化学参数。

6. 稳态极化测量的应用

稳态及准稳态极化的测量在金属腐蚀研究中起着很大的作用，下面简单地介绍几种典型的应用情况。

1) 测定金属的腐蚀速率

活化极化控制的腐蚀体系，电极电位与外加电流的关系极化曲线可分为 3 个区，即强极化、弱极化和微极化区。不同区有不同的腐蚀速率测试方法，其原理在第 3 章中已讲述。

通过稳态极化曲线测定，由 Tafel 直线段外延相交可测定出腐蚀金属的自腐蚀电流 $i_{corr}$ 和自腐蚀电位 $\varphi_{corr}$ 以及 Tafel 斜率(图 10.6)。通过法拉第定律便可换算成金属的腐蚀速率。这一方法比较简单，但受本身特性和测量技术的限制，有时测定误差较大。

当腐蚀金属电极的阴极过程受传质扩散控制时，在阴极极化曲线上表现出不随电极电位而变化的极限扩散电流，此时金属的腐蚀速率就相当于 $i_L$，如图 10.7 所示。

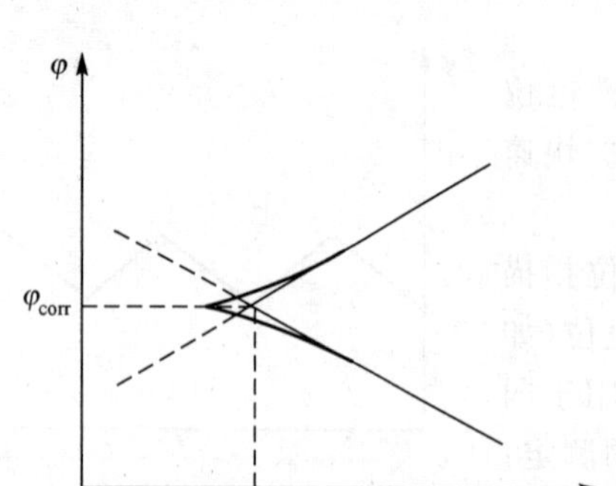


图 10.6　Tafel 曲线

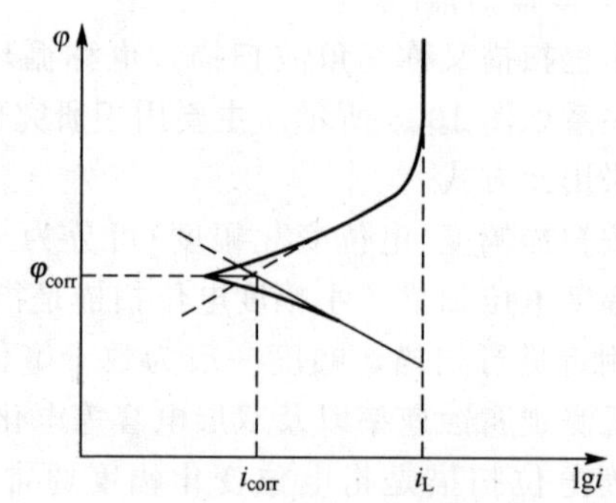


图 10.7　阳极过程传质扩散控制时的极化曲线

2）研究腐蚀机理

由稳态极化曲线的形状、曲线的斜率和曲线的位置可以研究腐蚀电极过程的电化学行为以及阴、阳极反应的控制特性。此外，通过分析极化曲线可以探讨腐蚀过程如何随合金组分、溶液中的离子、pH、介质浓度及组成、添加剂、温度、流速等因素而变化。

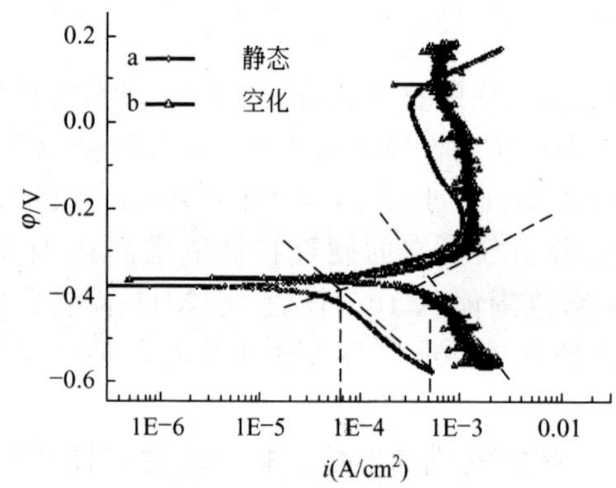


图 10.8　静态和空化条件下 0Cr13Ni5Mo 在 1mol/L 的盐酸溶液中的极化曲线

静态条件下，奥氏体不锈钢 0Cr13Ni5Mo 在 1mol/L 的盐酸溶液中的极化曲线如图 10.8 中的 a 所示。在阳极极化的过程中，当极化电位扫描至致钝电位－0.35V 时，阳极电流开始降低。到 0.1V 达到最小，超过 0.1V 时，电流开始增大。以上说明，在 1mol/L 的盐酸溶液中，0Cr13Ni5Mo 钝化的维钝电位范围是－0.35V 到 0.15V，形成最致密钝化膜所对应的极化电位是 0.1V。因此要获得最致密钝化膜，电位应控制在 0.1V 左右。

在超声波空化条件下，0Cr13Ni5Mo 在 1mol/L 的盐酸溶液中的极化曲线如图 10.8 中的 b 所示。在阳极极化的过程中，当极化电位扫描至致钝电位－0.35V 时，阳极电流开始变小，直到 0.2V，在 0.1V 时电流是最小。说明空化条件下，在 1mol/L 的盐酸溶液中，0Cr13Ni5Mo 形成最致密钝化膜所对应的极化电位范围是 0.1V 至 0.2V。超声波空化时在线测量的极化曲线的自腐蚀电位向正偏移。空化对阴极过程的影响要大，对于阳极过程，在维钝电位范围内，在－0.35V 处，空化对极化电流的影响微小。随着极化电位的升高，在－0.2V 到 0.1V 的范围内，电流开始逐渐增大，并有波动。这个事实表明，0Cr13Ni5Mo 的钝化膜已经被破坏，但是同时钝化膜也在不断地修复，快速的不断地破坏和不断地修复导致了极化电流的脉动峰出现。当极化电位到 0.1V 左右时，极化电流达到最小，表明在此电位时生成的钝化膜是最稳定的。当极化电位越过 0.1V 时，超声波空化时在线测量的极化曲线的极化电流又有所增大，但随着极化电位的升高，极化电流反而比静态的极化电流要小。这可能是由于空化将外层的氧化铁膜去除后，内层的氧化铬在高极化电位下生成的速率加快，导致了维钝电位范围的扩展。

3）判断缓蚀剂的作用机理

缓蚀剂是一种应用较为广泛的防腐蚀技术，其保护效果与腐蚀介质的状态有密切关系，在应用中具有严格的选择性。选择缓蚀剂的种类和评定最佳用量，还没有建立起完整的理论根据，目前仍然依靠大量的筛选工作进行。评选缓蚀剂的方法较多，可以进行腐蚀速率测试、稳态极化曲线的测定和各种暂态测试技术等。

稳态极化曲线测定评选缓蚀剂主要是根据加与不加添加剂时极化曲线的比较分析，判断该种添加剂是激发剂还是缓蚀剂，影响的是阳极过程还是阴极过程，或是同时影响了阴、阳极两个过程。

图 10.9 为几种添加剂对腐蚀过程作用的示意图。

其中曲线 1 是未加添加剂时的极化曲线。其他 3 种情况表示加入不同种类添加剂时的极化曲线。添加剂加入后自腐蚀电流和自腐蚀电位相对于无添加剂时都有变化。图 10.9 表明，从阴、阳极极化曲线位置的变化以及自腐蚀电位的相对移动，可以判断添加剂是阻滞阳极过程还是阻滞阴极过程或同时阻滞了两个过程，表明添加剂是缓蚀剂。

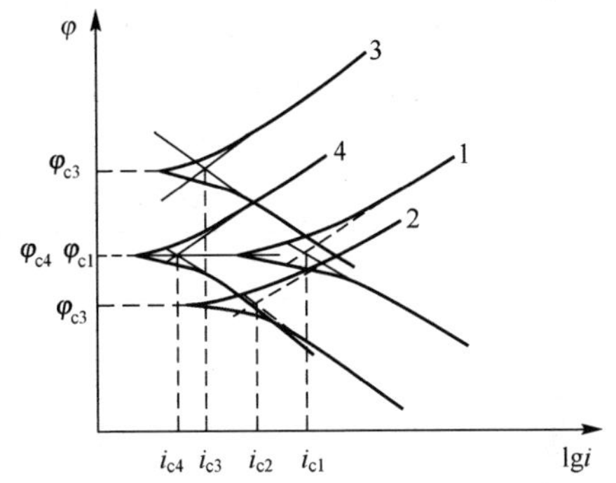


**图 10.9　添加剂对腐蚀过程作用示意图**

图中添加剂 2 的加入引起极化曲线整体向负的方向移动，表明缓蚀剂 2 阻滞了阴极过程；添加剂 3 的加入引起极化曲线的变化情况正好相反，表明缓蚀剂 3 阻滞了阳极过程。添加剂 4 的加入使阴、阳极过程的极化曲线都发生了较显著的变化，而自腐蚀电位没有发生变化，表明缓蚀剂 4 同时阻滞了阴、阳极过程。

4）钝化膜的稳定性机理

在稳态动电位扫描测试中，有时要测量一些金属如铬、镍、钴及其合金在某些介质中的钝化曲线，这些金属在电位比较正时表面会生成一层钝化膜，此时电极的行为与贵金属电极相似，流过的钝化电流极小。为了评价它们的耐腐蚀能力，需要获得其破裂电位和保护电位值，为此常常要测绘其钝化循环曲线，如图 10.10 所示。当极化电位继续向正方向扫描至某一值时，钝化膜会发生破裂，极化电流迅速增加，此时的极化电位称为破裂电位 $\varphi_b$，如果当极化电流超过某一规定值后（如 $100\text{mA/cm}^2$），立即向负方向扫描，此后在极化曲线上会出现滞后环，回扫曲线与正扫曲线的交点一般认为是材料在该介质中的保护电位 $\varphi_p$。

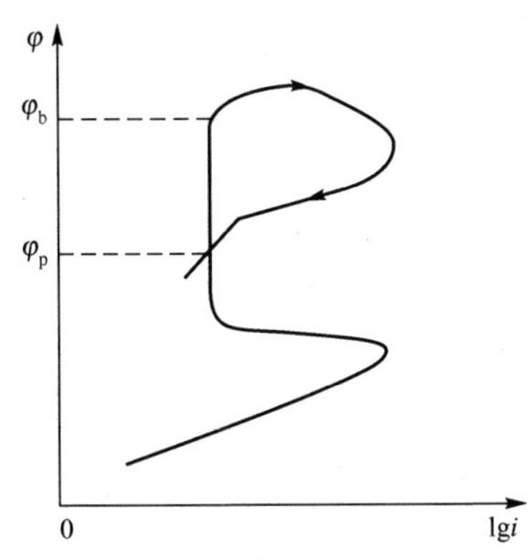


**图 10.10　典型的钝化循环曲线**

当金属的电位低于 $\varphi_p$ 而处于钝化区时，不会形成点蚀孔；当金属的电位处于 $\varphi_b \sim \varphi_p$ 之间时，不会形成新的点蚀孔，而已有的点蚀孔会继续长大；当金属的电位高于 $\varphi_b$ 时，不仅已形成的点蚀孔会继续长大，而且将形成新的点蚀孔。点蚀电位 $\varphi_b$ 越高，从热力学上讲金属的点蚀倾向越小；而 $\varphi_b$ 与 $\varphi_p$ 越接近，则表明金属钝化膜的修复能力越强。

## 10.3 电化学暂态技术

1. 电化学暂态测试方法介绍

施加于研究体系的扰动大约有30余种，包括电位、电流和电量的扰动。然而由于在一些方法中，求解响应与时间关系的微分方程存在困难，故常用的只有10多种技术。表10-1中列出的是常用于电极过程研究的暂态技术的扰动与典型响应。表中所给出的响应不是仅有的一种形式，对于不同的体系，反应的控制步骤不同，得到的响应也不同。

表10-1 常用于电极过程研究的暂态技术

| 方法 | 扰动 | 典型响应 |
|---|---|---|
| 1 电位扰动<br>a 电位单阶跃 | 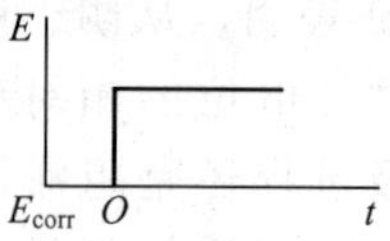 | 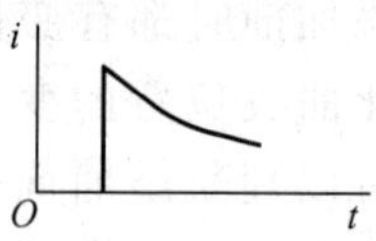 |
| b 电位双阶跃 | 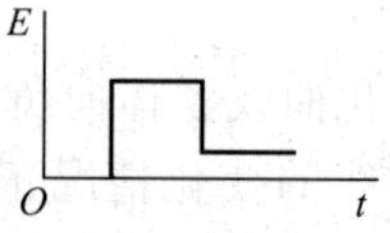 | 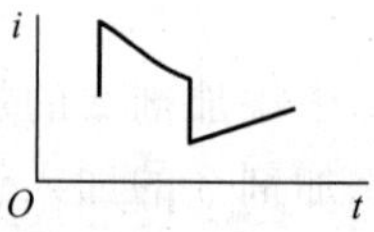 |
| c 线性扫描伏安法 | 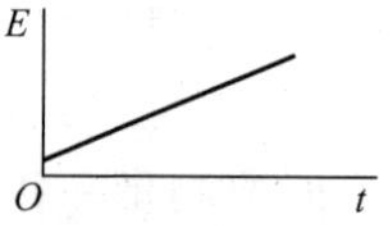 | 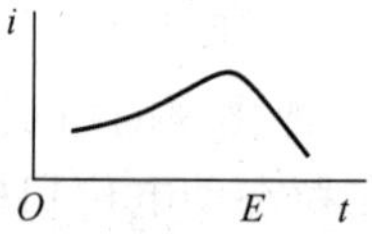 |
| d 循环伏安法 | 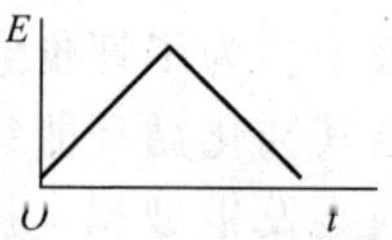 | 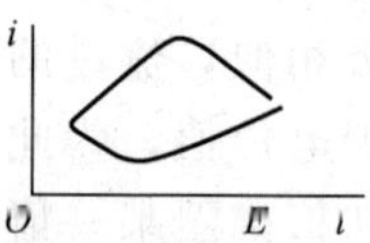 |
| e 无偏置控制正弦电位阻抗法 | 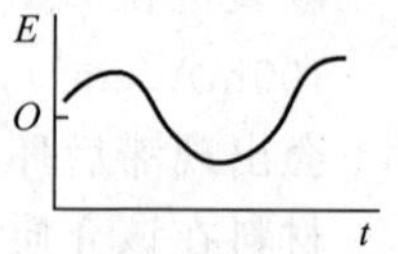 | 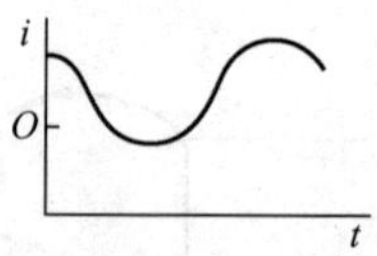 |
| f 偏置控制正弦电位阻抗法 | 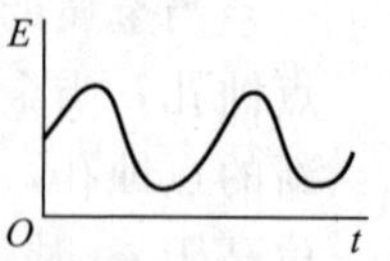 | 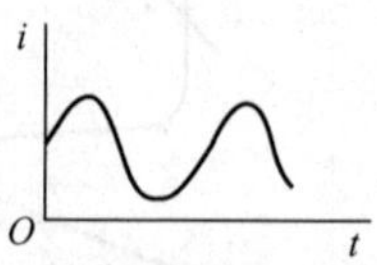 |
| g 带直流斜坡电位阻抗法<br>(载波扫描法) | 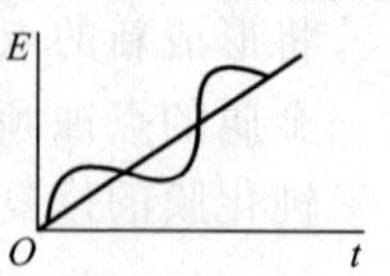 | 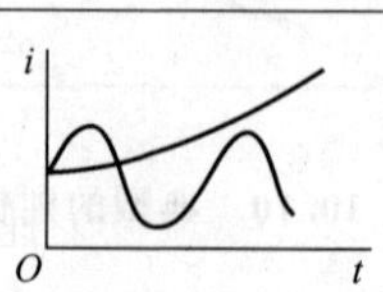 |

（续）

| 方法 | 扰动 | 典型响应 |
| --- | --- | --- |
| 2 电流扰动<br>h 电流单阶跃 | 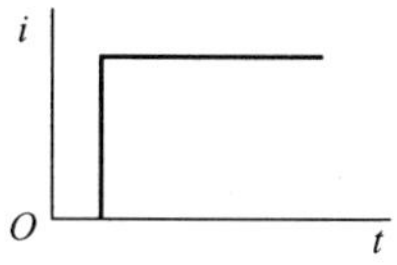 |  |
| i 电流双阶跃 | 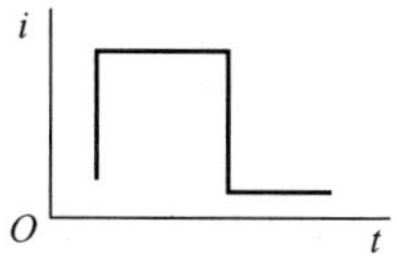 | 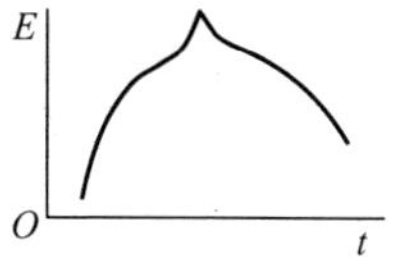 |
| j 交流阻抗 | 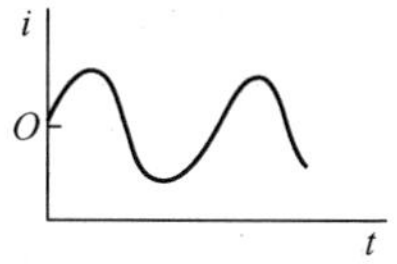 | 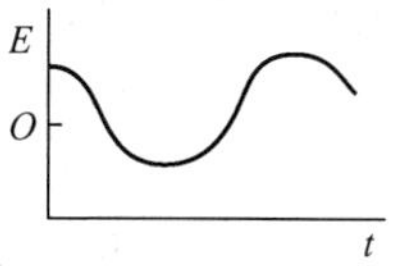 |

电化学暂态技术包括电位扰动和电流扰动两大类。电位扰动方法即控制电位暂态技术，它是按指定的规律控制研究体系电极电位的变化，并同时测量响应电流随时间或电量随时间的变化，也称计时电流法或计时电量法。电流扰动方法是控制电极的极化电流按指定规律变化，同时测量电位的变化，也称计时电位法。

选用某种用于特定研究的电化学技术主要取决于：①电化学反应的速率；②所要求的数据精确度；③实验参数(如溶剂的电导、黏度、温度、压力、溶液 pH 等)。通常采用几种方法的组合，其目的是为了尽可能全面地表征所研究的电极过程。本节只简单介绍暂态技术中的循环伏安法和交流阻抗法。

2. 循环伏安法

循环伏安法是一种常用的电化学研究方法。该法控制电极电位以不同的速率，随时间以三角波形一次或多次反复扫描，电势范围是使电极上能交替发生不同的还原和氧化反应，并记录电流—电势曲线。根据曲线形状可以判断电极反应的可逆程度，中间体、相界吸附或新相形成的可能性，以及偶联化学反应的性质等。常用来测量电极反应参数，判断其控制步骤和反应机理，并观察整个电势扫描范围内可发生哪些反应，及其性质如何。对于一个新的电化学体系，首选的研究方法往往就是循环伏安法，可称之为“电化学的谱图”。

如以等腰三角形的脉冲电压加在工作电极上，如图 10.11(a)所示，得到的电流电压曲线包括两个分支，如果前半部分电位向阳极方向扫描，电活性物质在电极上氧化，产生氧化波，那么后半部分电位向阴极方向扫描时，还原产物又会重新在电极上还原，产生还原波。因此一次三角波扫描，完成一个氧化和还原过程的循环，故该法称为循环伏安法，其电流—电势曲线称为循环伏安图，如图 10.11(b)所示。如果电活性物质可逆性差，则氧化峰与还原峰的高度就不同，对称性也较差。循环伏安法中电压扫描速率可从每秒钟数毫伏到 1 伏。一般扫描速率低于 5mV/s，认为是稳态循环伏安法；扫描速率大于 10mV/s 为暂态循环伏安法。工作电极可用悬汞电极，或铂、玻碳、石墨等固体电极。

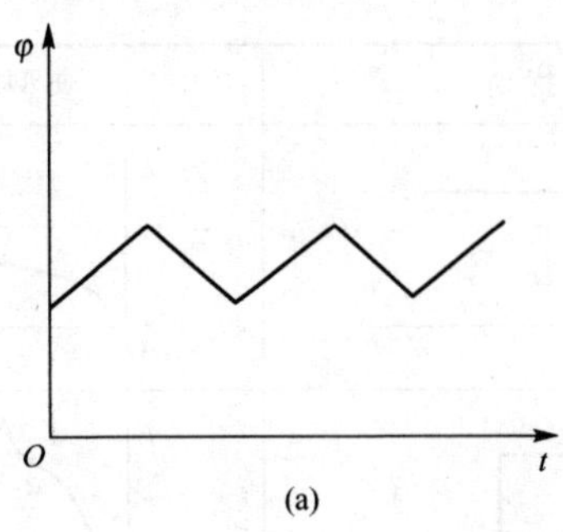

(a)

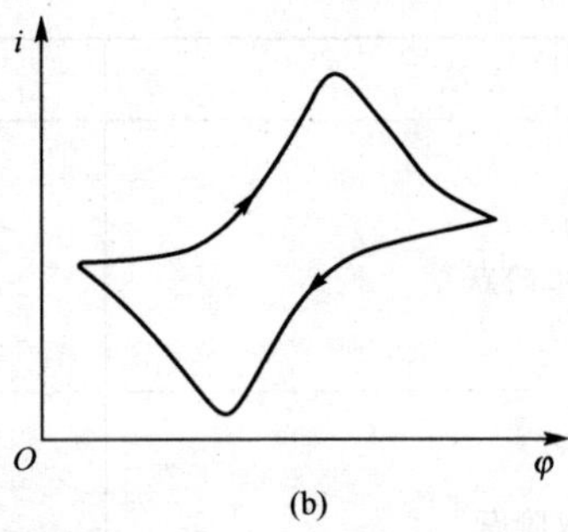

(b)

**图 10.11　循环伏安图**

电位线性扫描时 $i-\varphi$ 曲线呈现峰值的定性解释：电位扫描时，随电极电位的增加，电极反应速率逐渐加大，极化电流逐渐上升。但是随着电位的变化，电极表面附近反应时的浓度迅速下降，反应物向电极表面的扩散速率随时间减慢。当电极电位继续上升时，由于电极附近反应物的缺乏，流过的电流逐渐下降，未到达峰值之前，由于浓度下降而减小电流的因素尚不大，电流仍随电位的增加而上升；到达峰值点以后，浓差极化的因素成为主要因素，而电化学极化的因素却退居次要因素，此时电流随着电位的增加反而下降。因此在 $i-\varphi$ 曲线上出现了峰值。

另外峰值电流的出现也表示某一电化学反应的发生或吸脱附过程的发生。从定性判断，峰值电流的大小与电位扫描速率有关。扫描速率大时，峰值电流也大。这是由于在同一电位下，当扫描速率快时，反应时间短，消耗的反应物也少，电极表面浓度下降得少，因此峰电流大。

对于快速电荷传递过程(可逆电化学反应)，可推导出峰电流 $i_m$ 与电位扫描速率 $v$ 的定量关系

$$i_m=kn^{\frac{3}{2}}AD_o^{\frac{1}{2}}C_ov^{\frac{1}{2}} \tag{10-1}$$

式中，$k$ 为常数，25℃时 $k=2.69\times10^5$；$A$ 为电极表面积($cm^2$)；$D_o$ 为反应物扩散系数($cm^2/s$)；$n$ 为得失电子数；$C_o$ 为反应物本体浓度($mol/cm^3$)；$v$ 为电位扫描速率(V/s)；$i_m$ 为峰电流(A)。

由式(10-1)可知，循环伏安峰电流 $i_m$ 与扫描速率的平方根成正比。循环伏安法是一种很有用的电化学研究方法，可用于电极反应的性质、机理和电极过程动力学参数的研究。

(1) 电极可逆性的判断：循环伏安法中电压的扫描过程包括阳极与阴极两个方向，因此从所得的循环伏安法图的氧化峰和还原峰的峰高和对称性中可判断电活性物质在电极表面反应的可逆程度。若反应是可逆的，则曲线上下对称；若反应不可逆，则曲线上下不对称。

(2) 电极反应机理的判断：循环伏安法还可研究电极吸附现象、电化学反应产物、电化学-化学偶联反应等，对于有机物、金属有机化合物及生物物质的氧化还原机理研究很有用。

(3) 选择性腐蚀的研究：在一定的电位范围内扫描，可以初步确定一个多相合金中不同相电化学性质的差异，研究它们是否能够在选定的电解液中出现选择性腐蚀或进行相分

离。图 10.12 表示的是奥氏体不锈钢不同相组合的典型的电位电流曲线。不同的相在不同的电位范围内出现，故可以采用恒电位仪使合金保持一定的电位，以适合某一特殊相腐蚀溶解，而其余部分保持钝化，进行相分离。

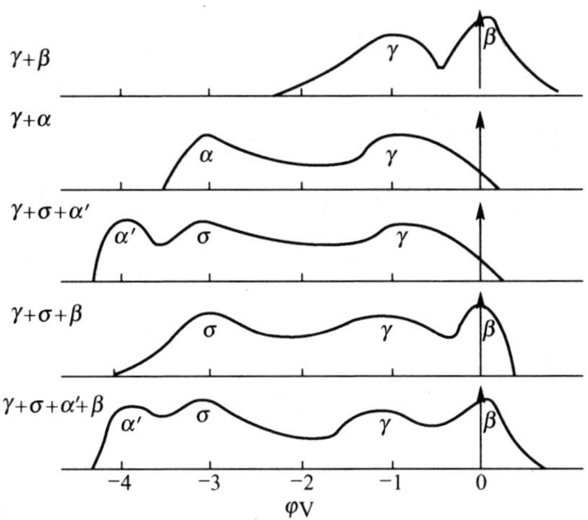


**图 10.12　各种相组合的合金的典型电位电流曲线**

3. 交流阻抗法

1) 电极过程的等效电路

用某些电工组件组成的电路来模拟等效发生在电极/溶液界面上的现象，称为电化学等效电路。这是电化学测量中的一种研究手段。它的优点是可以用一个物理上正确的等效电路直观地预测或解释电化学系统对于外加电流或电压的暂态响应，但它并不能完全如实地描述实际的电化学过程。电化学等效电路由各种 RC 网络组成。

前面已谈到暂态过程总的电流由多种电流组成，在等效电路中可表示成几个并联的支路。图 10.13 是电极过程等效电路示意图。BC 之间表示电极和溶液的界面。C 相当于研究电极，A 相当于参比电极。

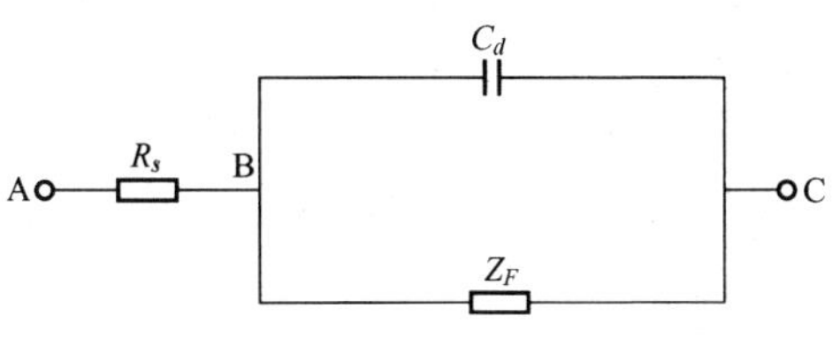


**图 10.13　等效电路示意图**

电极过程的等效电路由以下各部分组成。

(1) $R_s$ 表示参比电极与研究电极之间的溶液电阻，相当于溶液中离子电迁移过程的阻力。由于离子电迁移发生在电极界面以外，因此在等效电路中 $R_s$ 应与界面的等效电路相串联。$R_s$ 基本上是服从欧姆定律的纯电阻，其阻值可由溶液电阻率以及电极间的距离等参数计算或估计，也可以由实验测定。

(2) $C_d$ 表示电极/溶液界面的双电层电容。双电层是电极与溶液两相界面上正负电荷集聚造成的。界面上电位差的改变全部引起双电层上积聚电荷的变化，这与电容的充放电过程相似。因此在等效电路中，电极界面上的双电层用一个跨接于界面的电容 $C_d$ 来表示。应当注意，双电层电容是与界面上进行的电极过程紧密地联系在一起的，当界面的电位差发生变化时，双电层结构也发生变化，$C_d$ 也改变。

(3) $Z_F$ 表示电极上进行某个独立的电化学反应的法拉第阻抗，由于它通常不是纯电阻

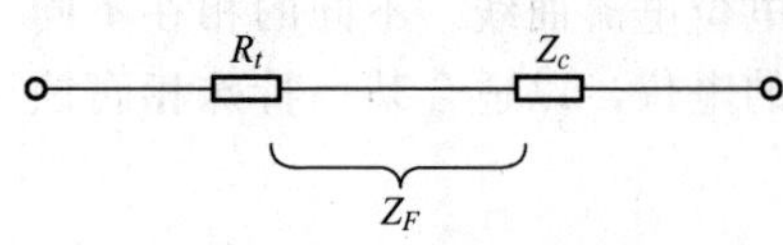


图 10.14　法拉第阻抗的组成

或电容，因此用阻抗 $Z_F$ 来表示。一个腐蚀体系，电极表面上存在着两个以上独立的电化学反应，$Z_F$ 最少有两个并联的阻抗 $Z_1$、$Z_2$。

在比较简单的情况下，$Z_F$ 又可分为活化极化电阻 $R_t$ 和浓差极化阻抗 $Z_c$，两者相互串联，如图 10.14 所示。

活化极化电阻 $R_t$用来等效电化学反应过程，故也称电化学反应电阻($R_r$)。对于单一电化学反应，$R_t$ 表示活化极化过电位 $\eta$ 和法拉第电流的比值。

$$R_t=\frac{\mathrm{d}\eta}{\mathrm{d}I} \tag{10-2}$$

当过电位 $\eta$ 很小时，也就是在平衡电位附近，极化曲线是一条直线。

$$I=\frac{nF}{RT}i^{\circ}\eta \tag{10-3}$$

$$R_t=\frac{\mathrm{d}\eta}{\mathrm{d}I}=\frac{RT}{nF}\cdot\frac{1}{i^{\circ}} \tag{10-4}$$

上式表明，平衡电位附近 $R_t$ 是一常数。故对于单一的电化学反应，测定平衡电位时的 $R_t$，可以计算出重要的电化学参数交换电流密度 $i^{\circ}$。当极化很小时(腐蚀电位附近)，电化学反应电阻 $R_t$ 近似等于极化电阻 $R_p$。

2) 电化学阻抗谱(EIS)

电化学阻抗谱测量法是一种频率域的动态分析方法。这种方法根据电极系统对于不同频率的小幅值的正弦波激励信号的响应，推测它的等效电路和分析各个动力学过程的特点。可以在不同频率的范围内分别得到溶液电阻、双电层电容、弥散系数及电化学反应电阻的有关信息，而且可得到阻抗谱的时间常数个数及有关动力学过程的信息，从而推断电极系统的动力学过程及机理。测量电极系统的电化学阻抗谱，一般说来有两个目的：一个目的是推断电极系统的动力学过程及机理，确定与之相适应的物理模型或等效电路；另一个目的是在确定了物理模型或等效电路之后，根据测得的电化学阻抗谱，求解物理模型中各个参数，从而估算有关的电化学参数。

电极系统的等效电路可以由图 10.13 表示，该电路是一个串并联电路，图中 $C_d$ 为双电层电容，$Z_F$ 为法拉第阻抗，$R_s$ 为溶液电阻。根据电学原理，电极系统交流总阻抗 $Z$ 的表达式为

$$Z=R_s+\frac{1}{\mathrm{j}\omega C_d+\frac{1}{Z_F}} \tag{10-5}$$

在最简单情况下，即不考虑扩散及表面吸附等因素，法拉第阻抗 $Z_F$ 可以用极化电阻或者传递电阻 $R_t$ 来表示。因此式(10-5)可变为

$$Z=R_s+\frac{R_t}{1+\mathrm{j}\omega R_t C_d} \tag{10-6}$$

复数形式为

$$Z=Z_{\mathrm{re}}+\mathrm{j}Z_{\mathrm{im}} \tag{10-7}$$

式(10-7)中 $Z_{\mathrm{re}}$ 为总阻抗 $Z$ 的实部阻抗，$Z_{\mathrm{im}}$ 为总阻抗 $Z$ 的虚部阻抗，它们分别由式(10-8)和式(10-9)表示。

$$Z_{\mathrm{re}}=\frac{R_s+R_sR_t^2\omega^2C_d^2+R_t}{1+\omega^2C_d^2R_t^2} \tag{10-8}$$

$$Z_{\text{im}}=\frac{\omega C_d R_t^2}{1+\omega^2 R_t^2 C_d^2} \tag{10-9}$$

消去 $\omega$ 和 $C_d$ 整理后得

$$\left[Z_{\text{re}}-R_s+\frac{R_t}{2}\right]^2+Z_{\text{im}}^2=\left(\frac{R_t}{2}\right)^2 \tag{10-10}$$

这是一个以($R_t/2$，0)为圆心，以 $R_t/2$ 为半径的圆的方程。由此确定的是阻抗测量常见的阻抗复平面图，也叫 Nyquist 图，如图 10.15 所示。由图可知，半圆的直径表示电化学反应过程的传递电阻 $R_t$，半圆的最高点可以确定双电层电容 $C_d$，即 $C_d=1/\omega R_t$。

阻抗测量常见的另外一种表示方法是波特图，也叫 Bode 图，如图 10.16 所示，随着频率的由高到低的变化，电压和电流的相位角 $\varphi$ 发生变化，根据相位角 $\varphi$ 的变化可以确定电极系统的时间常数和弥散效应等，进一步确定电极表面成膜情况以及电极过程的机理。

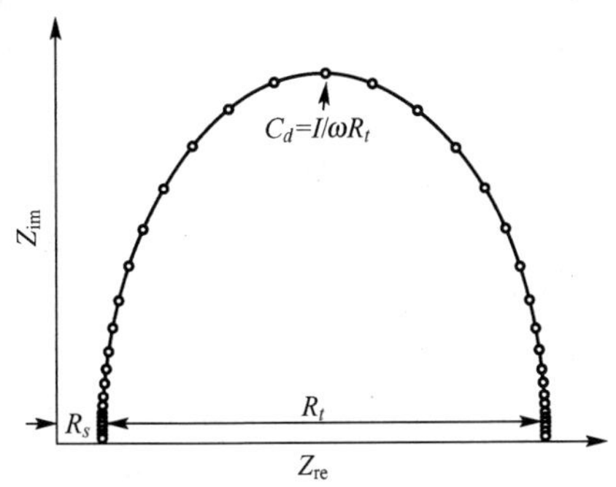


**图 10.15 等效电路的 Nyquist 图**

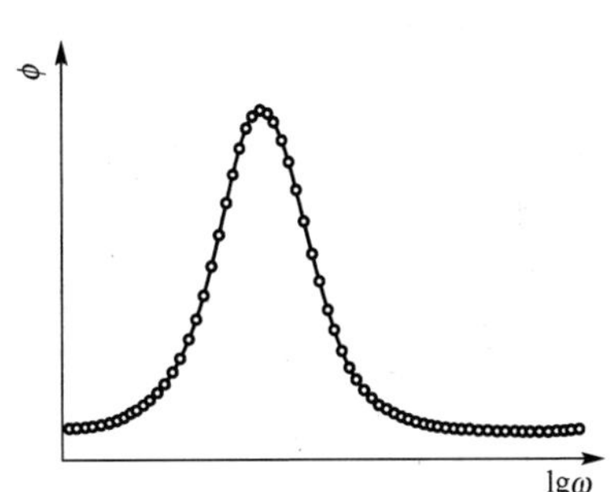


**图 10.16 等效电路的 Bode 图**

从以上的讨论可以看出，电化学交流阻抗谱测量是在一个很宽的频率范围内进行测量，从而可在不同的频率范围得到有关电子元件性质及其参数大小的信息。这个特点使得电化学阻抗谱方法在电极过程动力学及电极界面现象的研究中得到广泛的应用。

3）不同腐蚀体系的复数平面图

(1) 电荷传递控制体系。若浓差极化可忽略，等效电路可由图 10.13 表示，此时法拉第阻抗就是电荷传递电阻 $R_t$，它反映了腐蚀反应的速率。由于所施加正弦波极化值很小，因此对于活化极化控制体系 $R_t$ 等效于极化电阻 $R_p$。因此通过交流阻抗技术得出复数平面图求出 $R_p$ 后，可由 Stern－Geary 方程式计算出腐蚀金属电极的腐蚀电流密度 $i_{\text{corr}}$。

在有些情况下，电化学阻抗谱图为圆心下降的半圆，如图 10.17 所示，也就是出现弥散效应(dispersion)。此时电极阻抗不再由式(10－6)描述，通常可由下式表示

$$Z=R_s+\frac{R_t}{1+(\mathrm{j}\omega\tau)^n} \tag{10-11}$$

式中，$\tau$ 为具有时间量纲的参数，称为时间常数；$n$ 为表示弥散效应大小的指数，称为弥散因子，它的数值在 0～1 之间。$n$ 值越小，弥散效应越大。弥散效应存在时，$0<n<1$；无弥散效应时，$n=1$，此时 $\tau=R_tC_d$，式(10－11)变为式(10－6)。

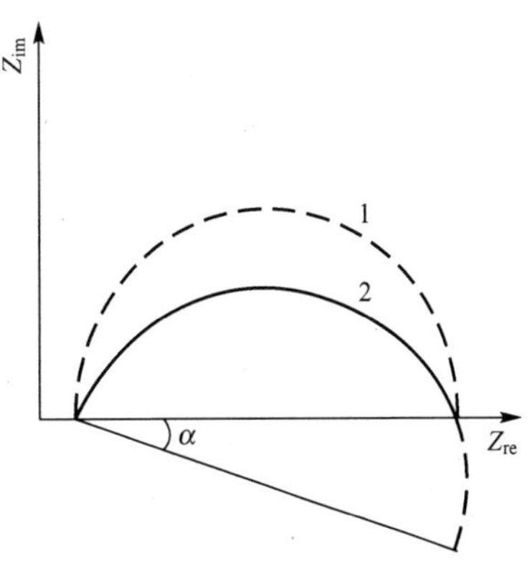


**图 10.17 具有弥散效应的电化学阻抗谱**

图 10.17 中虚线 1 表示的是无弥散效应时的阻抗弧，实线 2 表示的是有弥散效应时的阻抗弧。

由于电极表面的粗糙度引起弥散效应，在等效电路中采用常相位角元件（Constant Phase Angle Element，CPE），CPE 代替纯电容元件 C。CPE 的阻抗 $Z_Q$ 可以由下式表示

$$Z_Q=\frac{1}{\omega^n Q}\left(\cos\frac{n\pi}{2}-j\sin\frac{n\pi}{2}\right) \tag{10-12}$$

式中，$Q$ 和 $n$ 为 CPE 常数，$n$ 为弥散因子，$n$ 的取值范围为 $0<n<1$，表示弥散效应的程度。这一等效元件的相角为

$$\alpha=\frac{n\pi}{2} \tag{10-13}$$

由于阻抗的数值是角频率 $\omega$ 的函数，而它的相角却与频率无关，故这种元件称为常相位角元件，如果弥散因子 $n$ 为 1，说明电极表面光滑，$Q$ 相当于一纯电容；如果弥散系数 $n$ 小于 1，说明电极表面粗糙度增大，$Q$ 相当于一增大的电容。由于相角减小，在阻抗谱图上表现为一压扁了的容抗弧。

弥散效应对 Bode 图的影响如图 10.18 所示。图中虚线 1 表示的是无弥散效应时的 Bode 图，实线 2 表示的是有弥散效应时的 Bode 图。当存在弥散效应时，相角减小，Bode 图也压缩，通过 Bode 图的变化也可用来说明电极表面粗糙度的变化。

(2) 扩散控制体系。当存在浓差极化的情况下，法拉第阻抗由两部分组成，一部分为电荷传递电阻 $R_t$，另一部分称为 Warburg 阻抗，即浓差极化阻抗。Warburg 阻抗是反映浓差和扩散对电极反应影响的阻抗，它有着复数的形式。图 10.19 是浓差极化不可忽略时电极系统的等效电路示意图。

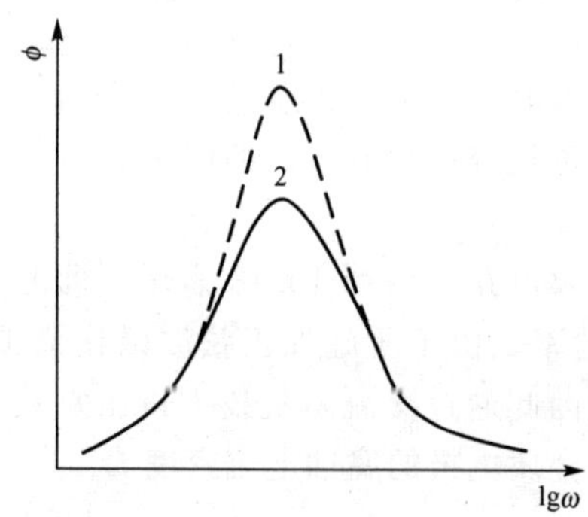

**图 10.18 弥散效应对 Bode 图影响**

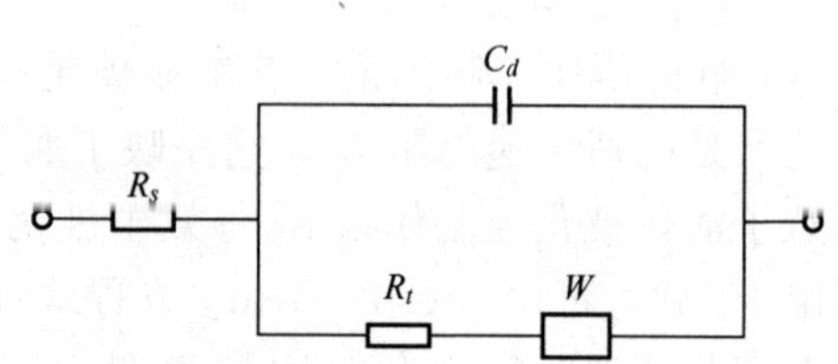

**图 10.19 浓差极化的等效电路**

Warburg 阻抗可由下式表示。

$$W=\frac{\sigma}{\sqrt{\omega}}-j\frac{\sigma}{\sqrt{\omega}} \tag{10-14}$$

式中，$\sigma$ 为 Warburg 系数。

$$\sigma=\frac{RT}{n^2F^2\sqrt{2}}\left(\frac{\sigma}{C_O^\circ\sqrt{D_O}}+\frac{\sigma}{C_R^\circ\sqrt{D_R}}\right) \tag{10-15}$$

式中，$C_O^\circ$、$D_O$、$C_R$、$D_R$ 分别表示反应物和产物的本体浓度以及扩散系数。

式(10-14)表明，在任一频率 $\omega$ 时，浓差极化阻抗的实数部分与虚数部分相等。在复数平面图上 Warburg 阻抗是与横轴成 45°的直线，且与 $1/\omega^{\frac{1}{2}}$ 成正比，如图 10.20 所示。高

频时 $1/\omega^{\frac{1}{2}}$ 的值很小，且 Warburg 阻抗主要描述的是涉及扩散的物质传递过程，因此它仅仅在低频时能观察到。

图 10.21 为表示具有浓差极化阻抗的电化学等效电路的阻抗谱轨迹。在高频段，是以 $R_t$ 为直径的半圆，半圆与实轴相交 $R_s$ 处；在低频段，曲线从半圆转变成一条倾斜角为 45° 的直线，将这一直线延长到虚部为零时，与实轴相交于 $R_s+R_t-2\sigma C_d$ 处。

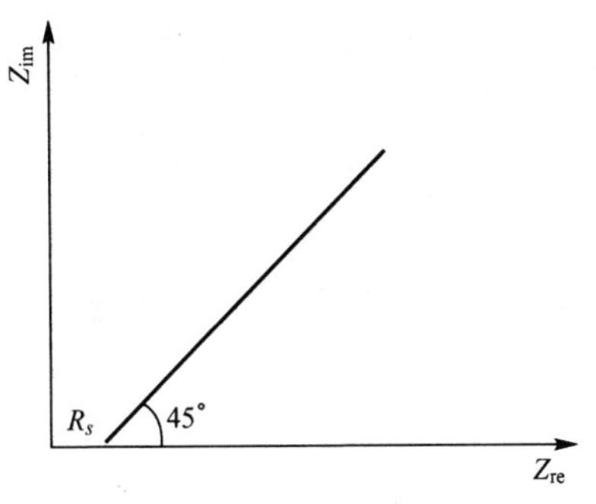


**图 10.20　Warburg 阻抗谱**

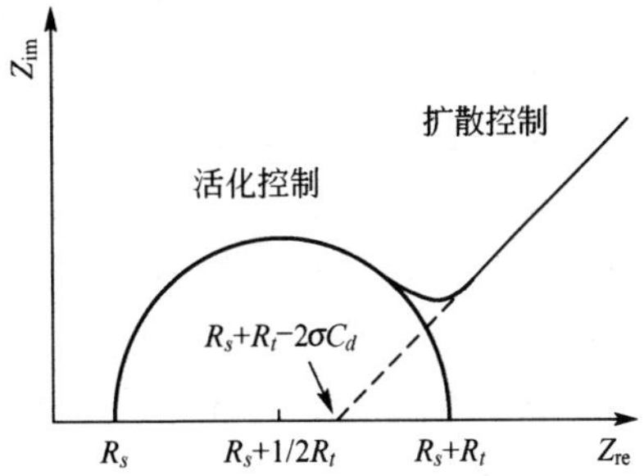

**图 10.21　扩散控制的阻抗谱图**

(3) 含有吸附型阻抗的体系。当反应中间物或缓蚀剂等电活性质点在电极表面吸附时，阻抗谱图上产生第二个半圆，它取决于电化学反应的相对时间常数或等效电路中各电阻与电容的数值以及吸附所相应的容抗或感抗。

图 10.22 和图 10.23 为不同的缓蚀剂吸附体系的等效电路和相应的阻抗谱图。

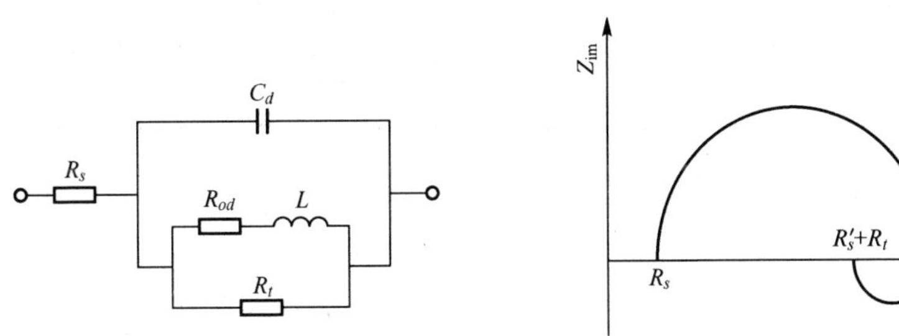


**图 10.22　吸附体系的等效电路和阻抗谱图(1)**

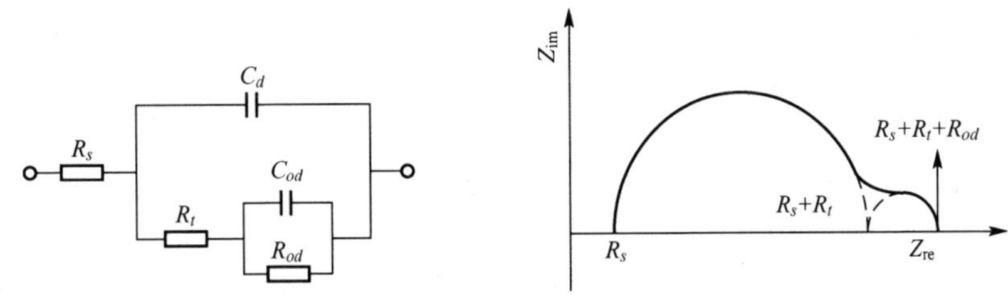


**图 10.23　吸附体系的等效电路和阻抗谱图(2)**

在图 10.22 的情况中，高频段的大容抗弧是由于电化学反应电阻 $R_t$ 和双电层电容 $C_d$ 形成的。低频段电感性的小半圆是由于缓蚀剂的吸附的造成的。腐蚀电流 $i_{corr}$ 可以由容抗弧的直径 $R_t$ 得到。低频时电极反应阻抗是由 $R_t$ 和 $R_{ad}$（吸附电阻）的并联电阻决定的。

在图 10.23 中，阻抗谱由两个容抗弧组成。第一个半圆的直径为 $R_t$，第二个半圆的直径为 $R_{ad}$。

4）电化学阻抗测试技术的特点

电化学阻抗谱方法是一种以小振幅的正弦波电位(或电流)为扰动信号的电化学测量方法。由于以小振幅的电信号对体系扰动，一方面对体系不产生大的影响，另一方面也使得扰动于体系的响应之间近似呈线性关系，这就使测量结果的数学处理变得简单。同时，电化学阻抗谱方法又是一种频率域的测量方法，它以测量得到的频率范围很宽的阻抗谱来研究电极系统，因而能比其他常规的电化学方法得到更多的动力学信息及电极界面结构的信息。如可以从阻抗谱中含有的时间常数个数及其数值大小推算影响电极过程的状态变量的情况；可以从阻抗谱观察电极过程中有无传质过程的影响；等等。即使对于简单的电极系统，也可以从测得的一个时间常数的阻抗谱中，在不同的频率范围得到有关从参比电极到工作电极之间的溶液电阻、电双层电容以及电极反应电阻的信息。

对于许多可逆的电极过程与不可逆的电极过程，这些差异反映在阻抗谱上，主要表现为下列差别。

(1) 电极反应本身的阻抗谱一般都很简单，在阻抗谱的复数平面图上表现为有电双层电容与法拉第电阻并联组成的容抗弧或较高频率区的一个容抗弧和低频区的代表扩散过程的阻抗谱。不可逆的电极反应的阻抗谱虽然也有不少表现为简单的容抗弧，但很多情况下阻抗谱有多个时间常数。

(2) 电极反应由于活化能位垒比较低，在阻抗谱测量过程中电极反应接近于平衡状态，电极电位比较稳定，随机波动和随时间漂移都很小。同时因为在可逆的电极过程中电极反应的交换电流密度大，与其成反比的法拉第电阻比较小，因而外来杂散信号的干扰也比较小。与可逆的电极相比，不可逆电极过程的电极电位的稳定性差，随机波动和随时间漂移都不可忽视，外来杂散信号的干扰也比较大，以致有时对于测量数据的可靠性也需要按一定的理论和方法检查。所以对于阻抗谱的测量技术和数据处理技术的要求，不可逆电极过程要比可逆的电极过程高得多。

(3) 可逆的电极过程来说，由于电极反应的活化能位垒低，反应速率比较快，传质过程往往成为整个电极过程的速率控制因素，所以在阻抗谱上一般在较低频下会呈现反映扩散过程的扩散阻抗谱。而在很多不可逆电极反应情况下，整个电极过程的速率控制因素是电极反应过程而不是传质过程，因而很多不可逆电极过程的阻抗谱上没有反应扩散过程的阻抗谱，即使有关扩散电极的阻抗谱，一般也要出现在很低的频率下。关于扩散阻抗，最著名的是平面电极上的半无限扩散阻抗，它通常被称为 Warburg 阻抗。对于可逆的电极过程的 Warburg 阻抗已经研究得比较充分。它的特点是：在阻抗谱的复数平面上，与低频区呈现一条辐角为 $\pi/4$ 的直线(斜率为 1 的直线)。但在很多出现 Warburg 阻抗的不可逆电极过程情况下，阻抗谱复数平面图上的 Warburg 阻抗谱图形往往不像可逆电极过程那样典型，辐角往往偏离 $\pi/4$。

(4) 不可逆电极的阻抗谱往往会出现感抗弧，而可逆的电极的阻抗谱上不会出现感抗弧。由于可逆的电极过程与不可逆的电极过程在阻抗谱的表现方面有上述差异，对不可逆的电极过程阻抗谱的测量与研究要比对可逆的电极过程困难和复杂，所以早期的 EIS 研究主要是研究可逆的电极过程。

由于可逆的电极过程体系比较稳定，外来杂散信号干扰比较小，情况比较接近于电学中对线性电路网络的测量，数据的分析处理也就借鉴了电学中线性电路网络的方法，所以长期以来用等效电路来分析处理 EIS 成了电化学中阻抗研究的主要方法。对于 Warburg

阻抗这种完全可以从半无限扩散过程出发导出其数学表达式的阻抗倾向，也要找出一条半无限传输线与之对应，作为它的等效电路。用等效电路来分析处理电化学阻抗谱时，等效电路不具有对应谱图的唯一性，因此无论在理论上或在实际应用上都遇到困难，有待于进一步的探讨。

阅读材料

### 光电化学技术

电化学反应中电极表面生成的氧化物、卤化物、硫化物及各种钝化膜通常具有半导体性质，它们在合适能量的光照射下，电极/电解质溶液界面上会产生光电响应，其根本原因是耗尽层中光生的电子空穴对发生分离。通过测量光电响应可以获得有关电极表面层组成和结构的信息，这种研究方法称为光电化学方法。光电化学方法是一种现场研究方法，对于表征钝化膜的光学和电子性质、分析金属和合金表面层的组成和结构，以及研究金属腐蚀过程，均有很好的效果。

用光电化学方法对白铜在纯水中的耐蚀性研究表明，白铜表面膜显示p-型光响应，光响应来自电极表面的$Cu_2O$层，而在氯化钠水溶液中，表面膜的半导体性质会发生转变，由p-型转为n-型，这是由于氯离子对$Cu_2O$膜的掺杂所引起的，电极表面n-型光响应增强，导致耐蚀性能下降。在含不同氯离子浓度的模拟水溶液中，电位正向扫描时呈现阳极光电流，电位负向扫描时随着离子浓度的增加，光响应由p-型向n-型转变，阳极光电流峰面积与阴极光电流峰面积之比增大，导致耐蚀性能降低。

光电化学技术不仅可以用来分析金属合金和缓蚀剂的腐蚀与防护机理，而且也可以利用一些具有光响应的薄膜涂覆于金属和合金的表面进行防腐蚀，使其直接作为金属防腐蚀的一种有效技术。研究发现，$TiO_2$不仅具有较好的光催化性能，而且还具有光电化学防腐蚀特性，$TiO_2$光电化学防腐蚀原理为：$TiO_2$是一种具有良好物理和化学稳定性的n-型半导体材料，在紫外光（小于387nm）照射下，价带电子就会被激发到导带，在价带上产生相应的空穴(h)，e-具有较强的还原性，h具有较强的氧化性，当将$TiO_2$涂覆于金属表面或作为光阳极与金属相连时，光照激发产生的电子由导带进入金属中，使金属的电极电位降低，从而抑制了对金属的腐蚀，$TiO_2$对金属所起的光防腐蚀作用相当于一种阴极保护效应，但与牺牲阳极法不同，$TiO_2$在光防腐蚀过程中没有阳极溶解，从理论上说，$TiO_2$在防腐蚀过程中是非牺牲性的。因此，$TiO_2$的光电化学防腐蚀特性具有广阔的应用前景。

目前对$TiO_2$薄膜的光电化学防腐蚀特性研究主要集中在3个方面：一是对薄膜的应用范围进行拓宽，运用该技术保护的金属有铜、不锈钢和碳钢，其他一些金属或合金的应用还有待进一步研究；二是薄膜制备方法的研究，已经成熟的方法有溶胶凝胶法、高温热解法和阳极氧化法；三是通过改性$TiO_2$薄膜提高防腐蚀性能，如制备纳米$TiO_2$薄膜或采用复合涂层的技术。例如Tatsuma等人研究了$TiO_2-WO_3$涂层体系对304不锈钢的防腐蚀性能。在紫外光照停止后具有防腐蚀能力，其原因是：在紫外光照射下，$TiO_2-WO_3$涂层体系中的$WO_3$把部分光生电子储存起来，在光照停止后释放电子保护基体金属。

光电化学技术是研究金属腐蚀和缓蚀行为的有力工具，不仅可以研究金属在不同介质中的腐蚀行为及添加不同缓蚀剂后的缓蚀行为，而且应用领域也有了新的拓展，特别是近年来采用光电化学技术研究铜合金在不同介质中的腐蚀行为、自组装膜对金属的防护行为，以及将具有光响应的 $TiO_2$ 薄膜涂覆于金属表面用以防腐蚀等方面，取得了一定的进展，具有良好的发展前景。

**资料来源：徐群杰．光电化学技术在金属腐蚀研究中应用新进展 [J]．上海电力学院学报，2008(24)．**

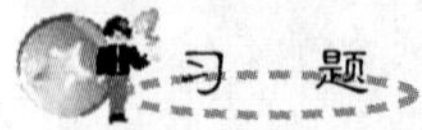


1．腐蚀电化学研究方法的类型有哪些？

2．何谓稳态技术，何谓暂态技术？

3．什么是控制电位法和控制电流法？测定有钝化行为的阳极极化曲线应该选用其中哪一种方法？为什么？

4．为什么电化学测量要用三电极系统？

5．什么是三角波电位扫描法？

6．电化学阻抗谱法是暂态技术还是稳态技术？

# 第11章 耐腐蚀金属材料

## 教学目标

通过本章的学习，使读者能够掌握耐腐蚀金属的合金化原理，提高金属耐蚀性的途径；掌握耐蚀性金属材料的分类，耐蚀性合金生产与应用；了解耐蚀性金属材料合金化设计的基本概念，合金组织结构与电化学腐蚀的关系以及在不同环境条件下选用不同类型的耐蚀性金属材料。

## 教学要点

(1) 提高合金耐蚀性的方法。

(2) 金属耐腐蚀合金化原理。

(3) 耐蚀合金的分类。

(4) 各种耐蚀合金的耐蚀机理。

(5) 不锈钢的组织类型和性能以及与耐蚀性的关系。

导入案例

## 金属氟碳漆

金属氟碳漆是一种高效、多用途、化学固化的氟碳共聚体为原料的双组分常温固化涂料。经户外长期使用和人工加速老化试验表明，金属氟碳漆中氟碳树脂分子链上的氟碳键能够抵抗紫外线的降解作用，表现出极其优异的耐久性、耐紫外线及耐候性，使金属氟碳漆涂层长久完美如新，达到既有保护性和装饰性等性能，又减少维修的要求。产品具有如下特点特性。

(1) 超强耐候性、耐久性。

(2) 具有优异的耐化学品性。

(3) 具有优异的抗污性能，漆面可用普通清洁剂刷洗。

(4) 漆膜致密坚硬，抗冲击、耐磨损。

金属氟碳漆适用于金属、木材、塑料、装饰板材、标志性建筑等的罩面装饰保护，以及建筑外墙仿金属幕墙的罩面。金属氟碳漆可用于环氧、聚氨酯、丙烯酸等涂料的罩面漆。金属氟碳漆能全面提高其自洁性、保护性、装饰性和使用寿命。

常温固化氟碳涂料自1998年在我国工业化生产以来，在防腐和建筑领域市场很快被认可并获得应用。当前，氟碳涂料在我国进入稳步发展阶段。氟碳涂料在一大批国家重点工程项目，包括杭州湾跨海大桥、鸟巢奥体中心、天兴州及大胜关钢珩架梁等的应用为氟碳涂料的进一步推广应用奠定了实践基础。同时，一系列相关标准的颁布实施也促使氟碳涂料在相关领域的应用。HG/T 3792—2005《交联型氟树脂涂料》规定了用于金属防腐和建筑外墙的FEVE氟碳涂料的技术指标。我国的4个桥梁防腐标准：TB/T 1527《铁路钢桥保护涂装》、JT/T 722—2008《公路桥梁钢结构防腐涂装技术条件》、JT/T 694—2007《悬索桥主缆系统防腐涂装技术条件》、JT/T 695—2007《混凝土桥梁结构表面涂层防腐技术条件》，以及石油石化领域的相关标准GB 50393—2008《钢质石油储罐防腐蚀工程技术规范》等，都把氟碳涂层作为主要的配套涂层体系，并规定了氟碳涂料技术要求。

常温固化氟碳涂料以其优异的耐候性能特别适用于桥梁、高层建筑等需要高耐久性的防腐涂层体系的面涂层。毋庸置疑氟碳涂料是目前可常温固化涂料中最优异的耐候面漆，但过分依靠氟碳涂料、片面夸大氟碳涂料的作用，不注重涂层配套和施工质量控制，同样会导致涂层达不到应有的防腐效果。只有合理的涂层配套体系设计、严格的施工质量控制，才能充分发挥氟碳涂料耐候性好的特点，实现氟碳防腐涂层体系的长效防腐。

金属材料是广泛应用于工程、结构和设备的主要材料。根据其服役的条件与环境，不仅要求金属材料具有一定的力学性能(强度、塑性、硬度)、物理性能(磁、光、电、声)，同时也要求金属材料具有一定的化学稳定性能(耐腐蚀性能)。本章在分析金属耐腐蚀合金化原理的基础上，将重点介绍常用金属材料的耐蚀性。

## 11.1 金属耐腐蚀合金化原理

常用的金属材料中，仅有铜、铝、镁、钛等可以纯金属的形式使用，大量的则是以合金的形式使用。金属材料通过合金化，可使基体金属的成分、组织、结构和耐腐蚀性能发生改变，以满足各种环境条件对金属材料耐腐蚀性能的要求，因此合金化是提高金属材料耐蚀性的最基本手段。根据金属电化学腐蚀原理，可按照4个途径，即提高合金热力学稳定性、降低阴极活性、降低阳极活性和增加金属表面电阻的方法提高合金的耐蚀性。

1. 提高金属的热力学稳定性

在大气和许多腐蚀介质中，大多数合金的金属状态在热力学上是不稳定的。除了腐蚀介质的特性和环境条件外，金属的热力学不稳定性程度取决于金属的性质。因此，可以在不耐蚀的金属中加入热力学稳定性高的合金元素进行合金化，使之成为固溶体，进而提高其耐蚀性。

一般加入贵金属组分的原子分数含量服从塔曼定律，即$n/8$规律。如Cu中加Au，Ni中加Cu，Cr钢中加Ni等。理论上多组分混合体系形成固溶体时，体系的吉布斯自由能降低，使得热力学稳定性提高。然而实际上这种途径在应用上是有很大局限性，并有一定难度的。因为一方面要消耗大量贵金属，使其表面形成由贵金属组分的原子组成的连续防护层，达到覆盖保护作用，通常贵金属元素合金化常需要原子浓度达25%～50%，成本很高，在经济上是难以接受的；另一方面，由于合金元素在固溶体中的溶解度也是有限的，所以许多合金要获得具有多组元的单一固溶体是比较难的。在形成金属间化合物时容易成为第二相，反而会加速合金的腐蚀。

2. 降低阴极活性

当金属的腐蚀过程受阴极控制时，利用合金化可提高合金的阴极极化度，阻滞阴极过程，达到降低腐蚀速率的目的。阻滞阴极过程又称为降低阴极活性，这种途径在不产生钝化的活化体系且主要由阴极控制的腐蚀过程中有明显的作用，如金属在酸中的活性溶解就可以用降低阴极活性的方法来减少腐蚀，具体方法如下。

(1) 减小金属或合金中的活性阴极面积。金属或合金在酸性溶液中腐蚀时，阴极析氢过程优先在氢过电位低的阴极相或夹杂物上进行。如果通过冶炼精炼的方式减少合金中这些阴极相或夹杂物的数量，就是减少了活性阴极的面积，增加了阴极极化程度，这也就阻滞了阴极过程的进行，从而提高了金属或合金的耐蚀性。例如，锌、铁、铝、镁和许多其他金属及合金，如果减少其阴极相，特别是杂质铁和铜的数量，可显著地降低这些金属在酸性溶液中的腐蚀速率。对于铝、镁及其合金等这样的电位很负的金属中的阴极性夹杂，不但导致它们在酸性溶液中腐蚀，甚至在中性溶液中也具有同样作用，如图11.1所示。

对于阴极控制的腐蚀过程，减少合金中的活性阴极相，可提高合金的耐蚀性。有时可以通过热处理的方法(如固溶处理)，使合金获得单相组织，消除活性阴极第二相，例如淬火后的硬铝和碳钢组织是均匀的，能提高合金的耐蚀性。反之，若经退火或时效处理，则会出现不均匀组织、活性阴极相，将降低其耐蚀性。例如，硬铝退火状态后组织中存在

$CuAl_2$ 的阴极性夹杂，使耐蚀性下降。

(2) 加入析氢过电位高的合金元素。这种途径主要是通过加入析氢过电位高的合金元素，来提高合金的阴极析氢过电位，从而降低合金在非氧化性酸或氧化性不强的酸中的腐蚀速率。这种途径只适用于不产生钝化的、由析氢过电位控制的析氢腐蚀过程。例如，在工业纯锌中含有铁、铜等杂质时，加入析氢过电位高的镉、汞等元素，可显著降低工业纯锌在酸中的溶解速率；又如，在工业纯镁及某些含有较多杂质铁的多相镁合金中，添加质量分数为 0.5%～1%的锰，可以大大降低它们在氯化物水溶液中的腐蚀速率(图 11.2)。这是因为锰的析氢过电位比铁高，增加了氢在微阴极组织结构上析出的过电位。

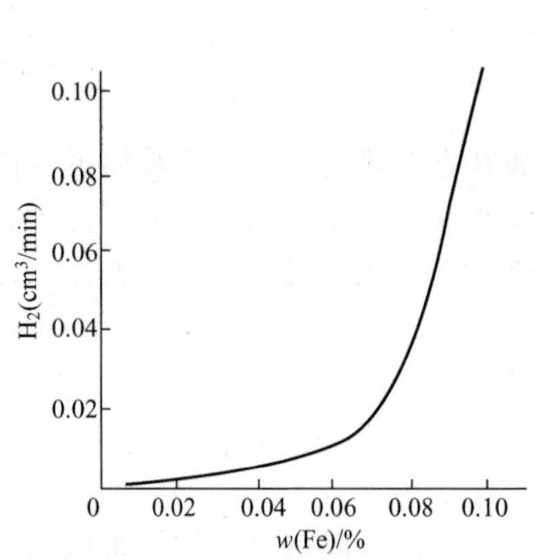


**图 11.1　杂质铁对纯铝析氢腐蚀速率的影响(2mol/L 的 HCl)**

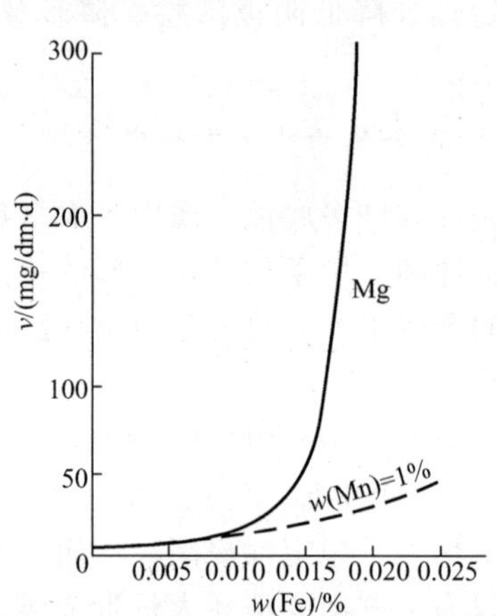


**11.2　杂质铁对纯镁和镁锰合金腐蚀速率的影响(3%的 NaCl)**

3. 降低阳极活性

降低阳极活性又称为阻滞阳极过程。这种途径可以通过调整合金成分、改变介质条件等方式达到，其中用合金化的方法降低阳极活性，尤其是提高合金钝性的方法阻滞阳极过程的进行，是提高合金耐蚀性措施中最有效的方法之一，包括以下 3 个方面。

(1) 减少合金表面阳极区的相对面积。在腐蚀过程中，如果合金基体为阴极，合金的第二相或合金中其他微小区域(如晶界)相对基体是阳极，那么减少这些阳极相的数量，就是减少了活性阳极的面积，可增加阳极极化程度，阻滞阳极过程的进行，提高合金耐蚀性。例如，Al－Mg 合金中的强化相 $Al_2Mg_3$ 相对于基体是阳极，在海水中逐渐被溶解，使合金表面阳极总面积减少，腐蚀速率随之降低。所以 Al－Mg 合金耐海水腐蚀性能比第二相是阴极的 Al－Cu(硬铝)合金好。然而在实际中，第二相是阳极相的情况较少，绝大多数合金中的第二相都是阴极相，所以靠减少阳极相面积降低腐蚀速率的方法往往不易实现。例如强化相渗碳体相对于碳钢、铸铁中的铁素体相等都是阴极，因此这种方法有一定的局限性。

另外，若晶界区为阳极时，利用提高合金纯度和适当的热处理，使晶界细化或钝化，来减少合金表面的阳极面积的途径也是可行的。例如，通过提高合金的纯度或进行适当的热处理使晶界变薄变纯净，可提高其耐蚀性。然而，对于具有晶间腐蚀倾向的合金仅靠减少晶界阳极区面积，而不消除阳极区的做法，反而会加重晶间腐蚀。如粗晶粒的高 Cr 不锈钢比细晶粒的晶间腐蚀严重。

(2) 加入使阳极易钝化的合金元素。研究表明，在合金中加入易于钝化的合金元素可以显著提高合金的钝化能力，是提高合金耐蚀性的最重要方法，是耐蚀合金化途径中应用最广泛的一种方法。工业上经常用作合金基体的 Fe、Al、Ni、Mg 等元素在一定条件下都是可钝化的，但其钝化能力不强，特别是 Fe，只有在氧化性较强的介质中才能钝化，在一般自然环境中不钝化。若在基体金属中添加更易钝化的元素，可以提高合金整体的钝化能力，即提高了合金的耐蚀性能，制成了耐蚀合金。如往铁中加入一定量的铬和镍制成不锈钢或耐酸钢；钛中加入一定量的钼制成钛钼合金等，这些合金的耐蚀性都有极大提高，但添加的元素需要有足够的量才能有明显的作用，如不锈钢中添加铬的量需要满足 $n/8$ 定律，才能收到良好效果，即加入的易钝化元素的效果与合金使用条件及合金元素加入量有关。一般要在具有一定氧化能力的介质条件下，才能达到耐蚀效果。

(3) 加入阴极性合金元素促进阳极钝化。这种途径适用于可能钝化的腐蚀体系，如果在金属或合金中加入阴极性很强的合金元素，可促使合金进入稳定的钝化状态，从而形成耐蚀合金。但这种方法提高合金的耐蚀性是有条件的。首先，腐蚀体系可钝化，否则阴极性合金元素的加入只会加速腐蚀；其次，加入的阴极性合金元素的种类与数量要同基体元素和介质环境相适应，即加入的阴极性元素要适量，活性不足或过强都会加速腐蚀的反作用。

阴极性元素对可钝化体系腐蚀规律的影响如图 11.3 所示。图中阴极过程的极化曲线为 $\varphi_C^\circ - C_1$，体系腐蚀电流密度为 $i_{C_1}$。若加入的阴极性合金元素的量不足(活性不足)，阴极极化曲线由 $\varphi_C^\circ - C_1$ 变为 $\varphi_C^\circ - C_2$，与活化区、活化-钝化过渡区及钝化区相交，体系不稳定，腐蚀电流密度由 $i_{C_1}$ 增至 $i_{C_2}$；若加入适量的阴极性合金元素，产生强烈的阴极去极化作用，阴极极化曲线变为 $\varphi_C^\circ - C_3$。此时阴、阳极极化曲线交于钝态区，使合金由活化状态转变为稳定的钝化状态。此时电位已达到致钝电位 $\varphi_{pp}$，合金腐蚀电流密度为钝化电流密度 $i_p$，腐蚀速率大大降低；若加入过量的阴极性元素，则阴极活性过强，可能产生新的阴极过程，阴极极化曲线将由 $\varphi_C^\circ - C_1$ 变为 $\varphi_C^{\circ'} - C_4$，与阳极极化曲线交于过钝化区或点蚀区，相应的腐蚀电流为 $i_{tp}$，此时合金产生强烈的过钝化腐蚀或点蚀。因此，为了促进体系由活化状态转变为钝化状态，必须提高阴极效率，使合金的腐蚀电位移到稳定钝化区；体系的阴极电流必须超过致钝电流密度。

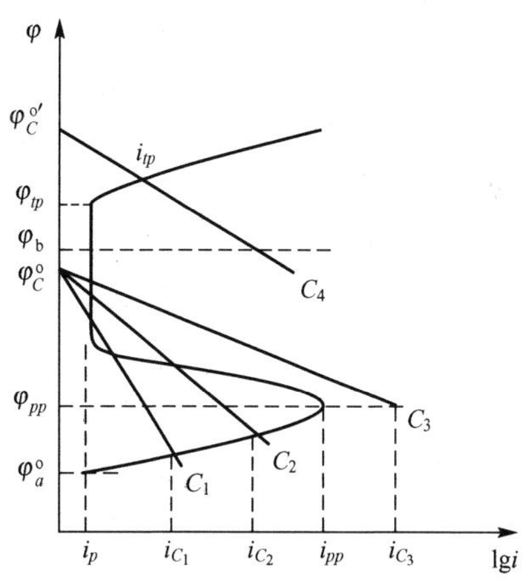


**图 11.3　阴极性元素对可钝化体系腐蚀规律影响的极化图**

阴极性元素一般可使用各种正电性的金属，如 Pd、Pt、Ru 及其他铂族金属；有时也可使用电位不太正的金属，如 Re、Cu、Ni、Mo、W 等。阴极性合金元素的稳态电位越正，阴极极化率越小，促使基体金属钝化的作用就越有效。阴极性合金元素的用量一般为 0.2%～0.5%，最多 1%。

加入阴极性合金元素促进阳极钝化的方法是很有发展前途的耐蚀合金化途径，近些年来得到了较大发展，已在不锈钢和钛合金生产方面有所应用。

(4) 使合金表面形成完整的有保护性的高耐蚀的腐蚀产物膜

若用合金化的方法在合金表面形成致密的腐蚀产物膜，可进一步增大体系的电阻，能够有效地阻滞腐蚀过程，降低腐蚀反应速率。如在钢中加入 Cu 和 P 等合金元素，能促进钢表面形成结构致密的非晶态的羟基氧化铁 $FeO_x \cdot (OH)_{3-2x}$ 产物膜，使其耐大气腐蚀。

需要指出的是，促进钢表面形成致密腐蚀产物膜来阻滞腐蚀的合金化方法，消耗的耐蚀合金元素的量少，较经济，适合大量应用。

上面几种途径是提高合金耐蚀性的总原则。总的来说，由于腐蚀过程十分复杂，因此研制耐蚀合金不能限于一种途径；同样也无任何一种合金能对任何腐蚀性介质都耐蚀。因此，选择耐蚀合金化途径时，应由合金所处的介质特性来选择最适宜的途径，才能提高合金的耐蚀性。

## 11.2 金属耐腐蚀合金化的机理

合金化是提高金属材料耐蚀性的重要途径之一。合金元素对耐蚀性的影响机制可以归纳为两个原理，即合金本体结构改变原理与合金表面形成耐腐蚀结构原理。了解和掌握这些原理或学说，对进一步研制新的耐蚀合金或更好地选择和使用现有的耐蚀合金将有较大的帮助。

1. 合金本体结构改变的原理

(1) 塔曼定律(稳定性台阶定律或 $n/8$ 定律)。在研究两个组分组成单相固溶体的腐蚀时，塔曼(Tamman)发现，随着合金中稳定的贵组元质量分数的增加，合金的电极电位开始时变化很小，其数值和较不稳定的金属的电极电位相近，但当合金中起保护作用的贵组分浓度达到一定含量时，合金的电位朝着正电性方向剧变，其大小趋向贵组分的电位，这时贵金属元素将较不稳定的金属元素完全包围起来，合金的腐蚀速率明显减小。这一规律就是塔曼定律。

塔曼定律可表述如下：金属 A 在某种介质中稳定，而金属 B 在某种介质中不稳定，并且金属 A 和 B 能生成无限固溶体。如果将金属 A 加入金属 B 中，随着加入金属 A 的质量分数逐渐增加，较稳定组分 A 的保护作用并非逐渐地而是阶跃性地表现出来，并且保护作用一般是当稳定组分 A 的含量为 1/8，2/8，3/8，4/8，…，$n/8$ 等原子份数时(即相当于摩尔分数为 0.125，0.25，0.375，0.50 时)才表现出来。上述金属 A 的诸浓度称为稳定性台阶，见表 11-1。例如铁中加入铬，在符合 $n/8$ 定律时，合金的电极电位有一突变。

**表 11-1 几种固溶体的稳定性台阶**

| 合金 | 保护性组分 | 稳定性台阶 | 合金 | 保护性组分 | 稳定性台阶 |
|---|---|---|---|---|---|
| Ag-Au | Au | 2/8，4/8 | Fe-V | V | 4/8 |
| Ag-Pd | Pd | 4/8 | Mg-Ag | Ag | 7/8 |
| Au-Pd | Pd | 4/8 | Mg-Cd | Cd | 2/8 |
| Cu-Au | Au | 1/8，2/8 | Mn-Ag | Ag | 6/8 |
| Cu-Pd | Pd | 4/8 | Zn-Ag | Ag | 2/8 |
| Fe-Si | Si | 2/8，4/8 | Zn-Au | Au | 4/8 |

当应用 $n/8$ 定律时，应使固溶体中固溶的较稳定的组元含量达到 $n/8$ 原子份数，而不是合金中的百分含量。例如，在钢中加入铬，是要保证固溶体中铬的质量分数达到 0.117 ($n=1$) 以上；当钢中含有碳时，铬与碳会形成碳化物(如 $Cr_{23}C_6$)，消耗合金基体中的铬，因此不锈钢中铬的质量分数一般均在 0.13 以上，以保证固溶体中有足够的铬含量。

需要指出的是，塔曼定律只有在没有显著扩散作用的条件下才能产生，否则，当较不稳定的金属元素自内向合金表面扩散时，则稳定性台阶就不存在了。例如 Pd－Hg 合金，Hg 应该保护 Pd 在醋酸中不被腐蚀，但由于 Pd－Hg 固溶体在 20℃时产生扩散作用，所以 Pd－Hg 合金的耐蚀性变化并没有按稳定性台阶规律变化。从 19 世纪开始进行的不锈钢系列的研制，就是塔曼定律最重要的应用实例之一。

(2) 电子结构学说。此理论是基于过渡族金属在形成固溶体时，原子内部的电子结构发生变化而提出的。例如，Cr 原子的 3d 层缺 5 个电子，当 Cr 与 Fe 组成固溶体时，每个 Cr 原子从 Fe 原子中夺取 5 个电子，使得 5 个 Fe 原子转变为钝态，使铁的耐蚀性提高。不锈钢的钝化就属于这种情况。

2. 合金表面形成耐腐蚀结构的原理

(1) 表面富集耐蚀相学说。不论是单相合金还是多相合金，由于杂质的存在或不同相的化学稳定性存在差异，因此在腐蚀过程中，其中一相(或杂质)优先溶解，另一相则富集在合金表面。这样便有可能形成完整、致密的保护层，降低腐蚀速率。例如，当 $\alpha+\beta$ 黄铜在酸中腐蚀时，$\alpha$ 相中 Zn 的含量比 $\beta$ 相中的少，$\beta$ 相因腐蚀稳定性差被优先溶解，而在 $\alpha+\beta$ 黄铜表面逐渐富集了含铜较多的 $\alpha$ 相。

合金表面上富集的较稳定相是否起到提高合金耐蚀性的目的，则由耐蚀相的完整性和阳极钝化能力所决定，具体包括下面两种情况。

① 合金中少量的第二相或杂质为阴极，合金基体为阳极。在此情况下腐蚀时，较稳定的第二相在合金表面形成不连续、疏松的堆积物层。如果阳极相不能钝化，则这种不连续、疏松的堆积物层不但不降低腐蚀速率，反而会使腐蚀速率加速，如图 11.4 所示。例如，当灰口铁或碳钢在硫酸或盐酸中腐蚀时，铁素体被腐蚀，而碳化物或石墨以不连续、疏松的状态堆积在合金表面，加速腐蚀过程。

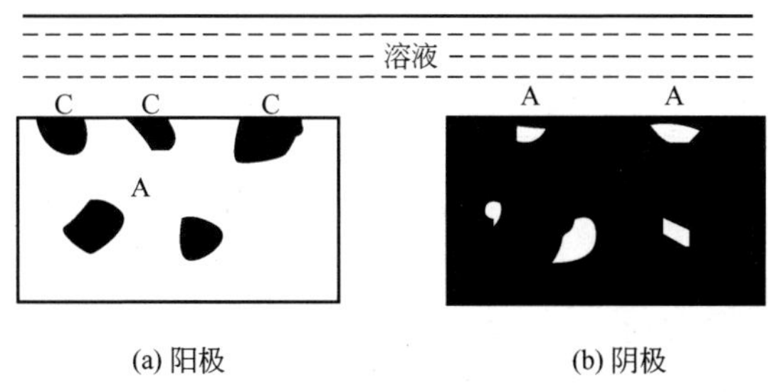


**图 11.4　合金表面电化学不均匀性示意图**

但若阳极相在该腐蚀条件下能够产生钝化，合金表面不连续、疏松状态堆积的阴极则可促进阳极基体的钝化，合金的腐蚀速率明显降低。

② 合金中少量的第二相或杂质为阳极，合金基体为阴极。在此情况下腐蚀时，不稳

定的第二相或杂质被溶解后，在合金表面形成连续、致密的腐蚀产物膜层，使合金的耐蚀性提高，如图 11.4(b)所示。例如，Al－Mg 合金和 Al－Mg－Si 合金中的 $Al_2Mg_3$ 相和 $Mg_2Si$ 相都是阳极相，因此在海水中的耐蚀性比 Al－Cu 系合金高。

(2) 表面形成富集耐蚀组分的完整结晶膜层学说。对于固溶体合金的耐腐蚀性，可以用表面形成富集耐蚀组分的完整结晶膜层学说来解释。此理论认为，当固溶体合金腐蚀时，稳定性较小的组元有较大的阳极溶解倾向，通过在稳定性较强的组元的原子上进行阴极去极化过程而优先溶解，阴极性原子通过表面扩散形成晶核并结晶析出由耐蚀组元原子组成的阴极相，或依靠体积扩散形成比合金原始成分中耐蚀组元更富集的耐蚀合金层，可显著提高合金的耐蚀性。例如，不锈钢表面形成的钝化膜中的元素成分与合金原始成分相比，耐蚀组元 Mo 在钝化膜中的的质量分数增加(富集)，而 Fe 的质量分数减少。

在固溶体合金腐蚀过程中，当合金表面形成富集耐蚀组分的完整、致密的结晶膜层时，其耐蚀性就会提高；否则，如果耐蚀元素形成疏松的、海绵状的或相当厚的粉末层作为阴极相，不但不能提高耐蚀性，反而加速腐蚀。例如，β-黄铜脱锌就属于这种情况。

(3) 表面富集阴极性合金元素促进阳极钝化学说。与添加钝化元素合金化进而提高合金耐蚀性的方法不同，用添加阴极性合金元素对钝化合金进行改性处理时，阴极性合金元素的添加量一般很少(约为百分之零点几)，就可显著提高合金的钝性与耐蚀性。

添加质量分数为 0.007 的钯的铬钢($w_{Cr}=0.27$)在 30%硫酸溶液中的腐蚀情况如图 11.5所示。图 11.5(a)表明，添加钯和未添加钯的两种合金，当开始腐蚀时，自腐蚀电位接近；随着腐蚀的进行，含钯的合金其电位正移，此时在合金表面开始富集了钯；大约 7 分钟后，电位正移很快，说明合金表面富集了更多的钯元素。图 11.5(b)表明，当腐蚀开始时，由于活性阴极杂质钯的作用，使含钯的合金腐蚀较快，因为钯的有效面积较小，不足以使合金基体钝化；腐蚀进行到约 7 分钟后，析氢线突然转变为水平线，说明此时腐蚀停止了，其原因是腐蚀使钯在合金表面富集，最终导致基体转变为钝态的结果。与此同时，未含钯的合金其电位几乎不变，腐蚀以等速进行。

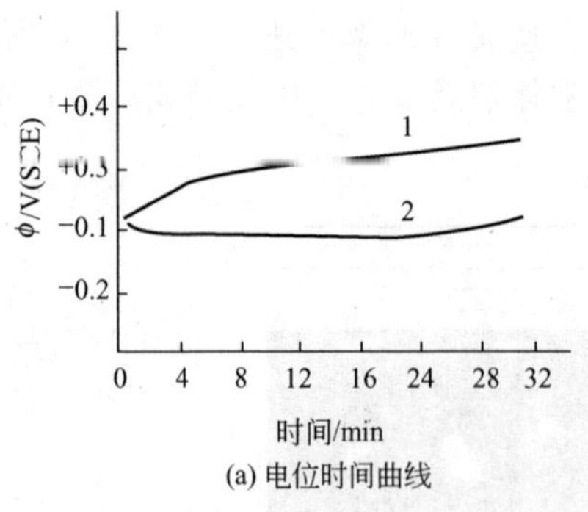

(a) 电位时间曲线

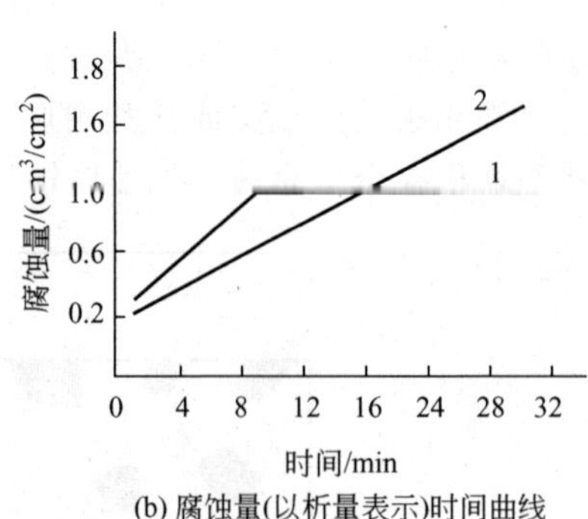

(b) 腐蚀量(以析量表示)时间曲线

**图 11.5　铬钢在硫酸溶液中的腐蚀情况**

1—含钯的铬钢　2—未含钯的铬钢

这种富集在合金表面的阴极性合金元素，一般不需要形成完整的表面保护膜层即可使阳极钝化，其作用机理不是覆盖作用，而是电化学作用。

(4) 表面富集贵金属元素学说。对于阴极性合金元素，诸如金、铂、钯等，如何在合金表面富集，目前有两种观点。

① 贵金属元素先以离子的形式进入溶液，然后以金属相的形式在合金表面进行二次电化学析出(电结晶)。

② 合金中电位较低的合金元素选择性溶解，使贵金属元素在表面逐渐富集，形成了一层很薄的富集了贵金属的固溶体。更有可能的是，贵金属元素通过表面扩散(因为表面扩散速率远远大于体积扩散速率)，以独立相的形式在合金表面电结晶成自身的金属相。

(5) 表面致密腐蚀产物膜形成学说。当加入的合金化元素能够使得合金表面形成结构致密、电阻高的腐蚀产物膜时，也可以达到阻止基体金属进一步腐蚀的目的。如前所述，耐候钢的抗蚀性能提高就可以用这一学说解释。

## 11.3 耐蚀低合金钢

为改善钢的性能，人为向钢中添加一定量的合金元素，所得到的钢称为合金钢。合金元素总量小于5%的合金钢叫低合金钢，而添加的合金元素主要改善钢的耐蚀性的低合金钢称为耐蚀低合金钢。比较成熟的耐蚀低合金钢主要有：耐大气腐蚀低合金钢、耐海水腐蚀低合金钢、硫酸露点腐蚀低合金钢、耐硫化物腐蚀低合金钢以及其他耐蚀低合金钢，如耐高温、高压、氢氮用钢等。

### 1. 耐大气腐蚀低合金钢

耐大气腐蚀低合金钢又称耐候钢。大气腐蚀是常见的一种腐蚀现象。据统计，约有80%的金属构件是在大气条件下工作的，如钢轨、车辆、各种机械设备等都是在大气环境下使用的，大气腐蚀的损耗要占腐蚀总损耗的80%以上。因此，早在20世纪初，国外就已开始了对大气腐蚀用钢的研究工作，开发出许多低合金耐候钢种。近年来，我国在这方面的研究也取得了较快的进展，已有一些钢种纳入国家标准，进行大批量生产，广泛地应用于铁路、桥梁、电力等许多部门。

在提高钢的耐大气腐蚀性能的合金元素中，Cu、P、Cr等元素有显著作用，是耐大气腐蚀钢必不可少的合金元素。对于有些元素，如Ni、Mo、Si、Mn等也有一定效果。合金元素对钢的耐大气腐蚀作用主要是改变锈层的晶体结构及降低缺陷，提高锈层的致密程度和对钢的附着力。图11.6示出了两种钢的锈层结构。其作用特点是：长时间使用(或试验)时才显出越来越明显的耐蚀效果。暴露时间越长，耐大气腐蚀钢的腐蚀速率越低。

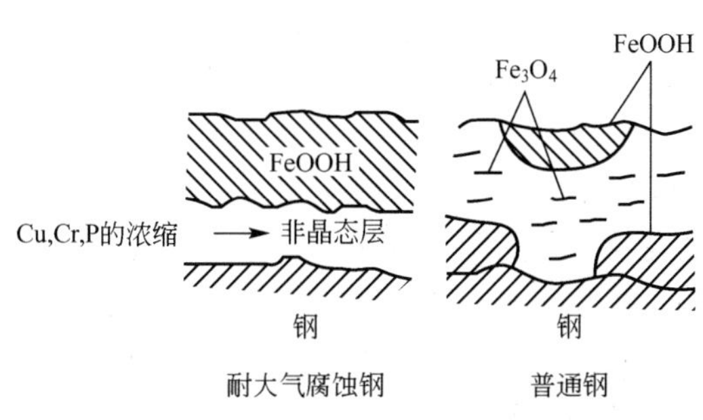


**图 11.6 钢在大气环境中的锈层结构示意图**

铜是在耐大气腐蚀低合金钢中对耐蚀作用最有效的合金元素，早已得到国内外学者的公认。含铜低合金钢耐大气腐蚀的效果不仅依钢中的铜含量而定，而且受气候条件的影响也较大。但总的来说含铜低合金钢耐大气腐蚀无论是在海洋大气、农村大气还是工业大气中的耐蚀性都比普通碳钢有不同程度的提高。钢中的铜含量一般在0.2%～0.5%范围内。

磷也是有效地提高低合金钢耐大气腐蚀性能的合金元素，这可能是由于磷在促使锈层的非晶态转变过程中有独特的作用。在耐大气腐蚀低合金钢中，常常是磷与其他元素，特别是铜相配合，来提高耐大气腐蚀性能。

耐大气腐蚀低合金钢中，磷含量一般控制在0.06%～0.10%，含量过高会导致低温脆性。近年来，为改进钢的焊接性能，国内外趋向于降低磷含量而采用其他多合金元素进行合金化，来代替磷的作用。

Cr是提高钢的耐大气腐蚀性能的合金元素。Cr的耐大气腐蚀作用在很大程度上取决于钢中有无其他耐腐蚀的合金元素及其含量，如果Cr与Cu，Cr与P，Cr与Cu、P、Si等元素匹配，其耐大气腐蚀性能便显著地提高。一般Cr在耐大气腐蚀低合金钢中的使用量在0.5%～3%，多控制在1%～2%。通过试验研究各种离子对耐大气腐蚀钢材表面形成稳定锈层的影响，表明铬的作用是促进尖晶石性氧化物的生成，而铜的作用则是促使尖晶石型氧化物向非晶态转化，二者共同作用使钢表面形成尖晶石型非晶态致密的稳定化锈层。

Mo和Cu一样能改善耐候钢的腐蚀性。Mo的作用主要是能提高钢的抗点腐蚀性能，并且Mo可以生成不溶性盐在稳定锈层中富集。耐候钢中Mo含量一般控制在0.2%～0.6%。

Ni是抗大气腐蚀有效的合金元素，一般认为Ni含量较多时(3%左右)才能发挥较好的作用，而Ni含量较低(1%左右)，特别是钢中含Cu时，其改善耐蚀性的效果并不明显。且由于价格因素，多以Mn代Ni。

实践证明，含Cu钢是耐大气腐蚀的优良钢种。Cu与P、Cr、Ni配合使用的效果最佳。CortenA钢为Cu-P-Cr-Ni系低合金钢，其屈服强度为345MPa，缺口韧性高，焊接性能好，其耐大气腐蚀性是碳钢的3～8倍，可以不加保护层，裸露使用。

2. 耐海水腐蚀低合金钢

耐海水腐蚀用钢是海洋用钢(包括中、高合金钢)中所占比重最大的一类，由于海洋腐蚀的复杂性和环境条件难以模拟等特点，耐海水腐蚀用钢发展较晚。

海洋环境非常复杂，影响因素较多。耐海水腐蚀用钢的抗腐蚀原理目前比较一致的看法是：合金元素在锈层中富集，降低了锈层的氧化物晶体缺陷，改变其形态分布，形成致密、黏附性牢的锈层，阻碍$Cl^-$、$O_2$、$H_2O$向钢表面扩散，从而提高耐海水腐蚀性能。

金属材料在海洋环境中的腐蚀速率依其所处位置的不同而异。

(1) 飞溅区。在这个区，金属处于干、湿交替，氧供应充足的环境中，腐蚀性最为严重。处于海水中的金属的腐蚀可以用阴极保护来防护，而处在飞溅区的金属不适于阴极保护；有时采用涂料保护，也往往不够理想，因为涂层受海浪冲击容易磨损，也容易脱落。因此用合金化的方法来解决飞溅带钢材的腐蚀是一种行之有效的重要方法。

能提高钢材在海水飞溅带和潮差带条件下耐蚀性的合金元素有Si、Cu、P、Mo、Mn、Cr、Al、Ni、W、Ti等，而其中Si、Cu、P、Mo、Mn、W、Ti的效果较好。

Si 和 Mo 对减少钢在飞溅带的点腐蚀很有效，特别是 Si、Mo、Cr 共存时。Si 与 Cu、Cr、Al 等复合加入钢中，则有着更好的耐蚀效果；Si 和 Al、P 复合加入钢中也有良好效果。

合金元素 Cu 对降低钢在海水飞溅带的腐蚀速率是有效的，而 P 对处于海水飞溅带上部或下部的钢材都能有效地降低腐蚀速率，当 P 与 Cu 共存时效果更明显。

关于 Cr 对飞溅带或潮差带耐蚀性的影响，目前有不同看法。但 Cr 与 Al 相配合，Cr 与 Cu、Si、Mo 相配合，都对降低飞溅带海水腐蚀有良好效果。

碳钢中 Mn 含量约在 1%以下，对腐蚀影响不明显，超过 1%时腐蚀速率有下降趋势。

(2) 潮汐区。潮汐区在涨潮时与含氧的海水接触，腐蚀也较严重。在潮差带 P 对耐蚀性是有效的，而 Cr 是无效的元素。但 Cr 与其他元素组合起来会有好的耐蚀效果，如 Cr - Al - Cu 系耐蚀性较好。在潮差带低合金钢的局部腐蚀倾向较大，因此，总的耐蚀性趋势还不如碳钢好。提高钢在潮差带的耐腐蚀能力，可选用和飞溅带相同的有效合金元素。

(3) 全浸区。少量合金化对提高钢在浅海中全浸状态下的耐蚀性有着良好效果。在浅海全浸条件下能提高钢的耐蚀性的合金元素有 Cr、Al、Si、P、Cu、Mn、Mo、Nb、V 等。其中以前几种元素较为重要，尤其以 Cr 的作用最为显著。当 Cr 与 Al 复合加入钢中时，或 Cr 与 Al、Mo、Si 共存时，耐海水腐蚀性能可显著提高。Cr 对低合金钢的耐海水腐蚀性能的有利一面是它使钢生成致密的、黏附的锈层，并提高其耐全面腐蚀性，其不利一面就是促进钢的局部腐蚀倾向。深海中低合金钢与碳钢的腐蚀速率几乎没有差别，合金元素的效果也不明显。

(4) 海泥带。海泥中没有海水流动，锈层的保护作用增强，钢在海泥中的腐蚀速率一般低于海水全浸带。海泥中常因存在厌氧的硫酸盐还原菌可使钢腐蚀加速。由于海泥中环境多变，海泥中的钢结构可能产生宏观电池腐蚀，不仅阳极和阴极可能相距很远，而且他们的位置可能随时间而稍有改变。

## 11.4 不 锈 钢

不锈钢是能抵抗酸、碱、盐等腐蚀作用的合金钢的总称。在酸性介质中耐腐蚀性能特别高的不锈钢称耐酸不锈钢或耐酸钢。

不锈钢的合金元素主要有 Cr、Ni、Mn、Ti、Al、Cu 和 N 等。其中主要是 Cr，而且只有当 Cr 的含量超过一定数量时才能构成不锈钢，一般含铬量不低于 13%。当钢中含铬量超过 13%时，就能使合金在大气中自然钝化；当铬含量超过 18%时，就能使合金在某些浸蚀性较强的介质中钝化，表现出良好的耐腐蚀性能。

不锈钢种类很多，通常在空气、淡水等弱介质中耐蚀的钢种称为普通不锈钢；在酸、碱、盐等化工介质中耐蚀的钢种称为耐酸钢；在高温下抗氧化的钢种称为耐热钢。不锈钢的不锈和耐蚀都是相对的，其耐蚀性主要依靠它的自钝性，基于 Fe - Cr 合金的可钝化性。

按组织结构不锈钢可分为奥氏体不锈钢、铁素体不锈钢、马氏体不锈钢、双相不锈钢和沉淀硬化不锈钢 5 种。

1. 奥氏体不锈钢

奥氏体不锈钢是通过加入扩大和稳定奥氏体的合金元素，使之在室温维持完全的奥氏体相组织。在不锈钢中，奥氏体不锈钢最为重要，其生产量和使用量都占不锈钢总产量和用量的70%左右。奥氏体不锈钢品种繁多，用途也最为广泛，其中18-8型不锈钢约占奥氏体不锈钢的70%，占全部不锈钢的50%。

奥氏体不锈钢化学组成有Cr-Ni和Cr-Mn两个系列，根据使用环境的不同再添加Mo、N、Cu、Si、Ti、Nb等元素，形成了许多种钢号。

奥氏体不锈钢不仅具有优良的耐蚀性能，还具有良好的综合力学性能、工艺性能和焊接性能。奥氏体不锈钢的非铁磁性和良好的低温韧性使其应用领域更为扩大。需要指出的是，Cr-Ni系奥氏体不锈钢强度、硬度偏低，不适宜制作承受载荷和抗磨的零部件及设备。

在许多介质环境中，奥氏体不锈钢常发生点腐蚀、缝隙腐蚀、应力腐蚀破裂，腐蚀疲劳等。国内外对点腐蚀研究很多。一般奥氏体不锈钢处于卤素离子介质中大多发生点腐蚀。点腐蚀的产生都与钢表面夹杂物、第二相、成分不均等表面结构的不均匀性有关。当奥氏体不锈钢处于敏化状态时其晶界点蚀常优先出现。研究表明，不锈钢中添加Cr、Ni、Mo能有效地提高其耐点腐蚀性能。

不锈钢的点蚀、缝隙腐蚀、SCC腐蚀疲劳等几种局部腐蚀关系密切。在氢化物水溶液中，点蚀与缝隙腐蚀关系密切，两者虽然萌生机理不同，但发展机理相同。均有闭塞电池腐蚀特征。点蚀是缝隙腐蚀的特殊形式，缝隙腐蚀起源于缝内点蚀处。两种腐蚀电化学过程相同，差别在于缝隙腐蚀扩散迁移通道比点蚀要长。

不锈钢的SCC临界电位等于或接近点腐蚀电位，如70℃时，0.5mol/L NaCl溶液中316L不锈钢点腐蚀电位和缝隙腐蚀电位分别为－0.25V(SCE)和－0.36V(SCE)。在125℃ 35% $MgCl_2$ 中，316L不锈钢SCC临界电位－0.36V(SCE)接近于缝隙腐蚀临界电位。

不少人认为孔和缝隙有“应力提升器”作用，促进SCC和CF裂纹萌生，有人认为裂纹在点蚀孔内形核主要是孔内电解质特殊所致，即孔底被腐蚀产物(氯化物)覆盖，孔内pH低(近于1或更低)，溶液富集$Cl^-$，孔内表面呈活化态。

研究表明，在应力作用下，18-8不锈钢和Cl体系中闭塞溶液的临界pH为1.8，说明应力促使闭塞区钝化能力减弱。应力还使合金致钝电位、致钝电流增大，断裂电流变负，钝化区变窄。在动应力作用下，316L不锈钢腐蚀电位和点蚀电位均低于未加应力时的相应电位。使不锈钢在动应力下，易产生均匀腐蚀和点腐蚀。有应力时的恒电位极化电流大于无应力时，而且前者点蚀密度增加。应力增加，点蚀密度和直径增大。应力对点蚀形核、扩展均起促进作用，但对发展作用更为明显。

2. 铁素体不锈钢

铁素体不锈钢是在室温下组织为铁素体的具有体心立方晶格结构的铬不锈钢，它已有80多年的生产历史，是应用较早的一种不锈钢。它的特点首先是无法通过热处理进行强化，因为Cr含量超过12%的钝铁素体不锈钢在加热或冷却过程中不会发生相变；其次，在各类不锈钢中，其导热系数最高，而线膨胀系数较小，并有磁性；第三，一般不含Ni，是价格较Cr-Ni奥氏体不锈钢低廉的节镍钢；第四，其铁素体显微结构从本质上决定了它的冲击韧性差；第五，存在475℃脆性、σ相脆性和高温脆性3个脆性区，而且焊后塑性和耐蚀性均差；第六，虽价格较低，生产较早，但其缺点却长期以来使它的应用受到了很大限制。

普通铁素体不锈钢按主合金元素Cr含量的范围可分为3类。

(1) 低Cr类。Cr含量约为11%～14%，如AISI标准中的400、405MF-2，国产牌号的00Cr12、0Cr13和0CrAl等。一般在大气、蒸馏水、天然淡水中是稳定的，但在含$Cl^-$的水中易产生局部腐蚀，在过热蒸汽介质中具有非常高的稳定性，在稀硝酸中是稳定的，在还原性酸中耐蚀性差。常作为耐热钢，用于汽车排气阀等。

(2) 中Cr类。含Cr量在14%～19%，如AISI标准中的429、430，国产牌号中的1Cr17、1Crl7Mo等。这类钢焊接性比低Cr类差，但在氧化性环境中，耐蚀性尚好。在非氧化性酸中耐蚀性很差。常用于生产硝酸工业中，如制造吸收塔、热交换器等。

(3) 高Cr类。含Cr量在19%～30%，如AISI标准中的442、443，国产的00Cr27Mo、00Cr30Mo2等。它是铁素体不锈钢中耐酸腐蚀和耐热性最好的钢。耐硝酸腐蚀，甚至在硫酸中含有$Fe^{3+}$、$Cu^{2+}$等离子时，也具有较高的稳定性。但在含有$Cl^-$的介质中耐蚀性明显下降，不耐烧碱溶液腐蚀。

普通铁素体不锈钢耐蚀性比马氏体不锈钢要好，但对晶间腐蚀比较敏感。与Cr-Ni奥氏体不锈钢相比，有很好的耐应力腐蚀破裂性能，甚至认为对应力腐蚀是“免疫”的。

3. 马氏体不锈钢

马氏体不锈钢是指在室温下具有马氏体组织的一种铬不锈钢。设计本钢种就是利用马氏体可通过热处理进行强化的优点，使钢材适用于对强度、硬度、弹性和耐磨性等力学性能要求较高，又能兼有一定耐蚀性的零部件。在铬含量相当的各种不锈钢中，它的耐蚀性较差，定位在弱腐蚀性环境中使用。所以，其合金成分简单，除Cr含量较高外，添加提高耐蚀性的元素种类和含量均很少。

在各类不锈钢中，此类钢焊接性能较差，因此，以制作单件零部件为主，用作焊接构件的少，虽可焊，但工件焊前需预热，焊后要处理(退火)。

由于碳含量对本钢种的组织与性能有重大影响，所以，习惯上按含碳量范围分为三大类：①低碳类，C≤0.15%，Cr12%～14%，如1Cr12、1Cr13；②中碳类，C0.2%～0.4%，Cr12%～14%，如2Cr13、4Cr13；③高碳类，C0.6%～1.0%，Cr18%，如9Crl8、9Crl8MoV等。还有一类含Ni类，Ni>1%，Cr>12.0%，如2Crl3Ni2、1Crl7Ni2。

马氏体不锈钢可用来制造硬度高的耐磨部件或量刃具。另外由于马氏体不锈钢不耐局部腐蚀，因此，在具备产生局部腐蚀的环境中，选作工程材料时要谨慎，以防发生腐蚀事故而遭受损失。尤要注意合理的热处理，不然会产生晶蚀和SCC倾向。

4. 双相不锈钢

双相不锈钢是不锈钢的一个重要分支，即指在其固溶体组织中主要由两相组成，且每种相都占有较大的体积比，一般较少相的含量最少也需要达到30%。Cr含量在18%～28%，Ni含量在3%～10%，有些钢还含有Mo、Cu、Nb、Ti、N等合金元素。

该类钢种综合了奥氏体不锈钢和铁素体不锈钢的特点，与铁素体相比，塑性、韧性更高，无室温脆性，耐晶间腐蚀性能和焊接性能均显著提高，同时还保持有铁素体不锈钢的475℃脆性以及导热系数高，具有超塑性等特点。与奥氏体不锈钢相比，强度高且耐晶间腐蚀和耐氯化物应力腐蚀能力有明显提高。

双相不锈钢具有优良的耐孔蚀性能，与其他类型不锈钢相比具有以下特点

(1) 含钼双相不锈钢在低应力下有良好的耐氯化物应力腐蚀性能，可取代在此介质条件下易发生应力腐蚀破裂的奥氏体不锈钢 18-8 型。

(2) 含钼双相不锈钢具有良好的耐点蚀性能，当抗点蚀当量(PRE)相同时，双相不锈钢与奥氏体不锈钢的临界点蚀电位相近。含 18% Cr 的双相不锈钢的耐点蚀性能与 AISI316L 相当。含 25%Cr 的，尤其是含氮的高铬双相不锈钢的耐点蚀和缝隙腐蚀性能超过了 AISI316L。

(3) 有良好的耐腐蚀疲劳和磨损腐蚀性能。

(4) 可焊性良好，焊后不需热处理，焊接接头有良好的耐蚀性。

(5) 双相不锈钢在 300℃左右温度下使用，有脆性倾向。含铬量越低，脆性相的危害也就越小。

双相不锈钢具有良好的焊接性能，与铁素体不锈钢及奥氏体不锈钢相比，它既不像铁素体不锈钢的焊接热影响区那样，由于晶粒严重粗化而使塑韧性大幅降低，也不像奥氏体不锈钢那样，对焊接热裂纹比较敏感。

双相不锈钢由于其特殊的优点，广泛应用于石油化工设备、海水与废水处理设备、输油输气管线、造纸机械等工业领域，近年来也被研究用于桥梁承重结构领域，具有很好的发展前景。

5. 沉淀硬化不锈钢

沉淀硬化不锈钢(也有称析出强化不锈钢)常用于核电宇航等工业，主要特点是一类具有超高强度的不锈钢。沉淀硬化不锈钢分为马氏体型、半奥氏体型和奥氏体型 3 类。马氏体中又分马氏体沉淀硬化型和马氏体时效型两种，前者含 C<0.1%，加入 Cu、Mo、Ti、Al 等元素形成中间相或碳化物，依靠时效处理产生晶格沉淀强化，Cr 含量大于 17%时基体含有 10%左右的 $\sigma$ 铁素体和少量残余奥氏体；后者要求含 C<0.03%，加入 Ni、Co 强化，含 Cr≥12%，基体为高位错密度板条，半奥氏体型含有大量马氏体，它比马氏体沉淀硬化型不锈钢有更好的综合性能。沉淀硬化的主要元素是 Al，其含量受强化效果和 $\sigma$ 铁素体影响。奥氏体型沉淀硬化不锈钢是用 Ti、Al 或 Ti、P、Mo、V 金属间化合物沉淀强化，Cr-Ni 钢有时还加入微量 B、V、N 元素以获得良好综合性能，要求高 Ni(大于 25%)或高 Mo 以获得稳定奥氏体相。

沉淀硬化不锈钢具有高强度、高韧性、高耐蚀性、高氧化性和优良成型性等综合性能，被广泛应用于尖端工业和民用工业，如飞机结构件、喷气机发动机部件、耐氧化零件等。

## 11.5 铝及铝合金

铝及铝合金具有比强度高、塑性优良、导电导热性能优异等特点，并具有良好的加工性能和耐蚀性能，在航空航天工业、兵工工业及建筑、电气、化学、运输等民用工业领域都有广泛应用。

1. 纯铝

纯铝具有优良的导热及导电性能，强度较低，塑性很好，是常用金属材料中电位最低、应用最广的一种轻金属。铝通常处于钝态，在大气和大部分中性溶液中，铝表面能生成一层致密的、牢固附着的氧化物保护膜，具有足够的稳定性，其钝态稳定性仅次于 Ti。但当介质中存在某种阴离子(如 $Cl^-$)时，会产生点蚀等局部腐蚀。

铝合金具有两性特征，它既能溶解在非氧化性的强酸中，又能溶解于碱中。铝在酸中腐蚀生成 $Al^{3+}$，在碱性溶液中生成 $AlO_2^-$ 离子。铝耐硫和硫化物腐蚀，在通有 $SO_2$、$H_2S$ 和空气的蒸馏水中，铝的腐蚀速率比铁和铜小得多。

铝的电位非常负，与正电性金属(Cu、Pt、Fe、Ni)及其合金接触会发生电偶腐蚀，最危险的是铝与铜及铜合金接触。

2. 铝合金

在纯铝中加入一些其他金属或非金属元素所熔制的合金，不仅仍具有纯铝的基本特性，而且由于合金化的作用，使铝合金获得了良好的综合性能。因为合金元素的加入主要是为了获得较高的力学、物理性能或较好的工艺性能，所以一般铝合金的耐蚀性很少能超过纯铝(单相组织的合金比多相合金更耐蚀)。配制铝合金的元素，主要有铜、镁、锌、锰、硅以及稀土元素等。根据工艺来分，铝合金可以分为铸造铝合金和变形铝合金两种。铸造铝合金包括 Al－Si 类合金(含 Si 量不小于 5%)、Al－Cu 类合金(含 Cu 量不小于 4%)、Al－Mg 类合金(含 Mg 量不小于 5%)、Al－Zn 类合金、Al－Re 类合金；变形铝合金包括防锈铝合金、硬铝、超硬铝和锻铝等。

铝合金的腐蚀类型如下。

1）点蚀

点蚀是铝合金最常见的腐蚀形态之一。在大气、淡水、海水和其他一些中性和近中性水溶液中都会发生点蚀，引起铝合金点蚀应具备以下 3 个条件。

(1) 水中必须含有能抑制全面腐蚀的离子如 $SO_4^{2-}$、$SiO_3^{2-}$ 或 $PO_4^{3-}$ 等。

(2) 水中必须含有能破坏钝化膜的离子，如 $Cl^-$。

(3) 水中必须含有能促进阴极反应的氧化剂。

为防止铝及铝合金的点蚀，应消除介质中产生点蚀的有害成分，如尽可能控制环境中的氧化剂，去除溶解氧、氧化性离子或 $Cl^-$；使用纯铝或耐点蚀性能好的 Al－Mn、Al－Mg 系合金。

2）晶间腐蚀

对于铝合金，热处理不当是导致铝合金产生晶间腐蚀的主要原因。其中常发生在 Al－Cu、Al－Cu－Mg、Al－Zn－Mg 系合金及含 Mg 量大于 3%的 Al－Mg 合金中。如 Al－Cu 和 Al－Cu－Mg 合金热处理时，在晶界上连续析出富 Cu 的 $CuAl_2$ 阴极相，晶界上产生贫 Cu 区，$CuAl_2$ 与晶界贫 Cu 区组成腐蚀电池，引起晶间腐蚀。

Al－Zn－Mg 及 Mg 含量大于 3%的 Al－Mg 合金，由于热处理不当而在晶界析出阳极相 MgZn2 或在腐蚀介质中，作为阳极相发生溶解，也造成晶间腐蚀。Mg 含量小于 3%的 Al－Mg 合金，因 $Mg_5Al_8$ 相数量少，不会在晶界上连续析出，因此不产生晶间腐蚀。

具有晶间腐蚀倾向的合金，在工业大气、海洋和海水中都可能产生晶间腐蚀。一般通过适当热处理消除晶界上有害的析出相，可以防止晶间腐蚀。

3）SCC

对于纯铝和低强度铝合金，一般不产生应力腐蚀。易产生应力腐蚀敏感的主要是高强铝合金，例如 Al-Cu、Al-Cu-Mg 及含镁量大于5%的 Al-Mg 合金、Al-Zn-Mg、Al-Mg-Zn-Cu 等强度较高的铝合金。

铝合金的 SCC 特征属于晶间破裂，这一特征表明铝合金的应力腐蚀与晶间腐蚀有关。能引起铝合金晶间腐蚀的因素，再加上应力的作用，就能导致 SCC。

铝合金在大气中，尤其是在海洋大气和海水中常产生 SCC。在不含 $Cl^-$ 的高温水和蒸汽中也会发生 SCC。应力越高，越容易发生 SCC。含铜、镁、锌量高的铝合金应力腐蚀敏感性最高。

防止或消除铝合金 SCC 的主要措施：进行适宜的热处理，消除应力；采取合金化方式，如加入微量的 Mo、Zr、V、Cr、Mn 等元素，可改善应力腐蚀性能；消除残余应力、采取表面包覆技术及涂层保护等措施。

4）电偶腐蚀

由于铝及铝合金电位较负，因此在腐蚀介质中，铝及铝合金与大多数金属接触都会产生电偶腐蚀，又称为接触腐蚀。常用的合金只有镁、锌或镉比铝的电位低，所以铝合金与其他大多数金属接触都会引起加速腐蚀，如铝与铜接触就是危险的。

为了防止电偶腐蚀，当铝及铝合金必须与其他电位较高的金属材料组装在一起时，要注意电绝缘。

## 11.6 铜及铜合金

铜是人类最早使用的金属，至今也是应用最广的金属材料之一。纯铜通常呈紫红色，故称紫铜，通常具有良好的导电、导热性，耐蚀，可焊；并可冷、热加工成管、棒、线、板、带等各种形状的半成品，工业上广泛用于制作导电、导热、耐蚀的器材。

1 纯铜

纯铜的密度为 $8.94\times10^3kg/m^3$，属于重金属，其熔点为 1083℃，晶体结构为面心立方晶格。纯铜最突出的性能是具有高的导电、导热性，仅次于银而居第二位。工业上纯铜用作各种导线、电缆、电器开关等导电器材和各种冷凝管、散热管、热交换器、真空电弧炉的结晶器等。特别是导电器材，其用量占铜材总量的一半以上。

铜是正电性金属，其标准电极电位为 +0.345V，比氢高，在水溶液中不能置换氢，因此，铜在许多介质中化学稳定性都很好。

铜在大气中耐蚀性良好，暴露在大气中，能在表面生成难溶于水，并与基底金属紧密结合的碱性硫酸铜或碱性碳酸铜薄膜，对铜有保护作用，可防止铜继续腐蚀。铜在淡水及蒸汽中的抗蚀性也很好。所以野外架设的大量导线、水管、冷凝管等，均可不另加保护。

铜在海水中的腐蚀速率不大，年腐蚀速率约为 0.05mm。此外，铜离子有毒性，使海生物不易黏附在铜合金件表面上，避免了海生物的腐蚀，故常用来制造在海水中工作的设备或舰船零件。加入 0.15%～0.3%As 能显著提高铜对海水的抗蚀性。

铜在非氧化性的酸(如 HCl)、碱、多种有机酸(如醋酸、柠檬酸、草酸等)中有良好的耐蚀性。但是，铜在氧化剂和氧化性的酸(如 $HNO_3$)中不耐蚀。在含氨、$NH_4^+$ 或 $CN^-$ 等离子的介质中，因形成 $[Cu(NH_3)]^{2+}$ 或 $[Cu(CN)_4]^{2-}$ 络合离子，使铜迅速腐蚀。若溶液中含有氧或氧化剂时腐蚀更严重。

纯铜的力学性能不高，铸造性能不好，且许多情况下耐蚀性也不高。为了改善这些性能，常在铜中加入合金元素锌、锡、镍、铝和铅。为了某些特殊目的，有时还加入硅、钛、锰、铁、砷、碲等。加入这些元素形成的铜合金，或是比纯铜有更高的耐蚀性；或者保持铜的耐蚀性的同时，提高了力学性能或工艺性能。

2. 黄铜

黄铜是指以锌为主要合金元素的铜合金。如果只是由铜、锌组成的黄铜就叫作普通黄铜。如果是由两种以上的元素组成的多元合金就称为特殊黄铜，如由铅、锡、锰、镍、铅、铁、硅组成的铜合金。黄铜有较强的耐磨性能。特殊黄铜又叫特种黄铜，它强度高、硬度大、耐化学腐蚀性强，还有切削加工的机械性能也较突出。由黄铜所拉成的无缝铜管，质软、耐磨性能强。黄铜无缝管可用于热交换器和冷凝器、低温管路、海底运输管，制造板料、条材、棒材、管材，铸造零件等。

根据所加合金元素的种类和含量不同，黄铜可以分为单相黄铜、复相黄铜及特殊黄铜三大类。锌含量少于 36%的黄铜，室温下的显微组织由单相的 α 固溶体组成，称为 α 黄铜；锌含量在 36%～46%范围内的黄铜，室温下的显微组织由(α+β)两相组成，称为(α+β)复相黄铜(两相黄铜)；锌含量超过 46%的黄铜，室温下的显微组织仅由 β 相组成，称为 β 黄铜，因 β 相太多，脆性大，无实用价值。特殊黄铜是为了提高黄铜的耐蚀性、强度、硬度和切削性等，在铜—锌合金中加入少量(一般为 1%～2%，少数达 3%～4%，极个别的达 5%～6%)锡、铝、锰、铁、硅、镍、铅等元素，构成三元、四元、甚至五元合金，也称复杂黄铜。

黄铜在大气中腐蚀很慢，在纯净淡水中腐蚀速率也不大(约 0.0025～0.025mm/a)，在海水中腐蚀稍快(约 0.0075～0.1mm/a)。水中的氟化物对黄铜的腐蚀影响很小，氯化物影响较大，而碘化物则有严重影响。在含有 $O_2$、$CO_2$、$H_2S$、$SO_2$、$NH_3$ 等气体的水中，黄铜的腐蚀速率剧增。在矿水尤其是含 $Fe_2(SO_4)_3$ 的水中极易腐蚀。在硝酸和盐酸中产生严重腐蚀，在硫酸中腐蚀较慢，而在 NaOH 溶液中则耐蚀。黄铜耐冲击腐蚀性能比纯铜好。

黄铜的腐蚀破坏形式除一般性腐蚀及介质中冲击腐蚀外，还有两种特殊的腐蚀破坏形式，即脱锌腐蚀和腐蚀破裂。

(1) 黄铜脱锌。黄铜脱锌腐蚀是黄铜的主要破坏形式，特别是在热海水中发生，有时也在淡水或大气环境中发生。黄铜在中性溶液中，在供氧不充分情况下，也容易产生脱锌腐蚀。

(2) 黄铜的 SCC。常称为“季裂”或“氨脆”。影响黄铜 SCC 的因素有腐蚀介质、应力、合金成分与组织结构。某些合金只有在一定介质及特定应力条件下，才会发生 SCC。

3. 青铜

青铜是指除黄铜、白铜之外的所有铜合金的统称。按成分可分为锡青铜——其主要成分是锡；无锡青铜(特殊青铜)——其主要合金成分没有锡，而是铝、铍等其他元素。锡是少而贵的金属，因而目前国内外广泛采用价格便宜，性能更好的特殊青铜或特殊黄铜来代替它。

青铜按主要添加元素分别命名为锡青铜、铝青铜、铍青铜等。锡青铜耐大气和淡水、海水腐蚀，耐冲击腐蚀，不产生 SCC 和脱“锡”腐蚀。用于制造泵、齿轮、轴承、旋塞等要求耐磨损和腐蚀的零件，即广泛用作铸件和加工产品。

## 11.7 镍及镍合金

镍及其合金具有优良的耐蚀性，强度高、塑性大、易于冷热加工，是一种很好的耐蚀材料。镍的主要用途是作为不锈钢、耐蚀合金及高温合金的添加元素或基体。但是，由于 Ni 资源少、成本高，故其应用受到了很大的限制。

1. 纯镍

镍的标准电极电位为−0.25V，在电位序中比氢负。从热力学上看，它在稀的非氧化性酸中，可发生析氢反应，但实际上，其析氢速率极其缓慢。因此，镍耐还原性介质腐蚀，但不耐 $HNO_3$ 腐蚀。镍的氧化物溶于酸而不溶于碱，所以它的耐蚀性随着溶液 pH 的升高而增大，镍及其合金转入钝态而趋于稳定。镍对 NaOH 和 KOH 在几乎所有的浓度和温度下都耐腐蚀，镍在熔融的碱中也耐蚀，故镍多用在制碱业上，是制作熔碱设备的优良材料之一。

镍在干燥和潮湿的大气中都非常耐蚀，可以制造硬币。但镍对硫化物不耐蚀，如碱中含有硫化物尤其含有 $H_2S$、$Na_2S$ 时，在高温会加速镍腐蚀，也会发生 SCC。

镍在非氧化性的稀酸(如盐酸)中在室温下相当稳定。

2. 镍基耐蚀合金

国外最早生产和应用的镍基耐蚀合金是 Ni - Cu(Monel)合金，后来发展了 Ni - Mo、Ni - Cr 等系列耐蚀合金。工业上常用的镍基合金主要有 Ni - Cu 系、Ni - Cr 系、Ni - Mo 系及 Ni - Cr 系等。

(1) Ni - Cu 系合金。Ni、Cu 可以形成无限固溶体。当合金中 Ni 小于 50%时，其腐蚀性能接近于铜；当 Ni 大于 50%时，其腐蚀性能接近镍。最著名的 Ni - Cu 合金是蒙乃尔合金，即 Ni70Cu28(Monel)合金，它兼有镍的钝化性和铜的贵金属性。即在氧化性介质中较纯铜耐蚀，在还原性介质中较纯镍耐蚀。一般镍、铜合金对卤素元素、中性水溶液，一定浓度、温度的苛性碱溶液以及中等温度的稀 HCl、$H_2SO_4$ 及 $H_3PO_4$ 都耐蚀。在各种浓度和温度的氢氟酸中特别耐蚀，其性能仅次于铂和银。Ni - Cu 合金常用来制造与海水接触的零件、矿山水泵及食品、制药业等方面使用的设备。

(2) Ni - Cr 系合金。这类合金的代表就是因科镍尔合金(0Cr15Ni75Fe)，在作为高强度耐热材料。其特点是在还原性介质中保持相当耐蚀性的同时，在氧化性介质中也具有高的稳定性，而且远高于纯镍和 Ni - Cu 合金。它是能抗热 $MgCl_2$ 腐蚀的少数几种材料之一。它无应力腐蚀倾向，故常用于制作核动力工程的蒸发器管束。它在高温下具有很高的力学性能和抗氧化性能，通常用作高温材料如燃气轮机的叶片等零件。

(3) Ni－Mo系合金。镍和钼能形成一系列的固溶体。它是高耐蚀的镍基合金，具有很好的力学性能。在HCl等还原介质中有极好的耐蚀性，但当酸中有氧或氧化剂时，耐蚀性显著下降。常用的有0Ni65Mo28Fe5V(哈氏合金B)、Ni60Mol9Fe20(哈氏合金A)、00Ni70Mo28(哈氏合金B－2)、Ni60Crl6Mol6W4(哈氏合金C)及0Cr7Ni25Mol6(哈氏合金N)等系列。哈氏合金C在室温耐所有浓度的HCl和氢氟酸腐蚀，在王水中也具有一定的耐蚀性。哈氏合金N是一种耐高温氟化物熔盐腐蚀，高强度、抗辐照、易焊接，可变形的低Ni－Cr－Mo型合金。

Ni－Mo系合金几乎对所有浓度、温度的磷酸都耐蚀，但它们一般不耐硝酸腐蚀。

## 11.8 钛及钛合金

钛是一种银白色的过渡金属，其特征为重量轻、强度高、具金属光泽，也有良好的抗腐蚀能力。由于其良好的耐高温、耐低温、抗强酸、抗强碱，以及高强度、低密度、稳定的化学性质，被美誉为“太空金属”。钛能与铁、铝、钒或钼等其他元素熔成合金，造出高强度的轻合金。一般多用于航天、航空、导弹、火箭及核反应堆工程等尖端领域以及用作医用人体植入材料(义肢、骨科移植及牙科器械与填充物)、运动用品、珠宝、手机等。近年来在化工、石油、海水淡化及造纸等民用工业中也得到广泛的应用。

1. 纯钛

钛是热力学上很活泼的金属，其平衡电极电位为－1.630V，可见其化学活性很高。但钛是一个高钝化的金属，在许多介质中，钛极耐蚀，这是由于它具有很强的自钝性，其表面特别容易生成一层牢固附着的致密的氧化物保护膜。新鲜的钛表面只要一暴露在空气或水溶液中，立即会自动形成一层新的氧化膜。钛在水溶液中的再钝化过程不到0.1s。钛的耐蚀性取决于能否钝化，若钝化，钛很耐蚀；若不钝化，钛非常活泼，能发生强烈的化学反应。钛可以在含氧的溶液中保持稳定的钝性，因而钛具有极好的耐蚀性能。

在氧化性的含水介质中，钛能钝化，其钝化特点有3个。

(1) 致钝电位低，即钛容易钝化，在稍具有氧化性的氧化剂中就可钝化。

(2) 稳定钝化区长，即钝态十分稳定，不易过钝化。具有高钝态稳定性是由于表面上生成具有较高氧超电压的$TiO_2$钝化膜。

(3) 在$Cl^-$离子存在时，钝态也不受破坏，即钛具有耐氯化物腐蚀的电化学特征。

钛在大气和土壤中极其耐蚀，在中性和弱酸性氧化物溶液中有良好的耐蚀性。如$FeCl_3$和$CuCl_2$等盐能引起大多数金属和合金产生点蚀，但对钛却起缓蚀作用，即在氯化物溶液或海水中耐点蚀。钛的耐热性很好，熔点高达1725℃。在常温下，钛可以安然无恙地躺在各种强酸强碱的溶液中。就连最凶猛的酸——王水(1体积浓硝酸和3体积浓盐酸的混合液)也不能腐蚀它。钛对一些有机酸、果汁、食品等耐蚀。

钛对纯的非氧化性酸(盐酸、稀硫酸)不耐蚀，腐蚀速率随温度升高而增加。钛对氢氟酸、高温的稀磷酸，室温浓磷酸也不耐蚀。钛在稀碱液中耐蚀。但高浓度(大于22%)和高温下，则不耐蚀；钛在无水的氧化性介质中是危险的。如在含$NO_2$多、含水少的红发烟硝酸中能着火，在卤气中也如此。

2. 钛合金

钛是同素异构体，熔点为1720℃，在低于882℃时呈密排六方晶格结构，称为α钛；在882℃以上呈体心立方晶格结构，称为β钛。利用钛的上述两种结构的不同特点，添加适当的合金元素，使其相变温度及相分含量逐渐改变而得到不同组织的钛合金(itanium alloys)。室温下，钛合金有3种基体组织，钛合金也就分为以下3类：α合金、(α+β)合金和β合金。中国分别以TA、TC、TB表示。

(1) α钛合金。它是α相固溶体组成的单相合金，不论是在一般温度下还是在较高的实际应用温度下，均是α相，组织稳定，耐磨性高于纯钛，抗氧化能力强。在500～600℃的温度下，仍保持其强度和抗蠕变性能，但不能进行热处理强化，室温强度不高。

(2) β钛合金。它是β相固溶体组成的单相合金，未热处理即具有较高的强度，淬火、时效后合金得到进一步强化，室温强度可达1372～1666MPa；但热稳定性较差，不宜在高温下使用。

(3) (α+β)钛合金。它是双相合金，具有良好的综合性能，组织稳定性好，有良好的韧性、塑性和高温变形性能，能较好地进行热压力加工，能进行淬火、时效使合金强化。热处理后的强度约比退火状态提高50%～100%；高温强度高，可在400～500℃的温度下长期工作，其热稳定性次于α钛合金。

3种钛合金中最常用的是α钛合金和(α+β)钛合金；α钛合金的切削加工性最好，(α+β)钛合金次之，β钛合金最差。α钛合金代号为TA，β钛合金代号为TB，(α+β)钛合金代号为TC。

钛合金还可按用途可分为耐热合金、高强合金、耐蚀合金(钛-钼、钛-钯合金等)、低温合金以及特殊功能合金(钛-铁贮氢材料和钛-镍记忆合金)等。

3. 钛的局部腐蚀

与不锈钢、镍基合金、铜合金和铝合金等相比，工业钝钛具有较高的抗局部腐蚀性能。抗点蚀性能极佳，对晶间腐蚀、应力腐蚀、腐蚀疲劳等均不敏感，仅在极个别的介质中才可能发生。但Ti和其他钝化金属一样较易产生缝隙腐蚀，在极少数情况下，也能发生选择腐蚀和接触腐蚀。

(1) 点腐蚀。Ti在氯化物介质中的点蚀电位都很高，抗点蚀性能比不锈钢和镍都好，一般在温度低于80℃时不会产生点蚀。

(2) 缝隙腐蚀。钛抗缝隙腐蚀能力比不锈钢、镍等都好，钛对缝隙腐蚀的敏感性随氯化物溶液的温度、浓度的增加而提高。一般认为，在温度低于120℃的氯化物溶液中很难产生缝隙腐蚀，溶液中pH越高，钛的缝隙腐蚀的孕育期就越长，pH>13.2时，钛一般不产生缝隙腐蚀。

(3) 焊区腐蚀。焊区腐蚀是钛及钛合金一种重要的腐蚀形式。研究表明，杂质铁和铬在焊区分布的变化是引起焊区腐蚀的主要原因。在氯化氢气体、高温柠檬酸溶液和含硼氟酸根的镀Cr溶液中，均发现钛焊区腐蚀。

(4) 应力腐蚀开裂。应力腐蚀开裂是钛及其合金的一种重要破坏形式。工业纯钛在水溶液中一般不发生应力腐蚀开裂。钛合金在热盐、甲醇氯化物溶液、红硝酸甚至在氯化钠水溶液中都发生过应力腐蚀开裂。研究表明，钛及钛合金的应力腐蚀开裂属于氢脆型。

## 11.9 镁及镁合金

镁是地壳中储藏量较多的金属之一，仅次于铝和铁，占第三位。镁是比重最小的金属之一(比重为 1.73g/$cm^3$)。镁及镁合金具有比强度高、比刚度高，并具有高的抗震能力、电磁屏蔽性能优异、易回收等一系列优点，是汽车、电子、航空航天、国防军工、仪表、光学仪器等领域的重要结构材料之一。

1. 镁的腐蚀行为和影响因素

镁是一种非常活泼的金属，在 25℃时的标准电位为－2.36V，并且在常用介质中的电极电位也很低，其腐蚀电位依介质而异，一般在－1.64～＋0.5V 之间。在自然环境中的腐蚀电位约为－1.5～－1.3V，在海水中的稳定电位为－1.6～－1.5V，是工业合金中最负的。镁的电位虽然很负，但镁极易钝化，其钝化性能仅次于铝，但由于其氧化膜一般都疏松多孔，故镁和镁合金具有极高的化学和电化学活性，即耐蚀性能较差。

镁在大气条件下和中性溶液中的腐蚀过程略有不同，后者的腐蚀几乎是纯氢去极化的腐蚀过程，而前者在薄的水膜情况下，阴极以氢去极化为主，但随金属表面上的水膜越薄，或者空气中的相对湿度越低，氧去极化的作用越显著。

镁在各种 pH 下都能发生析氢腐蚀。在酸性、中性或弱碱性溶液中，镁被腐蚀而生成 $Mg^{2+}$ 离子。镁在 pH 为 11～12 或以上的碱性区，由于生成稳定的 $Mg(OH)_2$ 膜而钝化，因而是耐蚀的。镁在含有 $F^-$ 的溶液中也比较稳定，这是因为在含有 $F^-$ 的溶液中能生成一层不溶的 $MgF_2$ 膜而耐蚀。镁在铬酸和铬酸盐中也较为稳定。

镁的另一个特点是具有较大的负差异效应。即在一些介质中，如质量分数为 3％的 NaCl、质量分数为 3％的 $MgCl_2$ 介质中，当镁同其他阴极性金属接触时，镁的局部电池作用得到加强，即镁的析氢腐蚀速率增大。当它接触阴极性金属或镁中含有阴极性组元时，会强烈加速腐蚀。

2. 影响镁和镁合金耐蚀性的因素

(1) 化学成分的影响。镁中一般含 Fe、Ni、Al、Ca、K、Si 等杂质。其中最有害的是 Fe、Ni、Co、Cu 等，这些元素通常以杂质元素形式存在，Fe 不能溶于固溶态镁中，以金属铁形式分布于晶界处，而 Ni、Cu 等在镁中溶解度很小常形成 $Mg_2Ni$、$Mg_2Cu$ 等金属间化合物，以网状形式分布于晶界处，会强烈加速镁在氢去极化过程中的腐蚀。纯度为 99.9％的工业纯镁在 0.5mol/L 的 NaCl 溶液中的腐蚀速率比纯度为 99.99％的高纯镁大两个数量级。因此，为了提高镁的耐蚀性，一般限定镁中杂质含量 $w$(Fe)为 0.017％、$w$(Cu)为 0.1％、$w$(Ni)为 0.005％等。

(2) 热处理的影响。热处理对镁合金耐蚀性的影响主要是析出相的影响。凡是导致析出金属间化合物的热处理，通常都会降低镁合金的耐蚀性。例如，Mg－1.8Nd－4.53Ag－4.8Pb－3.83Y 固溶体型合金，固溶态比铸态具有较高的耐蚀性。但时效处理后，由于析出弥散的阴极相而使合金耐蚀性变得比铸态还低。经过固溶处理使第二相不能完全溶解的合金，如 Mg－5.39Sn－8.5Li－5.0La 合金，反而使第二相更加分散，其耐蚀性较铸态的耐蚀性低；如再进行时效处理，耐蚀性将进一步降低。对于含锌量小于 1％的镁铝锰合金，如果固溶处理时采取空冷，则与固溶并时效处理的相比，其腐蚀速率差别不大。含锌量为3%的合金，如果采用相似的冷却，则仅固溶处理比固溶并时效处理后的腐蚀速率略高，热处理会使腐蚀速率提高2～5倍，如果固溶处理后还进行时效处理，则提高的倍数较低。

3. 各种条件下镁合金的腐蚀行为

(1) 大气腐蚀。镁在大气中腐蚀的阴极过程是氧的去极化，其耐蚀性主要取决于大气的湿度及污染程度。一般地，潮湿的环境对镁合金的腐蚀，只有当同时存在腐蚀性颗粒的附着时才发生作用。如果大气清洁，即使湿度达到100%，镁合金表面只有一些分散的腐蚀点。但是当大气污浊，有腐蚀性颗粒在镁合金表面构成阴极时，表面则迅速生成灰色的腐蚀产物。大气中含有硫化物和氯化物将加速镁的腐蚀，大气中 $SO_2$ 含量达 $100mg/m^3$ 时，腐蚀速率增加，生成可溶性的硫酸盐，因此镁在工业大气和海洋大气中是不耐蚀的。在干燥的清洁空气中，由于表面膜的保护作用而基本稳定。

(2) 在各种介质中的腐蚀。镁及其合金在大多数有机酸、无机酸和中性介质中均不耐腐蚀，甚至在蒸馏水中，去除了表面膜的镁合金也会因为发生腐蚀而析氢。但在铬酸中由于镁表面钝化而较为稳定。在含有 $Cl^-$ 及 $SO_4^{2-}$ 的溶液中腐蚀速率较大，而在含有 $SiO_3^{2-}$、$CrO_4^{2-}$、$Cr_2O_7^{2-}$、$PO_4^{3-}$、$F^-$ 等离子的溶液中，由于可能形成保护性的表面膜而腐蚀速率较小。镁在碱中耐蚀性好，由于 $Mg(OH)_2$ 沉淀膜的存在，对基体具有很好的保护作用。

(3) 电偶腐蚀与全面腐蚀。镁合金由于电极电位较绝大多数金属低，当镁及其合金与其他金属接触时，一般作为阳极发生电偶腐蚀。阴极可以是与镁直接有外部接触的异种金属，也可以是镁合金内部的第二相或杂质相。对于氢过电位较低的金属如Fe、Ni、Cu等，作为杂质在合金内部与镁构成腐蚀微电池，导致镁合金发生严重的电偶腐蚀。而那些具有较高氢过电位的金属，如Al、Zn、Cd等，对镁合金的腐蚀作用相对较小。镁合金基体与内部第二相形成的电偶腐蚀在宏观上表面为全面腐蚀。Hiroyuki等研究了AZ91D合金在大气条件下与异种金属的接触腐蚀行为，发现中碳钢和SUS304不锈钢与镁接触加速其电偶腐蚀，而经阳极氧化的铝合金则降低镁合金的腐蚀效应。

(4) 点蚀与丝状腐蚀。镁是自钝化金属，当暴露于含 $Cl^-$ 的非氧化性介质中，在自腐蚀电位下发生点蚀，在中性和碱性盐溶液中呈现典型的点蚀特征。将Mg-Al合金浸入NaCl溶液中，经过一定的诱导期，产生点蚀。点蚀的发生可能是由于沿 $Mg_{17}Al_{12}$ 网状结构的选择性侵蚀造成的，随后伴有晶粒的碎裂和脱落。

在镁合金的保护性涂层和阳极氧化膜下面，可能发生丝状腐蚀。没有涂层的纯镁不会发生丝状腐蚀，但是未经涂覆的AZ91合金也能发生丝状腐蚀。这可能是由于合金表面自然形成保护性的氧化物膜所致。这种丝状腐蚀被氧化物膜所覆盖，并由于析氢而导致保护性氧化物膜的破裂。

(5) 应力腐蚀破裂与氢脆。Mg-Mn合金和Mg-Zn-Zr合金对应力腐蚀开裂(SCC)不敏感。而Mg-Al-Zn合金具有应力腐蚀开裂的倾向。镁的SCC主要有穿晶型的，也有晶间型的。Mg-Al-Zn合金沿晶界生成 $Mg_{17}Al_{12}$ 沉淀，其SCC是晶间型的，并且由于 $MgH_2$ 的形成而导致氢脆。

在pH大于10.2的碱性介质中，镁合金非常耐SCC。而在含有 $Cl^-$ 的中性溶液中甚至在蒸馏水中，镁合金对SCC极其敏感。而镁合金在氟化物和含氟的溶液中耐SCC。

## 11.10 非晶态合金的耐蚀性

### 1. 非晶态合金的结构特点

在日常生活中人们接触的材料一般有两种：一种是晶态材料，另一种是非晶态材料。所谓晶态材料，是指材料内部的原子排列遵循一定的规律。反之，内部原子排列处于无规则状态，则为非晶态材料。像氯化钠、金刚石等都是晶态材料，而塑料和玻璃属非晶态材料。

以往人们认识的所有金属和合金，其内部原子排列有序，都属于晶态材料。当合金熔体从高温快速冷却，熔体中的金属原子来不及规则性排列时就完成了凝固过程，不同金属原子在三维空间呈无序状排列时，就形成了非晶态合金。

1）内部原子排列长程无序短程有序

非晶态合金又称为金属玻璃。结构不存在长程周期性，但在几个原子间距的范围内，原子的排列仍然有着一定的规律，因此可以认为非晶态合金的原子结构为“长程无序，短程有序”。通常定义非晶态合金的短程有序区小于1.5nm，即不超过4～5个原子间距，从而与纳米晶或微晶相区别。

2）结构均匀

非晶态合金通常是利用快淬方法制备的。在快淬过程中，由于冷却速率大都在$10^6$℃/S以上，原子长程扩散被抑制，因此液固转变后形成的非晶态合金中，避免了平衡凝固过程中产生的第二相、沉淀、成分起伏和偏析等缺陷，被认为是理想的化学均匀合金。

非晶态合金是一种单相的长程无序、短程有序的均相结构，不存在晶态合金中常见的晶界、位错和堆垛层错等缺陷。由此可见，非晶态合金表面化学成分、结构具有高度均匀性、各向同性。

3）热力学不稳定

体系吉布斯自由能比较高，有转变为晶态的倾向。因此制备非晶态合金材料必须解决两个方面的关键问题：一是必须形成原子混乱排列的状态，二是将热力学亚稳态在一定温度范围内保存下来。

### 2. 非晶态合金的耐蚀性特点

对于非晶态合金来说，从热力学角度看是亚稳定的，但与相同或相近成分的晶态合金相比，其化学稳定性却很高，在许多环境中具有相当高的耐蚀性能，如图11.7所示。一般而言，非晶态合金的耐蚀性与表面均匀性、表面钝化膜和合金添加元素有关。

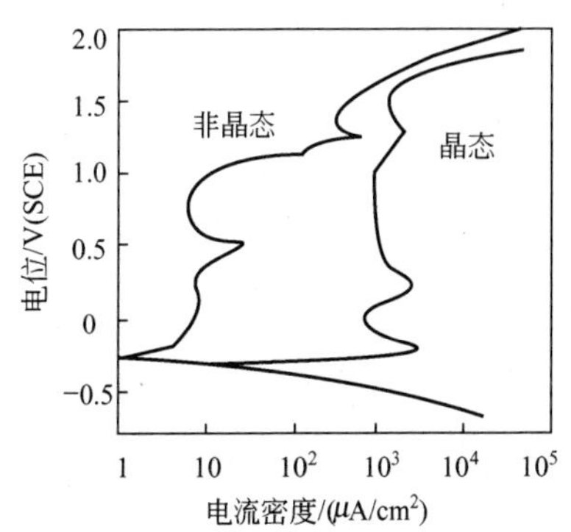


图11.7 非晶态合金和晶态合金的阳极极化曲线

1）表面均匀

由于非晶态合金是一种单相的长程无序、短程有序的均相结构，其表面化学成分、结构具有高度的均匀性和各向同性。不存在晶态合金中常见的晶界、位错和堆垛层错等缺陷。因此几乎不存在化学、电化学腐蚀的活性点，这是非晶态合金具有较高耐蚀性能的原因之一。

2）钝化膜致密

与晶态合金一样，非晶态合金表面的钝化膜也是其耐蚀性能高的原因之一，而耐蚀性能的好坏，则与钝化膜的成分、结构、性质有关。例如，非晶态结构的 Fe－10Cr－13P－7C 在 1mol/L 盐酸的溶液中可自发钝化，其合金表面的钝化膜主要成分是羟基氢氧化铬，$Cr^{3+}$ 在钝化膜中的富集程度很高，因此合金的钝化能力很强、耐蚀性能很好。

对无稳定钝化膜的非晶态合金，其活性溶解速率远高于晶态金属，而这种活性溶解则会使 $Cr^{3+}$ 在钝化膜内富集。活性溶解越快，钝化作用也越快，$Cr^{3+}$ 在钝化膜内富集的程度就越高，形成均匀、致密的钝化膜，导致耐蚀性能提高，因此，活性溶解是钝化膜形成的必要条件之一。非晶态合金表面的钝化膜通常具有较强的自修复能力。

3）添加元素作用

(1) 非金属元素。在金属-类金属型非晶态合金中添加磷、碳、硅、硼等元素，通过对钝化的动力学和钝化膜成分的影响，可提高合金的耐蚀性。例如硼、硅、碳、磷等合金元素，对非晶态合金耐蚀性能的提高作用依次增大，尤其是磷。其原因有二：一是磷可促使钝化膜形成之前的活性溶解，加快有利于形成钝化膜的金属离子的富集速率；二是磷以 $P^{5+}$ 离子溶解于水溶液，几乎不存在于钝化膜中，因此磷是提高非晶态合金耐蚀性能的最有效元素。碳对钝化膜形成有一定的促进作用，但不存在于钝化膜中，作用次于磷。硅、硼分别以硅酸盐和硼酸盐的形式存在于钝化膜中，作用不如磷和碳。

(2) 金属元素。在金属-类金属型非晶态合金中添加铬、钼、钛等金属元素，可显著提高合金的耐蚀性。其中铬的作用最大(铬质量分数大于 0.05 时)，钼在质量分数小于 0.05 时可显著提高合金的耐蚀性。如果与铬同时加入同族的钼、钛、钨、钒等元素中的一种，则耐蚀性更好。

(3) 贵金属元素。铂、钌、铑、钯等贵金属添加元素，虽然在金属 类金属型非晶态合金表面钝化膜中含量较少，但腐蚀过程中它们在膜/基体界面上富集，降低阳极活性，使金属-类金属型非晶态合金的耐蚀性能提高。

3. 非晶态合金的腐蚀行为

(1) 均匀腐蚀。金属-类金属型非晶态合金的耐蚀性能主要取决于钝化元素的作用，而非晶态的组织结构作用次之。例如，在稀硫酸中，非晶态的 $Fe_{70}Si_{30}$ 合金比晶态的 $Fe_{70}Si_{30}$ 合金的腐蚀速率低一个数量级，如果使晶态合金中的硅质量分数提高 0.1，则因硅的钝化作用可使腐蚀速率降低到原来的 1/50。

与一些金属-类金属型非晶态合金相比，金属-金属非晶态合金不是非常耐腐蚀，其耐蚀性低于合金中具有最高钝化能力(或耐蚀性能)的晶态纯金属的耐蚀性。

(2) 局部腐蚀。非晶态合金具有优良的耐蚀性能，一般情况下不会产生点蚀、缝隙腐蚀等局部腐蚀。对于特殊条件下(如阳极极化)产生的点蚀和缝隙腐蚀，其发展速率通常也较晶态合金低。

在质量分数为 0.1 的三氯化铁溶液中，由于活性氯离子的作用，晶态的 18－8 型不锈钢的腐蚀速率较快，并产生了点蚀，但非晶态的 $Fe_{72}Cr_8P_{13}C_7$ 合金几乎未遭受腐蚀。

非晶态合金在酸中阴极极化或在充氢的情况下，会使断裂应力下降，产生氢脆，尤其是金属-类金属型非晶态合金更为明显，这也是非晶态合金作为结构材料使用受到限制的主要原因之一。

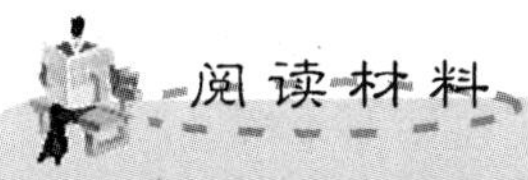


**镁合金的表面处理**

镁合金的腐蚀实质上是镁被氧化成氧化镁或氢氧化镁的电化学和化学过程。从热力学角度看，不同价态的镁及其化合物的电化学位和自由能都要比单质镁低得多。由此可见，镁的腐蚀过程是自发的、极易发生的，且是不可逆的。

大气环境中，镁和镁合金常温就会发生腐蚀现象。在干燥空气中，镁的表面会生成氧化镁；在湿润环境中，镁表面的氧化镁会转变成氢氧化镁。大气中的二氧化碳与水形成碳酸，与表面的氢氧化镁反应还会生成碳酸镁。此外，镁合金表面的氢氧化镁还会与大气中的污染物发生反应，例如二氧化硫。这些物质在镁合金外形成了一层表面膜，但是这层表面膜并无法对镁合金起到保护作用。这是由于这些表面的物质在水中都是可以溶解的，它们不可能起到阻止内部的镁继续与外界发生反应的作用。

镁合金在溶液环境中的腐蚀比在空气中更加严重。镁浸泡在自来水中，表面很快就产生了腐蚀坑，这说明自来水中的一些离子对镁的表面膜产生了影响。这种影响会由于空气中的二氧化碳溶入水中形成的碳酸，而加速了镁的腐蚀速率。镁合金在pH低于10.5的溶液环境中，即在酸性、中性、弱碱性的环境中，合金表面的氢氧化镁会不稳定，从而内部的镁也会被腐蚀。当溶液的pH高于10.5时，虽然说在热力学上，氢氧化镁表面膜是稳定的，但是受膜层致密度的影响，在一些含有强腐蚀性离子的溶液中，例如含有氯的溶液，镁表面的氢氧化镁膜层还是会被部分溶解。同时，溶液中的镁离子遇到氢氧根离子生成的氢氧化镁有可能再回到基体表面，在腐蚀过程中生成的氢气会影响新形成的表面膜的质量。这样沉淀而来的膜层较为疏松，起不到任何保护作用。

除了化学腐蚀外，镁合金还普遍的存在应力腐蚀开裂现象(SCC)，即镁合金在几乎不腐蚀的环境介质中，在拉伸应力尚未达到屈服强度一半的情况下仍有可能发生开裂现象。导致这种原因的因素有很多，如工作时构件的受力，热胀冷缩引起的应力，工件装配过程中的扭、压、撞等引入的应力，构件生产的过程以及热处理、成形、机械加工等引入的各种应力。一般的，认为SCC倾向随着残余拉应力的变大而变大。

这种应力腐蚀现象通常认为是由于一种氢脆的机制引起的。应力导致表面产生裂纹，产生裂纹处的表面没有表面膜保护，氢原子能够轻易地进入镁和镁合金中与镁反应生成氢化镁。这些进入的氢原子属于小分子，它会位于晶格的间隙中，或在裂纹尖端的表面上。它们会影响到金属原子的在这些位置上的电子密度分布，使其与相邻的金属原子间的键变弱，以至于更容易发生滑移，产生开裂。裂纹处的应力较为集中，晶格畸变较大，这就使氢原子更易优先存在于这些地方，降低了位错间弹性的交互作用。氢原子的分布还会根据应力场的变化而进行调整，从而降低了位错运动的阻力，提高了位错的运动速率。

由于镁与镁合金具有许多特性，其防护技术与一般普通金属的防腐大不相同，并且不能以过多的牺牲镁合金的性能为代价。例如，镁合金的优点在于比铝合金更轻，如果为了提高镁合金的耐腐蚀性而加入过多的重金属元素，就会使镁合金本身比重远远超过铝合金。理论上，非晶化能够提高镁合金的耐腐性。但是以现阶段技术，形成大块非晶镁合金，总需要加入较多的重金属元素，因而常常非晶镁合金要比铝合金重得多。

目前，较常用的防腐技术是将镁合金进行阳极氧化处理，就是在镁合金表面上生成一层像陶瓷般硬的沉积膜的过程。这层阳极化膜具有一定的耐磨性，同时对镁基底有一定的保护作用。它与有机涂料具有良好的结合力，可以作为有机涂层的基底。此外，阳极氧化膜还具有良好的热稳定性和绝热性能。

化学转化膜是另一种镁合金比较常用的表面处理工艺，用于涂漆底层或保护镁合金。目前大多数化学转化膜是采用铬酐或重铬酸盐为主要成分的水溶液处理(铬化处理)。由于使用铬酸盐，势必造成很大的污染，因此有必要寻找环保型的化学转化膜，如 Rudd 2 等发现铈、镧、镨等稀土转化膜在 pH=8.5 的溶液中明显提高了镁和镁合金的耐蚀性。但在长期浸泡之后涂层的保护性开始恶化，这被认为是电解液穿越膜层，在镁合金基底形成氢氧化镁，致使涂层的稳定性下降。

镁合金防腐的最后一步是在表面涂一层有机涂层，主要作用是起到进一步防腐和装饰表面的作用。为了增加有机涂层与镁表面的结合能力，可以直接在经阳极极化或经化学转化膜处理的镁合金表面上形成涂层。此外，还可以应有物理气相沉积(PVD)、化学气相沉积(CVD)、离子注入等技术对镁合金表面进行处理，从而达到表面防腐的效果。

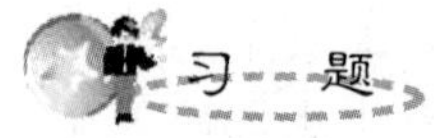


1. 利用合金化方式提高金属耐蚀性的途径有哪些？
2. 简述耐蚀合金化机理。
3. 比较铁素体不锈钢与奥氏体不锈钢晶间腐蚀的异同。
4. 黄铜的主要腐蚀形态是什么？举例说明其腐蚀机理与原因。
5. 硬铝合金表面为什么要包覆一层纯铝，它对应力腐蚀有何影响？
6. 分析铝合金主要腐蚀形式的成因，说明防止这些腐蚀的技术措施与方法。
7. 简述镁合金的应力腐蚀开裂机理及影响因素。
8. 工业纯钛的局部腐蚀形态有哪些？从电化学角度分析耐蚀钛合金的合金化原理。

# 第12章 非金属材料的腐蚀与防护

## 教学目标

通过本章的学习，使读者能够掌握非金属材料的腐蚀概念、机理和类型；了解非金属材料的腐蚀与金属材料腐蚀的区别；掌握非金属材料腐蚀的防护方法和措施；掌握陶瓷材料和高分子材料的分类以及耐蚀性。

## 教学要点

(1) 非金属材料腐蚀的概念。
(2) 高分子材料的组成与结构。
(3) 高分子的溶解和溶胀过程。
(4) 高分子的老化类型和机理。
(5) 陶瓷材料的组成和结构。
(6) 玻璃的溶解和水解等腐蚀形式。
(7) 混凝土的结构及渗透性。
(8) 混凝土腐蚀机理。

导入案例

### 环氧树脂复合材料涂层防腐

凡分子结构中含有环氧基团的高分子化合物统称为环氧树脂。固化后的环氧树脂具有良好的物理化学性能，它对金属和非金属材料的表面具有优异的黏接强度，介电性能良好，变定收缩率小，制品尺寸稳定性好，硬度高，柔韧性较好，对碱及大部分溶剂稳定，因而广泛应用于国防、国民经济各部门，作浇注、浸渍、层压料、黏接剂、涂料防腐等用途。

我国自1958年开始对环氧树脂进行了研究，并以很快的速率投入了工业生产，至今已在全国各地蓬勃发展，除生产普通的双酚A-环氧氯丙烷型环氧树脂外，也生产各种类型的新型环氧树脂，以满足国防建设及国家经济各部门的急需。

环氧树脂是泛指分子中含有两个或两个以上环氧基团的有机高分子化合物，除个别外，它们的相对分子质量都不高。

环氧树脂的分子结构是以分子链中含有活泼的环氧基团为其特征的，环氧基团可以位于分子链的末端、中间或成环状结构。由于分子结构中含有活泼的环氧基团，使它们可与多种类型的固化剂发生交联反应而形成不溶、不熔的具有三向网状结构的高聚物。

环氧树脂和和颗粒增强材料复合可以起到优良的涂层防腐作用。例如纳米氧化铝(5～10纳米的氧化铝)，该氧化铝是经过原来粒径稍大的纳米氧化铝经过层层深加工筛选出来的氧化铝，具有明显纳米蓝相。该纳米氧化铝液体可以是水性的或者油性的任何溶剂，由于其纳米粒径相当细小，故无论是何种溶剂皆是透明的。添加到环氧树脂中形成复合材料，添加量为5%到10%，外观完全透明。该增强材料和基体材料的复合可以明显提高树脂的硬度，硬度可达6～8H甚至更高。可以做各种金属、玻璃宝石，精密仪器的涂层材料，可明显提高硬度、强度、抗腐蚀以及耐刮擦能力。

非金属材料包括高分子材料和无机非金属材料两大类，其中高分子材料主要包括塑料、橡胶和合成纤维；无机非金属材料主要包括水泥、玻璃和陶瓷。非金属材料以其优异的性能被广泛地应用于日常生活和工程结构中，一般认为非金属材料具有较好的耐蚀性。但是在特定的环境中非金属材料也会发生腐蚀破坏而失效。非金属材料腐蚀问题的研究不如金属材料腐蚀问题的研究做得那么广泛和深入，但是随着非金属材料品种的不断增多，其应用领域更加广泛，有的使用环境还相当严酷和恶劣，再加上接触介质多种多样，非金属材料的成分、结构、聚集态及各种添加物的千差万别，出现各种形态的腐蚀现象，例如，多数塑料或其他高分子材料在酸、碱和盐的水溶液中具有较高的耐蚀性，但在有机介质中这些材料的耐腐蚀性就不如金属材料。有些高分子材料在无机酸、碱溶液中也会发生腐蚀，如尼龙只能耐较稀的酸、碱溶液，而在较浓的酸、碱溶液中则会受到腐蚀。多数陶瓷或其他无机非金属材料在有机介质中具有较高的耐蚀性，但是在酸、碱的水溶液中，部分陶瓷材料也会发生腐蚀。如玻璃在浓的碱溶液中，水泥在浓的酸溶液中都会受到腐蚀。

由于非金属材料一般不导电，故其腐蚀不是由电化学过程引起的，而是由化学作用或物理作用所引起。人们把非金属材料在特定的介质中发生损失和破坏而失效的现象称为非金属材料的腐蚀。

## 12.1 高分子材料的腐蚀

高分子材料的腐蚀是指高分子材料在储存和使用过程中，由于内外因素的综合作用，其物理化学性能和力学性能逐渐变坏，以至最后丧失使用价值的现象。这里的内因指聚合物的化学结构、聚集态结构等；外因指物理因素、化学因素、生物因素等。如塑料在有机溶剂中溶解、溶胀、变形，在阳光和空气中老化、脆化，在浓酸中脱水、炭化等，既与高分子材料的内部分子结构有关，也与外部环境介质有关。

高分子材料的腐蚀可分为物理腐蚀与化学腐蚀两类。物理腐蚀是指由于外界的物理作用(应力、磨损、介质溶解)而使高分子材料发生的破坏现象，涉及高分子聚集态结构的改变而不涉及分子内部结构的改变。化学腐蚀是指在化学介质中或化学介质与其他物理因素(如光照、辐射和热等)共同作用下所发生的高分子材料的破坏现象。物理过程引起的腐蚀没有化学反应发生，多数是次价键被破坏，主要表现为渗透、溶胀与溶解、应力开裂等。渗透破坏指介质在高分子材料中的扩散引起材料隔离性能的失效；溶胀是指介质分子渗入材料内部，破坏大分子间的次价键，引起聚合物分子间隙的体积增大；溶解是指介质分子与聚合物发生溶剂化作用，削弱了聚合物次价键的键能使得聚集态发生稀释的现象；应力腐蚀开裂指在应力与介质(如表面活性物质)共同作用下，高分子材料出现裂缝，直至发生断裂。化学过程引起的腐蚀有化学反应发生，多数是聚合物分子链主价键的断裂，同时聚集态分子之间的次价键也发生解离，主要表现为老化开裂、氧化降解、交联脆化等。高分子材料常见的化学腐蚀形式见表 12-1。

**表 12-1 高分子材料的腐蚀形式**

| 环境条件 | | 腐蚀形式 |
|---|---|---|
| 化学 | 氧气 | 氧化分解 |
| | 微生物 | 生物腐蚀 |
| | 辐射 | 辐射分解 |
| | 紫外线 | 降解 |
| | 热 | 热解 |
| 物理 | 应力 | 变形损失 |
| | 溶剂 | 溶解、溶胀 |

化学过程引起的腐蚀发生了化学反应，由此产生了不可逆的主键断裂。腐蚀中发生的化学反应主要是大分子的降解和交联。

降解是聚合物分子链被断裂成较小部分的化学反应。研究降解具有重大的意义，了解降解过程的机理和规律，可以控制相应的条件，有效地防止人们所不希望的降解的发生，同时在某些领域又可以使得聚合物能够产生降解(可降解高分子)，达到废旧物品回收利用和保护环境的目的。

导致降解反应的原因一是热、二是光、三是氧、四是机械力。因此聚合物降解的类型主要有热降解、光降解、氧降解、机械降解及化学降解等。在降解方式上，大致有解聚、无规降解和上述二者的综合等3种，所谓解聚指的是先在高分子末端断裂，产生活性较低的自由基，然后按连锁机理迅速脱出单体；而无规降解时，主链任何位置都可能发生断裂。

交联是指线型高分子链通过链间化学键的生成而变为体型结构的大分子反应。交联反应属于引起聚合物分子量增大的反应，在形成不溶解、不熔化的体型结构时，分子量可以被看作是无限大。交联反应的交联机理类型很多，但总的来说可分为通过共聚反应而导致的交联、通过大分子官能团的反应而产生的交联和通过大分子游离基的结合而形成的交联等3类。

降解和交联对聚合物的性能都有很大的影响。降解使聚合物的分子量下降，材料变软发粘，抗张强度和模量下降；交联使材料变硬、变脆、伸长率下降、弹性降低等。

高分子材料的腐蚀与金属腐蚀有本质的区别。对于在腐蚀性介质中发生的腐蚀现象而言，由于金属是导体，腐蚀时多以金属离子溶解进入电解液的形式发生，因此在大多数情况下金属腐蚀可用电化学过程来说明；高分子材料一般情况下不导电，也不以离子形式溶解入溶剂中，因此其腐蚀过程难以用电化学规律来说明。此外，金属的腐蚀过程大多在金属的表面发生，随着腐蚀的进行逐步向深处发展；而对于高分子材料，其周围的腐蚀性介质(气体、液体等)向材料内渗透扩散是腐蚀的主要原因，同时，高分子材料中的某些小分子组分(如增塑剂、稳定剂等)从材料内部向外扩散迁移而溶于介质中也是引起高分子材料腐蚀的原因之一。

## 12.2 高分子材料的溶解腐蚀

1. 溶剂扩散作用

化学介质引起的高分子材料腐蚀主要是由于腐蚀性化学介质渗入高分子材料内部，使材料发生溶解破坏或引起化学反应而造成的。因为高分子材料及其腐蚀产物都是大分了，运动较困难，难于向介质中扩散，所以高分子材料的腐蚀主要由腐蚀性化学介质小分子的扩散来控制。发生腐蚀反应的速率主要取决于介质分子向材料内部的扩散速率。

高分子材料被气体或液体(小分子)透过的性能称为渗透性。表征高分子材料受到腐蚀性介质渗透的程度的参数主要有材料的增重率、渗透率和渗透速率等。

在高分子材料受介质侵蚀时，经常测定浸渍增重率来评定材料的渗透与扩散性能。增重率是指渗入的介质质量 $q$ 与样品原始质量的比值，其意义是单位质量的材料所吸收的介质的质量。

在评价材料的耐介质腐蚀性时，经常采用材料的增重率或失重率来表征材料耐蚀性能，称为增重法或失重法。增重率实质上是介质向材料内渗入扩散与材料组成物质、腐蚀产物逆向溶出的总的表现，因此，在溶出量较大的情况下，仅凭增重率来表征材料的渗透性能进而说明腐蚀行为常会导致错误的结论。不过，考虑到在防腐蚀领域中使用的高分子材料耐腐蚀性一般都较好，大多数情况下向介质溶出的量很少，可以忽略，所以，可将浸渍增重率看作是介质向材料渗入引起的。增重法适用于腐蚀产物溶出很少的高分子材料等，而失重法适用于腐蚀产物易于溶出的情况。

渗透率是指渗入的介质质量 $q$ 与样品总表面积 $A$ 的比值，其意义是材料的单位表面积所吸收的介质的质量。腐蚀性介质渗入材料内部时是通过样品表面进入的，渗入速率在很大程度上还依赖于样品总表面积 $A$，因此使用单位表面积的渗入量 $q/A$ 来描述聚合物的渗透规律在浸渍初期比增重率更符合实际。

介质的渗透与扩散是与时间相关的动态过程，为具体研究介质渗透与扩散的规律，将单位时间内通过单位面积渗透到材料内部的介质质量定义为渗透速率或扩散通量，以 $J$ 表示，其表达式为

$$J=\frac{q}{At} \tag{12-1}$$

在气体或液体中，物质的传输可以通过扩散与对流两种方式，而在固体中物质的扩散则是物质传输的唯一方式。表征物质内部扩散现象的物理方程是菲克定律。在恒稳态扩散条件下，也就是材料内部各处的介质浓度不随时间变化的条件下扩散规律可由菲克第一定律来表征，即

$$J=-D\frac{\mathrm{d}C}{\mathrm{d}x} \tag{12-2}$$

式中，$J$ 为渗透速率；$D$ 为扩散系数；$\frac{\mathrm{d}C}{\mathrm{d}x}$为浓度梯度。

负号表示扩散方向为浓度梯度的反方向，即扩散由高浓度区向低浓度区进行。

菲克第一定律表明，只要体系中存在浓度梯度就会发生扩散与渗透，扩散方向为高浓度区向低浓度区，而且渗透速率与浓度梯度成正比。

若渗透介质呈气态时，可用该介质的蒸气压 $p$ 表示其浓度，$C=Sp$，其中 $S$ 为溶解度系数。实际中 $S$ 可作为常数处理(即认为浓度与压力呈线性关系)，这时可对菲克第一定律进行变换

$$J=-D\frac{\mathrm{d}C}{\mathrm{d}x}=-D\frac{\mathrm{d}Sp}{\mathrm{d}x}=-DS\frac{\mathrm{d}p}{\mathrm{d}x}=-P\frac{\mathrm{d}p}{\mathrm{d}x} \tag{12-3}$$

式中，$P=DS$ 为渗透系数。

因此，气体在高分子材料内的渗透能力，也可用渗透系数 $P$ 来表征。气体的渗透速率与扩散系数 $D$、溶解能力 $S$ 有关。介质的扩散系数大，溶解能力强，渗透就容易，材料就易于腐蚀。一般来说，橡胶弹性体的 $P$ 最大，其次是无定形的塑料，然后是半结晶的塑料。

体系的渗透能力取决于渗透介质的浓度分布及在材料内的扩散系数。而扩散系数是由介质与聚合物共同决定的。影响渗透性能的因素有以下几种。

1) 聚合物本身结构的影响

介质分子在聚合物中的扩散与材料中存在的空位和缺陷的多少有关。空位和缺陷越多，扩散越容易。因此，凡影响材料结构的紧密程度的因素均影响扩散系数。例如，提高聚合物的结晶度、交联密度及取向程度，均会使结构变得更加致密，故可使扩散运动变得更加困难。

2) 介质的影响

介质分子的大小、形状、极性和介质的浓度等因素影响介质在高分子材料中的扩散速

率。在其他因素一定时，介质的分子越小，与高分子的极性越接近，则介质的扩散越快。大多数扩散物质的分子尺寸在 0.2～0.5nm 之间(表 12-2)，分子尺寸越大，扩散越慢，在图 12.1 中可以看出各种渗透介质的尺寸对渗透系数的影响。在图中还表示出弹性体(天然橡胶)比非晶态聚合物(硬聚氯乙烯)的扩散系数大。

**表 12-2　各种渗透介质的直径**

| 分子 | 直径/nm | 分子 | 直径/nm |
|---|---|---|---|
| He | 0.26 | $C_2H_4$ | 0.39 |
| $H_2$ | 0.289 | Xe | 0.396 |
| NO | 0.317 | $C_3H_8$ | 0.43 |
| $CO_2$ | 0.33 | $n-C_4H_{10}$ | 0.43 |
| Ar | 0.34 | $CF_2Cl_2$ | 0.44 |
| $O_2$ | 0.346 | $C_3H_6$ | 0.45 |
| $N_2$ | 0.364 | $CF_4$ | 0.47 |
| CO | 0.376 | $i-C_4H_{10}$ | 0.50 |
| $CH_4$ | 0.38 | | |

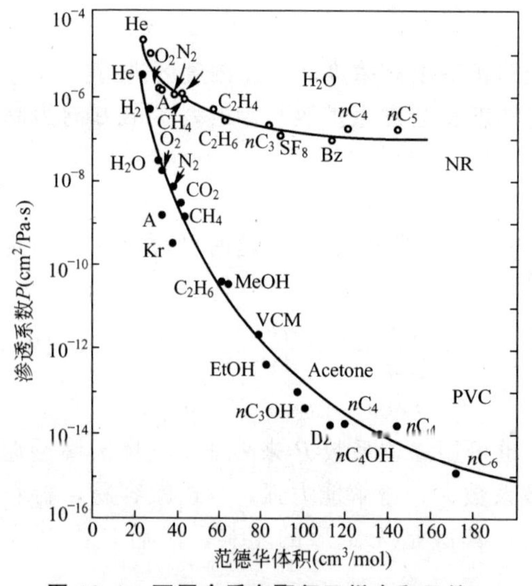


**图 12.1　不同介质在聚氯乙烯中和天然橡胶中的扩散系数**

介质浓度的影响有两种不同的情况：若介质与高分子材料发生反应，一般随介质浓度升高而使扩散加快；若二者不发生反应，则腐蚀介质中起主要作用的是水，介质浓度越大，水化作用消耗的水分子越多，主要起扩散作用的水分子越少，从而使扩散越慢。

3）温度的影响

温度对扩散运动影响较大。随着温度升高，大分子的热运动加剧，使高分子材料中的空隙增多；同时介质分子的热运动能力也提高，两种因素均使介质的扩散速率加快。

4）其他因素的影响

高分子材料中的添加剂，因其种类、数量及分布状况等都会不同程度地影响高分子材料的抗渗能力。此外，高分子材料在二次加工(如加热成型、热风焊接)后其取向、结晶等聚集态结构，孔隙率及内应力分布等均发生变化，故一般都会降低材料的抗渗性能。

2. 溶胀溶解作用

聚合物与溶剂分子的尺寸相差悬殊，两者的分子运动速率也差别很大，溶剂分子能比较快地渗透进入聚合物，而高分子向溶剂的扩散却非常慢。当聚合物与溶剂混合时，体系中存在 3 种运动单元：溶剂小分子、聚合物分子链段和整体聚合物大分子。聚合物溶解要经过溶胀和高分子分散两个阶段。先是溶剂分子渗入聚合物内部，使聚合物体积膨胀，称为溶胀，然后才是高分子均匀分散在溶剂中，形成完全溶解的分子分散的均相体系。聚合物的溶解过程如图 12.2 所示。

溶胀前

溶胀后

溶解后

**图 12.2　聚合物的溶解过程示意图**

聚合物之所以出现溶胀现象，是由于聚合物的平均分子量很大，分子链很长，而且存在链的纠缠，而溶剂小分子分子量相对很小，两者的运动速率差别很大。溶剂小分子能很快地进入到聚合物中，因为链段的尺寸与溶剂接近，使得链段很快发生运动，导致高分子链能够克服彼此纠缠和强的相互作用而向溶剂扩散，出现了溶胀现象。

聚合物溶胀的结果宏观上体积显著膨胀，虽仍保持固态性能，但强度、伸长率急剧下降，甚至丧失其使用性能。溶胀和溶解对材料的机械性能有很强的破坏作用。所以在防腐使用中，应尽量防止和减少溶胀和溶解的发生。

大多数聚合物在溶剂的作用下都会发生不同程度的溶胀。在溶胀阶段，溶胀现象的发生是由表及里进行的。当聚合物被溶胀后，可以有两种发展结果：一种是无限溶胀以至溶解；另一种是有限溶胀。凡属线型聚合物，在合适的溶解条件下，只要溶剂量足够最终就能达到溶解。

线型非晶态聚合物溶于它的良溶剂并无限吸收溶剂，直到完全溶解成均匀的真溶液，此现象称为无限溶胀。由于大分子运动速率很慢，溶解均匀需要足够长的时间，有时需要几天或几星期才能完成。

凡属体型聚合物都不能溶解，只能溶胀。因为体型聚合物为三维网状结构，一块聚合物就相当一个大分子链，交联键不能打开。所以它吸收溶剂后，溶胀到一定限度，不论再持续多长时间，吸收的溶剂量不再增加而达到平衡，体系始终保持两相状态，体积不再变化，此现象称为有限溶胀。在有限溶胀的情况下只存在小分子和链段的运动。由于化学交联键的存在，链段的运动使得体系产生了反抗网络张开的力，当渗透压和张力平衡时就达到了溶胀平衡。

对线型聚合物来说，聚合物的溶解度与它的分子量有关，分子量大的溶解度小，分子量小的溶解度大。对体型聚合物来说，聚合物的溶胀度与它的交联度有关，交联度大的溶胀度小，交联度小的溶胀度大。

非晶态聚合物分子间隙大，分子间的相互作用力较弱，溶剂分子易于渗入到高分子材料内部。若溶剂与高分子的亲和力较大，就会发生溶剂化作用，使高分子链段间的作用力进一步削弱，间距增大。结晶态聚合物的分子链排列紧密，分子链间作用力强，溶剂分子很难渗入并与其发生溶剂化作用，因此，这类聚合物很难发生溶胀和溶解。结晶态聚合物的晶相部分为热力学稳定的相态，所以它的溶解需要两个过程：首先是吸热使分子链开始运动，破坏晶格；接着被破坏了晶格的聚合物与溶剂作用，像非晶态那样先溶胀再溶解。

结晶态聚合物又分极性的和非极性的。对于非极性结晶态聚合物，在常温下不能溶解，只有在其熔点附近，晶格被破坏后，与溶剂作用从而发生溶解。所以许多加聚型晶态聚合物如PE、PP总是在有良溶剂并且加热到熔点附近的情况下才能溶解。对于一些缩聚反应所得的结晶态聚合物，它们的极性一般都很强，在适当的强极性溶剂中室温下也可溶解。其原因是结晶聚合物中非晶部分与溶剂接触时，两者强烈的相互作用(如生成氢键)放出大量的热，此热量使结晶部分的晶格破坏，然后经溶剂化作用而溶解。

3. 高分子材料的耐溶剂性

为避免高分子材料因溶胀、溶解而受到溶剂的腐蚀，在选用高分子材料时，可依据以下原则选择合适的耐溶剂腐蚀的高分子材料。

1）相似相溶原则

极性大的溶质易溶于极性大的溶剂，极性小的溶质易溶于极性小的溶剂。这一原则在一定程度上可用来判断高分子材料的耐溶剂性能。天然橡胶、无定型聚苯乙烯、硅树脂等非极性聚合物易溶于汽油、苯和甲苯等非极性溶剂中，而对于醇、水、酸碱盐的水溶液等极性介质，耐蚀性较好，对中等极性的有机酸、酯等有一定的耐蚀能力。极性高分子材料如聚醚、聚酰胺、聚乙烯醇等不溶或难溶于烷烃、苯、甲苯等非极性溶剂中，但可溶解或溶胀于水、醇、酚等强极性溶剂中。中等极性的高分子材料如聚氯乙烯、环氧树脂、氯丁橡胶等对溶剂有选择性的适应能力，但大多数不耐酯、酮、卤代烃等中等极性的溶剂。

一般来说，当溶剂与大分子链节结构类似时，常具有相近的极性，并能相互溶解。极性相似原则并不严格，如聚四氟乙烯为非极性，但却不能溶于任何冷、热溶剂。

2）溶度参数相近原则

溶度参数是表征聚合物—溶剂相互作用的参数。物质的内聚性质可由内聚能予以定量表征，单位体积的内聚能称为内聚能密度(CED)，其平方根称为溶度参数$\delta$，单位$(J/cm^3)^{\frac{1}{2}}$。

$$\delta=(CED)^{\frac{1}{2}} \tag{12-4}$$

溶度参数可以作为衡量两种材料是否共溶的一个较好的指标。当两种材料的溶度参数相近时，它们可以互相共混且具有良好的互溶性。对非极性或弱极性而又未结晶的聚合物来说要使溶解过程自动进行，通常要求聚合物与溶剂的溶度参数尽量接近。实践证明，对于非极性的非晶态聚合物与非极性溶剂混合时，当聚合物$\delta_2$与溶剂的$\delta_1$相近，即$\delta_2-\delta_1<2$时能够溶解，否则不溶解。例如天然橡胶($\delta_2=17.4$)可溶于甲苯($\delta_1=18.2$)和四氯化碳($\delta_1=17.6$)，但不溶于乙醇($\delta=26.5$)和甲醇($\delta=30.2$)中。这一原则适用于混合溶剂，例如丙酮($\delta=20.0$)和环己烷($\delta=16.7$)都不是聚苯乙烯($\delta=18.6$)的良溶剂，但按体积比1∶1混合后($\delta_{混}=18.4$)能与聚苯乙烯很好相溶。

必须指出，溶度参数相近原则只是用于非极性体系，对于极性较强或能生成氢键的体系则不完全适用。对极性高分子或极性溶剂，应将溶度参数分为极性部分的溶度参数和非极性部分的溶度参数。所以极性高分子的溶剂选择，不但要求总的溶度参数相近，而且要求极性部分和非极性部分的溶度参数也分别相近，这样才能很好地溶解。

3）溶剂化原则

聚合物的溶胀和溶解与溶剂化作用相关。所谓溶剂化作用，就是指溶质和溶剂分子之间的作用力大于溶质分子之间的作用力，以至使溶质分子彼此分离而溶解于溶剂中。研究表明，当高分子与溶剂分子所含的极性基团分别为亲电基团和亲核基团时，就能产生强烈的溶剂化作用而互溶。常见的与高分子和溶剂有关的亲电亲核基团依强弱次序列举如下。

亲电基团：

$—SO_2OH>—COOH>—C_6H_4OH>=CHCN>=CHNO_2>=CHONO_2>—CHCl_2>=CHCl$

亲核基团：

$$—CH_2NH_2>—C_6H_4NH_2>—CON(CH_3)_2>—CONH—>\equiv PO_4>—CH_2COCH_2—>—CH_2OCOCH_2—>—CH_2OCH_2—$$

具有相异电性的两个基团，极性强弱越接近，彼此间的结合力就越大，溶解性也就越好。如硝酸纤维素含亲电基团硝基，故不适宜应用于含亲核基团的丙酮、丁酮等环境中。如果溶质所带基团的亲核或亲电能力较弱，即在上述序列中比较靠后，溶解不需要很强的溶剂化作用，可溶解它的溶剂较多。如PVC、=CHCl基团只有弱的亲电性，可溶于环己酮、四氢呋喃中，也可溶于硝基苯中，因此使用PVC时就应注意规避上述环境。如果聚合物含有很强的亲电或亲核基团时，其溶于含相反基团系列中靠前的物质中。例如，尼龙-66含有强亲核基团酰胺基，要以甲酸、甲酚、浓硫酸等作溶剂。含亲电基团的聚丙烯腈则要用含亲核基团$—CON(CH_3)_2$的二甲基甲酰胺作溶剂，这些在材料选择时都是应该考虑的。

## 12.3 高分子材料的应力腐蚀断裂

1. 应力腐蚀断裂的特点

材料存在于介质环境中，即使材料不受外力，存在的内应力也能引发材料表面开裂或龟裂现象。这种应力与腐蚀介质协同作用，比在空气中的断裂应力或屈服应力低得多的应力下发生的开裂称为应力腐蚀断裂(SCC)。

SCC是应力和介质的双重作用，这种应力包括外加应力和材料内的残余应力。所说的介质，广义上包括液体、蒸气、固体介质，这里指更具实际意义的液体环境介质。

SCC是一种从表面开始发生破坏的物理现象，从宏观上看呈脆性破坏，但若用电子显微镜观察，则属于韧性破坏；不论负载应力是单轴或多轴方式，它总是在比空气中的屈服应力更低的应力下发生龟裂然后破坏，同时在裂缝的尖端部位存在着银纹区；相应的，与金属材料的应力腐蚀开裂不同，材料并不发生化学变化，而只是发生次价键力的破坏；在发生开裂的前期状态中，屈服应力不降低，只是随着这一过程的进展，屈服应力逐渐低于环境应力，在材料表面发生破坏后，逐步向内扩展。

2. 应力腐蚀断裂的机理

高分子材料的SCC是高分子材料在受力状态下所发生的物理或化学腐蚀，并使材料在低于断裂应力下产生银纹、裂缝，直至断裂的现象。为此首先讨论高分子材料破坏时的银纹与裂缝现象。

1) 银纹与裂缝

高分子材料体系内部存在着裂缝与银纹。高分子材料在储存与使用过程中，由于应力以及环境的影响，产生局部塑性变形和取向，往往会在材料表面或内部出现微裂纹

(craze)，裂纹总是垂直于应力方向，由于裂纹区的折射率低于聚合物本体，在裂纹和本体聚合物之间的界面上有全反射现象，裂纹看上去呈银色的光亮条纹，所以形象地称为“银纹”。聚合物的开裂首先从银纹开始。银纹与裂缝是不相同的，主要区别是裂缝的质量为零，而银纹的质量不为零，银纹是由聚合物细丝和贯穿其中的空洞所组成的，密度相当于本体密度的40%～60%，如图12.3所示，同时银纹也是可逆的，在压应力下银纹能回缩或愈合，恢复到未开裂的光学均一状态。

在银纹内，大分子链沿应力方向高度取向，所以银纹具有一定的力学强度。介质向空洞加剧渗透和应力的作用，又使银纹进一步发展成裂缝，如图12.4所示。裂缝的不断发展，可能导致材料的脆性破坏，使长期强度大大降低。

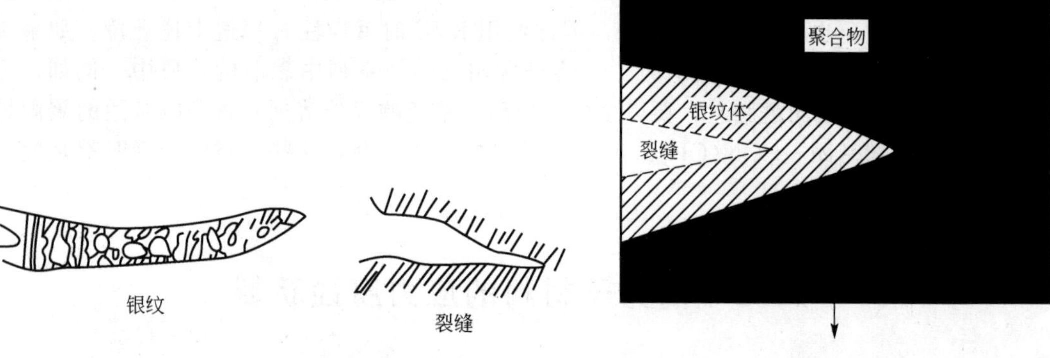


**图 12.3　银纹和裂缝的示意图**　　**图 12.4　银纹发展成裂缝示意图**

2）断裂机理

化学介质种类不同，其SCC机理也不同。有的包括出现银纹、裂纹及裂纹扩展几个阶段；有的在开裂之前只是形成很少量的银纹，有的甚至完全不出现银纹；按照介质的特性，可以将SCC分为以下几种类型。

第一类为表面活性介质，包括醇类和非离子型表面活性剂等非溶剂型介质。这类介质对聚合物的溶胀作用不严重。介质能渗入材料表面层中的有限部分，产生局部增塑作用。丁是在较低应力下被增塑的区域产生局部取向，形成较多的银纹。这种银纹初期几乎是笔直的，末端尖锐，为应力集中物。介质的进一步侵入使应力集中处的银纹末端进一步增塑，链段更易取向、解缠，于是银纹逐步发展成长、汇合，直至开裂。这是一种典型的应力腐蚀开裂。有人用表面能降低的理论来解释这种现象。当材料与这类介质接触时，其表面能降低，于是产生新的表面所需的能量或许可以减少，所以材料可在较低的应力下进行裂缝的扩展并引起开裂。

第二类介质是溶剂型介质，高分子材料与这类介质有相近的溶解度参数，因此对材料有较强的溶胀作用。这类介质进入大分子之间起到增塑作用，使链段易于相对滑移，从而使材料强度严重降低，在较低的应力作用下可发生应力开裂。这种开裂为溶剂型开裂，在开裂之前产生的银纹很少，强度降低是由于溶胀或溶解引起的。

对这类介质，若作用时间较短，介质来不及渗透很深，这时也能在一定的应力作用下产生较多的银纹，出现应力腐蚀开裂现象。但若作用时间较长，应力较低，则介质浸入会较充分，易出现延性断裂，即不是应力腐蚀开裂。

第三类介质为强氧化性介质，如浓硫酸、浓硝酸等。这类介质与聚合物发生化学反应，使大分子链发生氧化降解，在应力作用下，就会在少数薄弱环节处产生银纹；银纹中的空隙又会进一步加快介质的渗入，继续发生氧化裂解。最后在银纹尖端应力集中较大的地方大分子断链，造成裂缝，发生开裂。

3. 影响应力腐蚀断裂的因素

影响 SCC 的因素当然无外乎内因与外因两种，高分子材料本身的性质显然就是内因，外因包括应力与环境介质两种，对于应力而言，一般认为，拉应力可降低化学反应激活能，促进应力腐蚀开裂，也可能是拉应力使大分子距离拉开，增加了渗透及局部溶解。以下讨论材料性质和介质性质对 SCC 的影响。

1）高分子材料的性质的影响

高分子材料的性质是最主要的影响因素。不同的聚合物具有不同的耐应力腐蚀开裂的能力；同一聚合物也因分子量、结晶度、内应力的不同而有很大差别。一般来说，分子量小而分子量分布窄的材料，因大分子间解缠容易而使发生开裂所需时间较大分子的短。聚合物的结晶度高，容易产生应力集中，而且在晶区与非晶区的过渡交界处，容易受到介质的作用，因此易于产生应力开裂。材料中杂质、缺陷或因加工而形成变形不均匀和微裂纹等应力集中因素，都会促进 SCC。

2）环境介质性质的影响

环境介质对开裂的影响主要决定于它与材料间的相对的表面性质，或溶度参数差值 $\Delta\delta$。若 $\Delta\delta$ 太小，即介质对材料浸湿性能很好，则易溶胀，不是典型的 SCC。若 $\Delta\delta$ 太大，即介质不能浸湿材料，介质的影响也极小。只有当 $\Delta\delta$ 在某一范围内时才易引起局部溶胀，导致 SCC。除此之外，试验条件如试件的几何尺寸、加工条件、浸渍时间、外加应力等都对 SCC 有影响。

## 12.4 高分子材料的化学腐蚀

聚乙烯 PE、聚丙烯 PP 等烯烃类聚合物对化学试剂是较稳定的，但杂链聚合物如聚酯、聚酰胺、聚缩醛、多糖等对化学试剂则很不稳定。化学介质与高分子材料因发生化学反应而引起的腐蚀主要是水解反应。此外，与主链相比，侧基更容易与化学介质发生取代、卤化等反应，大气污染物造成的腐蚀也是化学介质引起的。

1. 溶剂分解反应

溶剂分解反应通常指 C—X 链断裂的反应，这里 X 指杂(非碳)原子，如 O、N、Si、P、S、卤素等。发生在杂链聚合物主链上的溶剂分解反应是主要的，此时会导致主链的断裂。

$$-\overset{|}{\underset{|}{C}}-X-\overset{|}{\underset{|}{C}}- + YZ \longrightarrow -\overset{|}{\underset{|}{C}}-X-\overset{|}{\underset{|}{C}}- Y + Z -\overset{|}{\underset{|}{C}}- \qquad (12-5)$$

其中，YZ 为溶剂分解剂，通常有水、醇、氨、肼等。当(YZ ═HO—H)时，即为水解反应，如聚醚水解

$$-\overset{|}{\underset{|}{\mathrm{C}}}-\mathrm{O}-\overset{|}{\underset{|}{\mathrm{C}}}- + \mathrm{HO-H} \longrightarrow -\overset{|}{\underset{|}{\mathrm{C}}}-\ \mathrm{OH} + \mathrm{HO}-\overset{|}{\underset{|}{\mathrm{C}}}- \qquad (12-6)$$

聚合物能否耐水与它的分子结构有密切关系。若聚合物分子中含有容易水解的化学基团，如醚键（—O—）、酯键（—COO—）、酰胺键（—CONH—）、硅氧键（—Si—O—）等，则会被水解而发生降解破坏。键的极性越大，越易被水解。含极性基团的聚合物，如尼龙和纤维素，在温度较高和相对湿度较大时，就会引起水解降解。聚碳酸酯和聚酯等对水分很灵敏，加工前须适当干燥。水解反应在酸或碱的催化作用下更易进行。

聚合物耐水解程度与所含基团的水解活化能有关，典型基团水解反应活化能见表 12－3。活化能高，耐水解性好。由表 12－3 可知，耐酸性介质水解能力为：醚键＞酰胺键或酰亚胺键＞酯键＞硅氧键；耐碱性介质水解能力为：酰胺或酰亚胺键＞酯键。

**表 12－3　典型基团水解反应活化能**　　(kJ/mol)

| 基团类型 | | 酰胺键 $-\overset{\mathrm{O}}{\overset{\Vert}{\mathrm{C}}}-\mathrm{NH}-$ | 酯键 $-\overset{\mathrm{O}}{\overset{\Vert}{\mathrm{C}}}-\mathrm{O}-\overset{|}{\underset{|}{\mathrm{C}}}-$ | 酰亚胺键 $-\overset{\mathrm{O}}{\overset{\Vert}{\mathrm{C}}}\mathrm{O}\mathrm{N}\overset{\mathrm{O}}{\overset{\Vert}{\mathrm{C}}}\mathrm{O}-$（$-\mathrm{CONCO}-$，N 上连 $\mathrm{O{=}C}-$） | 醚键 $-\overset{|}{\underset{|}{\mathrm{C}}}-\mathrm{O}-\overset{|}{\underset{|}{\mathrm{C}}}-$ | 硅氧键 $-\overset{|}{\underset{|}{\mathrm{Si}}}-\mathrm{O}-\overset{|}{\underset{|}{\mathrm{Si}}}-$ |
|---|---|---|---|---|---|---|
| 活化能 | 酸性介质 | 约 83.6 | 约 75.2 | 约 83.6 | 约 100.3 | 约 50.2 |
| | 碱性介质 | 约 66.9 | 约 58.5 | 约 66.9 | — | — |

聚合物发生水解反应时，体系的分子量是连续下降的，但反应初期并无显著的单体生成，因此一般说来属于无规降解，属于无规降解反应机理。

2. 取代基的反应

饱和碳链化合物的化学稳定性较高，但在加热和光照下，除被氧化外还能被氯化。如聚乙烯可被氯化为氯化聚乙烯，反应是通过自由基连锁反应机理进行的，其基本过程如下

$$-\mathrm{CH_2}-\mathrm{CH_2}-\underset{\underset{|}{\underset{\mathrm{CH_2}}{|}}}{\mathrm{CH}}-\mathrm{CH_2}- + \mathrm{Cl_2} \xrightarrow{\text{光或热}} -\underset{\underset{\mathrm{Cl}}{|}}{\mathrm{CH}}-\mathrm{CH_2}-\underset{\underset{|}{\underset{\mathrm{CH_2}}{|}}}{\mathrm{CH}}-\underset{\underset{\mathrm{Cl}}{|}}{\mathrm{CH}}- \qquad (12-7)$$

在 $\mathrm{Cl_2}$ 及光、热作用下，聚氯乙烯也可被氯化

$$-\underset{\underset{\mathrm{Cl}}{|}}{\mathrm{CH}}-\mathrm{CH_2}-\underset{\underset{\mathrm{Cl}}{|}}{\mathrm{CH}}-\mathrm{CH_2}- + \mathrm{Cl_2} \longrightarrow -\mathrm{CH_2}-\underset{\underset{\mathrm{Cl}}{|}}{\mathrm{CH}}-\underset{\underset{\mathrm{Cl}}{|}}{\mathrm{CH}}-\underset{\underset{\mathrm{Cl}}{|}}{\mathrm{CH}}- + \mathrm{HCl} \qquad (12-8)$$

由于氯原子的无规导入，使原来聚乙烯的结晶度下降，软化温度变低，耐热性增加。随着含氯量的增加，生成物的大分子间作用力增强，在溶剂中的耐溶解能力会大大提高，氯化聚乙烯的耐候性、耐冲击性、耐燃性均优于聚乙烯，但同样由于氯原子的引入导致其产生了毒性，不再适宜食品包装。

含苯基的高分子材料，原则上具有芳香族化合物所有的反应特征。在硫酸、硝酸作用下能起磺化、硝化等取代反应。如聚苯乙烯的磺化

$$\text{-}\!\!\left[\text{CH—CH}_2\right]\!\!\text{-}(\text{C}_6\text{H}_5) \xrightarrow{H_2SO_4} \text{-}\!\!\left[\text{CH—CH}_2\right]\!\!\text{-}(\text{C}_6\text{H}_4\text{SO}_2\text{OH}) \tag{12-9}$$

游离的氯、溴，硝酸、浓硫酸、氯磺酸等对聚苯硫醚都有显著的腐蚀作用。原因是这些试剂能很好地使苯环发生取代反应，或使硫原子受到氧化，使 S—C 键破坏。

3. 与大气污染物的反应

许多长期在户外使用的塑料，能被大气中的污染物如 $SO_2$、$NO_2$ 等侵蚀。通常饱和聚合物在没有光照的室温条件下，对 $SO_2$、$NO_2$ 是相当稳定的，如聚乙烯、聚丙烯、聚氯乙烯等。而结构为 $\left[\left(CH_2\right)_4 O—CO—NH\left(CH_2\right)_6 CO—O\right]_n$ 的聚合物如尼龙 66 和聚亚胺酯却受到侵蚀，结果同时出现降解和交联，并以交联为主。饱和聚合物在高温时，则可被 $NO_2$ 等破坏。不饱和聚合物易被 $SO_2$ 和 $NO_2$ 侵蚀。异丁橡胶主要发生主链的分解，而聚异戊二烯则以交联为主。对后者，$SO_2$ 和 $NO_2$ 被加成到双键

$$\rangle C{=}C\langle + NO_2 \longrightarrow -\dot{C}-C(NO_2)- \tag{12-10}$$

$SO_2$ 吸收紫外光，使大多数反应明显加快

$$SO_2 + h\nu \longrightarrow {}^1SO_2^* \longrightarrow {}^3SO_2^* \tag{12-11}$$

激发的三线态（${}^3SO_2^*$）可夺取氢

$${}^3SO_2^* + RH \xrightarrow{h\nu} R\cdot + HSO_2 \tag{12-12}$$

上述产生的大分子游离基 R·可进行多种反应如

$$R\cdot + SO_2 \longrightarrow R\dot{S}O_2 \tag{12-13}$$

有 $O_2$ 时

$$R\cdot + O_2 \longrightarrow RO_2\cdot \tag{12-14}$$

进而发生自由基链式反应。

## 12.5 高分子材料的氧化与辐射老化

高分子材料在使用过程中不可避免地会接触到空气中的氧，由于存在环境的催化作用，材料的表面会出现泛黄、变脆、表面失去光泽、机械强度下降等现象，最终失去使用价值，造成材料的老化。高分子材料的氧化老化指的是聚合物在加工和使用时与氧（空气）接触，聚合物分子链发生自动氧化反应。在室温下，许多聚合物的氧化反应十分缓慢，但在热、光等催化作用下，却使反应大大加速。日光辐射的强度一般只能使材料达到激发态，然后在氧的参与下发生氧化反应，而高能辐射则能直接破坏高分子的链结构，甚至使它完全变成粉末，造成辐射老化。

1. 聚合物的氧化老化机理

氧化老化是一个非常普遍的现象，聚合物的氧化反应有自动催化行为，具有自由基反

应的机理。自由基反应机理包括链的引发、传递和终止等阶段。

1）链引发

凡产生自由基的反应都是自动氧化的链引发反应。在光、热、辐射线等作用下，高分子结构薄弱处的C—H或其他键发生断裂，产生自由基。

$$RH \longrightarrow R\cdot + H\cdot \tag{12-15}$$

氧化初期生成的氢过氧化物在一定温度下吸收能量以后，又以单分子过程或双分子过程进行分解，生成自由基。

$$ROOH \xrightarrow{h\nu} RO\cdot + \cdot OH \tag{12-16}$$

$$2ROOH \xrightarrow{h\nu} RO\cdot + RO_2\cdot + \cdot OH \tag{12-17}$$

随着温度的提高和氢过氧化物浓度的降低，双分子裂解反应减小。

在氢过氧化物形成之前，还可能发生分子氧直接攻击烃链产生自由基的反应。反应式如下。

$$RH \longrightarrow R\cdot + HOO\cdot \tag{12-18}$$

$$2RH + O_2 \xrightarrow{h\nu} 2R\cdot + H_2O_2 \tag{12-19}$$

引发是整个氧老化过程中最难进行的一步。其速率取决于高分子的化学结构和外界条件。

2）链传递

链传递是指从一个自由基产生另一个自由基的过程，是自动氧化反应的特点。

初期生成的自由基R·与氧分子结合产生聚烃过氧自由基ROO·，该反应进行得很快。反应式如下。

$$R\cdot + O_2 \longrightarrow ROO\cdot \tag{12-20}$$

由于叔碳上的C—H键键能较低，过氧自由基ROO·在聚合物内首先夺取碳原子上的氢原子，生成聚合物氢过氧化物。反应式如下。

$$ROO\cdot + RH \longrightarrow ROOH + R\cdot \tag{12-21}$$

氢过氧化物一方面在体系中积累，一方面又分裂成新的自由基。新的自由基继续与聚烃反应，形成链的增殖。反应式如下。

$$ROOH \xrightarrow{h\nu} RO\cdot + \cdot OH$$

$$RO\cdot + RH \longrightarrow ROH + R\cdot \tag{12-22}$$

$$HO\cdot + RH \longrightarrow H_2O + R\cdot \tag{12-23}$$

因此可以认为，氢过氧化物的分裂是自动氧化催化反应的主要原因。

3）链终止

如果自由基相互结合，形成稳定结构，则自动氧化反应终止。在不加抗氧剂的情况下，体系中自由基相互结合的终止反应是主要的。可能的链终止反应有。

$$ROO\cdot + ROO\cdot \longrightarrow ROOR + O_2 \tag{12-24}$$

$$ROO\cdot + R\cdot \longrightarrow ROOR \tag{12-25}$$

$$R\cdot + R\cdot \longrightarrow R—R \tag{12-26}$$

当上述反应形成的过氧自由基ROO·浓度大大超过其他自由基的浓度时，ROO·自身结合的终止反应称为主要的终止反应。在氧压力很低（小于100mmHg）或温度较高且碳氢化合物的反应活性极强时，稳定时的 R·浓度增大，3 种终止反应均起作用。

因自由基在高分子链上所处的位置不同，最终得到的是既有降解又有交联的稳定产物。

2. 热氧老化

单纯热即可使聚合物降解，热氧老化是聚合物最主要的一种老化形式。热氧老化是由于聚合物引发产生自由基而发生自动氧化反应。

热氧老化最方便最经济的稳定化措施是在聚合物中添加稳定剂，组成合理的配方。抗热氧老化的稳定剂也叫抗氧剂，依其作用机理分为链式反应终止剂和抑制性稳定剂两类。

1）链式反应终止剂

链式反应终止剂又称主抗氧剂，这类抗氧剂能与自由基 R·、ROO·反应，中断了自动氧化反应的链增长。一般认为，消除过氧自由基 ROO·是阻止降解的关键。由于 ROO· 的消除，因而抑制了过氧化氢的生成和分解。主抗氧剂在多数情况下是按照氢原子转移的方式与自由基进行反应的，另外还包括加成或电子转移的方式，为此，主抗氧剂被分为氢原子的给予体(仲芳胺、受阻酚)、自由基捕获体(炭黑)和电子给予体(叔胺类)3 类。

2）抑制性稳定剂

抑制性稳定剂是辅助抗氧剂，是指借助消除自由基来源抑制或延缓引发反应的化学物质。主要有过氧化物分解剂和金属离子钝化剂两类。前者与过氧化物作用，使过氧化物分解为非活性物质，主要有长链脂肪族含硫酯、亚磷酸酯等。后者是基于金属离子催化 ROOH 的分解产生自由基。它能和金属离子结合成最大配位价数的向心配位体，好像螃蟹的钳子将金属离子螯合起来，这样就可以阻止离子的催化作用。芳香胺和酰胺类化合物是比较有效的金属离子钝剂。

3. 臭氧老化

大气中臭氧质量分数约为 $0.01\times10^{6}$，严重污染时可达 $1\times10^{6}$。但这些微量 $O_3$ 却可使某些结构用聚合物如聚乙烯、聚苯乙烯、橡胶和聚酰胺等发生降解。在应力作用下，聚合物表面会产生垂直于应力的裂纹，称为臭氧龟裂。

臭氧与含不饱和双键聚合物如橡胶反应生成臭氧化物，接着发生主键破裂。

$$—CH_2—CH{=}CR—CH_2— + O_3 \longrightarrow \underset{—CH_2—CH—CR—CH_2—}{\overset{\overset{O}{\diagup\quad\diagdown}}{O\qquad\quad O}} \longrightarrow \text{断键} \tag{12-27}$$

裂解产物为端部含醛的短链及聚过氧化物或异臭氧化物，后者可进一步降解。产物中的氧化物结构为有效的生色团，吸光后可发生光氧化降解反应。而臭氧与饱和聚合物的反应要缓慢得多。

臭氧老化可用抗氧剂及抗臭氧剂防护。常用抗臭氧剂类型有：对苯二胺衍生物、喹啉衍生物、二硫代氨基甲酸镍、硫脲衍生物和蜡类等。性能好的抗臭氧剂能迅速与臭氧反应，在材料表面形成一层氧化保护膜，阻止臭氧继续向内层渗透。同时，还能与材料中的大分子在臭氧老化断链后生成的醛基和酮基发生交联反应，阻止其进一步降解，起到保护作用。

4. 光氧老化

高分子材料在户外使用时，经常受到日光照射和氧的双重作用，发生光氧老化，也称为气候老化。光氧老化是重要的老化形式之一，反应的发生与光线能量和高分子材料的性质有关，其中紫外线辐射是主要因素。

1）光氧老化的机理

日光的波长从200nm一直延续到10000nm以上，当日光通过大气(主要是臭氧层)时，大部分波长的光波被滤掉，照射到地面上的光波长大约在290～3000nm范围之内。在这些到达地面的光波中，波长在400～800nm范围的可见光约占40%，红外光约占55%，紫外光仅占5%左右。但这5%的紫外光对高分子材料的破坏最大，因为它所具有的能量足以引起几乎所有的高分子材料的自动氧化反应和大部分树脂大分子链断链。

光波要引发反应，首先需有足够能量使高分子激发或价键断裂；其次是光波能被吸收。

光线的能量与波长有关，光波波长越短，能量越大。其能量可表示为

$$E=11.96\times10^4/\lambda \tag{12-28}$$

式中，$E$为每摩尔光量子所具有的能量(kJ/mol)；$\lambda$为光波波长(nm)。

通常，典型共价键的解离能约为300～500kJ/mol，对应的波长约为400～240nm，可见波长为290～400nm(400～300kJ/mol)的近紫外光波有足够能量使某些共价键断裂。能打断相应化学键的光能量相对分数如图12.5所示。可见，近紫外光能破坏C—C键，但不能破坏键能很高的C—H、C—F、O—H、C═C、C═O等键，有50%以上的太阳光可使O—O、N—N键断裂，C—O、C—Cl、C—Br键也可被破坏。

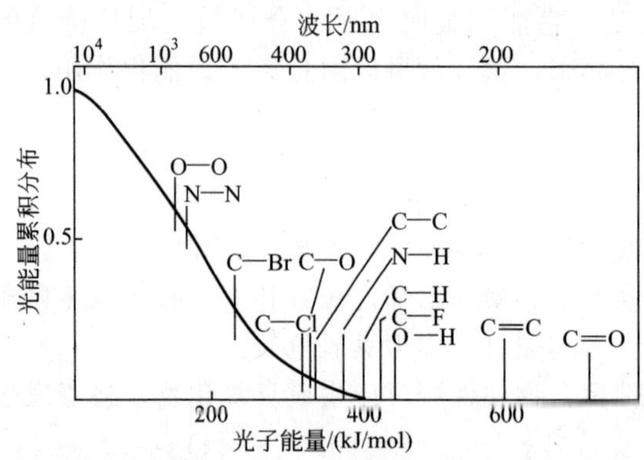


图12.5 太阳光的能量分布与化学键的能量

另一方面，暴露在大气中的聚合物并没有引发“爆发”式的光氧化反应。这是因为正常聚合物的分子结构对于紫外光的吸收能力很低；另外聚合物的光物理过程消耗了大部分被吸收的能量，导致光化学量子效率很低，不易引起光化学反应。

不同分子结构的聚合物对于紫外线吸收是有选择性的。如醛和酮的羰基吸收的波长范围是280～300nm；碳碳双键吸收的波长是230～250nm；羟基是230nm；单键C—C是135nm。所以照到地面的近紫外光只能被含有羰基或双键的聚合物所吸收，引起光氧化反应，而不被羟基或C—C单键的聚合物所吸收。

可见，照到地面的近紫外光并不能使多数聚合物离解，只使其呈激发态，在有氧存在时，被激发的化学键可被氧脱除，产生自由基，发生与热氧老化同一形式的自由基链式反应。另一方面，处于激发态的大分子，通过能量向弱键转移，尤其是羰基的能量转移

作用，可能导致弱键的断裂。此外，聚合物在聚合和加工时，常会混入一部分杂质，如催化剂残基，或生成某基团如羰基、过氧化氢基等，它们吸收紫外光后能引起聚合物光氧化反应。

聚合物光氧化反应一旦开始，新的引发反应可以取代原来的引发反应。因为在光氧化反应过程中产生的过氧化氢、酮、羧酸和醛等吸收紫外光后，可再引发新的光氧化反应。

光氧化与热氧化机理相同，都是自由基链式反应，但光氧化有其自身特点。在光氧条件下，ROOH 分解迅速，造成光氧化过程的高引发速率和短动力学链长，使得光氧化过程没有自催化阶段，与热氧化反应经过诱导期和自催化阶段不相同，这种现象如图 12.6 所示。

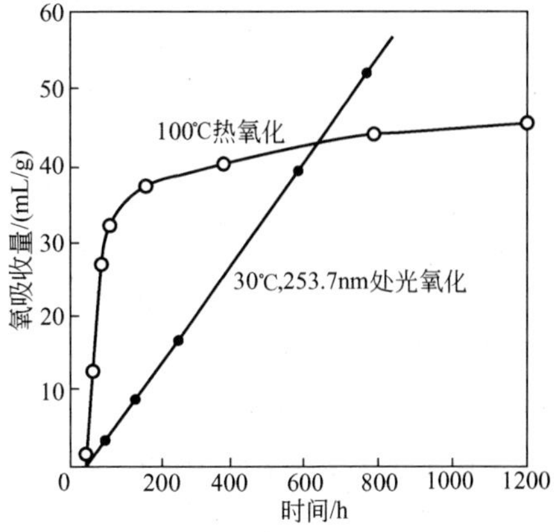


**图 12.6　线型聚乙烯热氧化和光氧化的氧吸收情况**

2）光氧老化的防护

高分子材料光氧老化的稳定化可采取物理防护、对聚合物改性、改进聚合物的成型加工工艺以及在聚合物基体中添加光稳定剂等方法，其中添加光稳定剂是比较简便而行之有效的方法。光稳定剂品种繁多，按其作用机理大致可分为光屏蔽剂、光吸收剂、光猝灭剂和自由基捕获剂。

(1) 紫外光屏蔽剂。光屏蔽剂一般是指能够反射和吸收紫外线的物质。加入光屏蔽剂是使紫外光不能进入聚合物内部，限制光氧老化反应，使反应停留在聚合物的表面上，使聚合物得到保护。许多颜料如炭黑、氧化锌等都是很好的光屏蔽剂。

(2) 紫外光吸收剂。紫外光吸收剂对紫外光有强烈的吸收作用，它能有选择性地将对聚合物有害的紫外光吸收，并将激发能转变为对聚合物无害的振动能释放出来，从而使聚合物得到保护，而本身对光稳定，不致遭到破坏。紫外光吸收剂有水杨酸酯类、二苯甲酮类、苯并三唑类等。

(3) 猝灭剂。猝灭剂的作用是捕灭紫外线的活性，是把受光活化的大分子激发能通过碰撞等方式传递出去，用物理方式消耗掉，使受激高分子上的激发能消除，返回到低能状态，因此也称其为能量转移剂。二价镍络合物是目前广泛使用的一类猝灭剂。

(4) 自由基捕获剂。自由基捕获剂可看作有空间阻碍哌啶衍生物，故也可称为受阻哌啶或简称为受阻胺。受阻胺已成为当今效能最优良的光稳定剂(受阻胺也表现出良好的抗热氧老化性能)，特别适用于聚烯烃、PS 等塑料。它具有多种功能如猝灭功能、氢过氧化物分解功能、捕获活性自由基功能、使金属离子钝化功能等。

5. 高能辐射老化

1）高能辐射降解的机理

高能辐射源有 α、β、γ、X 射线，中子，加速电子等。波长约为 $10^{-4}$～10nm，能量巨大。当高分子材料被这些高能射线作用时，如所用辐射剂量很大，可以彻底破坏其结构，甚至使它完全变成粉末；在一般剂量的辐射下，高分子材料的性质也有不同程度的变化。辐射化学效应是大分子链的交联与降解。对大多数聚合物来说，交联与降解是同时发生

的，只是何者占优而已。

在高能辐射作用下，聚合物首先发生电离或激发作用，然后发生降解与交联反应。一般说来，碳链大分子的 $\alpha$-碳上若有氢原子时，则辐射交联占优势。这一类的高分子材料有聚乙烯、聚丙烯、聚苯乙烯、聚氯乙烯及大多数橡胶、尼龙、涤纶等。若 $\alpha$-碳位置上没有氢原子时，则主键断裂，发生降解，如聚四氟乙烯、聚甲基丙烯酸甲酯、聚异丁烯等。

交联使聚合物分子量增加，硬度与耐热性提高，耐溶剂性大为改善。

聚合物的高能辐射降解稳定性有如下次序：聚苯乙烯＞聚乙烯＞聚氯乙烯＞聚丙烯腈＞聚三氟氯乙烯＞聚四氟乙烯。就是说，仅含有碳氢原子的聚合物的辐射稳定性较高，分子链上再含有芳香基团时稳定性更好，而含有其他原子时稳定性变差。具有优良的光、热氧化稳定性的含氟聚合物的耐辐射性能最差。

2）高能辐射降解与交联的防护

辐射破坏的防护方法有两类：一类是通过聚合物本身的化学结构修饰以增加材料的辐射稳定性，称为内部保护；另一类是外加防护剂，称为外部防护。防护作用方式有 3 种不同情况：一种是局部牺牲式，是添加剂或防护结构优先发生活化乃至破坏，降低辐射对聚合物主体结构的破坏作用，从而达到保护结构主体材料基本性能的目的；再一种是缓冲式或海绵式，是辐射激发的活性聚合物的能量转移到防护物质上，在不引起化学反应的情况下由防护剂将所接受的能量耗散掉；第三种方式是补偿式，使聚合物在降解过程中同时发生交联作用，或使已经降解的聚合物再通过适当方式重新偶联，使性能不发生明显改变。

### 6. 物理老化

非晶态聚合物多数处于非平衡态，其凝聚态结构是不稳定的。这种不稳定结构在玻璃化转变温度以下存放过程中会逐渐趋向稳定的平衡态，从而引起聚合物材料的物理力学性能随存放或使用时间而变化，这种现象被称为物理老化或“存放效应”。

物理老化是非晶态聚合物通过小区域链段的微布朗运动使其凝聚态结构从非平衡态向平衡态过渡的弛豫(或称“松弛”)过程。液态聚合物熔体在通常冷却速率下冷却至 $T_g$ 时，由于链段运动被冻结，聚合物本体黏度增加 3～4 个数量级，聚合物熔体来不及弛豫到真玻璃态，而是由过冷区进入准玻璃态被冻结保存下来。高分子材料存在向真玻璃态转变的趋势，在存放环境中，会缓慢地通过链段运动弛豫到真玻璃态，这就造成了其存放效应。物理老化既不同于由热、光、湿气、辐射等引起的氧化、降解等化学老化，也不同于增塑剂、低分子添加剂迁移流失以及多相聚合物相分离而引起材料性能随时间的变化。

物理老化使聚合物材料自由体积减小，堆砌密度增加，反映在宏观物理力学性能上是模量和抗张强度增加，断裂伸长及冲击韧性下降，材料由延性转变为脆性，从而导致材料在低应力水平下的失效破坏。因此，了解聚合物材料物理老化的机理及规律，对合理使用和改进聚合物材料性能，估算其使用寿命等都有重要的意义。

1）物理老化的特点

物理老化是一种弛豫过程，影响因素有温度、时间、压力等外部因素，物理、化学、结构等内部因素，对老化的影响也符合弛豫过程的一般规律。

(1) 可逆性。物理老化是可逆的，反映在宏观物理力学性能上其可逆性也是如此。利用物理老化可逆性的特点，可以用热处理的方法消除试样的存放历史或使试样达到所需要的状态。

(2) 物理老化是缓慢的自减速过程。物理老化是通过链段运动使自由体积减少的过程，而自由体积的减少又使链段运动的活动性减低。链段活动性减低则导致老化速率降低。如此形成一负反馈的"自减速"过程，老化速率随存放时间呈指数函数减少，越接近平衡态速率越低。

(3) 老化速率与温度符合 Arrhenius 方程。研究表明老化速率 $dV/dt$(或速率常数)与温度的关系符合 Arrhenius 方程，即：$dV/dt=A\exp(-E_a/RT)$。这说明，由于温度与速率常数变化成指数关系，所以温度稍有变化，老化速率就会有很大的变化。

(4) 不同材料有相似的老化规律。从一般意义上讲，物理老化是玻璃态材料的共性，许多实验也证实了这一点。从合成高分子到天然高分子如虫胶、木材、干酪、沥青等；从有机物到无机玻璃，直到某些金属材料等都观察到物理老化现象。其特征和规律也很相似，不依赖于材料的化学结构，仅取决于材料所处的状态。

2) 物理老化对性能的影响

物理老化对聚合物材料的性能尤其是材料的力学性能有较大的影响。许多工程塑料如聚碳酸酯、聚酯、聚苯醚、聚苯硫醚等制品(包括膜和片材)在存放过程中会变硬，冲击韧性和断裂伸长大幅度降低，材料由延性转变为脆性，而在此过程中材料的化学结构、成分及结晶度等都未发生变化。

(1) 老化对材料密度的影响。物理老化是自由体积减小的过程，直接的宏观效果是材料的密度增加。一般体积(比容)变化约在 $10^{-4}\sim10^{-3}$数量级。

(2) 老化对材料强度的影响。老化使材料强度增加，断裂伸长降低。

(3) 老化对材料脆性的影响。老化使材料变脆。物理老化使材料模量和屈服应力增加，材料由延性变为脆性。

(4) 老化对输运速率的影响。老化使输运速率降低。低分子在聚合物中的输运行为受聚合物自由体积或链段活动性支配。老化使自由体积或活动性降低，使低分子气体或溶剂在聚合物中的吸附、扩散和渗透速率降低。

(5) 老化对偶极运动的影响。偶极运动与自由体积有关，自由体积减小必将降低其偶极的活动性，因而使极性聚合物介电极化偶极取向或驻极体偶极解取向更加困难。

## 12.6 高分子材料的微生物腐蚀

生物能腐蚀金属材料和非金属材料。这里仅考虑微生物对高分子材料的腐蚀问题。通常微生物能够降解天然聚合物，而大多数合成聚合物却表现出较好的耐微生物侵蚀的能力。

### 1. 微生物腐蚀的特点

地球上生存有大量的微生物，如真菌、细菌和放线菌等。微生物的生存和繁殖条件取决于 pH、温度、矿物养料、氧及湿度。许多高分子材料都含有微生物生长和繁殖所需的养分，如碳、氮等。所有微生物均需氮，氮也可从大气中获取。

微生物对高分子材料的降解作用是通过生物合成所产生的称作酶的蛋白质来完成的。酶是分解聚合物的生物实体。依靠酶的催化作用将长分子链分解为同化分子，从而实现对聚合物的腐蚀。降解的结果为微生物制造了营养物及能源，以维持其生命过程。

酶可根据其作用方式分类。如催化酯、醚或酰胺键水解的酶为水解酶；水解蛋白质的酶称蛋白酶；水解多糖(碳水化合物)的酶称醣酶。酶具有亲水基团，通常可溶于含水体系中。

高分子材料的微生物腐蚀有如下特点。

1）专一性

对天然高分子材料或生物高分子材料，酶具有高度的专一性，即酶/聚合物以及聚合物被侵蚀的位置都是固定的。因此，分解的产物也是不变的。但对合成高分子材料来说，细菌和真菌等微生物则有所不同。一方面对于所作用的物质即底物的降解，微生物仍具有专一性；另一方面，微生物也能适应底物，即当底物改变时，微生物在数周或数月之后，能产生出新的酶以分解新的底物。目前，人们已相信，合成聚合物是可被许多微生物降解的。

2）端蚀性

酶降解生物高分子材料时，多从大分子链内部的随机位置开始。对合成高分子材料则与此相反，酶通常只选择其分子链端开始腐蚀，聚乙烯醇和聚 ε-已酸内酯二者例外。因大多数合成大分子端部优先敏感性，大分子的分解相当缓慢，又由于分子链端常常藏于聚合物基体内，因而大分子不能或非常缓慢地受酶攻击。

2. 影响微生物腐蚀的因素

1）高分子材料中添加剂的影响

大多数添加剂如增塑剂、稳定剂和润滑剂等低分子材料易受微生物降解，特别是组成中含有高分子天然物的增塑剂尤为敏感。研究结果表明，低分子量添加剂(对聚氯乙烯是豆油增塑剂)是可被微生物降解的，而大分子基体是很少或不被侵蚀。由于微生物与增塑剂、稳定剂等相互作用，而不与大分子作用，所以在聚合物表面常有微生物生存。早期的研究表明，添加剂的种类及含量对高分子材料的生物降解有很大影响。

2）侧基、支链及链长对腐蚀有影响

事实上，只有酯族的聚酯、聚醚、聚氨酯及聚酰胺，对普通微生物非常敏感。引进侧基或用其他基团取代原有侧基，通常会使材料成为惰性。这同样适于可生物降解的天然聚合物材料。纤维素的乙酰化及天然橡胶的硫化可使这些材料对微生物的侵蚀相当稳定。生物降解性也强烈地受支链和链长的影响。这是由酶对于大分子的形状和化学结构的专一行为引起的。对碳氢化合物如链烃和聚乙烯的研究表明，线性链烃的分子量不大于 450 时，出现严重的微生物降解现象。而支链和高分子分子量大于 450 的烃类则不受侵蚀。

3）水解基团的影响

由于许多微生物能产生水解酶，因此在主链上含有可水解基团的聚合物易受微生物侵蚀。这一特性对开发可降解聚合物很有帮助。

3. 高分子材料微生物腐蚀的防护

化学基团影响高分子材料耐微生物腐蚀的性能，并且酶对底物具有专一侵蚀性。因此，微生物腐蚀的防护也要从材料结构和抑制酶的活性两方面入手。

1）化学改性

化学改性的基本目的是通过改进聚合物的基本结构或取代基，以化学或立体化学方式而不是添加抑菌剂的方式，赋予聚合物以内在的抗微生物性能。这种内在的抵抗效能将一直保持到微生物因进化而能够合成出新型酶时为止。

2）抑制剂或杀菌剂

在非金属材料的制造过程中，添加杀菌剂可防止微生物腐蚀。所谓杀菌剂就是能够杀死或除掉各种微生物，对材料或零件的性能无损、对人体无毒害并在各种环境下能保持较长时间杀菌效果的化学药剂。有许多化学药剂如水杨酸、水杨酰苯胺等都可作为杀菌剂。杀菌剂应该根据材料、霉菌种类和杀菌期限等各种条件选择使用。

3）改善环境

为了防止微生物腐蚀，控制工作环境是必要的。例如降低湿度；保持材料表面的清洁，不让表面上存在某些有机残渣，都可以降低微生物对材料的腐蚀危害。

除微生物外，自然环境中一些较高级的生命体如昆虫、啮齿动物和海生蛀虫等对纤维素和塑料制品也都有侵蚀作用，所造成的经济损失往往是相当惊人的。因此在设备的使用中也应采取防范措施。

## 12.7 无机非金属材料的腐蚀

无机非金属材料是除有机高分子材料和金属材料之外的固体材料。无机非金属材料种类繁多，应用很广。大多数传统无机非金属材料为硅酸盐材料，所谓硅酸盐材料即指主要由硅和氧组成的天然岩石、铸石、陶瓷、玻璃、水泥等。随着科技的发展，在传统硅酸盐材料的基础上，用无机非金属物质为原料，经粉碎、配制、成形和高温烧结制得大量新型无机材料，如功能陶瓷、特种玻璃、特种涂层等。现代陶瓷作为结构材料和功能材料发挥的作用越来越大。

无机非金属材料通常具有良好的耐腐蚀性能。但是因材料的化学成分、结晶状态、结构以及腐蚀介质的性质等原因，在一定的条件下无机非金属材料也可以发生腐蚀。无机非金属材料的腐蚀同样不属于电化学腐蚀，而是由化学作用或物理作用所引起的，一般以化学腐蚀为主。例如，天然岩石的风化、玻璃在氢氧化钠和氟化氢溶液中的腐蚀、水泥混凝土在盐酸中的腐蚀等。

无机非金属材料的腐蚀决定于材料的化学成分组成、材料的组织结构与环境条件，无机非金属材料一般只在强腐蚀环境下才能受到严重的腐蚀，因此外界环境中腐蚀介质状况对其影响最严重。硅酸盐材料腐蚀的影响因素有以下几个方面。

### 1. 材料的化学成分

硅酸盐材料成分中以酸性氧化物 $SiO_2$ 为主，它们耐酸而不耐碱，当 $SiO_2$（尤其是无定型 $SiO_2$）与碱液接触时发生如下反应而受到腐蚀

$$SiO_2 + 2NaOH = Na_2SiO_3 + H_2O \tag{12-29}$$

所生成的硅酸钠易溶于水及碱液中。

$SiO_2$ 含量较高的耐酸材料，除氢氟酸和高温磷酸外，它能耐所有无机酸的腐蚀。温度高于300℃的磷酸，任何浓度的氢氟酸都会对 $SiO_2$ 发生作用

$$SiO_2 + 4HF = SiF_4 + 2H_2O \tag{12-30}$$

$$SiF_4 + 2HF = H_2[SiF_6] \tag{12-31}$$

（氟硅酸）

$$H_3PO_4 \xrightarrow{高温} HPO_3 + H_2O \tag{12-32}$$

$$2HPO_3 = P_2O_5 + H_2O \tag{12-33}$$

$$SiO_2 + P_2O_5 = SiP_2O_7 \tag{12-34}$$

（焦磷酸硅）

一般情况下，材料中 $SiO_2$ 的含量越高耐酸性越强，$SiO_2$ 质量分数低于55%的天然及人造硅酸盐材料是不耐酸的，但也有例外，例如铸石中只含质量分数为55%左右的 $SiO_2$，而它的耐蚀性却很好；红砖中 $SiO_2$ 的含量很高，质量分数达60%～80%，却没有耐酸性。这是因为硅酸盐材料的耐酸性不仅与化学组成有关，而且与矿物组成有关。铸石中的 $SiO_2$ 与 $Al_2O_3$、$Fe_2O_3$ 等在高温下形成耐腐蚀性很强的矿物——普通辉石，所以虽然 $SiO_2$ 的质量分数低于55%却有很强的耐腐蚀性。红砖中 $SiO_2$ 的含量尽管很高，但是以无定型状态存在，没有耐酸性。如将红砖在较高的温度下煅烧，使之烧结，就具有较高的耐酸性。这是因为在高温下 $SiO_2$ 与 $Al_2O_3$ 形成了具有高度耐酸性的新矿物——硅线石（$Al_2O_3 \cdot 2SiO_2$）与莫来石（$3Al_2O_3 \cdot 2SiO_2$），并且其密度也增大。

含有大量碱性氧化物（CaO、MgO）的材料属于耐碱材料。它们与耐酸材料相反，完全不能抵抗酸类的作用。例如由钙硅酸盐组成的硅酸盐水泥可被所有的无机酸腐蚀，而在一般的碱液（浓的烧碱液除外）中却是耐蚀的。由硅酸盐组成的普通陶瓷材料不耐氢氟酸和碱腐蚀，而一些新型陶瓷如高氧化铝陶瓷、氮化物陶瓷（如 $Si_3N_4$）、碳化物陶瓷（如 SiC）等的耐腐蚀性能明显提高。

2. 材料的相结构与孔隙率

无机非金属材料由晶相、玻璃相和气相组成，晶相是固相，一般而言，玻璃相可以看作是液相，因此陶瓷是包含着三态的混合体。

硅酸盐材料的耐蚀性与其结构有关。晶体结构的化学稳定性较无定型玻璃相结构高。例如结晶的二氧化硅（石英），虽属耐酸材料但也有一定的耐碱性。而无定形的二氧化硅就易溶于碱溶液中。具有晶体结构的熔铸辉绿岩也是如此，它比同一组成的无定形化合物具有更高的化学稳定性。

除熔融制品外，无机非金属材料或多或少都具有一定的孔隙率（气相）。孔隙会降低材料的耐腐蚀性，因为孔隙的存在会使材料受腐蚀作用的面积增大，侵蚀作用也就显得强烈，使得腐蚀不仅发生在表面上而且也发生在材料内部。当化学反应生成物出现结晶时还会造成物理性的破坏。

如果在材料的表面及孔隙中腐蚀生成的化合物为不溶性的，则在某些场合它们能保护材料不再受到破坏，水玻璃耐酸胶泥的酸化处理就是一例。当孔隙为闭孔时，受腐蚀性介质的影响要比开口的孔隙为小。因为当孔隙为开口时，腐蚀性液体容易透入材料内部。

3. 腐蚀介质状况

硅酸盐材料的腐蚀速率似乎与酸的性质无关(除氢氟酸和高温磷酸外)，而与酸的浓度有关。酸的电离度越大，对材料的破坏作用也越大。酸的温度升高，离解度增大，其破坏作用也就增强。此外酸的黏度会影响它们通过孔隙向材料内部扩散的速率。例如盐酸比同一浓度的硫酸黏度小，在同一时间内渗入材料的深度就大，其腐蚀作用也较硫酸快。同样，同一种酸的浓度不同，其黏度也不同，因而它们对材料的腐蚀速率也不相同。

## 12.8 玻璃的腐蚀

玻璃是非晶无机非金属材料，耐酸不耐碱，另外，玻璃在大气、弱酸等介质中，都可用肉眼观察到表面污染、粗糙、斑点等腐蚀迹象。玻璃的耐蚀性能与其结构有密切关系。

1. 玻璃的组成和结构

玻璃由 $SiO_2$、碱金属或碱土金属氧化物、$Al_2O_3$、$B_2O_3$ 等多种氧化物组成，是经过熔融后的非晶相的物质。

对于玻璃的结构有两种理论，一种是聚合物理论，认为玻璃是由硅链组成的聚合物。另一种理论认为玻璃是由无规则的氧化物多面体网络排列而成的。

无规则的网络模型理论提出玻璃的结构如图 12.7 所示，玻璃是缺乏对称性及周期性的三维网络(图 12.7(b))，其中结构单元不像同成分的晶体结构那样做长期性的重复排列(图 12.7(a))。其结构是以硅氧四面体［$SiO_4$］为基本单元的空间连续的无规则网络所构成的牢固骨架，此为材料中化学稳定的组成部分。被网络外的阳离子如 $K^+$、$Na^+$、$Ca^{2+}$、$Mg^{2+}$ 等所打断而又重新集聚的脆弱网络，它是材料中化学不稳定的组成部分(图 12.7(c))。

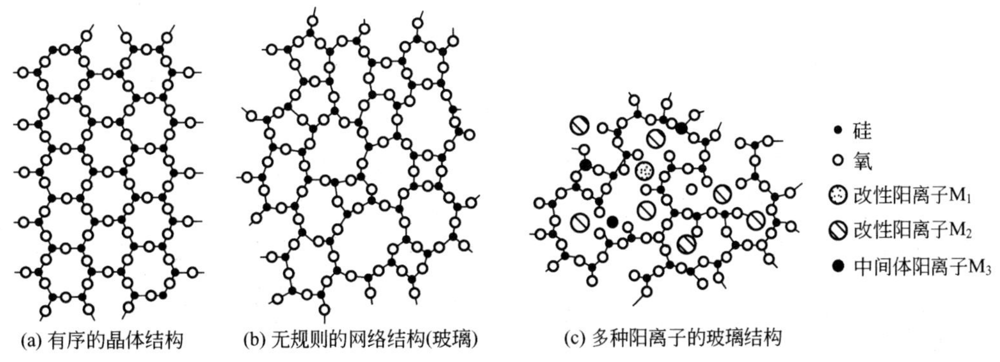


**图 12.7 玻璃结构的二维示意图**

2. 玻璃的腐蚀形式

玻璃与水及水溶液接触时，可以发生溶解和化学反应。这些化学反应包括水解及在

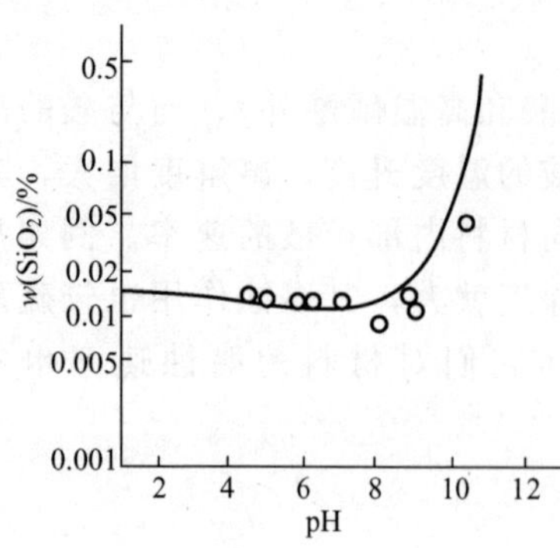


**图 12.8　$SiO_2$ 溶解度与 pH 之间的关系(25℃)**

酸、碱、盐水溶液中的腐蚀，玻璃的风化。除这种普遍性的腐蚀外，还有由于相分离所导致的选择性腐蚀。

1）溶解

$SiO_2$ 是玻璃最主要的组元，pH 对可溶性 $SiO_2$ 的影响如图 12.8 所示。当 pH＜8 时，$SiO_2$ 在水溶液中的溶解量很小；而当 pH＞9 以后，溶解量则迅速增大。

这种效应可从图 12.9 所示的模型得到说明。

(1) 在酸性溶液中，要破坏所形成的酸性硅烷桥困难，因而溶解少而慢。

(2) 在碱性溶液中，Si—OH 的形成容易，故溶解度大。

2）水解与腐蚀

含有碱金属或碱土金属离子 R($Na^+$、$Ca^{2+}$ 等)的硅酸盐玻璃与水或酸性溶液接触时，不是“溶解”，而是发生了“水解”，这时，所要破坏的是 Si—O—R，而不是 Si—O—Si。这种反应起源于 $H^+$ 与玻璃中网络外阳离子(主要是碱金属离子)的离子交换。

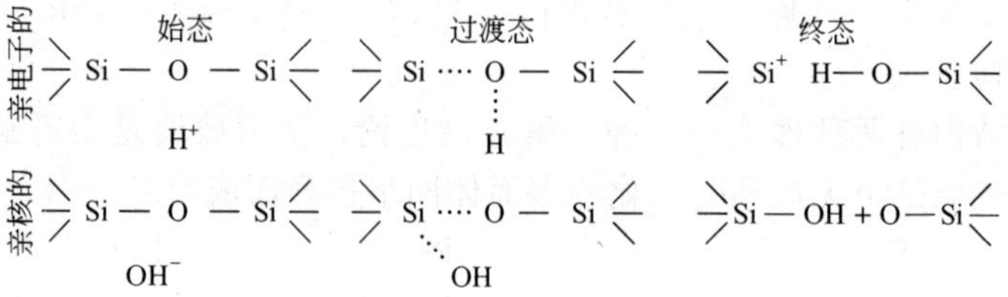

始态　　过渡态　　终态

亲电子的：≡Si—O—Si≡ + $H^+$　→　≡Si···O—Si≡（O···H）　→　≡$Si^+$　H—O—Si≡

亲核的：≡Si—O—Si≡ + $OH^-$　→　≡Si···O—Si≡（Si···OH）　→　≡Si—OH + O—Si≡

**图 12.9　$SiO_2$ 溶解示意图**

$$\equiv Si—O—Na + H_2O \xrightarrow{\text{离子交换}} \equiv Si—OH + NaOH \tag{12-35}$$

此反应实质是弱酸盐的水解。由于 $H^+$ 减少，pH 提高，从而开始了 $OH^-$ 对玻璃的腐蚀(图 12.9)。上述离子交换产物可进一步发生水化反应。

$$\equiv Si—OH + 3/2H_2O \xrightarrow{\text{水化}} HO—Si(OH)_2—OH \tag{12-36}$$

随着这一水化反应的进行，玻璃中脆弱的硅氧网络被破坏，从而受到侵蚀。但是反应产物 $Si(OH)_4$ 是一种极性分子，它能使水分子极化，而定向地附着在自己的周围，成为 $Si(OH)_4 \cdot nH_2O$。这是一个高度分散的 $SiO_2$ - $H_2O$ 系统，称为硅酸凝胶，其除一部分溶于溶液外，大部分附着在材料表面，形成硅胶薄膜。随着硅胶薄膜的增厚，$H^+$ 与 $Na^+$ 的交换速率越来越慢，从而阻止腐蚀继续进行，此过程受 $H^+$ 向内扩散的控制。

在酸性溶液中，$R^+$ 为 $H^+$ 所置换，但 Si—O—Si 骨架未动，所形成的胶状产物又能阻止反应继续进行，故腐蚀较少。

但是在碱性溶液中则不然。如图 12.9 所示，$OH^-$ 通过如下反应

$$\equiv Si—O—Si\equiv + OH^- \longrightarrow \equiv SiOH + \equiv SiO^- \tag{12-37}$$

使 Si—O—Si 链断裂，非桥氧 $\equiv SiO^-$ 群增大，结构被破坏，$SiO_2$ 溶出，玻璃表面不能生成保护膜。因此腐蚀较水或酸性溶液为重，并不受扩散控制。

一般说来，含有足够量 $SiO_2$ 的硅酸盐玻璃是耐酸蚀的。但是，在为了获得某些光学性能的光学玻璃中，降低了 $SiO_2$，加入了大量 Ba、Pb 及其他重金属的氧化物，正是由于这些氧化物的溶解，使这类玻璃易为醋酸、硼酸、磷酸等弱酸腐蚀。此外由于阴离子 $F^-$ 的作用，氢氟酸极易破坏 Si—O—Si 键而腐蚀玻璃

$$\equiv \overset{H^+}{Si}-\overset{F^-}{O}-Si\equiv \longrightarrow \equiv \overset{F^-}{Si}\cdots \overset{H^+}{O}-Si\equiv \longrightarrow \equiv Si-F+HO-Si\equiv \tag{12-38}$$

3）玻璃的风化

玻璃和大气的作用称为风化。玻璃风化后，在表面出现雾状薄膜，或者点状、细线状模糊物，有时出现彩虹。风化严重时，玻璃表面形成白霜，因而失去透明，甚至产生平板玻璃黏片现象。

风化大都发生于玻璃储藏、运输过程中，在温度、湿度比较高，通风不良的情况下；化学稳定性比较差的玻璃在大气和室温条件也能发生风化。

玻璃在大气中风化时，首先吸附大气中的水，在表面形成一层水膜。通常湿度越大，吸附的水分越多。然后，吸附水中的 $H_3O^+$ 或 $H^+$ 与玻璃中网络外阳离子进行式(12－35)的离子交换和式(12－37)的碱侵蚀，破坏硅氧骨架。由于风化时表面产生的碱不会移动，故风化始终在玻璃表面上进行，随时间增加而变得严重。

在不通风的仓库中储存玻璃时，若湿度高于 75%，温度达 40℃以上，玻璃就会严重风化。大气中含有的 $CO_2$ 和 $SO_2$ 气体会加速玻璃的风化。

## 12.9 混凝土的腐蚀

混凝土是一种很复杂的复合材料，其品种繁多，家族庞大。常规混凝土是由水泥或其他胶结材料、水、粗骨料、细骨料和其他掺和料按适当比例配合、拌制而成的混合物，且经一定时间硬化而成的人造石材。混凝土结构大多在室外遭受大气、河水、海水或土壤的腐蚀，而在地下或阴暗的场所，例如排污水的混凝土管道，还有微生物腐蚀。造成其腐蚀的原因可能只是某一种因素，也可能是多种因素的共同作用。混凝土的腐蚀是一个很复杂的物理的、化学的过程。

### 1. 混凝土的结构及渗透性

混凝土是具有一定强度的各向异性非均匀材料，但依据其本身特性和为了研究方便，可以近似地把它当作各向同性均匀材料。在结构上来说，其主要是通过水泥等胶结材料将各种粗细骨料结合在一起而形成的，其中骨料与胶结材料之间，添加物与胶结材料、骨料之间都存在着界面，另外体系中还存在着大量的孔隙，内部还有水分凝结。这种多孔性物体在存在内外压力差的情况下，无疑会发生液体或气体向内部迁移的渗透现象。

混凝土中用量最大的胶结材料是水泥。水泥的主要组元是氧化物，这些氧化物的符号一般简化为一个英文字母，例如 C＝CaO、S＝$SiO_2$、A＝$Al_2O_3$、M＝MgO、N＝

$Na_2O$、$K=K_2O$、$P=P_2O_5$、$T=TiO_2$、$F=Fe_2O_3$、$f=FeO$、$H=H_2O$、$\overline{C}=CO_2$、$\overline{S}=SO_3$ 等，这样，$CaSiO_3=CS$、$Ca_3Al_2O_3=C_3A$。水泥的化学组分中，$CaO$、$Al_2O_3$、$Fe_2O_3$、$SiO_2$ 是 4 种最基本，也是最主要的化学组分，是研究水泥材料的主要对象。

水泥生料在高温煅烧下，氧化钙将与氧化铝、氧化铁、氧化硅相结合，形成以硅酸钙和铝酸钙为主要成分的 4 种熟料矿物，它们是硅酸三钙($C_3S$)、硅酸二钙($C_2S$)、铝酸三钙($C_3A$)、铁铝酸四钙($C_4AF$)。此外，还有少量的氧化钙、石膏和氧化镁等。水泥中 $C_3S$、$C_2S$、$C_3A$、$C_4AF$ 的含量占 94%～98%，剩下的 6%～2%为氧化镁、硫酸钙和游离的氧化钙等。各种矿物成分间的比例改变时，水泥的性质即相应发生变化，如它们的水化热、抗腐蚀性能、强度等。普通硅酸盐水泥大约由质量分数为 75%的 $C_3S$ 及 $C_2S$ 和质量分数为 25%的 $C_3A$、$C_4AF$ 所组成，还有少量的 $C_5A_3$、CA、$C_3A_5$、$C_2F$、CF 等。此外，碱的质量分数(以 $Na_2O$ 计算)为 0.3%～2%。水泥在混凝土中由于水合作用而变硬，成为“水泥石”，它的组成取决于水泥中各组元的水合反应。水泥水合过程可简单地分为 3 个步骤：凝胶、胶凝、硬化。硬化后的微结构呈片状或针织状。

混凝土认为是三级别二相结构。三级别是混凝土结构、砂浆结构和水泥浆结构，二相是固相和气相。水泥中气相对应着一个重要的结构参数即孔隙，它的大小、分布和含量对混凝土的力学和耐蚀性能有着重要的影响。水泥石中的孔隙主要由凝胶孔、毛细孔和非毛细孔 3 部分组成。

混凝土结构中有孔隙，因而腐蚀性流体既可在混凝土结构的表面发生反应，也可通过孔隙渗进，在内部发生溶解或化学反应，这些作用的产物也可通过孔隙而流出。混凝土的渗透系数 $P$ 的大小与混凝土的密实性有关，$P$ 随孔隙半径和有效孔隙率的增加而增加的关系分别见表 12-4 和表 12-5；减少及缩小孔隙提高密实性对于降低 $P$ 从而增加寿命都是有利的。

**表 12-4　孔隙半径对渗透率及迁移机理的影响**

| 孔隙半径/cm | 渗透率/(cm/s) | 迁移机理 |
|---|---|---|
| $<10^{-5}$ | $<10^{-8}$ | 分子扩散 |
| $10^{-5}\sim10^{-3}$ | $10^{-8}\sim10^{-7}$ | 分子流动 |
| $>10^{-3}$ | $>10^{-7}$ | 黏滞流动 |

**表 12-5　石灰石的孔隙率和渗透率之间的关系**

| 有效孔隙率(%) | 4.1 | 10.6 | 20.6 | 26.5 |
|---|---|---|---|---|
| 渗透率 | 0.0001 | 0.004 | 1.54 | 18.5 |

2. 混凝土腐蚀的环境

按照介质的物理状态，腐蚀性环境介质可分为气态、液态、固态 3 种。液态腐蚀介质主要是水及水溶液，其腐蚀性因时因地而异，主要的影响因素是 pH 及阴离子类型。空气对已硬化的混凝土一般不腐蚀。但是大气中的水蒸汽在湿度较高时可凝聚成水膜，则有水的腐蚀。海洋的大气中还含有海盐微尘，工业区的大气中含有酸性气体，将会加剧腐蚀。虽然气体介质的腐蚀没有液相腐蚀那么快，那么急剧，但由于在某些化学腐蚀性环境下，腐蚀性气体的浓度较高，而且为不可见的物质，比液态腐蚀性介质更不容易被及时发现并加以预防，并且气相的腐蚀也包括在液相腐蚀之内，因此混凝土结构气相腐蚀的研究是非常必要的。固体腐蚀介质比如干燥含盐的土壤、肥料、杀虫剂、除草剂、其他松散化学制品等，可能与混凝土结构接触。在常温和无水的条件下，固体介质一般不具有腐蚀性，但是若这些固体能吸湿而形成液相，则能加速腐蚀(吸湿形成的液相浓度很高)。

3. 混凝土腐蚀的形式

混凝土的腐蚀可分为物理腐蚀和化学腐蚀两类。物理腐蚀也称作浸析腐蚀，即水或水溶液从外部渗入混凝土结构，溶解其易溶的组分，从而破坏混凝土。化学腐蚀即化学反应引起的腐蚀，即水或水溶液在混凝土表面或内部与混凝土某些组元发生化学变化，从而破坏混凝土。根据腐蚀产物的不同，化学腐蚀又可以分为酸性软水的腐蚀和结晶膨胀型腐蚀等。酸性软水的腐蚀可称为中性化，其腐蚀产物是不具有凝胶能力的松软物质，易被水溶蚀冲走，容易与物理腐蚀结合，加剧腐蚀进程。结晶膨胀型腐蚀是混凝土受硫酸盐的作用，在其孔隙和毛细管中形成低溶解度的新产物，逐步累积，产生巨大的膨胀应力，而使混凝土遭受破坏的。显然，化学腐蚀过程中必然存在着物理过程，而物理腐蚀在很大程度上也都是伴随化学腐蚀存在的。

1）浸析腐蚀

水泥中可含游离的 $Ca(OH)_2$ [CH]，其中 CH 可被渗透水溶解而带走致使混凝土产生浸析腐蚀，影响其寿命。雨水、雪水以及多数河水和湖水均属于软水。当混凝土与这些水长期接触时，水泥石中的 CH 将很快溶解，每升水可达 1.3g。在静水及无水压情况下，由于周围的水易为 CH 所饱和，使溶解作用中止。但在流水及压力水作用下，CH 将会不断被溶解，使水泥石结构疏松、碱度下降。水泥水化物只有在一定的碱度环境中才能稳定存在，如 $C_3S$ 要求的碱度为 CaO 的饱和溶液浓度，$C_3A$ 要求的 CaO 极限浓度为 0.415～0.56g/L[1]，所以 CH 的不断溶出又导致了其他水化产物的分解溶蚀，最终使混凝土遭到破坏。

2）化学腐蚀

环境中的 $CO_2$，游离酸、碱、镁盐等化合物可与混凝土中某些组元发生反应，而使后者受到腐蚀。

含有 $CO_2$ 的软水将会腐蚀硅酸盐水泥中的 $Ca(OH)_2$ 及 $CaCO_3$，导致混凝土发生碳化

$$Ca(OH)_2 + CO_2 = CaCO_3 + H_2O \tag{12-39}$$

$$CaCO_3 + CO_2 + H_2O = Ca(HCO_3)_2 \tag{12-40}$$

在某些条件下，混凝土的碳化会增加其密实性，提高混凝土的抗化学腐蚀能力；但是，由于碳化会降低混凝土内部的碱度，破坏钢筋表面的钝化膜，使混凝土失去对钢筋的保护作用，将给混凝土中钢筋的锈蚀带来不利的影响。在水和空气同时渗入的情况下，一般都会导致钢筋锈蚀，进而导致混凝土结构物的破坏。

在硬水中，沉积的碳酸盐层可以保护水泥石而使之腐蚀速率很低。只有 $CO_2$ 低以及 $CaCO_3$ 高的第 1 种情况，对混凝土几乎不腐蚀(表 12-6)。

表 12-6　水的成分对混凝土腐蚀的影响

| 序号 | 水的硬度 | | 对混凝土的腐蚀性 |
|---|---|---|---|
| | $CaCO_3/10^{-6}$ | $CO_2/10^{-6}$ | |
| 1 | >35 | <15 | 几乎无 |
| | >35 | 15～40 | 微 |
| 2 | 3.5～35 | <15 | 微 |
| 3 | >35 | 40～90 | 重 |
| | 3.5～35 | 15～40 | 重 |
| | <3.5 | <15 | 重 |
| 4 | >35 | <90 | 强烈 |
| | 3.5～35 | <40 | 强烈 |
| | <3.5 | <15 | 强烈 |

影响混凝土碳化速率的主要因素可分为环境因素、材料因素等两大类。最主要的是与影响浸析腐蚀相同的混凝土本身的密实性和碱性储备的大小，即混凝土的渗透性及其氢氧化钙等碱性物质含量的大小。

盐酸、硝酸、氢氟酸以及醋酸等有机酸，这些酸类均可与水泥石中的 $Ca(OH)_2$ 反应，生成易溶物，如

$$2HCl+Ca(OH)_2=CaCl_2(\text{易溶})+H_2O \quad (12-41)$$

地下水中的 $MgCl_2$ 等镁盐均可与水泥石中的 $Ca(OH)_2$ 反应，生成易溶、无胶结能力的物质。

$$MgCl_2+Ca(OH)_2=CaCl_2(\text{易溶})+Mg(OH)_2(\text{无胶结能力}) \quad (12-42)$$

硫酸盐可与水泥中的水合产物发生化学反应，导致体积膨胀或崩解。例如 $Na_2SO_4$ 水溶液通过如下反应而腐蚀水泥水合产物。

$$Ca(OH)_2+Na_2SO_4+2H_2O=CaSO_4\cdot 2H_2O+2NaOH \quad (12-43)$$

$$3CaO\cdot Al_2O_3\cdot 6H_2O+3(CaSO_4\cdot 2H_2O)+20H_2O=3CaO\cdot Al_2O_3\cdot 3CaSO_4\cdot 32H_2O \quad (12-44)$$

碱金属硫酸盐不能腐蚀水合的硅酸钙，硫酸铵可腐蚀 $Ca(OH)_2$。

$$(NH_4)_2SO_4+Ca(OH)_2=CaSO_4+2NH_4OH \quad (12-45)$$

$NH_4OH$ 分解产生的氨一部分溶于水，一部分以气体形式释放出来，因此上面反应极易向右进行。实验证明，硫酸铵是混凝土的强腐蚀性介质。

$CaSO_4$、$BaSO_4$、$PbSO_4$ 等虽可腐蚀混凝土，但它们的溶解度小，因而腐蚀速率很小。硅酸盐水泥的腐蚀性是随着 $SO_4^{2-}$ 的浓度的增加而增加的，只有水中 $SO_4^{2-}$ 的浓度小于 300mg/L 时腐蚀性才低微(表 12-7)。

表 12-7　水中硫酸盐浓度对普通硅酸盐水泥腐蚀性的影响

| $c(SO_4^{2-})/(mg/L)$ | 耐蚀性 | $c(SO_4^{2-})/(mg/L)$ | 耐蚀性 |
|---|---|---|---|
| <300 | 低微 | 1501～5000 | 严重 |
| 300～600 | 低 | >5000 | 很严重 |
| 601～1500 | 中等 | — | — |

硫酸盐腐蚀产物的溶解度小，它们的沉淀如石膏和硫铝酸钙，其体积比它们所置换的混凝土成分的体积大，所导致的应力可加剧混凝土的破坏。遭到硫酸盐侵蚀的混凝土表面一般将显白色。破坏一般首先在边缘或角处出现，接着就会产生混凝土的开裂及脱落并最终导致结构混凝土的破坏。

## 风化作用

组成地壳的岩石在地表的常温、常压下，由于气温变化气体水溶液及生物的共同作用，在原地遭受破坏的过程称为风化作用。风化作用也属于非金属材料的腐蚀范畴。根据岩石遭受破坏的性质及方式，风化作用可分为物理风化作用、化学风化作用、生物风化作用。

1. 物理风化作用

物理风化作用是指使岩石和矿物发生破坏而不明显地改变其化学成分的作用过程。主要方式包括以下几种。

(1) 热胀冷缩。由于温差的影响，尤其短时间内温度的聚变，使岩石强烈的热胀冷缩后剥落、碎裂。矿物在昼夜温差很大的地区(沙漠地区)日温度60～70℃；夜温度小于0℃时易碎裂；岩石由多种矿物组成，不同矿物有不同的膨胀系数，差异性膨胀破坏了矿物间的结合力，使岩石发生碎裂。

(2) 冰劈作用。相同重量的水结晶成冰时的体积大于融化时的体积，岩石裂隙充填有地表水及地下水，这些水当温度降至0℃时结晶成冰，结冰的过程就是体积膨胀的过程，对裂隙周围产生压力使裂隙扩大，如果冻结和融化反复交替进行，就必然使裂隙增多扩大，最终岩石崩裂即产生冰劈作用。冰劈作用的实质是冻融交替。因此昼夜温度在0℃上下波动的地区，岩石的冰劈作用最为强烈，而长年寒冷的地区，由于水终年结冰，冰劈作用并不很强烈。

(3) 层裂。地下深处的岩石受到自然的作用使得上覆岩石层被剥蚀掉，使原来深处的岩石露出地表，上覆岩石的压力消除，露出地表的岩石产生向上的膨胀，出现一些平行于地面的裂隙。

(4) 盐类的潮解与结晶对岩石的剥裂。潮解性盐类在夜晚吸收水分、溶解，白天在阳光下蒸发，结晶对岩石产生压力交替反复使岩石碎裂。

物理风化的结果使得岩石机械破坏，产生了大小不等、棱角分明的岩石碎屑，覆盖在基体(未受风化的母岩)之上。

2. 化学风化作用

化学风化作用是指地表岩石受水、氧及二氧化碳的作用而发生化学成分的变化，并产生新矿物的作用。(原生矿物质大于再生矿物)。主要方式包括以下几种。

(1) 溶解作用。水作为溶剂，对一些酸碱物质具有较强溶解性，但是不同的矿物有不同的溶解度。其顺序为方解石>白云石>橄榄石>辉石>角石>长石>石英。溶解作用使岩石中易溶物质随水流失，难溶解物质残留原地。溶解的空隙削弱了颗粒之间的结力，有利于物理风化的进行。

(2) 水化作用。有些矿物与水作用时，能吸收水分子作为自己的成分(结晶水或结构水)而形成新矿物。如硬石膏为含有两个结晶水的硫酸钙。

(3) 水解作用。强酸弱碱或强碱弱酸的盐类矿物，遇水后发生水解并与 $OH^-$ 和 $H^+$ 反应生成新的矿物。

(4) 碳酸化作用。溶于水中的 $CO_2$ 形成 $CO_3^{2-}$、$HCO_3^-$ 离子与矿物中金属离子结合成易溶的碳酸盐类，随水流失，原有矿物分解成新矿物残留。

(5) 氧化作用。地下一些元素低价化合物的矿物在地表富氧的条件下，转化为高价化合物，原有矿物解体，形成新矿物的过程。氧化作用尤其对金属矿物和含铁矿物的风化表现强烈。

3. 生物风化作用

生物活动对岩矿的破坏可分为生物物理风化作用和生物化学风化作用。

(1) 生物物理风化作用。生物活动使岩石机械破坏，例如动物活动、人为挖掘活动。

(2) 生物化学风化作用。生物生长中新陈代谢及遗体腐烂分解而与岩石发生化学反应，促使岩石破坏的作用。微生物分泌各种酸类与矿物元素，使岩石被腐蚀破坏，动植物遗体腐烂分解，腐殖质、腐殖酸与元素形成矿物。

(3) 生物风化结果。植物生长中吸收矿物中某些元素，分泌各种酸类溶解岩石，使得岩石碎裂，形成土壤(含腐殖质的松散物)。

4. 各种风化作用的关系

事实上，风化作用一般是同时发生、相互影响、互相促进的。物理风化使岩石破碎，比表面增大，有利于水溶液的渗透，为化学风化提供了良好的条件。化学风化溶解了岩石中易溶物质，改变了岩石的物理性质(致密疏松)从而加速了物理风化的进行。但在不同的自然条件下表现的风化类型的强弱其主次程度不同。

5. 影响风化作用的因素

1) 气候的影响

干冷地区：物理风化为主，程度差，速率慢，产物以岩石碎屑为主。湿热地区：化学风化为主，生物风化程度高，速率快，矿物分解彻底，产物以大量残留黏土为主，同样的石灰岩在干冷、湿热地区风化作用的程度和类型不同。

2) 地形条件的影响

山区地形条件影响最为突出，由山顶到山脚不同海拔及气候有明显的垂直分带，因此形成不同高度，风化类型和风化程度不同。山顶上物理风化强烈，山脚下以化学风化、生物风化为主。地势陡峭，风化碎屑物很快被剥蚀掉，易于物理风化的进行。地势平缓，生物化学风化为主。

3) 岩石性质的影响

(1) 露出地表的三大岩类其抗风化的能力不同。沉积岩：碎屑岩＞化学岩、生物岩；岩浆岩：酸性岩＞基性岩；变质岩：浅变质＞深变质。

(2) 不同矿物抗风能力不同(石英、方解石)。单矿物岩石(石英)：抗物理风化能力强。复矿物岩石(方解石)：抗物理风化能力弱，有利物理风化。不同元素具有不同的化学活性，性质活泼的元素易化学风化。同种元素在不同的化合物中风化性质不同，如石灰岩中的Ca易风化；斜长石中的Ca难风化。

4）岩石结构的影响

结构颗粒均匀＞粒级差大的岩石；基底式胶结＞孔隙式胶结；胶结物成分：Si＞Ca＞泥。

5）地质构造的影响

凡构造运动造成的岩石裂隙发育的岩层利于风化作用的进行。地质构造背斜顶部易于裂隙发育；断层带两侧裂隙易于风化。在相同的风化作用条件，抗风化能力不一致的岩石，表现出程度不等的风化速率，因而在表面形成凹凸不齐的现象，以及抗风化能力不同的岩石组合在一起，有部分遭受风化的现象，称为差异风化作用。由于大角度相交的节理切割火成岩体，在节理处强烈的风化作用造成的一种自然现象称为球状风化。自然界中影响风化的因素是综合起作用的。

6. 研究风化作用的意义

岩石经风化后部分易溶解物质被水带走流失，余下的碎屑岩和化学风化中形成的一些新矿物便残留原地，这些残留在原地的风化产物称为残积物。残积物的矿物组成、化学成分、颜色与下覆地层(原岩)有一定的关系，向下逐渐过渡到基岩，在存在生物活动物的地区，残积物顶部发育成土壤。

残积物和土壤在大陆地壳表层构成一层不连续的薄壳，称为风化壳。风化壳可由一层残积物组成，也可由几层风化分解程度不同的残积物组成，而且层与层之间常逐渐过渡而无明显分界线。由于风化作用以地表最强烈，并向深处减弱。

风化壳的厚度和成分因地而异，一般潮湿炎热气候区，风化壳厚度大，并有可能形成 Fe、Mn、Al、Ni 等残积矿床(风化壳型矿床)，干旱地区风化壳薄，常仅数十厘米且结构简单。风化壳若为后来沉积物所覆盖，则称为古风化壳。研究风化壳对于地壳运动与古地理、古代沉积间断、发育构造运动、矿产探测以及水利工程建设具有重要的意义。

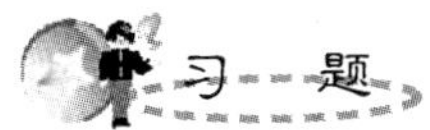

## 习 题

一、名词解释

溶胀、溶解、老化、风化、浸析腐蚀、碳酸化。

二、思考题

1. 高分子材料的腐蚀应如何分类？各含有哪些主要形式？
2. 应如何表征介质的渗透扩散作用？
3. 高分子的热氧老化和光氧老化反应的防护措施都有哪些？
4. 试述微生物腐蚀的特点。
5. 试述影响无机非金属材料腐蚀的因素。
6. 玻璃的腐蚀有哪几种形式？
7. 混凝土的腐蚀有哪几种形式？

# 附录

**附录一　国际单位制基本单位**

| 量 | 常用符号 | 中华人民共和国用的单位名称 | 单位符号 |
|---|---|---|---|
| 长度 | l 米 | 公尺(又称"米") | m |
| 质量 | m 千克 | 公斤(又称"千克") | kg |
| 时间 | t 秒 | 秒 | s |
| 电流 | I 安［培］ | 安培 | A |
| 热力学温度 | T 开［尔文］ | 开尔文 | K |
| 物质的量 | n 摩［尔］ | 摩尔 | mol |
| 发光强度 | Iv 坎［德拉］ | 烛光 | cd |

**附录二　标准电极电位表**

| 半　反　应 | $\varphi^\theta$/V |
|---|---|
| $F_2(g)+2H^++2e^-=2HF$ | 3.06 |
| $O_3+2H^++2e^-=O_2+2H_2O$ | 2.07 |
| $S^2O_8^{2-}+2e^-=2SO_4^{2-}$ | 2.01 |
| $H_2O_2+2H^++2e^-=2H_2O$ | 1.77 |
| $MnO_4^-+4H^++3e^-=MnO_2(s)+2H_2O$ | 1.695 |
| $PbO_2(s)+SO_4^{2-}+4H^++2e^-=PbSO_4(s)+2H_2O$ | 1.685 |
| $HClO_2+2H^++2e^-=HClO+H_2O$ | 1.64 |
| $HClO+H^++e^-=1/2Cl_2+H_2O$ | 1.63 |
| $Ce^{4+}+e^-=Ce^{3+}$ | 1.61 |
| $H_5IO_6+H^++2e^-=IO_3^-+3H_2O$ | 1.60 |
| $HBrO+H^++e^-=1/2Br_2+H_2O$ | 1.59 |
| $BrO_3^-+6H^++5e^-=1/2Br_2+3H_2O$ | 1.52 |
| $MnO_4^-+8H^++5e^-=Mn^{2+}+4H_2O$ | 1.51 |
| Au(Ⅲ)$+3e^-=Au$ | 1.50 |
| $HClO+H^++2e^-=Cl^-+H_2O$ | 1.49 |
| $ClO_3^-+6H^++5e^-=1/2Cl_2+3H_2O$ | 1.47 |

（续）

| 半 反 应 | $\varphi^\theta$/V |
|---|---|
| $PbO_2(s)+4H^++2e^-=Pb^{2+}+2H_2O$ | 1.455 |
| $HIO+H^++e^-=1/2I_2+H_2O$ | 1.45 |
| $ClO_3^-+6H^++6e^-=Cl^-+3H_2O$ | 1.45 |
| $BrO_3^-+6H^++6e^-=Br^-+3H_2O$ | 1.44 |
| $Au(Ⅲ)+2e^-=Au(Ⅰ)$ | 1.41 |
| $Cl_2(g)+2e^-=2Cl$ | 1.3595 |
| $ClO_4^-+8H^++7e^-=1/2Cl_2+4H_2O$ | 1.34 |
| $Cr_2O_7{}^{2-}+14H^++6e^-=2Cr^{3+}+7H_2O$ | 1.33 |
| $MnO_2(s)+4H^++2e^-=Mn^{2+}+2H_2O$ | 1.23 |
| $O_2(g)+4H^++4e^-=2H_2O$ | 1.229 |
| $IO_3^-+6H^++5e^-=1/2I_2+3H_2O$ | 1.20 |
| $ClO_4^-+2H^++2e^-=ClO_3^-+H_2O$ | 1.19 |
| $Br_2(l)+2e^-=2Br^-$ | 1.087 |
| $NO_2+H^++e^-=HNO_2$ | 1.07 |
| $Br_3^-+2e^-=3Br^-$ | 1.05 |
| $HNO_2+H^++e^-=NO(g)+H_2O$ | 1.00 |
| $VO_2^++2H^++e^-=VO^{2+}+H_2O$ | 1.00 |
| $HIO+H^++2e^-=I^-+H_2O$ | 0.99 |
| $NO_3^-+3H^++2e^-=HNO_2+H_2O$ | 0.94 |
| $ClO^-+H_2O+2e^-=Cl^-+2OH^-$ | 0.89 |
| $H_2O_2+2e^-=2OH^-$ | 0.88 |
| $Cu^{2+}+I^-+e^-=CuI(s)$ | 0.86 |
| $Hg^{2+}+2e^-=Hg$ | 0.845 |
| $NO_3^-+2H^++e^-=NO_2+H_2O$ | 0.80 |
| $Ag^++e^-=Ag$ | 0.7995 |
| $Hg_2^{2+}+2e^-=2Hg$ | 0.793 |
| $Fe^{3+}+e^-=Fe^{2+}$ | 0.771 |
| $BrO^-+H_2O+2e^-=Br^-+2OH^-$ | 0.76 |
| $O_2(g)+2H^++2e^-=H_2O_2$ | 0.682 |
| $AsO_2^-+2H_2O+3e^-=As+4OH^-$ | 0.68 |
| $2HgCl_2+2e^-=Hg_2Cl_2(s)+2Cl^-$ | 0.63 |
| $Hg_2SO_4(s)+2e^-=2Hg+SO_4^{2-}$ | 0.6151 |
| $MnO_4^-+2H_2O+3e^-=MnO_2+4OH^-$ | 0.588 |
| $MnO_4^-+e^-=MnO_4^{2-}$ | 0.564 |
| $H_3AsO_4+2H^++2e^-=HAsO_2+2H_2O$ | 0.559 |

（续）

| 半 反 应 | $\varphi^\theta$/V |
|---|---|
| $I_3^- + 2e^- = 3I^-$ | 0.545 |
| $I_2(s) + 2e^- = 2I^-$ | 0.5345 |
| $Mo(VI) + e^- = Mo(V)$ | 0.53 |
| $Cu^+ + e^- = Cu$ | 0.52 |
| $4SO_2(l) + 4H^+ + 6e^- = S_4O_6^{2-} + 2H_2O$ | 0.51 |
| $HgCl_4^{2-} + 2e^- = Hg + 4Cl^-$ | 0.48 |
| $2SO_2(l) + 2H^+ + 4e^- = S_2O_3^{2-} + H_2O$ | 0.40 |
| $Fe(CN)_6^{3-} + e^- = Fe(CN)_6^{4-}$ | 0.36 |
| $Cu^{2+} + 2e^- = Cu$ | 0.337 |
| $VO^{2+} + 2H^+ + 2e^- = V^{3+} + H_2O$ | 0.337 |
| $BiO^+ + 2H^+ + 3e^- = Bi + H_2O$ | 0.32 |
| $Hg_2Cl_2(s) + 2e^- = 2Hg + 2Cl^-$ | 0.2676 |
| $HAsO_2 + 3H^+ + 3e^- = As + 2H_2O$ | 0.248 |
| $AgCl(s) + e^- = Ag + Cl^-$ | 0.2223 |
| $SbO^+ + 2H^+ + 3e^- = Sb + H_2O$ | 0.212 |
| $SO_4^{2-} + 4H^+ + 2e^- = SO_2(l) + H_2O$ | 0.17 |
| $Cu^{2+} + e^- = Cu^+$ | 0.519 |
| $Sn^{4+} + 2e^- = Sn^{2+}$ | 0.154 |
| $S + 2H^+ + 2e^- = H_2S(g)$ | 0.141 |
| $Hg_2Br_2 + 2e^- = 2Hg + 2Br^-$ | 0.1395 |
| $TiO^{2+} + 2H^+ + e^- = Ti^{3+} + H_2O$ | 0.1 |
| $S_4O_6^{2-} + 2e^- = 2S_2O_3^{2-}$ | 0.08 |
| $AgBr(s) + e^- = Ag + Br^-$ | 0.071 |
| $2H^+ + 2e^- = H_2$ | 0.000 |
| $O_2 + H_2O + 2e^- = HO_2^- + OH^-$ | −0.067 |
| $TiOCl^+ + 2H^+ + 3Cl^- + e^- = TiCl_4^- + H_2O$ | −0.09 |
| $Pb^{2+} + 2e^- = Pb$ | −0.126 |
| $Sn^{2+} + 2e^- = Sn$ | −0.136 |
| $AgI(s) + e^- = Ag + I^-$ | −0.152 |
| $Ni^{2+} + 2e^- = Ni$ | −0.246 |
| $H_3PO_4 + 2H^+ + 2e^- = H_3PO_3 + H_2O$ | −0.276 |
| $Co^{2+} + 2e^- = Co$ | −0.277 |
| $Tl^+ + e^- = Tl$ | −0.3360 |
| $In^{3+} + 3e^- = In$ | −0.345 |
| $PbSO_4(s) + 2e^- = Pb + SO_4^{2-}$ | 0.3553 |

（续）

| 半　反　应 | $\varphi^\theta$/V |
|---|---|
| $SeO_3^{2-}+3H_2O+4e^-=Se+6OH^-$ | -0.366 |
| $As+3H^++3e^-=AsH_3$ | -0.38 |
| $Se+2H^++2e^-=H_2Se$ | -0.40 |
| $Cd^{2+}+2e^-=Cd$ | -0.403 |
| $Cr^{3+}+e^-=Cr^{2+}$ | >-0.41 |
| $Fe^{2+}+2e^-=Fe$ | -0.440 |
| $S+2e^-=S^{2-}$ | -0.48 |
| $2CO_2+2H^++2e^-=H_2C_2O_4$ | -0.49 |
| $H_3PO_3+2H^++2e^-=H_3PO_2+H_2O$ | -0.50 |
| $Sb+3H^++3e^-=SbH_3$ | -0.51 |
| $HPbO_2^-+H_2O+2e^-=Pb+3OH^-$ | -0.54 |
| $Ga^{3+}+3e^-=Ga$ | -0.56 |
| $TeO_3^{2-}+3H_2O+4e^-=Te+6OH^-$ | -0.57 |
| $2SO_3^{2-}+3H_2O+4e^-=S_2O_3^{2-}+6OH^-$ | -0.58 |
| $SO_3^{2-}+3H_2O+4e^-=S+6OH^-$ | -0.66 |
| $AsO_4^{3-}+2H_2O+2e^-=AsO_2^-+4OH^-$ | -0.67 |
| $Ag_2S(s)+2e^-=2Ag+S^{2-}$ | -0.69 |
| $Zn^{2+}+2e^-=Zn$ | -0.763 |
| $2H_2O+2e^-=H_2+2OH^-$ | -8.28 |
| $Cr^{2+}+2e^-=Cr$ | -0.91 |
| $HSnO_2^-+H_2O+2e^-=Sn+3OH^-$ | >-0.91 |
| $Se+2e^-=Se^{2-}$ | -0.92 |
| $Sn(OH)_6^{2-}+2e^-=HSnO_2^-+H_2O+3OH^-$ | -0.93 |
| $CNO^-+H_2O+2e^-=Cn^-+2OH^-$ | -0.97 |
| $Mn^{2+}+2e^-=Mn$ | -1.182 |
| $ZnO_2^{2-}+2H_2O+2e^-=Zn+4OH^-$ | -1.216 |
| $Al^{3+}+3e^-=Al$ | -1.66 |
| $H_2AlO_3^-+H_2O+3e^-=Al+4OH^-$ | -2.35 |
| $Mg^{2+}+2e^-=Mg$ | -2.37 |
| $Na^++e^-=Na$ | -2.71 |
| $Ca^{2+}+2e^-=Ca$ | -2.87 |
| $Sr^{2+}+2e^-=Sr$ | -2.89 |
| $Ba^{2+}+2e^-=Ba$ | -2.90 |
| $K^++e^-=K$ | -2.925 |
| $Li^++e^-=Li$ | -3.042 |

# 附录三　化学元素周期表

| 周期 | ⅠA | ⅡA | ⅢB | ⅣB | ⅤB | ⅥB | ⅦB | Ⅷ | | | ⅠB | ⅡB | ⅢA | ⅣA | ⅤA | ⅥA | ⅦA | |
|---|---|---|---|---|---|---|---|---|---|---|---|---|---|---|---|---|---|---|
| 1 | 1 H<br>氢<br>1.0079 | | | | | | | | | | | | | | | | | 2 He<br>氦<br>4.0026 |
| 2 | 3 Li<br>锂<br>6.941 | 4 Be<br>铍<br>9.0122 | | | | | | | | | | | 5 B<br>硼<br>10.811 | 6 C<br>碳<br>12.011 | 7 N<br>氮<br>14.007 | 8 O<br>氧<br>15.999 | 9 F<br>氟<br>18.998 | 10 Ne<br>氖<br>20.17 |
| 3 | 11 Na<br>钠<br>22.9898 | 12 Mg<br>镁<br>24.305 | | | | | | | | | | | 13 Al<br>铝<br>26.982 | 14 Si<br>硅<br>28.085 | 15 P<br>磷<br>30.974 | 16 S<br>硫<br>32.06 | 17 Cl<br>氯<br>35.453 | 18 Ar<br>氩<br>39.94 |
| 4 | 19 K<br>钾<br>39.098 | 20 Ca<br>钙<br>40.08 | 21 Sc<br>钪<br>44.956 | 22 Ti<br>钛<br>47.9 | 23 V<br>钒<br>50.9415 | 24 Cr<br>铬<br>51.996 | 25 Mn<br>锰<br>54.938 | 26 Fe<br>铁<br>55.84 | 27 Co<br>钴<br>58.9332 | 28 Ni<br>镍<br>58.69 | 29 Cu<br>铜<br>63.54 | 30 Zn<br>锌<br>65.38 | 31 Ga<br>镓<br>69.72 | 32 Ge<br>锗<br>72.59 | 33 As<br>砷<br>74.9216 | 34 Se<br>硒<br>78.9 | 35 Br<br>溴<br>79.904 | 36 Kr<br>氪<br>83.8 |
| 5 | 37 Rb<br>铷<br>85.467 | 38 Sr<br>锶<br>87.62 | 39 Y<br>钇<br>88.906 | 40 Zr<br>锆<br>91.22 | 41 Nb<br>铌<br>92.9064 | 42 Mo<br>钼<br>95.94 | 43 Tc<br>锝<br>99 | 44 Ru<br>钌<br>101.07 | 45 Rh<br>铑<br>102.906 | 46 Pd<br>钯<br>106.42 | 47 Ag<br>银<br>107.868 | 48 Cd<br>镉<br>112.41 | 49 In<br>铟<br>114.82 | 50 Sn<br>锡<br>118.6 | 51 Sb<br>锑<br>121.7 | 52 Te<br>碲<br>127.6 | 53 I<br>碘<br>126.905 | 54 Xe<br>氙<br>131.3 |
| 6 | 55 Cs<br>铯<br>132.905 | 56 Ba<br>钡<br>137.33 | 57－71<br>La－Lu<br>镧系 | 72 Hf<br>铪<br>178.4 | 73 Ta<br>钽<br>180.947 | 74 W<br>钨<br>183.3 | 75 Re<br>铼<br>186.207 | 76 Os<br>锇<br>190.2 | 77 Ir<br>铱<br>192.2 | 78 Pt<br>铂<br>195.08 | 79 Au<br>金<br>196.967 | 80 Hg<br>汞<br>200.5 | 81 Tl<br>铊<br>204.3 | 82 Pb<br>铅<br>207.2 | 83 Bi<br>铋<br>208.98 | 84 Po<br>钋<br>(209) | 85 At<br>砹<br>(210) | 86 Rn<br>氡<br>(222) |
| 7 | 87 Fr<br>钫<br>(223) | 88 Ra<br>镭<br>226.03 | 89－103<br>Ac－Lr<br>锕系 | 104 Rf<br>𬬻<br>(261) | 105 Db<br>𬭊<br>(262) | 106 Sg<br>𬭳<br>(266) | 107 Bh<br>𬭛<br>(264) | 108 Hs<br>𬭶<br>(269) | 109 Mt<br>鿏<br>(268) | 110 Ds<br>𫟼<br>(271) | 111 Rg<br>𬬭<br>(272) | 112 Cn<br>Uub<br>(285) | 113<br>Uut<br>(284) | 114<br>Uuq<br>(289) | 115<br>Uup<br>(288) | 116<br>Uuh<br>(292) | 117<br>Uus | 118<br>Uuo |

| | | | | | | | | | | | | | | | |
|---|---|---|---|---|---|---|---|---|---|---|---|---|---|---|---|
| 镧系 | 57 La<br>镧<br>138.905 | 58 Ce<br>铈<br>140.12 | 59 Pr<br>镨<br>140.91 | 60 Nd<br>钕<br>144.2 | 61 Pm<br>钷<br>147 | 62 Sm<br>钐<br>150.4 | 63 Eu<br>铕<br>151.96 | 64 Gd<br>钆<br>157.25 | 65 Tb<br>铽<br>158.93 | 66 Dy<br>镝<br>162.5 | 67 Ho<br>钬<br>164.93 | 68 Er<br>铒<br>167.2 | 69 Tm<br>铥<br>168.934 | 70 Yb<br>镱<br>173.0 | 71 Lu<br>镥<br>174.96 |
| 锕系 | 89 Ac<br>锕<br>(227) | 90 Th<br>钍<br>232.03 | 91 Pa<br>镤<br>231.03 | 92 U<br>铀<br>238.02 | 93 Np<br>镎<br>237.04 | 94 Pu<br>钚<br>(244) | 95 Am<br>镅<br>(243) | 96 Cm<br>锔<br>(247) | 97 Bk<br>锫<br>(247) | 98 Cf<br>锎<br>(251) | 99 Es<br>锿<br>(254) | 100 Fm<br>镄<br>(257) | 101 Md<br>钔<br>(258) | 102 No<br>锘<br>(259) | 103 Lr<br>铹<br>(260) |

# 参考文献


[1] 魏宝明. 金属腐蚀理论及应用 [M]. 北京：化学工业出版社，1984.

[2] 曹楚南. 腐蚀电化学原理 [M]. 北京：化学工业出版社 1995.

[3] 黄淑菊. 金属腐蚀与防护 [M]. 西安：西安交通大学出版社，1988.

[4] K P Trethewey，J Chamberlain. Corrosion for Science and Engineering [M]. UK：世界图书出版公司，1998.

[5] 杨文治. 电化学基础 [M]. 北京：北京大学出版社，1982.

[6] 刘永辉，张佩芬. 金属腐蚀学原理 [M]. 北京：航空工业出版社，1993.

[7] 宋诗哲. 腐蚀电化学研究方法 [M]. 北京：化学工业出版社，1988.

[8] 陈体衔. 实验电化学 [M]. 厦门：厦门大学出版社，1993.

[9] 刘道新. 材料腐蚀与防护 [M]. 西安：西北工业大学出版社，2006.

[10] 何业东，齐慧滨. 材料腐蚀与防护 [M]. 北京：机械工业出版社，2009.

[11] 贾铮，戴长松，陈玲. 电化学测量方法 [M]. 北京：化学工业出版社，2006.

[12] 崔维汉. 中国防腐蚀工程师实用技术大全 [M]. 太原：山西科学技术出版社，2001.

[13] 梁成浩. 金属腐蚀学导论 [M]. 北京：机械工业出版社，1999.

[14] 王保成，朱金华. 超声空化下不锈钢钝化膜的半导行为 [J]. 金属学报，2007.

[15] 王力力，易伟建. 斜拉索的腐蚀案例与分析 [J]. 中南公路工程，2007.

[16] 吴文明，李闯. 斜拉索防腐技术探讨 [J]. 公路交通技术，2008.

# 参考文献

[illegible]